"十三五"国家重点出版物出版规划项目

地球观测与导航技术丛书

InSAR 原理与应用

刘国祥 陈 强 罗小军 蔡国林 著

科学出版社

北 京

内 容 简 介

本书系统阐述合成孔径雷达干涉（InSAR）理论、技术方法与应用，汇集国家 973 计划、国家重点研发计划、国家自然科学基金和中国铁路总公司科技研发计划等项目支持下取得的一系列研究成果。本书采用理论验证、实验分析与案例展示相结合的手段，系统阐述 SAR 成像基本原理、SAR 参考框架与投影转换方法、合成孔径雷达干涉原理、SAR 影像配准方法、参考椭球面相位计算方法、干涉相位滤波算法与质量评价、相位解缠原理与方法、InSAR 地形三维重建方法和 InSAR 形变探测方法，最后，综合介绍 InSAR 前沿技术及其应用情况。本书所陈述的理论与技术方法在地质灾害监测与防治和国家重大基础设施安全监控等领域具有广阔的应用前景。

本书可作为摄影测量与遥感、大地测量、地理信息工程、地球物理、地质工程和环境工程等专业的教学用书或参考用书，也可供从事相关领域研究与开发的科研人员参考使用。

图书在版编目(CIP)数据

InSAR 原理与应用/刘国祥等著. —北京：科学出版社，2019.5
（地球观测与导航技术丛书）
"十三五"国家重点出版物出版规划项目
ISBN 978-7-03-061185-7

Ⅰ. ①I… Ⅱ. ①刘… Ⅲ. ①合成孔径雷达–应用–地球观测 Ⅳ. ①P183

中国版本图书馆 CIP 数据核字(2019)第 086303 号

责任编辑：苗李莉 / 责任校对：何艳萍
责任印制：吴兆东 / 封面设计：图阅社

科学出版社 出版
北京东黄城根北街 16 号
邮政编码：100717
http://www.sciencep.com
北京华宇信诺印刷有限公司印刷
科学出版社发行　各地新华书店经销
*

2019 年 5 月第 一 版　开本：787×1092　1/16
2026 年 1 月第八次印刷　印张：17 3/4
字数：400 000
定价：99.00 元
(如有印装质量问题，我社负责调换)

《地球观测与导航技术丛书》编委会

顾问专家

徐冠华　　龚惠兴　　童庆禧　　刘经南　　王家耀
李小文　　叶嘉安

主　编

李德仁

副主编

郭华东　　龚健雅　　周成虎　　周建华

编　委（按姓氏汉语拼音排序）

鲍虎军　　陈　戈　　陈晓玲　　程鹏飞　　房建成
龚建华　　顾行发　　江碧涛　　江　凯　　景贵飞
景　宁　　李传荣　　李加洪　　李　京　　李　明
李增元　　李志林　　梁顺林　　廖小罕　　林　珲
林　鹏　　刘耀林　　卢乃锰　　闾国年　　孟　波
秦其明　　单　杰　　施　闯　　史文中　　吴一戎
徐祥德　　许健民　　尤　政　　郁文贤　　张继贤
张良培　　周国清　　周启鸣

《地球观测与导航技术丛书》编写说明

地球空间信息科学与生物科学和纳米技术三者被认为是当今世界上最重要、发展最快的三大领域。地球观测与导航技术是获得地球空间信息的重要手段，而与之相关的理论与技术是地球空间信息科学的基础。

随着遥感、地理信息、导航定位等空间技术的快速发展和航天、通信和信息科学的有力支撑，地球观测与导航技术相关领域的研究在国家科研中的地位不断提高。我国科技发展中长期规划将高分辨率对地观测系统与新一代卫星导航定位系统列入国家重大专项；国家有关部门高度重视这一领域的发展，国家发展和改革委员会设立产业化专项支持卫星导航产业的发展；工业和信息化部、科学技术部也启动了多个项目支持技术标准化和产业示范；国家高技术研究发展计划(863 计划)将早期的信息获取与处理技术(308、103)主题，首次设立为"地球观测与导航技术"领域。

目前，"十一五"规划正在积极向前推进，"地球观测与导航技术领域"作为 863 计划领域的第一个五年计划也将进入科研成果的收获期。在这种情况下，把地球观测与导航技术领域相关的创新成果编著成书，集中发布，以整体面貌推出，当具有重要意义。它既能展示 973 计划和 863 计划主题的丰硕成果，又能促进领域内相关成果传播和交流，并指导未来学科的发展，同时也对地球观测与导航技术领域在我国科学界中地位的提升具有重要的促进作用。

为了适应中国地球观测与导航技术领域的发展，科学出版社依托有关的知名专家支持，凭借科学出版社在学术出版界的品牌启动了《地球观测与导航技术丛书》。

丛书中每一本书的选择标准要求作者具有深厚的科学研究功底、实践经验，主持或参加 863 计划地球观测与导航技术领域的项目、973 计划相关项目以及其他国家重大相关项目，或者所著图书为其在已有科研或教学成果的基础上高水平的原创性总结，或者是相关领域国外经典专著的翻译。

我们相信，通过丛书编委会和全国地球观测与导航技术领域专家、科学出版社的通力合作，将会有一大批反映我国地球观测与导航技术领域最新研究成果和实践水平的著作面世，成为我国地球空间信息科学中的一个亮点，以推动我国地球空间信息科学的健康和快速发展！

李德仁
2009 年 10 月

前　言

　　自 20 世纪 50 年代以来，合成孔径雷达（synthetic aperture radar, SAR）遥感理论与技术一直处于快速发展态势，目前已经成为一种重要的对地观测技术手段。相比可见光和红外遥感，SAR 成像属主动遥感，因雷达传感器所采用的波长较长，受大气散射的影响较小，可以穿透云层、薄雾、雨和尘埃等，故 SAR 主动遥感具有全天候、全天时等明显的技术优势。近年来，SAR 成像系统正向多平台、多波段、多极化、多模式、高空间分辨率和高重访频率方向发展，现已形成地基、机载和星载 SAR 影像获取系统并存的格局。因为 SAR 影像包含有振幅、相位、极化等多种信息，SAR 数据处理技术得到了快速发展，现已形成合成孔径雷达干涉、极化分析、幅度追踪、层析建模和立体量测等多种技术并存的局面。目前，SAR 遥感已广泛应用于农林监测、地质调查、海洋监测、冰雪探测、地表覆盖监测、地形测绘、自然灾害（如洪水）和地质灾害监测以及国防建设等诸多方面。

　　自 20 世纪 60 年代末以来，合成孔径雷达干涉（interferometric SAR, InSAR）理论与技术得到了持续发展，本书将重点陈述卫星 InSAR 的理论、方法与应用。实际上，SAR 影像的每一像素既包含地面分辨元的雷达后向散射强度（振幅）信息，也包含与斜距（即传感器到目标的距离）有关的相位信息，将覆盖同一地区的两幅卫星 SAR 影像对应像素的相位值进行差分，便可得到一次差分相位图，通常称为干涉相位图（interferogram），干涉相位是参考椭球面、地形起伏、大气延迟和地表形变等因素贡献和的体现。InSAR 主要围绕干涉相位及干涉相关数据来分离和提取感兴趣的信息。利用干涉相位图和搭载雷达传感器的平台姿态数据可以提取地表三维信息，而借助二次差分方法从干涉相位图中去除地形及其他因素的影响，可达到提取形变信息的目的，大气信息可通过相位信息分离（如时空滤波）来提取。因为以相位差异反映距离差异，所以 InSAR 在地形三维重建、形变探测和大气信号提取等方面具有高精度的特征。目前，卫星 InSAR 已开始广泛应用于地形三维重建和由地震活动、火山运动、冰川漂移、地面沉陷、滑坡等引起的地表形变探测及其地球物理模型反演，具有精度高、覆盖范围广、数据处理自动化程度高等技术优势。

　　惯用 InSAR 技术应用于区域地表形变监测常常受到轨道参数误差、地形数据误差、干涉失相关所引起的相位噪声、相位解缠误差以及大气延迟等不利因素的影响，这在一定程度上制约了 InSAR 在地表形变监测与地球物理模型反演方面的进一步应用。此外，InSAR 仅能获取沿雷达视线方向的一维形变量，难以满足地表真实三维形变信息提取的需求。针对这些问题，国内外诸多学者近年来开展了系统而深入的研究，在像素偏移跟踪方法、多孔径雷达干涉方法、三维形变监测方法、时序雷达差分干涉方法以及时序二维形变监测方法等方面取得了一系列突破，对 InSAR 理论体系进行了完善和拓展，进一步提升了该技术途径的精度、可靠性和实用性。此外，随着地基 SAR 设备及数据处理技术的发展，地基 InSAR 已开始广泛应用于局部工程地表形变的监测与反演。

多年以来，本书作者一直跟踪 InSAR 发展国际前沿，针对 InSAR 基础理论、方法及其应用开展了系统而深入的研究，主要工作包括：扩展了基于参考椭球面的严密雷达干涉模型与计算方法；提出了永久散射体网络化雷达干涉理论与模型，有效克服了大气延迟与时空失相关的负面影响；提出了多平台时序雷达干涉与多孔径干涉组合计算模型与方法，提高了形变监测的可靠性，并成功应用于地震/滑坡三维形变监测与反演；研制了基于天然永久散射体/人工角反射器混合构网提取形变信息的装备与软件，并已成功应用于高速铁路沿线沉降监测且能有效发现沉降漏斗。这些研究成果已在西部地质灾害评估、华北平原沉降评估以及京沪高速铁路、郑西高速铁路等国家重大工程中发挥重要作用。

本书是在总结国内外相关研究成果和作者多年从事 InSAR 研究与教学工作的基础上撰写完成的。本书将从 SAR 成像原理、InSAR 原理、SAR 数据处理、InSAR 三维重建、InSAR 形变探测、InSAR 前沿等方面进行系统介绍，全书共包含 11 章的内容。第 1 章为绪论，主要介绍 InSAR 概况、发展历程、平台系统和应用情况等方面；第 2 章将对 SAR 成像基本原理进行介绍；第 3 章将介绍卫星 SAR 参考框架与投影转换方法；第 4 章将阐述合成孔径雷达干涉原理；第 5 章将对 SAR 影像的配准方法进行详细介绍并结合配准实例进行分析；第 6 章将对参考椭球面相位计算方法进行介绍；第 7 章将介绍干涉相位滤波的各种算法与滤波质量评价方法，并给出实例分析；第 8 章将阐述 InSAR 相位解缠的原理与方法；第 9 章将系统介绍 InSAR 地形三维重建的方法与数据处理流程，并给出典型应用实例；第 10 章将系统介绍 InSAR 形变探测的方法与数据处理流程，并给出典型应用实例；作为扩展，第 11 章将介绍 InSAR 前沿技术及其应用情况。

本书的出版得益于多个国家级和省部级科研项目的资助，这包括国家 973 计划课题"高分辨率遥感影像的信息度量与质量改善"（2012CB719901）、国家重点研发计划课题"星载 SAR 综合环境监测高精度数据处理与反演技术"（2017YFB0502704）、国家自然科学基金项目"基于卫星 PS-DS InSAR 的龙门山断裂带滑坡监测与反演"（41474003）、国家自然科学基金项目"基于卫星升降轨 X/C/L 波段 SAR 影像监测贡嘎山冰川分布及其动态演变"（41771402）、中国铁路总公司科技研究开发计划重点课题"高速铁路沿线环境及沉降监测关键技术研究"（2014G009-B）和"深层黄土地质灾害空间形态特征监测与分析研究"（2016T002-E）等。在此，作者对这些基金的资助表示诚挚的谢意！没有这些实质性的资助，本书所涉及的研究工作是不可能正常开展的。

在相关研究工作的开展及本书的撰写过程中，作者得到了诸多专家的鼓励、帮助或指导，他们是武汉大学李德仁院士、刘经南院士、张祖勋院士、龚健雅院士、李建成院士、许才军教授、廖明生教授、张过教授和李陶教授，中国科学院测量与地球物理研究所许厚泽院士，香港理工大学丁晓利教授、陈永奇教授和李志林教授，香港中文大学林珲教授，香港浸会大学周启鸣教授，英国纽卡斯尔大学李振洪教授，北京大学曾琪明教授，中南大学李志伟教授，同济大学伍吉仓教授，河海大学何秀凤教授，西南交通大学刘文熙教授、朱庆教授和徐柱教授等。在此，作者对这些专家的支持表示衷心的感谢！此外，课题组张瑞博士提供了第 11 章的编写素材，贾洪果博士、于冰博士、王晓文博士、杨莹辉博士分别提供了第 10、9、3、2 章的编写素材；戴可人博士、李涛博士、刘怡硕士、黄澜心硕士和博士研究生张波、武帅莹、包佳文、师悦龄和蔡嘉伦，以及硕士研究生李广宇、韦博文、符茵、吴婷婷、何沐、汪致恒、杨崇、李诗娆、沙永莲等为文稿的整理和部分图表的绘制做了细致的工作；在此一并深表谢意！

作者期望本书的出版能给诸多从事相关工作的科技人员与高等院校师生带来方便，对他们的学习与研究起到借鉴和帮助作用，为持续推动 InSAR 理论与应用研究产生积极的影响。尽管作者已尽最大的热情和投入来完成本书，以不辜负将要面对的诸多读者，但由于作者水平所限，疏漏之处在所难免，敬请读者不吝赐教，我们将持续对本书进行完善和改进。

刘国祥　陈　强　罗小军　蔡国林
二〇一八年六月于成都

目 录

《地球观测与导航技术丛书》编写说明
前言
第1章　绪论 ·· 1
　1.1　合成孔径雷达干涉介绍 ··· 1
　1.2　合成孔径雷达干涉的发展历史 ··· 7
　1.3　合成孔径雷达成像系统的进展 ··· 10
　1.4　InSAR的主要应用情况 ·· 15
　1.5　本书内容安排 ·· 23
　思考题 ··· 24
第2章　雷达成像基本原理 ·· 25
　2.1　雷达成像物理基础 ··· 25
　2.2　雷达成像信号学理论 ··· 29
　2.3　真实孔径雷达成像基本原理 ··· 32
　2.4　合成孔径雷达成像基本原理 ··· 34
　2.5　合成孔径雷达成像工作模式 ··· 38
　2.6　合成孔径雷达影像的主要几何畸变 ··· 41
　思考题 ··· 43
第3章　卫星SAR参考框架与投影转换 ··· 44
　3.1　卫星SAR影像与目标空间定位参考框架 ··· 44
　3.2　SAR卫星轨道模型及其参数计算 ··· 47
　3.3　SAR目标空间定位 ··· 51
　3.4　投影转换方法 ·· 54
　3.5　投影转换实例 ·· 60
　思考题 ··· 63
第4章　合成孔径雷达干涉原理 ·· 64
　4.1　电磁波干涉——杨氏双缝干涉实验 ··· 64
　4.2　InSAR干涉几何 ··· 67
　4.3　InSAR干涉相位模型 ··· 70
　4.4　基于干涉相位的地形三维重建 ··· 76
　4.5　差分干涉形变信号提取 ·· 77
　4.6　干涉相干性及相位噪声源 ·· 80
　思考题 ··· 84

第 5 章　SAR 影像配准与干涉相位计算

5.1　SAR 影像粗配准 ·· 85
5.2　SAR 影像精配准 ·· 92
5.3　干涉相位计算 ·· 96
5.4　配准质量评价 ·· 97
5.5　SAR 影像配准与干涉相位计算实例及分析 ···································· 98
思考题 ·· 102

第 6 章　参考椭球面相位计算

6.1　单点参考椭球面相位的计算 ·· 103
6.2　干涉区域参考椭球面相位建模 ·· 107
6.3　参考椭球面相位计算实例及分析 ·· 108
思考题 ·· 111

第 7 章　干涉相位滤波

7.1　滤波方法类别 ·· 112
7.2　SAR 影像前置滤波 ·· 113
7.3　干涉相位的后置滤波 ·· 117
7.4　干涉相位滤波质量评价 ·· 124
7.5　干涉相位滤波实例 ·· 125
思考题 ·· 131

第 8 章　相位解缠

8.1　相位解缠基本原理 ·· 133
8.2　相位解缠相关概念 ·· 135
8.3　相位解缠算法 ·· 139
8.4　干涉相位解缠实例及分析 ·· 158
思考题 ·· 168

第 9 章　合成孔径雷达干涉地形三维重建

9.1　InSAR 地形三维重建方法 ·· 169
9.2　InSAR 地形三维重建的误差分析 ·· 171
9.3　InSAR 地形三维重建数据选取 ·· 175
9.4　InSAR 地形三维重建数据处理流程 ·· 176
9.5　InSAR 地形三维重建实例：以 TSX/TDX 数据为例 ···················· 178
思考题 ·· 184

第 10 章　合成孔径雷达差分干涉地表形变监测

10.1　典型地表形变及相关地球物理现象 ·· 185
10.2　DInSAR 地表形变监测方法 ··· 187
10.3　DInSAR 地表形变监测误差来源及干涉失相关分析 ················· 189
10.4　DInSAR 地表形变监测数据选取 ··· 191
10.5　DInSAR 数据处理流程 ··· 193

10.6　DInSAR 地表形变监测实例：以 2010 年玉树地震为例 ·············· 196
　思考题 ·· 201
第 11 章　合成孔径雷达干涉前沿技术 ·· 202
　11.1　方位向形变监测方法 ·· 202
　11.2　三维形变监测方法 ·· 208
　11.3　时序差分雷达干涉技术 ·· 215
　11.4　时序二维形变监测方法 ·· 232
　11.5　地基 InSAR 形变监测方法 ··· 237
　思考题 ·· 242
参考文献 ··· 243
附录　相关专业名词中英文对照表 ·· 262

第1章 绪　　论

　　自 20 世纪 50 年代以来，合成孔径雷达（synthetic aperture radar，SAR）遥感理论与技术一直处于快速发展态势，目前已经成为一种重要的对地观测遥感技术手段。SAR 传感器工作采用的是微波波段（波长（wavelength）范围为 1 mm~1 m），能主动发射微波，并接收目标反射的回波，属主动遥感成像。相比可见光和红外遥感，SAR 遥感所采用的波长较长，因而受大气散射的影响较小，可以穿透云层、薄雾、雨和尘埃等。因此，无论是在白天和黑夜，还是在恶劣天气和环境条件下，SAR 都能进行目标探测和成像。很显然，SAR 主动遥感具有全天候、全天时等明显的技术优势，目前已广泛应用于农林监测、地质调查、海洋监测、冰雪探测、地表覆盖监测、地形测绘、自然灾害（如洪水）和地质灾害监测以及国防建设等诸多方面。

　　随着雷达传感器、通信与计算机等技术的不断进步，以及越来越多对地观测任务需求不断涌现，SAR 遥感正经历着从理论与技术驱动到应用需求驱动的转变。近年来，SAR 成像系统正向多平台、多波段、多极化、多模式、高空间分辨率（resolution）和高重访频率（frequency）方向发展，现已形成地基（ground-based）、机载（airborne）和星载（spaceborne）SAR 影像获取系统并存的格局。因为 SAR 影像包含有振幅（amplitude）、相位（phase）和极化（polarization）等多种信息，SAR 数据处理技术得到了多样化的发展，现已形成干涉处理（即合成孔径雷达干涉）、极化分析、幅度追踪、层析建模和立体量测等多种技术并存的局面。

　　本书将重点介绍合成孔径雷达干涉（interferometric synthetic aperture radar，InSAR）理论、方法及其应用。自 20 世纪 60 年代末以来，InSAR 理论与技术得到了持续发展。起源于 1801 年 Thomas Young 提出的"杨氏双缝干涉实验"，InSAR 主要利用覆盖同一地区的两幅或多幅 SAR 影像中的相位数据进行干涉处理与分析，可以广泛应用于地形三维重建（three-dimensional reconstruction of terrain）和由地震活动、火山运动、冰川漂移、地面沉陷、滑坡等引起的地表形变探测（deformation detection）及其地球物理模型反演，具有精度高、覆盖范围广、数据处理自动化程度高等技术优势。本章将从 InSAR 概况、发展历程、平台系统、应用情况等方面进行陈述。

1.1　合成孔径雷达干涉介绍

　　InSAR 是近半个世纪发展起来的定量微波遥感（microwave remote sensing）技术（Bamler and Hartl，1998；Rosen et al.，2000；Rott，2009；Moreira et al.，2013；Ouchi，2013；Monserrat et al.，2014），国际上一些学者也将 InSAR 归类于空间大地测量技术（Hanssen，2001；Simons and Rosen，2007）。起初，InSAR 主要应用于地表三维重建（Zebker and Goldstein，1986；Bamler and Hartl，1998；Rosen et al.，2000；Rabus et al.，2003；Farr et al.，2007）、制图（Ouchi，2013）及地表变化检测（Ouchi，2013），后来很快被扩展为差分合成孔径雷达干涉（differential InSAR，DInSAR）技术并应用于测量地表形变和地球物理模型反演（Massonnet and Feigl，1998；Hanssen，2001；Lu and Dzurisin，2014）。为解决常规 InSAR 所存在的问题，国内外学者又提出并发展了时序/多基线 InSAR（Ferretti et al.，2000；Ferretti et al.，2001；Berardino et al.，2002；Crosetto et al.，2016；Gong et al.，2016）、多孔径干涉（multi-aperture interferometry，MAI）（Bechor and Zebker，2006；Jung et al.，2009；Jung et al.，2011；Hu J et al.，2014；Wang et al.，2014）、像素偏移量跟踪（pixel offset tracking，POT）（Hu X et al.，2014；Wang et al.，2014）及不同方法联合使用的策略（Hu X et al.，2014）。目前，InSAR 已开始广泛应用于地震形变、火山运动、山体滑坡、冰川漂移以及地面沉陷等方面的监测与分析。关于 InSAR 及相关技术在这些方面的具体研究和应用，读者可参阅本书后面给出的参考文献。

  InSAR 是在合成孔径雷达成像与电磁波干涉两类技术融合的基础上发展起来的（Hanssen，2001）。实际上，雷达探测起源于第二次世界大战期间的军事用途，是一种基于微波探测的主动式传感器，而电磁波干涉技术则起源于"杨氏双缝干涉实验"。为了便于理解 InSAR 的基本要义，此处首先借助图 1.1 来介绍。图 1.1（a）给出了"杨氏双缝干涉实验"示意图，图 1.1（b）给出了 InSAR 概念示意图。假设某卫星 SAR 系统沿着重复轨道对某一区域进行侧视成像，对同一个地面分辨元来说，两次成像便形成了两条雷达视线，也就是说形成了地面分辨元至传感器的两个几何距离，这种情形与"杨氏双缝干涉实验"非常类似，两个雷达传感器的位置类似于"双缝"，两个距离对应着两个雷达波程，因波程差导致两个微波相遇时形成增强、削弱、甚至相互抵消的情况，其实质是由相位差异（对应着波程差）所引起，也就是导致"干涉"现象发生的原因（图 1.3（a））。

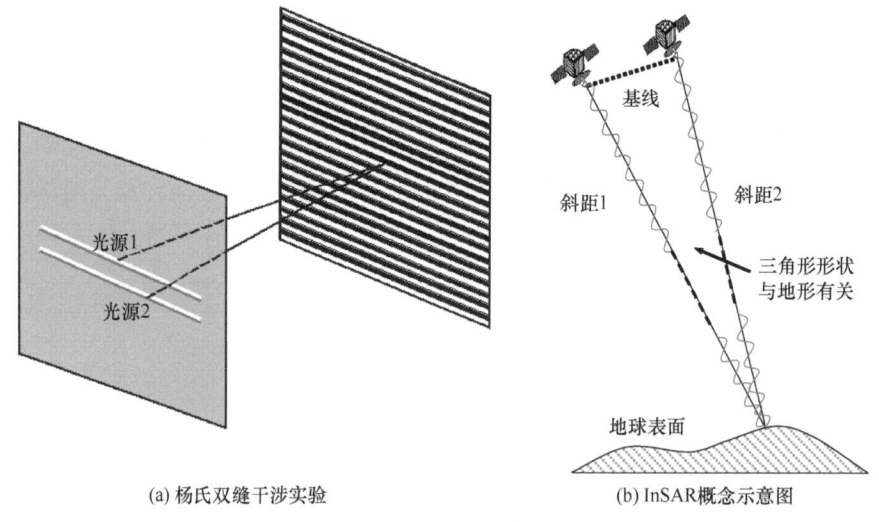

(a) 杨氏双缝干涉实验   (b) InSAR概念示意图

图 1.1 "杨氏双缝干涉实验"和 InSAR 概念示意图

实际上，SAR 成像时，雷达天线（antenna）发射的微波信号需穿越大气层且与地表交互作用后被反射至传感器，并记录回波强度与相位信息，这一成像过程会受到大气折射和观测噪声的影响（Hanssen，2001；刘国祥等，2001a；刘国祥，2005a）。经过信号采集与数据处理，SAR 影像的每一像素既包含地面分辨元的雷达后向散射（backscattering）强度（振幅）信息，也包含与斜距（slant range，即传感器到目标的距离）有关的相位信息，将覆盖同一地区的两幅 SAR 影像对应像素的相位值进行差分，便可得到一个一次差分相位图，通常称为干涉相位图（interferogram）。干涉相位（interferometric phase）意即相位差异，与传感器到目标的距离直接相关，是 InSAR 数据处理与信号提取的焦点所在。顺便指出，SAR 影像的每一像素的相位均存在整周模糊度（integer ambiguity）问题，在干涉处理中，需要采用相位解缠（phase unwrapping）方法（Ghiglia and Pritt，1998）为每一像素确定干涉相位的整周末知数。理论研究表明，干涉相位是参考椭球面（reference ellipsoid）、地形起伏、地表形变大气延迟（atmospheric delay）和其他噪声等因素贡献和的体现（Hanssen，2001；刘国祥，2004a）。InSAR 主要围绕干涉相位及干涉相关数据来提取感兴趣的信息，图 1.2 显示了星载 InSAR 信息提取的基本概念。

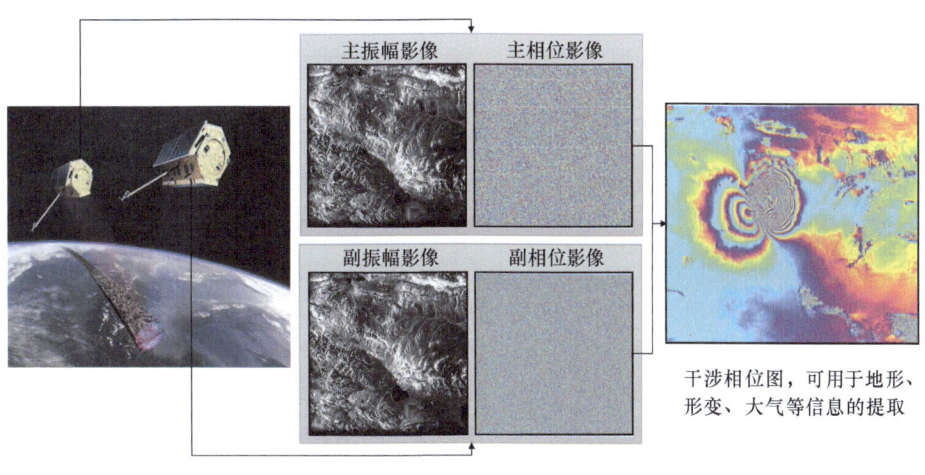

图 1.2 InSAR 信息提取示意图

理论上来说，利用干涉相位图和搭载雷达传感器的平台姿态数据可以提取地表三维信息（Zebker and Goldstein，1986；王超等，2002；何秀凤和何敏，2012），利用干涉相干性（interferometric coherence）分析可以提取地表覆盖的变化信息（Rott，2009；Ouchi，2013）。从地表形变探测来说，可以借助二次差分方法从干涉相位图中去除地形及其他因素的影响，从而达到提取形变信息的目的（刘国祥等，2001a；单新建等，2002；龙四春，2012），这种方法被称为差分合成孔径雷达干涉。此外，大气信息可通过相位信息分离来提取。因为通过相位差异反映距离差异，所以 InSAR/DInSAR 在地形三维重建、形变探测和大气信号提取等方面具有高精度的特征（Rosen et al.，2000；Hanssen，2001）。值得说明的是，为便于陈述，如无特别需要，本书其他地方不严格区分一次差分 InSAR 方法和二次差分 DInSAR 方法，而是将 SAR 干涉处理统称为 InSAR 方法。

为便于了解干涉相位图，图1.3给出了西藏双湖地区的局部干涉相位图（不同的颜色表示干涉相位在$-\pi$和π之间变化）。该图从德国TerraSAR-X/Tandem-X（Sansosti et al.，2014）姊妹卫星于2012年2月28日对该区域成像所获取的两幅SAR影像进行干涉处理中得到，图1.3（a）显示了包含参考椭球面和地形起伏的干涉相位，而图1.3（b）显示了去除参考椭球面贡献（也称"平地效应"）后反映地形起伏的干涉相位。干涉相位图也称"干涉条纹（interference fringe）"，类似于等高线，这些条纹反映了地形起伏的状况，地形越平坦，条纹越稀疏；地形起伏越大，条纹越密集。

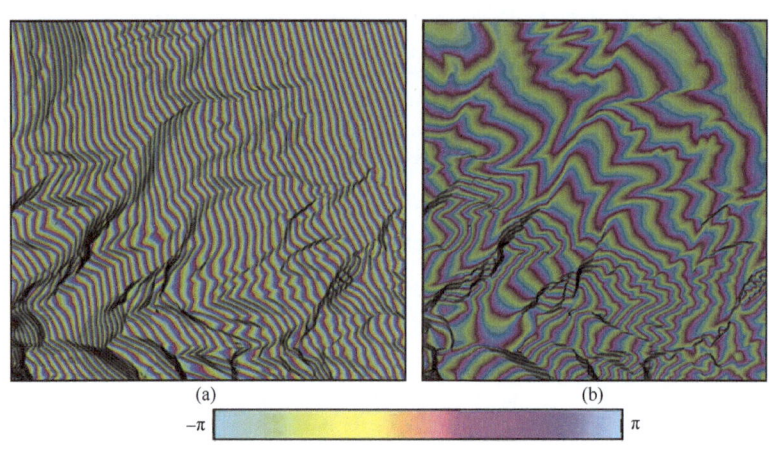

图1.3　西藏双湖地区的局部干涉相位图实例

根据成像平台的不同，InSAR系统可分为地基、机载和星载三类（Moreira et al.，2013；Monserrat et al.，2014）。根据传感器配置的不同，可分为双天线干涉系统和单天线重复轨道干涉系统（Hanssen，2001；王超等，2002；刘国祥，2004a）。如图1.4所示，一些机载SAR系统使用以固定间距分开的两个天线（天线中心连线称为基线，一般垂直于平台飞行方向）同时采集信号，其中仅一个天线主动发射一定频率的微波信号，而地面回波信号被两个天线接收，经过处理，可获得不同视角且覆盖同一区域的两幅SAR影像，这种配置就是双天线干涉系统。航天飞机一般也搭载类似的双天线干涉系统，具体可参见1.3节中的描述（图1.10）。

图1.4　机载SAR系统

星载 SAR 系统一般使用单天线采集信号（王超等，2002），如图 1.5 所示，对某个局部地区来说，一次卫星通过只能获得一幅 SAR 影像，卫星雷达以一定的时间间隔和轻微的轨道偏离重复对该地区成像，两次获取的 SAR 影像可形成一个干涉对，垂直于轨道飞行方向的基线称为合成基线，这种配置就是单天线重复轨道干涉系统。在星载雷达系统获取初数据后，须经计算机聚焦和滤波处理，才能形成 SAR 影像（廖明生和林珲，2003；刘国祥，2004b；Moreira et al.，2013）。SAR 影像产品一般附带有关飞机/卫星轨道的姿态数据（即空间位置和速度矢量）和传感器系统参数。近年来，地基 InSAR 成像系统得到迅速发展，与星载和机载 InSAR 系统形成较好的互补，图 1.6 显示了意大利 IDS 公司研发的 IBIS-L 雷达干涉仪，由数据采集和数据处理系统构成，可对滑坡、露天矿边坡等进行局部重点监测。需要说明的是，本书主要针对卫星 InSAR 进行介绍，关于机载和地基 InSAR，有兴趣的读者可参阅相关参考文献（Rott，2009；Moreira et al.，2013；Ouchi，2013；Monserrat et al.，2014）。

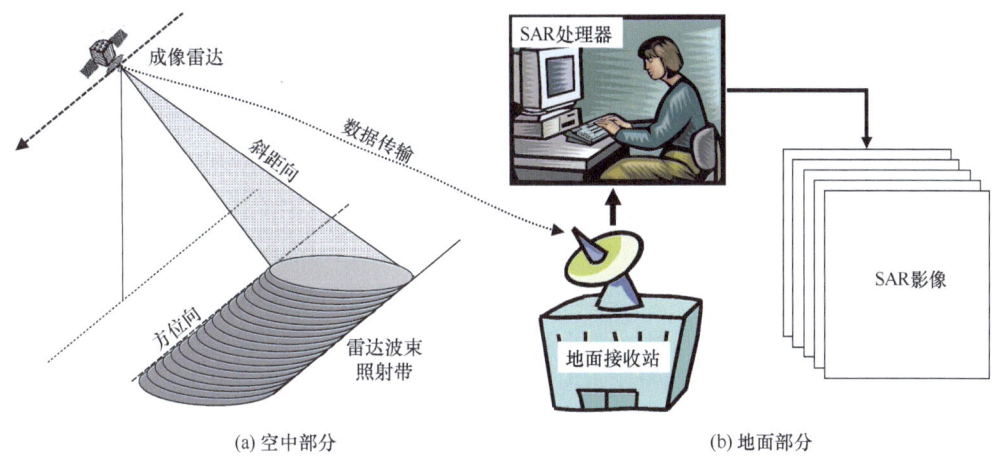

图 1.5　星载 SAR 系统

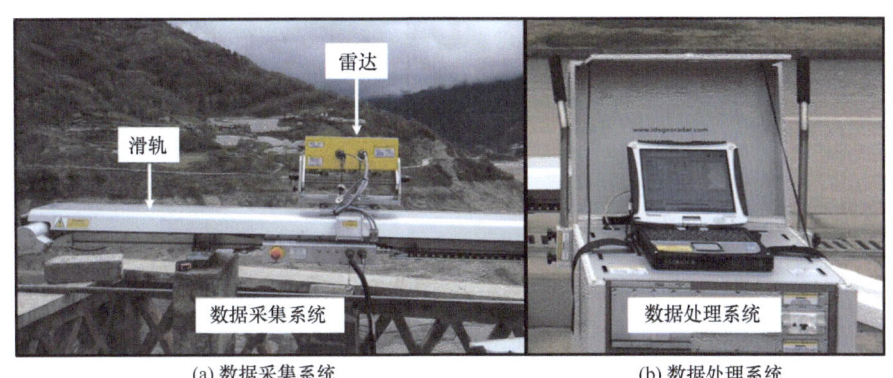

图 1.6　IDS 公司 IBIS-L 地基 SAR 系统

InSAR 在数字高程模型（digital elevation model，DEM）建立方面具有独特的技术优势（刘国祥等，2000；Hanssen，2001），表 1.1 列出了 InSAR 与其他 DEM 获取技术

的对比情况。与地面测量、摄影测量和激光雷达技术相比，InSAR 在多云、多雾和多雨的天气条件下获取地形数据的技术优势更加突出，因而，它在获取全球地形数据方面具有不可替代的技术优势。从几种合成孔径雷达遥感技术对比来看，InSAR 在地形数据获取方面具有独特的优势，并且比 SAR 立体测图和 SAR 阴影测图具有更高的测量精度。

表 1.1 InSAR 与其他 DEM 获取技术的对比

DEM 获取技术	覆盖面	DEM 精度
地面测量	局部、大比例尺测图范围	0.01~0.1 m
摄影测量（航空）	区域	0.1~1 m
LiDAR（航空）	区域	0.5~2 m
InSAR	区域到全球范围	1~20 m
SAR 阴影测图	区域到全球范围	坡度≤2°时为 22 m
SAR 立体测图	区域	10~100 m

由地表形变所引发的相关地质灾害是国内外普遍关心的问题之一，因自然因素或人为活动所引发的地质灾害可以造成人类生命财产损失或人类生存环境的破坏，这包括诸如地震、火山、冰川、滑坡和地表沉陷（因地下水抽取、矿产与油气资源开采等引起）等地质灾害。从区域地表形变监测手段来说，基于差分处理的 InSAR 是独一无二的遥感技术（刘国祥等，2000；Hanssen，2001；游新兆等，2001），可为地质灾害监测及预警提供独特的理论与技术支撑。与常规大地测量形变监测技术如精密水准测量和卫星导航定位系统（global navigation satellite system，GNSS）相比，InSAR 具有高精度、高分辨率、覆盖范围大、成本低、安全和观测连续等特点，具有常规形变监测手段无可比拟的优越性（刘国祥等，2000；Hanssen，2001；Xu et al.，2016），表 1.2 列出了 InSAR 与精密水准测量及 GNSS 技术的对比情况。与基于点观测的大地测量技术相比，InSAR 是独特的基于面观测的空间大地测量新技术，可补充已有的基于点观测的低空间分辨率大地测量技术如精密水准测量与 GNSS 等，因此，InSAR 为地球物理研究和形变灾害监测提供了一种经济而有效的空间对地观测途径。

表 1.2 InSAR 与精密水准测量及 GNSS 技术的对比

测量方式	精密水准	GNSS	InSAR
空间覆盖	离散点	离散点	面覆盖
精度	mm	mm	mm
周期、速度	长、慢	短、快	短、快
作业条件	根据天气	全天候	全天候
成本	高	较高	低

前已提及，基于微波的 SAR 主动成像几乎不受云雨和昼夜的限制，而基于可见光的被动式遥感成像则受这两个自然因素的制约较为严重。例如，赤道附近地区因云层的覆盖几乎很难获得有用的影像，欧洲地区所获得的非 SAR 影像也仅有 20%左右可被利用，这些正是基于 SAR 成像的合成孔径雷达干涉技术成为研究与应用热点的重要驱动力之一（Rott，2009；Ouchi，2013）。大量的已有研究表明，合成孔径雷达干涉可以应

用于地球表面各种环境和资源的观测和研究（Rott，2009；Ouchi，2013），图 1.7 列举了 InSAR 的主要应用领域。特别地，合成孔径雷达干涉技术具有高精度、高空间分辨率、几乎不受云雨天气制约和空中遥感等突出的技术优势，可为地球环境变化和地质灾害监测提供有利的技术支撑（Rott，2009；Ouchi，2013）。

虽然 InSAR 应用于地形测绘和地表形变监测具有诸多优势，但由于干涉相位会受到时空失相关（Zebker and Villasenor，1992；Hanssen，2001；刘国祥等，2001c；刘国祥，2005b）和大气延迟（Zebker et al.，1997；Hanssen，2001；Li et al.，2004）等负面因素的影响，使得其观测精度受到限制，进而致使其应用受到很大制约。为克服这些问题，相关学者已提出了基于 SAR 影像时间序列分析的多时相 InSAR（multi-temporal InSAR，MTInSAR）（Kampes，2006；Ketelaar，2009；Hooper et al.，2012；Mohammed et al.，2013；Ferretti，2014；Osmanoğlu et al.，2016；Crosetto et al.，2016；Gong et al.，2016）。本书将在第 11 章对 MTInSAR 进行详细介绍，此处不展开讨论。

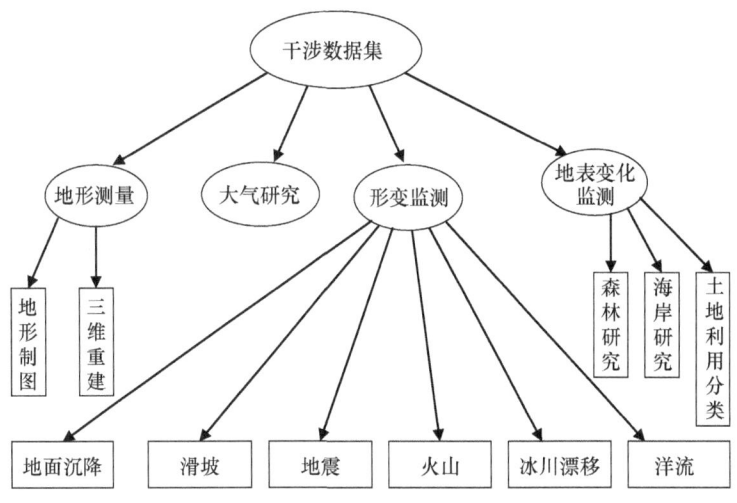

图 1.7 InSAR 主要应用领域

1.2 合成孔径雷达干涉的发展历史

从字面来理解，InSAR 是一个嵌套式的英文缩写，即 radio detection and ranging（radar，无线电探测与测距，简称雷达），synthetic aperture radar（SAR，合成孔径雷达），interferometric SAR（InSAR，合成孔径雷达干涉）（Rosen et al.，2000；Hanssen，2001）。这正说明了 InSAR 的发展经历了"地面探测雷达——成像合成孔径雷达——合成孔径雷达干涉"的过程，同时也说明了 InSAR 是合成孔径雷达遥感成像与电磁波干涉两大技术的融合。

雷达的起源要追溯到 1886 年的赫兹实验，他首次开展了无线电微波对不同物体的反射和发射的实验（Hanssen，2001；Moreira et al.，2013）。19 世纪初期，第一个雷达的产生被用来探测舰船。典型的雷达系统由发射机（transmitter）、转换器（switch）、天线（antenna）、接收机（receiver）和数据记录器（data recorder）等组成，通过各部分的协同工作，完成探测和测距工作并记录相应的信息。在早期阶段，雷达技术的研发主要是为了满足军事侦察的需求（Moreira et al.，2013）。1922 年，世界上首个连续波束雷达系统诞生，而第一个脉冲雷达系统则出现于 1934 年，由美国海军研究实验室（Naval Research Laboratory，NRL）设计制造。同时，英国、德国和加拿大等也竞相展开对雷达系统的研制。世界上首个成像雷达系统出现于第二次世界大战期间，其以矩形模式成像，图像畸变较严重。后来通过开发平面位置显示器使图像畸变得以大为改善（Moreira et al.，2013）。在 20 世纪 50 年代，侧视雷达（side looking radar，SLR）成像系统面世，起初也是应用于军事侦察及目标识别（Ouchi，2013），直到 60 年代中期，随着第一批高分辨率 SLR 影像的解密，成像雷达系统及雷达影像才开始应用于科学研究（Moreira et al.，2013；Ouchi，2013）。

实际上，侧视雷达成像系统所获取的影像沿飞行方向（azimuth direction，即方位向）的空间分辨率较低，很难满足实际应用需求。为了提高方位向分辨率，需要为 SLR 成像系统设置大型天线，但因搭载平台的荷载限制，大型天线无法满足实用性需求。为了改善方位向分辨率，1952 年，美国 Goodyear 宇航公司的 Carl Wiley 基于多普勒频移（Doppler frequency shift）原理提出并设计了一种"多普勒波束聚焦"系统（Rott，2009）。与传统的 SLR 不同，这种系统以斜视方式运行，其雷达波束向前成 45°角进行扫描。1953 年，Goodyear 宇航公司的雷达研制小组根据这一设计原理成功研制出了世界上第一个机载 SAR 系统。1957 年，在密歇根大学和美国军方的联合攻关下，第一个侧视 SAR 成像系统诞生，其搭载平台依然为飞机。SAR 系统可以利用真实孔径天线的运动逻辑地合成一个更大的"合成孔径"天线，进而实现方位向分辨率的提高。在搭载平台飞行过程中，雷达天线持续发射电磁脉冲，在与观测目标交互后产生回波信号，回波信号被接收机记录。每个地面目标对应一个唯一的多普勒频移，"合成孔径"处理通过调整每个地面目标回波的频移量实现解调，并同时对多普勒频移进行匹配，进而实现方位向的高分辨率成像（Hanssen，2001；廖明生和林珲，2003；Rott，2009）。也就是说，SAR 只是表示"合成孔径雷达"概念，SAR 系统仍然依赖于真实孔径雷达获取初数据，通过"多普勒波束聚焦"处理才能形成高分辨率的影像，实际上"合成孔径"是通过数据处理来实现的。

进入 20 世纪 60 年代，一些国家相继开展了机载、航天飞机或星载 SAR 成像系统的研究与实验。1978 年 6 月，美国发射了世界上第一个搭载 SAR 系统的卫星 SEASAT，自此国际上已相继发射了多颗 SAR 卫星（Moreira et al.，2013），为 SAR 遥感理论与应用研究提供了大量的数据。关于 SAR 成像系统（特别是卫星 SAR 系统）的发展情况，将在 1.3 节详细介绍。

在 SAR 系统出现后的早期阶段，仅 SAR 影像中的地物回波强度信息得到应用，即使用 SAR 强度（灰度）影像进行目标识别与变化监测，如极地冰川、土地利用、植被覆盖、考古和生态环境监测以及地质调查等（Moreira et al.，2013；Ouchi，2013）。直到 20 世纪 70 年代，射电天文领域内干涉（电磁波干涉）概念及相关技术的引入，才促进了 InSAR 理论与技术的诞生（Hanssen，2001）。

前已提及，电磁波干涉最早起源于 1801 年 Thomas Young 提出并设计完成的"杨氏双缝干涉实验"。由点光源发出的光波穿过两个狭缝（相干光源）后在不同的空间距离上产生叠加，引起光波的增强或减弱，进而在接收光波的白板上出现明暗相间的条纹，即"干涉条纹"。InSAR 正是基于电磁波的这一特性，利用同一目标的两次 SAR 回波信号进行干涉，进而提取地形或地表位移（ground surface displacement）等信息。

国际上最早进行雷达干涉实验的是美国人 Rodgers 和 Ingalls，他们于 1969 年利用雷达干涉对金星表面进行观测（Rodgers and Ingalls，1969）。但这并不是真正意义上的 InSAR，因为这次实验所使用的是真实孔径的地面雷达系统。1974 年，美国国家航空航天局（National Aeronautics and Space Administration，NASA）的 Graham 发表了关于使用 InSAR 对地球表面形状进行测量的构想（Graham，1974），这是有关 InSAR 基本思想最早的探讨。但是，在此后的十多年间，关于 InSAR 的研究进展较为缓慢。直到 1986 年，美国 NASA 喷气推进实验室（Jet Propulsion Laboratory，JPL）的 Zebker 等开展了机载 InSAR 地形三维重建的实验研究（Zebker and Goldstein，1986），获取了美国旧金山海湾地区的三维地形数据，并报道了 InSAR 地形测量精度为 10~30 m，这标志着 InSAR 技术在地形测绘中的首次成功应用。此后，关于 InSAR 的研究和应用逐步得到推广。

1987 年和 1990 年，Li 和 Goldstein 使用 SEASAT 数据对多基线 InSAR 地形建模进行了较为深入的研究，得到了精度更高的地形测量结果（Li and Goldstein，1987，1990）。这一开创性的工作成为星载 InSAR 技术发展的起点。此后，数字 SAR 处理器的研发成为热点（Moreira et al.，2013），SAR 传感器的不断发展和完善为 InSAR 技术的发展和应用奠定了基础。随着 InSAR 软硬件系统研究的不断升华，InSAR 应用于全球地形测绘取得了巨大成功，国际上最具影响的两大 InSAR 全球地形三维重建计划当属美国实施的 SRTM 计划（Rabus et al.，2003；Farr et al.，2007）和德国实施的 Terrafirma 计划，具体信息将在 1.3 节和 1.4 节中介绍。

随着对 InSAR 研究的不断深入，差分雷达干涉的概念和思路诞生。1989 年，Gabriel 等首次提出了差分合成孔径雷达干涉（DInSAR）的概念、原理及数据处理方法，使用 SEASAT SAR 影像进行干涉处理，提取了美国加利福尼亚因皮里尔河谷地表位移信息（Gabriel et al.，1989）。1993 年，法国国家太空研究中心（Centre National d'Etudes Spatiales，CNES）的 Massonnet 等基于 DInSAR 成功地测量了 1992 年美国加利福尼亚地区 Landers 地震引起的显著地表位移，研究结果发表在 *Nature* 上（Massonnet et al.，1993）。这些研究结果极大地鼓舞与推动了 InSAR 理论与技术的快速向前发展，DInSAR 已开始被广泛地应用于地震（Wang et al.，2014；Chaussard et al.，2016；Wright，2016）、火山（Lu et al.，1997；Hooper and Pedersen，2007；González et al.，2015；Sigmundsson et al.，2015）、滑坡（Xia et al.，2004；Hilley et al.，2004；Wasowski and Bovenga，2014）、冰川（Goldstein et al.，1993；Cheng and Zhang，2006；Khan et al.，2014）及地表沉陷（Fielding et al.，1998；Ding et al.，2004；Ketelaar et al.，2009；Liu et al.，2011；Chen J et al.，2016；）等方面的监测与物理模型反演。近年来，国际上许多研究机构在雷达干涉硬件系统优化、软件包的开发、算法优化与应用扩展等方面展开了深入而广泛的研究。目前，国际上已有多种商业和开源 InSAR 软件可供使用。例如，瑞士 GAMMA 遥感公司开发的 DIFF&GEO 和 IPTA（干涉点目标分析）模块，法国空间局开发的 DIAPASON，

德国徕卡公司开发的 IMAGINE-InSAR，荷兰代尔夫特大学开发的 DORIS，以及美国 NASAR/JPL 开发的 ROI-PAC，等等（Moreira et al., 2013; Mohammed et al., 2013）。

随着对 InSAR 理论、方法和应用研究的不断深入，国内外有关学者也逐渐意识到应用该技术所存在的缺陷，如干涉失相关（interferometric decorrelation）（Zebker and Villasenor, 1992; Hanssen, 2001; Wang et al., 2010）、大气延迟（Zebker et al., 1997; Hanssen, 2001; Li et al., 2003; Ding et al., 2008）、相位噪声（phase noise）（Hanssen, 2001; 刘国祥, 2005b）、相位处理误差（Hanssen, 2001; 刘国祥, 2005b）、轨道数据误差（Hanssen, 2001; Fattahi and Amelung, 2014）等。尤其对于缓慢累积的地表形变监测而言，由于短时间内缓慢形变的累积量级较小，很容易被大气延迟或其他噪声所掩盖，进而导致形变监测精度降低或失败。

针对常规 InSAR 在监测缓慢地表形变中所存在的缺陷，意大利的 Ferretti 等率先提出了永久散射体干涉（persistent scatterer InSAR, PSI）（Ferretti et al., 2000, 2001）。该方法的核心思想是：使用在某一时间段内对同一地区所获取的多幅 SAR 影像（即 SAR 影像时间序列），并基于统计分析方法探测出成像区域内对雷达波后向散射较为稳定的目标（即永久散射体），然后针对这些永久散射体（persistent scatterer, PS）的相位时间序列进行建模与分析，从而分离形变与大气延迟等信息。2002 年，Berardino 等提出了短基线子集（small baseline subset, SBAS）方法（Berardino et al., 2002）；2003 年，Mora 等提出了一种基于 PS 构建不规则三角网络并进行形变信息提取的方法（Mora et al., 2003），实质上是 PSI 与 SBAS 相结合的一种折中算法。近年来，国际上已提出多种其他时间序列 InSAR 方法，用以监测地表形变时空演变过程（Liu et al., 2009; Hooper et al., 2012; Mohammed et al., 2013; 于冰, 2015; Crosetto et al., 2016; Gong et al., 2016; Osmanoğlu et al., 2016）。值得说明的是，此类方法也被称为多时相 InSAR。

1.3 合成孔径雷达成像系统的进展

前已述及，自 1952 年 Carl Wiley 提出利用多普勒频移技术改善雷达成像的方位向分辨率以来，合成孔径雷达成像系统取得了长足的进步与发展。目前，SAR 成像系统正向多平台、多波段、多极化、多模式、高空间分辨率和高重访频率方向发展，现已形成地基、机载和星载 SAR 影像获取系统并存的格局（Moreira et al., 2013），为 InSAR 理论与技术研究及其应用拓展提供了强大的数据支撑。

星载 SAR 系统是当前应用最为广泛的 SAR 遥感平台，到目前为止，国际上已有数十颗 SAR 卫星曾经或者正在太空中服役（Moreira et al., 2013）。图 1.8 显示了国际上主要民用卫星 SAR 系统及其发射时间、服务时段和状态，表 1.3 列出了其主要技术设计参数。作为示例，图 1.9 显示了四种典型的卫星 SAR 成像系统。自 20 世纪 70 年代以来，美国、俄罗斯、欧洲空间局（European Space Agency, ESA）、日本、加拿大、意大利、德国、中国、印度、以色列、韩国、阿根廷等国家对卫星 SAR 成像系统开展了系统研究和技术开发，并先后成功发射了多颗搭载不同类型 SAR 传感器的卫星（Moreira et al., 2013）。

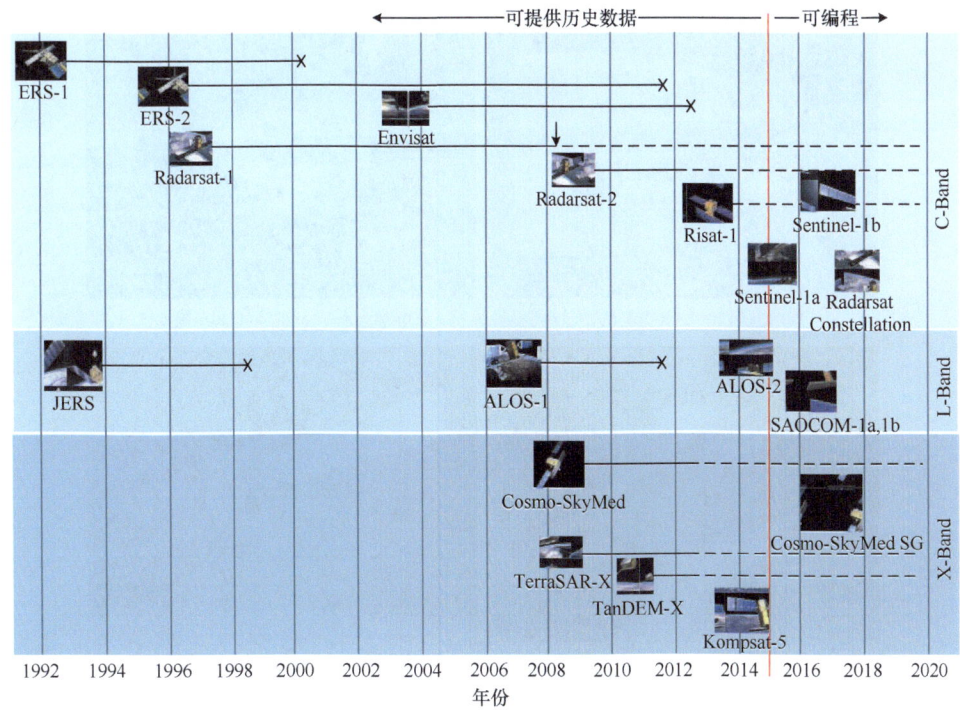

图 1.8 国际上主要 SAR 卫星及其服务时段

表 1.3 国际上主要民用卫星 SAR 系统的设计参数

卫星 SAR 系统	在轨时间	轨道高度 /km	波段 /（波长/cm）	极化方式	重访周期 /天	地面分辨率 /m	影像幅宽/km	隶属机构/国家
SEASAT	1978 年（106 天）	800	L/23.4	HH	—	25	100	NASA/美国
JERS-1	1992~1998 年	568	L/23.6	HH	44	25	80	JAXA/日本
ERS-1/2	1991~2000 年 1995~2011 年	785	C/5.6	VV	3，35	25	102.5	欧洲空间局
RADARSAT-1	1995~2013 年	790	C/5.6	HH	24	8~30	50~500	CSA/加拿大
ENVISAT ASAR	2002~2012 年	800	C/5.6	HH/VV	35	25~100	100~405	欧洲空间局
ALOS PALSAR	2006~2011 年	700	L/23.6	HH/VV /VH/HV	46	10~100	20~350	JAXA/日本
RADARSAT-2	2007 年至今	798	C/5.6	HH/VV /VH/HV	24	3~100	25~500	CSA/加拿大
TerraSAR-X	2007 年至今	514	X/3.1	HH/VV /VH/HV	11	1~16	10~100	DLR/德国
TanDEM-X	2010 年至今	514	X/3.1	HH/VV /VH/HV	11	1~16	10~100	DLR/德国
COSMO-SkyMed（四星座）	2007 年至今	620	X/3.1	HH/VV	4~16	1~100	10~200	ASI/意大利
RISAT-1	2012 年至今	536	C/5.6	HH/VV /VH/HV	12/25	1~50	10~225	ISRO/印度
HJ-1C	2012 年至今	500	S/9.6	VV	31	5~20	40~100	CRESDA/中国
ALOS-2 PALSAR-2	2014 年至今	628	L/23.6	HH/VV /VH/HV	14	1~100	25~490	JAXA/日本
Sentinel-1A	2014 年至今	693	C/5.6	HH/VV	12	5~40	20~400	欧洲空间局
Sentinel-1B	2016 年至今	693	C/5.6	HH/VV	12	5~40	20~400	欧洲空间局

(a) 德国TerraSAR-X卫星

(b) 意大利Cosmo-Skymed卫星

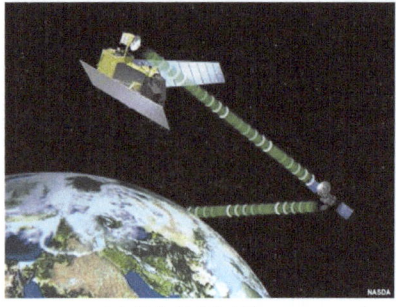
(c) 日本ALOS卫星

(d) 欧洲空间局Sentinel-1A卫星

图 1.9　四种典型的卫星 SAR 系统

1978 年 6 月 27 日，美国国家航空航天局喷气推进实验室发射了世界上第 1 颗载有 SAR 传感器的海洋卫星 SEASAT，搭载 HH 极化的 L 波段 SAR，天线波束指向固定。SEASAT 的发射标志着合成孔径雷达已成功进入从太空对地进行观测的时代。在 SEASAT 取得成功的基础上，美国利用航天飞机分别于 1981 年、1984 年和 1994 年将 Sir-A、Sir-B 和 Sir-C/X-SAR 雷达成像系统送入太空。Sir-A 是 HH 极化的 L 波段 SAR，天线波束指向固定，以光学记录方式成像，其中最有影响的是发现了撒哈拉沙漠中的地下古河道，表明了 SAR 具有穿透地表的能力，一方面，这取决于被探测地表的物质参数（导电率和介电常数）和表面粗糙度；另一方面，波长越长，其穿透能力越强。Sir-B 是 Sir-A 的改进型，仍采用 HH 极化 L 波段的工作方式，但其天线波束指向可以机械改变，提高了对重点地区观测的机动性。Sir-C/X-SAR 是在 Sir-A，Sir-B 基础上发展起来的，是当时最先进的航天 SAR 系统，具有 L、C 和 X 三个波段，采用 4 种极化（HH、HV、VH 和 VV）方式成像，其侧视角（side looking angle）和测绘带范围均可根据需要进行改变。

前已提及，2000 年 2 月，美国发射"奋进"号航天飞机携带 C/X 波段雷达进行了为期 11 天覆盖全球 80%地区的制图任务飞行，即航天飞机雷达制图计划（shuttle radar topography mission，SRTM），如图 1.10 所示，该系统使用单轨双天线（基线长度（baseline length）为 60 m，由可自动伸缩的金属桅杆构成）的数据获取模式，目的是运用干涉方法获取全球高精度 DEM，平面采样间距为 30 m，高程精度可达 10 m。关于 SRTM，更详细的信息将在 1.4 节中介绍。

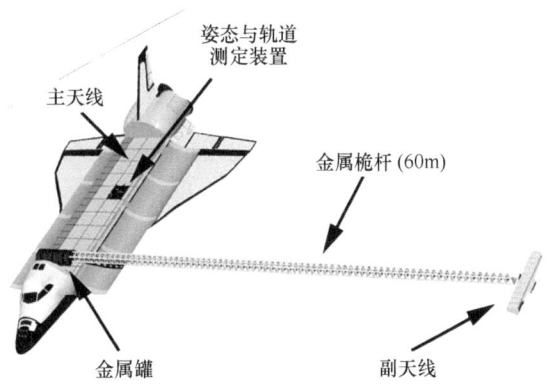

图 1.10　美国 SRTM 系统（"奋进"号航天飞机搭载双天线雷达传感器）

"长曲棍球"（Lacrosse）系列 SAR 卫星，是当今世界上最先进的军用雷达侦察卫星，已成为美国卫星侦察情报的主要来源。1988 年 12 月 2 日，由美国"亚特兰蒂斯"号航天飞机将世界上第 1 颗高分辨率雷达成像卫星"长曲棍球-1（Lacrosse-1）"送入预定轨道。此后，在 1991 年、1997 年、2000 年和 2005 年，又分别将 Lacrosse-2、Lacrosse-3、Lacrosse-4、Lacrosse-5 送入太空。目前在轨工作的有 Lacrosse-2~Lacrosse-5，这 4 颗卫星以双星组网，采用 X、L 两个波段和双极化成像，具有三种成像模式，即标准模式（分辨率 1 m）、宽扫模式（分辨率 3 m）和精扫模式（分辨率 0.3 m）。

1987 年 7 月 25 日，苏联成功发射了雷达卫星 Cosmos-1870，主要用于雷达遥感演示和验证。在此基础上，俄罗斯分别于 1991 年和 1998 年将"钻石"（Almaz）系列雷达成像卫星 Almaz-1 和 Almaz-1B 送入太空。其中，Almaz-1 工作在 S 波段（中心频率 3.125 GHz），采用单极化（HH）、双侧视工作方式，入射角（incidence angle）在 30°~60°可变，地面分辨率为 10~15 m。Almaz-1B 搭载 3 种 SAR 传感器，即 SAR-10（波长 9.6 cm，分辨率 5~40 m）、SAR-70（波长 7 cm，分辨率 15~60 m）和 SAR（波长 3.6 cm、分辨率 5~7 m），均采用 HH 极化方式。2007 年，俄罗斯发射了 Arkon-2 多功能雷达卫星，这是俄罗斯目前最先进的雷达成像侦察卫星，搭载三波段 SAR 传感器，该雷达分米波段观测系统可探测植被下隐藏的目标，0.7 m 波长的雷达可扫描干燥地表层，可以识别地面伪装和地下目标。此外，在不久的将来，俄罗斯还将发射 Kondor-E 小型极地轨道雷达卫星。

欧洲空间局分别于 1991 年 7 月和 1995 年 4 月先后发射了两颗欧洲遥感姊妹卫星 ERS-1 和 ERS-2，均搭载 C 波段 SAR 传感器，天线波束指向固定，采用 VV 极化方式，可获得 30 m 空间分辨率和 100 km 观测带宽的 SAR 影像。作为 ERS 计划的后续，ENVISAT 是由 ESA 于 2002 年 3 月送入太空的又一颗先进的近极地太阳同步轨道卫星。ENVISAT 上所搭载的 ASAR 继承了 ERS-1/2 的成像模式和波束模式，增强了在工作模式上的灵活性和可选择性，具有多种极化、可变入射角、大幅宽等新的特性。2014 年 4 月和 2016 年 4 月，ESA 又成功发射了 Sentinel-1a 和 Sentinel-1b 两颗姊妹卫星，均搭载 C 波段 SAR 传感器，具有四种成像模式，即干涉宽模式（幅宽 250 km，分辨率 5×20 m）、波模式（20×20 km，分辨率 5×5 m）、条带模式（幅宽 80 km，分辨率 5×5 m）和超宽模式（幅宽 400 km，分辨率 20×40 m），仍然拥有多种极化和可变入射角的成像特性。

1992 年 2 月 11 日，日本宇宙航空研究开发机构（Japan Aerospace Exploration Agency，JAXA）发射了 JERS-1 卫星，搭载 L 波段 SAR 传感器，采用 HH 极化方式成像。2006 年，日本发射了先进陆地观测卫星（advanced land observing satellite，ALOS），搭载 L 波段合成孔径雷达 PALSAR，具有多入射角、多极化、多工作模式（高分辨率模式和扫描模式）和多种分辨率的特性，最高地面分辨率可达 10 m。继 ALOS PALSAR 成功发射之后，日本于 2014 年又发射了 ALOS-2 卫星，仍然搭载 L 波段合成孔径雷达 PALSAR，在保留原有成像特性的基础上，提供了更加多样化的成像模式，可选地面分辨率为 1~100 米，可选成像幅宽为 25~490 km。

1995 年 11 月 4 日，加拿大航天局（Canadian Space Agency，CSA）成功发射 RADARSAT-1 雷达卫星，工作在 C 波段（5.3 GHz），采用 HH 极化方式，具有 7 种波束模式、25 种成像方式，每隔 3 天能覆盖一次美国和其他北半球地区，全球覆盖一次不超过 5 天。2007 年，加拿大航天局成功发射了 RADARSAT-2 雷达卫星，是继 RADARSAT-1 之后的新一代商用 SAR 卫星，不仅继承了 RADARSAT-1 所有的工作模式，并增加了多极化成像、高分辨率（3 m）成像、双侧视成像和移动目标探测等特性。此外，加拿大航天局已宣布，继 RADARSAT-1 和 RADARSAT-2 取得成功之后，将于 2018 年以后继续发射 3 颗 RADARSAT 卫星，形成星座，为海事监视、灾难管理与环境变化监控提供多极化、多模式的 C 波段 SAR 影像。

2007 年 6 月 8 日，意大利国防部与航天局合作，成功发射了 Cosmo-Skymed-1 雷达卫星，标志着 Cosmo-Skymed 军民两用星座项目的实施拉开了帷幕。该星座共包括 4 颗 SAR 卫星，Cosmo-Skymed-2/3/4 发射日期分别为 2007 年 12 月 9 日、2008 年 10 月 25 日和 2010 年 11 月 5 日。每颗卫星的 SAR 传感器均工作在 X 波段，具有多极化、多入射角的成像特性，拥有三种成像模式，即扫描模式（分辨率为 100 m 或 30 m）、条带模式（分辨率为 3 m 或 1.5 m）和聚焦模式（分辨率为 1 m）。

2007 年 6 月 15 日，TerraSAR-X 卫星成功发射，是由德国宇航中心（Deutsches Zentrum für Luft-und Raumfahrt，DLR）、欧洲宇航防务集团 Astrium 公司和 Infoterra 公司共同开发的军民两用雷达卫星。该卫星搭载的 SAR 传感器工作在 X 波段（9.65 GHz），具有多极化、多入射角的成像特性，拥有四种成像模式，即条带模式（分辨率 3×3 m）、扫描模式（分辨率 15×16 m）、聚焦模式（分辨率 2×1.2 m）和高分辨模式（分辨率 1×1.2 m）。2010 年 6 月 21 日，德国再次成功发射 TanDEM-X，其性能与 TerraSAR-X 基本一致，二者构成姊妹卫星，经编队飞行可形成干涉系统，主要应用于全球高精度 DEM 获取，这就是德国实施的 Terrafirma 计划。此外，德国还拥有 SAR-LUPE 军用雷达侦察卫星，由 5 颗 X 波段雷达卫星组成星座，能提供地面分辨率优于 1 m 的 SAR 影像。

2008 年 1 月 21 日，以色列国防部发射了 TecSAR 雷达卫星，工作在 X 波段，具有多极化、多种成像模式和多种分辨率的特性，最高地面分辨率可达 1 m。2012 年，中国自主研发的 S 波段 SAR 卫星（HJ-1C）成功发射，最高地面分辨率可达 3 m。此外，据不完全统计，还有很多其他国家正在大力开展雷达卫星的系统研究，已经发射或即将发射的雷达卫星包括印度的 RiSat、中国的 GF-3、韩国的 KompSat-5、阿根廷的 SAOCOM 等。

星载 SAR 系统具有广域观测的优势，但由于卫星观测重访周期一般是固定的，机动性有所欠缺（Moreira et al.，2013）。近年来，搭载在飞机或者无人机上的 SAR 成像系统（即机载 SAR 系统）得到了快速的发展，因其良好的机动性，与星载 SAR 系统形成了很好的优势互补（Moreira et al.，2013）。此外，机载 SAR 系统一般可作为卫星 SAR 系统的研制基础，在星载 SAR 系统发射前进行一系列参数和算法的验证。美国、加拿大、德国、中国、奥地利、瑞典、丹麦、俄罗斯、澳大利亚、巴西、法国、英国、荷兰、挪威和南非等国家开展了大量的机载 SAR 理论与应用研究。目前，国际上可操作的机载 SAR 系统约有 20 套左右，其中，有的系统仅搭载一个 SAR 传感器，而有的系统搭载双天线 SAR 传感器（即形成双天线干涉系统）。例如，美国 Norden 系统公司研制的 AN/APY-3 多模相控阵雷达系统，该雷达工作在 X 波段，此外，Norden 系统公司还专门为 F-4E 战斗机研制了前视战术多模雷达系统，工作于 Ku 波段，有 4 个接收通道，作用距离为 65~150 km，具有多种 SAR 成像能力，地面分辨率可达到 20 m、3 m 和 0.3 m。美国 Sandia 国家实验室研制的 Twin-Otter SAR 为多频段、多极化和多模式的高分辨率 SAR 系统，工作在 VHF/UHF、X、Ku 和 Ka 四个波段。德国宇航中心开发的 E-SAR 系统和美国 JPL 研发的 UAVSAR 系统已在地形测绘、地震应急测绘等领域得到了成功的应用。中国科学院电子所与中国测绘科学研究院等单位研制了具有自主知识产权的机载多波段、多极化干涉 SAR 测图系统，即 SARMapper。

近年来，地基 SAR 成像系统也得到迅速发展，已成为星载和机载 SAR 系统的重要补充，具有监测灵活性强、监测精度极高的特性，特别适合于建筑物或边坡稳定性的监测（Monserrat et al.，2014）。如图 1.6 所示，地基 SAR 是机载或星载 SAR 工作模式在地面上的一种拓展，由雷达成像系统和天线赖以运行的水平平直轨道等部分构成，也就是说，其数据采集是通过传感器在系统自身配置的轨道上运行来实现，并依赖合成孔径和步进频率技术实现在方位向和距离向的高分辨率成像。目前，国际上较为先进的地基 SAR 系统包括意大利 IDS 公司研发的 IBIS-L 雷达干涉仪、瑞士 GAMMA 遥感公司研发的 GPRI 便携式雷达干涉仪等。国内外众多机构已开始利用这些系统对建筑物、滑坡、露天矿边坡、冰川运动等展开监测和研究，雷达视线方向形变测量精度可达到 0.1 mm。

1.4 InSAR 的主要应用情况

前已述及，InSAR 信息提取主要依赖于干涉相位和搭载 SAR 传感器的平台位置与姿态数据（基线参数）的处理与分析，可广泛应用于地形测量（特别是 DEM 生成）、大气研究、形变监测及地表变化监测等方面，尤其是在大范围监测地表微小形变方面，具有独特的技术优势。

理论与实验研究表明，InSAR 应用于 DEM 生成与形变信息提取过程中，会受到几个负面因素的影响，这包括轨道误差（orbital error）、基线参数误差、干涉失相关引起的相位噪声、相位解缠误差及大气延迟误差等（Hanssen，2001）。其中，干涉失相关和大气效应是制约 InSAR 应用的主要问题。根据已有研究成果，可以归纳出引起相位失相关的因素包括 6 个方面（Zebker and Villasenor，1992；Hanssen，2001）：①由侧视方向差异造成的基线（或空间）失相关（spatial decorrelation）；②干涉像对获取期间地表散射特性发生变化引起的时间失相关（temporal decorrelation）；③两幅影像多普勒质心频率的差异引起的多普勒失相关（Doppler decorrelation）；④雷达系统热噪声所引起的失相关（thermal noise decorrelation）；⑤地面目标尤其是植被结构产生的体散射失相关；⑥数据处理过程所采用的算法不完善引入的数据处理失相关。在这些失相关因素中，多普勒失相关与热噪声失相关是由 SAR 硬件与处理系统所决定的，一般来说，提供给用户使用的单视复数影像（single look complex image，SLC）要经过辐射校正和处理，InSAR 应用中基本不用考虑这两个因素的影响。体散射失相关主要由植被造成，如果地面植被较少，体散射失相关对雷达干涉的影响就很小。对于数据处理失相关，可通过使用完善的数据处理算法而消除。因此，基线（或空间）失相关、时间失相关和大气延迟是制约 InSAR 应用于 DEM 生成与形变监测的主要因素。

尽管 InSAR 应用会受到一些不利因素的影响，但通过平台系统技术与数据处理技术的改进，InSAR 应用于 DEM 生成与形变监测已表现出很好的潜力，下面介绍这些应用的主要情况。

1.4.1 InSAR 在 DEM 生成中的应用

机载/航天飞机双天线干涉系统一次飞过，可以同时获得同一区域的两幅 SAR 影像，形成一个干涉像对，其基线固定且一般垂直于飞行方向，如图 1.10 所示。卫星单天线重复轨道干涉系统以一定重访周期，对同一区域两次成像可以获得两幅 SAR 影像，形成一个干涉像对，对每一地面分辨元来说，两次成像的传感器中心的连线形成基线（即合成基线）。由于地面分辨元与传感器之间存在几何关系，同一分辨元所对应的两条雷达视线形成交会，从而构成雷达波束干涉的基本条件，通过干涉相位的分析与处理，便可得到干涉相位图（Hanssen，2001；李平湘和杨杰，2006）。对于每一分辨元来说，其干涉相位直接对应着地面分辨元与两传感器间的距离之差的精确信息。如果没有大气延迟和地表位移的影响，这种相位差信息就是参考椭球面与地表起伏等综合因素的直接反映（刘国祥等，2001a）。因此，利用传感器位置数据、SAR 系统参数和基线参数等，借助于干涉相位可以计算每一地面分辨元的三维位置，即生成 DEM。InSAR DEM 的数据处理过程一般包括主、副 SAR 影像的配准（coregistration）、干涉相位图生成与滤波、参考椭球面相位（flat-earth phase）去除、相位解缠、基线参数求解、几何转换、投影转换（geocoding）等步骤（Hanssen，2001；刘国祥等，2001a）。

前已提及，自 1986 年 NASA/JPL 的 Zebker 等首次发表使用机载 SAR 系统对美国旧金山海湾地区生成 DEM 的实验结果以来，InSAR 应用于地形三维重建等方面的理论与技术研究从未停止。自 20 世纪 90 年代以来，随着多分辨率、多波段（X/C/L 波段）卫星 SAR 系统的不断升空（Moreira et al.，2013），国际上诸多研究机构发表了一系列

InSAR 地形三维重建的理论与实验研究结果，持续推动了 InSAR 平台系统的全面升级与应用工作的不断拓展。这里只重点介绍国际上最具影响的两大 InSAR 全球地形三维重建计划，即美国实施的 SRTM 计划（Rabus et al.，2003；Farr et al.，2007）和德国实施的 Terrafirma 计划。

航天飞机雷达制图计划（SRTM）是由美国国家航空航天局、国防部国家测绘局（NIMA）、德国宇航中心和意大利航天局共同合作完成的，由美国发射"奋进"号航天飞机携带 C/X 波段雷达传感器开展对地观测。如图 1.10 所示，该系统使用单轨双天线（基线长度为 60 m）的数据获取模式，一个天线发射微波信号，两个天线接收回波信号，从而可以最大限度地克服时间失相关和大气延迟等因素的影响。该任务从 2000 年 2 月 11 日开始至 22 日结束，共进行了 11 天总计 222 小时 23 分钟的数据采集工作，获取了 60°N 至 60°S 之间总面积超过 1.19 亿 km^2 的 C/X 波段 SAR 影像数据，覆盖地球 80%以上的陆地表面。SRTM 系统获取的 SAR 影像的数据量约 9.8 万亿字节，经过两年多的 InSAR 数据处理，生成了 DEM。SRTM DEM 产品于 2003 年开始公开发布，历经多次修订，目前最新版本为 V4.1，该版本是由国际热带农业中心（the International Center for Tropical Agriculture）利用新的插值算法处理后得到，更好地填补了 DEM 数据空洞。SRTM DEM 产品按两个类别分发，即 SRTM1 和 SRTM3，其对应的地面采样间隔（sampling interval）分别为 30 m 和 90 m，高程精度可达到 10 m，目前这两类产品均可免费下载使用。SRTM 全球测绘覆盖面积之广，且采集数据量之大，率先提供了一种全球高精度的 DEM 数据服务。作为示例，图 1.11 显示了覆盖我国四川区域的 SRTM DEM。

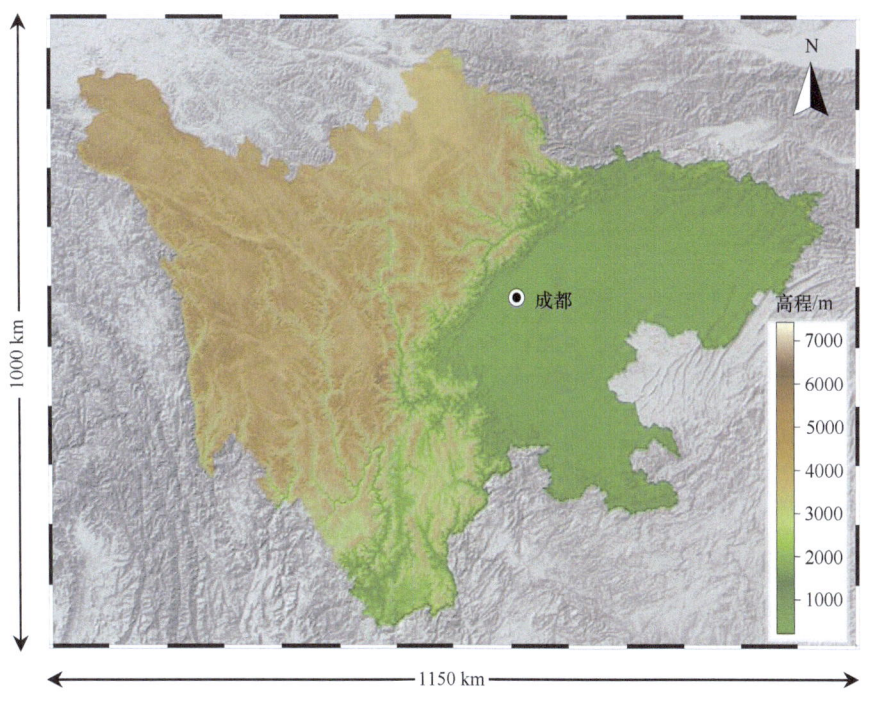

图 1.11　覆盖四川区域范围的 SRTM DEM

Terrafirma 计划是由德国宇航中心主导实施的,由 2010 年发射的 TanDEM-X 卫星与 2007 年发射的 TerraSAR-X 卫星形成 InSAR 系统,二者均搭载 X 波段雷达传感器,该计划主要目的是通过这种双星编队组合方式获取全球高精度 DEM,从而为全球提供最高分辨率和最高精度的地形数据服务。这两颗卫星结伴飞行,间距小于 400 m,二者配合采用先进的收发分置模式获取数据,即一颗卫星发射微波信号,两颗卫星接收回波信号,这样获取的同一区域的两幅 SAR 影像所形成的干涉对的时间间隔几乎为零,能够最大限度地克服时间失相关和大气延迟等因素的影响。研究表明,该双星系统获取的 DEM 精度较以往任何星载 SAR 系统获取的 DEM 都要高很多,其高程相对精度在地面坡度角小于 20%时达到 2 m,在坡度角大于 20%时达到 4 m,绝对精度优于 10 m,这为全球 DEM 提取开创了新纪元。作为示例,图 1.12 显示了我国西藏双湖县 Terrafirma DEM。

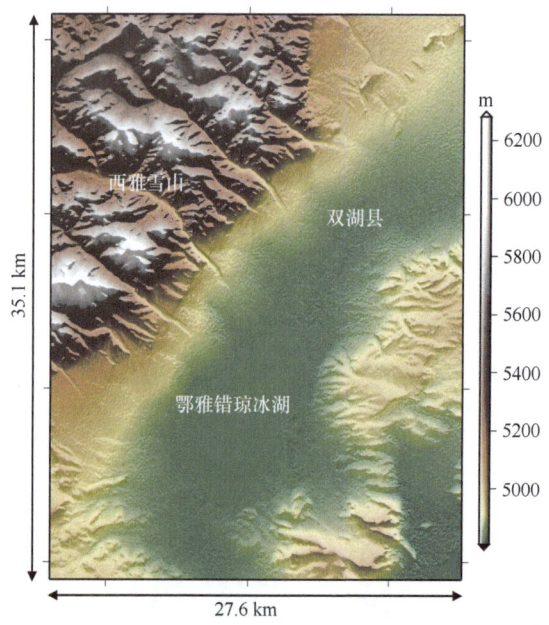

图 1.12　西藏双湖县 Terrafirma DEM

1.4.2　DInSAR 在地表形变监测中的应用

除了应用于大范围地形三维重建之外,InSAR 的另一重要应用领域便是地表形变监测,一般使用卫星单天线重复轨道干涉系统获取的数据提取地表形变信息。例如,某卫星 SAR 系统重复通过某形变区域先后获取了两幅 SAR 影像,这可以形成一个干涉像对,通过干涉相位的分析与处理,便可得到干涉相位图。对于每一个分辨元来说,如果没有大气延迟的影响,这种干涉相位就是参考椭球面、地形起伏和地表位移等综合因素的直接反映。因此,利用轨道数据,SAR 系统参数和基线参数等,借助于差分干涉处理便可以精确计算每一地面分辨元沿雷达视线方向的地表形变量(Massonnet and Feigl,1998;刘国祥,2006;焦明连和蒋廷臣,2009)。InSAR 形变信息提取的数据处理过程一般包括主、副 SAR 影像的配准、干涉相位图生成与滤波、参考椭球面相位去除、地形相位（topographic phase）去除（即差分处理），相位解缠、几何转换、投影转换等步骤（Hanssen，2001）。下面将重点介绍 InSAR 在地震活动、火山运动、冰川漂移、地面沉陷、滑坡等引发的地表形变监测与分析方面的应用情况。

InSAR 形变监测应用最普遍的是地震同震形变场测量（Rott，2009）。自 20 世纪 90 年代以来，诸多研究机构已开始对世界上已发生的地震使用 InSAR 测量其同震形变场（Peltzer and Rosen，1995；刘国祥等，2002；班保松等，2010；Hu J et al.，2014），并开展了滑动断层模型的反演工作（Wang et al.，2014）。例如，1992 年美国 California Landers 地区 Ms7.3 级地震，1993 年美国 California Eureka Valley 地区 6.1 级地震，1994 年美国 California Northridge 地区 6.7 级地震，1995 年日本神户 7.2 级地震，1995 年希腊 Grevena 地区 6.7 级地震，1995 年俄罗斯北库页岛 7.5 级地震，1995 年智利南部 8.1 级地震，1996 年秘鲁沿海 7.7 级地震，1997 年中国西藏玛尼 7.5 级地震，1998 年中国张北-尚义 6.2 级地震，1999 年美国 California Hector Mine 地区 7.1 级地震，1999 年土耳其 Izmit 地区 7.6 级地震，1999 年中国台湾集集地区 7.6 级地震，2000 年冰岛南部 6.5 级地震，2000 年日本 Tottori 地区 6.8 级地震，2001 年秘鲁近海 8.4 级地震，2003 年伊朗巴姆 6.8 级地震，2005 年智利北部 7.8 级地震，2008 年中国汶川 8.0 级地震，2010 年中国玉树 6.8 级地震，2010 年海地 7.0 级地震，2010 年智利 8.8 级地震，2011 年智利 6.6 级地震，2011 年新西兰 6.3 级地震，2011 年日本东北部海域 9.0 级地震，2012 年缅甸 7.0 级地震，2012 年智利中部 7.1 级地震，2012 年墨西哥 7.6 级地震，2013 年巴基斯坦 7.8 级地震，2013 年俄罗斯 7.3 级地震，2014 年中国新疆维吾尔自治区于田县 7.3 级地震，2014 年智利北部沿岸近海 8.1 级地震，2014 年墨西哥 7.3 级地震，等等。关于这些研究的详细信息可参见本书后面给出的参考文献。

作为实例，图 1.13 显示了使用 ERS-1/2 SAR 影像计算所得到的 1992~2000 年间智利发生的 4 次 7.7~8.4 级地震同震形变场镶嵌图（Pritchard and Simons，2002），图 1.14 显示了使用 ENVISAT ASAR 影像计算得到的 2003 年伊朗巴姆 6.8 级地震同震形变场及滑动断层反演结果（Talebian et al.，2004）。大量的研究表明，InSAR 应用于地震同震形变场监测与分析，具有形变测量精度高、覆盖范围广等明显技术优势，这种高密度的地表形变数据为地震机理研究与模型反演提供了独一无二的关键基础数据。值得指出的是，有关学者正在探索将大地测量技术如 GNSS 与 InSAR 技术联合监测地震震前、震后形变，试图更深入地理解地震机制，为地壳形变监测乃至地震预测做出全新的尝试（Liu et al.，2010；Hu J et al.，2014；Wang et al.，2014；Wright，2016）。

火山爆发由地表以下不同层次的岩浆压力及其剧烈运动所造成，由于其危险性和破坏性较高，使用常规方法监测其运动、变化和发展规律十分困难，而 InSAR 极其适合对其进行监测。机载 SAR 系统最先应用于世界上几个火山（如意大利的 Vesuvius）的成像，获取的 SAR 影像主要用于 DEM 建立（Zebker and Goldstein，1986），目的是以此分析火山坡度分布以及岩溶厚度和宽度，并据此提出灾害预防措施。1995 年，Massonnet 等使用 ERS-1 SAR 数据揭示了意大利 Sicily 的 Etna 火山运动所引起的地表形变信号

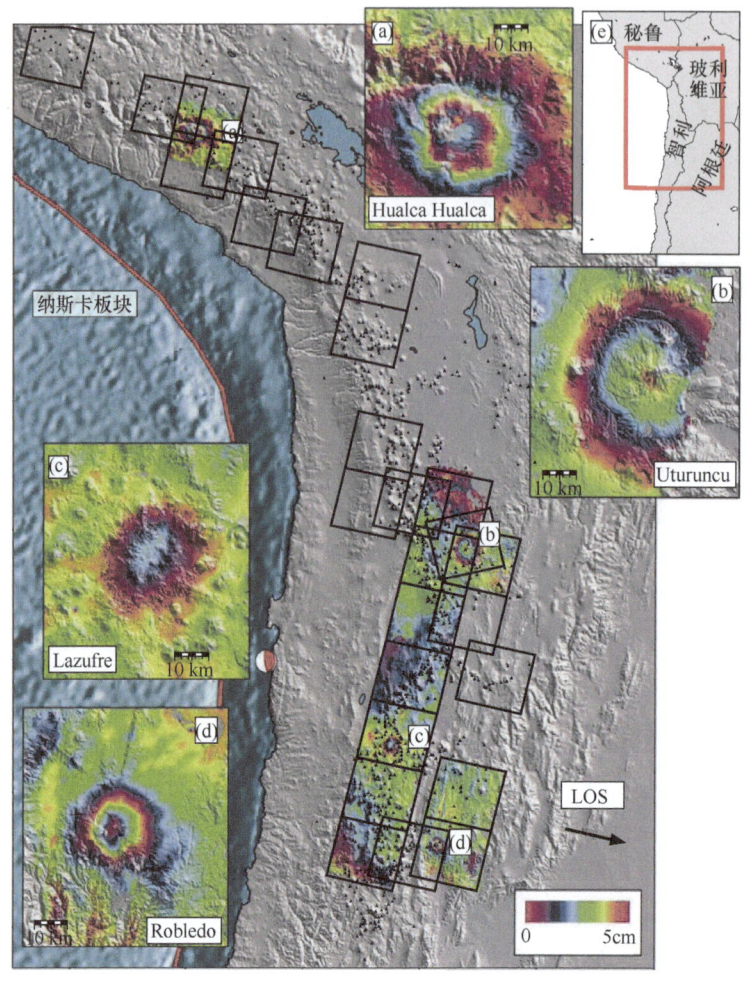

图 1.13 InSAR 地震同震形变测量实例：1992~2000 年间智利发生的 4 次 7.7~8.4 级地震
（Pritchard and Simons，2002）

（Massonnet et al.，1995）。1997 年，Briole 等也选取 Etna 火山作为研究对象，使用 ERS-1 从 1992 年 5 月到 1993 年 10 月获取的 SAR 影像序列考查了 1986~1987 年、1989 年多次火山爆发后所造成的地表形变（Briole et al.，1997）。Lu 等基于 InSAR 对美国阿拉斯加地区的火山运动进行了系统而深入的研究（Lu et al.，1997；Lu and Freymueller，1998；Lu et al.，2002；Lu et al.，2003a；Lu et al.，2003b），使用多幅 ERS-1/2 SAR 影像计算得到了 Westdahl 火山运动在 1991~2000 年间不同时间段所造成的地表形变，如图 1.15 所示。2004 年，Lundgren 等用时序 InSAR 探测了意大利埃特纳火山由重力和岩浆运动引发的火山地表形变，并推断出该形变主要是由位于特雷卡斯塔尼马斯卡卢恰断层与东南走向的背斜结构相互作用而导致（Lundgren et al.，2004）。2007 年，Hooper 和 Pedersen 利用时序 InSAR 对冰岛的埃亚菲亚德拉冰盖和卡特拉两座火山进行观测，推测出局部形变的主导因素（Hooper and Pedersen，2007）。2008 年，Ferretti 等利用时序 InSAR 提取了法国留尼旺岛、意大利斯特龙博利火山区域内的地表形变场，从而推断出火山岩浆的

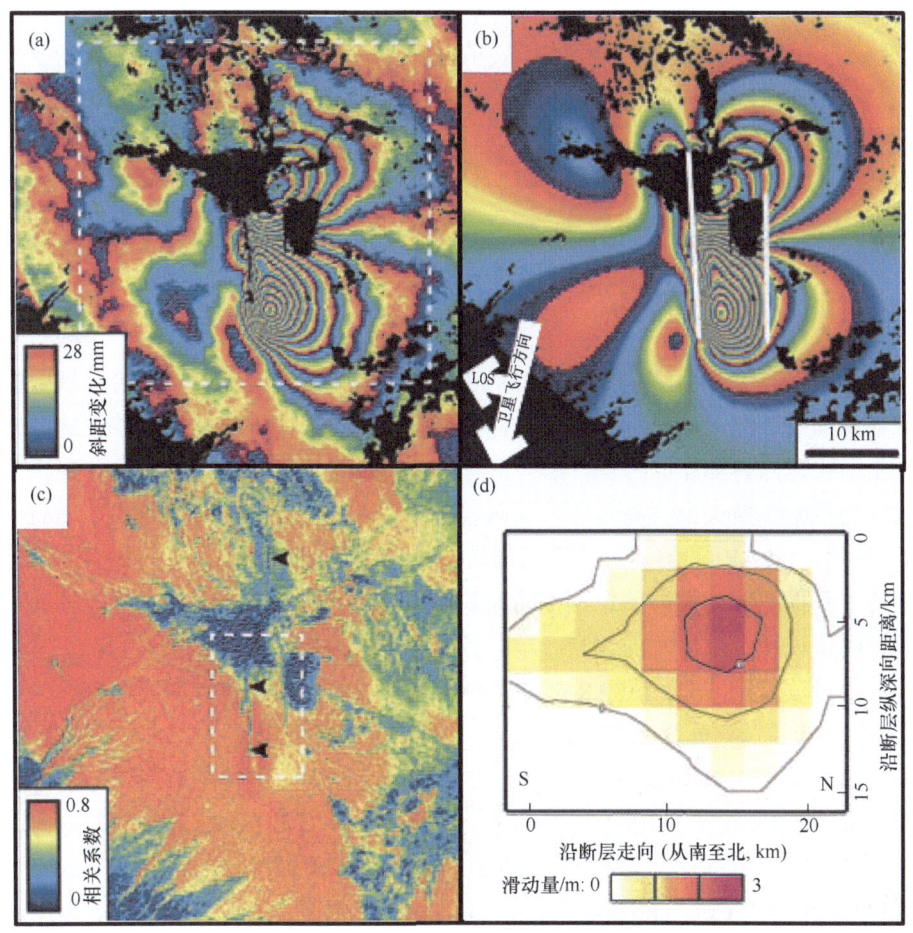

图 1.14 使用 InSAR 测量 2003 年伊朗巴姆 6.8 级地震及滑动断层反演（Talebian et al., 2004）

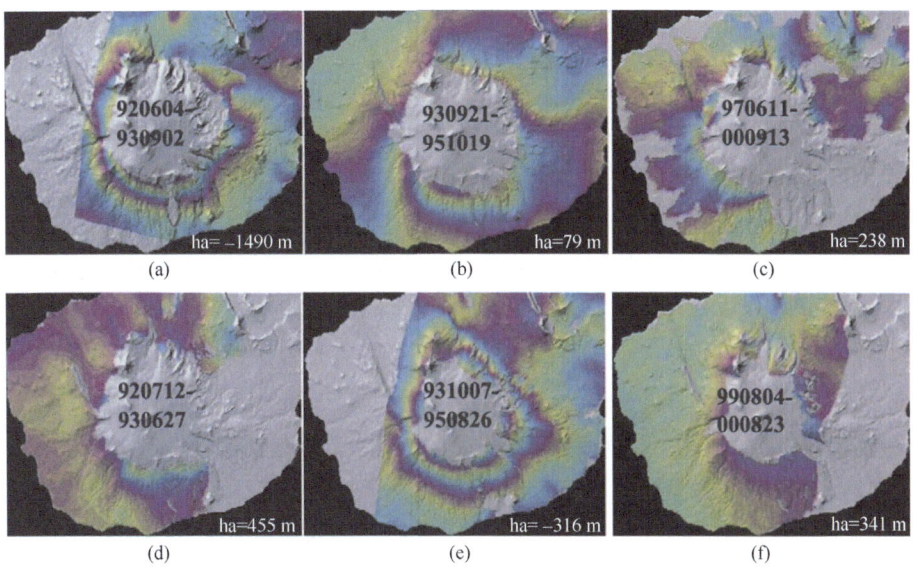

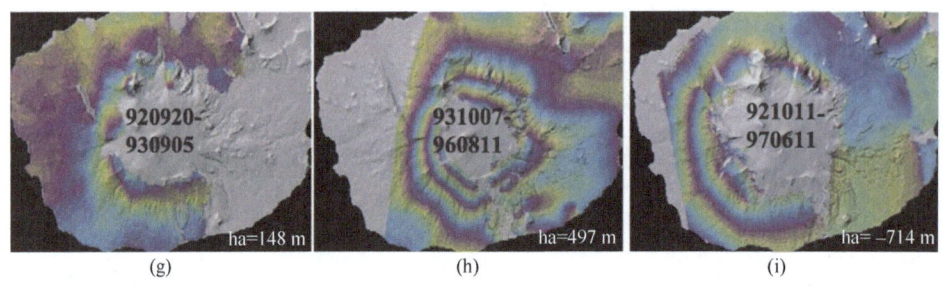

图 1.15 使用 InSAR 测量美国阿拉斯加 Westdahl 火山形变（Lu et al., 2003a）

演变动态（Ferretti et al., 2008）。2013~2014 年，Bagnardi 等利用多平台卫星数据对加拉帕戈斯群岛的 5 座火山进行了形变监测和分析，并根据火山喷发后岩浆快速补充从而引起火山口快速回弹膨胀的特征，结合形变分析得出该火山附近断层分布，建立了厄瓜多尔地区加拉帕戈斯火山群岛之间的互联岩浆体系（Bagnardi et al., 2013；Bagnardi, 2014）。显然，InSAR 能够对火山及其周边整个地区获取形变信息，这种大范围且详细的空间覆盖数据能够提供有关岩浆移动和其他运动过程的重要信息，更好地辅助对火山爆发过程的认识和火山爆发的预测。

在山体滑坡监测方面，InSAR 能够精确定位滑坡位置与范围，并提取可靠的形变信息，具有监测范围大、分辨率高等优势，可为滑坡灾害预警提供有效的决策信息。例如，2004 年，Hilley 等在 Science 上发表了美国 Berkeley 地区滑坡体的时序差分雷达干涉形变监测结果（Hilley et al., 2004）；2006 年，Colesanti 和 Wasowski 对时序差分雷达干涉在滑坡监测中的应用进行了展望，指出其具有大范围内滑坡隐患点探测及其危险性分级的定量化分析能力（Colesanti and Wasowski, 2006）。然而，滑坡体上的植被覆盖常常引起干涉相位失相关，这可导致滑坡监测成功率下降，一般可在滑坡体上布设一定数量的人工角反射器（corner reflector, CR），以此人工加密有效的监测点。例如，2008 年，Froese 等通过布设 CR 和 InSAR 分析，对加拿大艾伯塔省西北部小烟流域周边的滑坡进行了有效监测（Froese et al., 2008）。2010 年，Fu 等采取 CR 布设和 InSAR 分析，对湖北省树坪滑坡进行了有效监测，监测结果与 GPS 数据吻合程度很高（Fu et al., 2010）。2013 年，Crosetto 等通过对西班牙 Vallcebre 滑坡的监测，探讨对比了滑坡监测中 CR 布设与安置策略（Crosetto et al., 2013）。此外，针对单体滑坡动态连续跟踪问题，国内外一些学者也已开始尝试使用地基 InSAR 进行高精度的滑坡形变连续监测（Nolesini et al., 2013；Bardi et al., 2014）。

人类活动如城市发展、地下水抽取、固体矿物、石油及天然气的开采等都会导致地面沉陷。例如，1999 年，Wegmüller 等使用 1992 年至 1996 年间覆盖意大利博洛尼亚市的 ERS 数据提取该市的地表沉降（Wegmüller et al., 1999），结果与同期的地面测量数据相互吻合。同年，有学者利用 ERS SAR 数据进行差分干涉处理，获取了墨西哥城 1995 年至 1997 年间的地表沉降量，结果表明墨西哥城的地表沉降非常严重，最大年沉降量超过 300 mm（Strozzi and Wegmüller, 1999）。2000 年，Fruneau 和 Sarti 使用 InSAR 技术提取了巴黎市区的地表沉降（Fruneau and Sarti, 2000），发现沉降漏斗的分布与地下水开采站场的分布一致。2001 年，Hirose 等使用 JERS L 波段 SAR 数据进行 InSAR 数据处理，提取了日本 Kanto 地区的地表沉降（Hirose et al.，2001），通过与 C 波段数据的对比表明 L 波段数据可以更好地保持相干性，更加适用于研究平原地区的地表沉降。一般情况下，地面沉陷发展速度相对较为缓慢，因 InSAR 易受时空失相关和大气延迟的负面影响，常规 InSAR 在地面缓慢沉降监测中的应用受到限制，目前国内外诸多学者已转向 MTInSAR 的研究，主要是通过使用卫星 SAR 影像时间序列提取地表沉降的时空演变信息（Terranova et al.，2015；于冰，2015；Chen J et al.，2016；Crosetto et al.，2016；Osmanoğlu et al.，2016）。作为示例，图 1.16 显示了基于 MTInSAR 计算得到的天津市部分区域的沉降速率场，主要使用 2009~2010 年 TerraSAR-X 卫星获取的天津市部分地区 3 m 分辨率 X 波段 SAR 影像时间序列计算得到。

此外，极地冰川漂移速度和冰川边缘位置的变化监测对其活动的物理机制解释和研究全球气候的变化具有重要的意义，InSAR 应用于冰川漂移监测也已表现出很好的应用潜力（Schubert et al.，2013；Jawak et al.，2015）。已有研究表明，冰山对气温的敏感程度很高，随着季节的变化，冰山的融化和移动很明显，而冰盖的变化则相对稳定。InSAR 在极地冰川研究中有两个主要的用途：其一是使用 InSAR 获取高精度的地形数据；其二是利用 InSAR 测量冰川缓慢漂移的速度场并评估其他的一些变化。

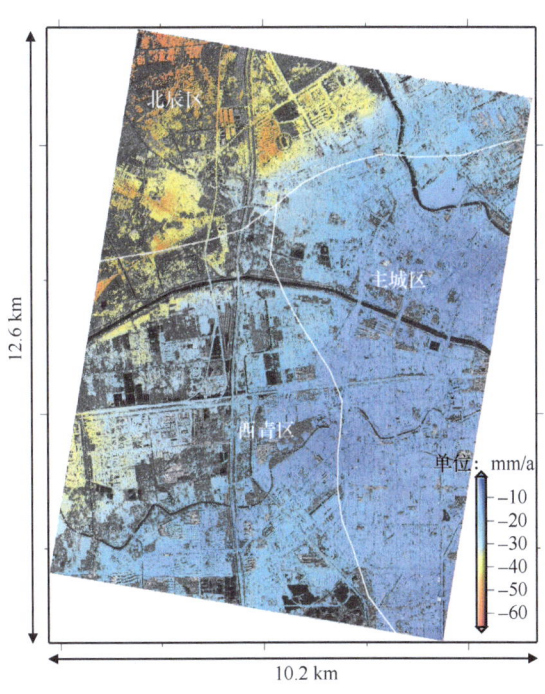

图 1.16 基于 MTInSAR 计算得到的天津市部分区域的沉降速率场

1.5 本书内容安排

自 20 世纪 50 年代以来，SAR 传感器、搭载平台及影像数据处理技术得到了长足发展,现已形成天地空一体化的 SAR 影像获取系统。近半个世纪以来,InSAR 理论与技术得到不断完善与发展,各种商业和开源 InSAR 软件系统不断推出,InSAR 已发展成为一种重要的对地观测技术手段,可以广泛应用于地形三维重建和区域地表形变监测与反演,对人类活动和构造运动引发的地质灾害(如地震活动、火山运动、冰川漂移、地面沉陷、滑坡等)监测与分析提供了独特的技术支撑。

本书将从 SAR 成像原理、InSAR 原理、SAR 数据处理、InSAR 三维重建、InSAR 形变探测、InSAR 前沿等方面进行系统介绍,全书共包含 11 章的内容。第 1 章为绪论,主要介绍 InSAR 概况、发展历程、平台系统和应用情况等方面;第 2 章将对 SAR 成像基本原理进行介绍;第 3 章将介绍卫星 SAR 参考框架与投影转换方法;第 4 章将阐述合成孔径雷达干涉原理;第 5 章将对 SAR 影像的配准方法进行详细介绍并结合配准实例进行分析;第 6 章将对参考椭球面相位计算方法进行介绍;第 7 章将介绍干涉相位滤波的各种算法与滤波质量评价方法,并给出实例分析;第 8 章将阐述 InSAR 相位解缠的原理与方法;第 9 章将系统介绍 InSAR 地形三维重建的方法与数据处理流程,并给出典型应用实例;第 10 章将系统介绍 InSAR 形变探测的方法与数据处理流程,并给出典型应用实例;作为扩展,第 11 章将介绍 InSAR 前沿技术及其应用情况。

思考题

1. SAR 传感器工作采用的是什么波段?SAR 成像系统为什么具有全天候、全天时成像能力?目前,国际上 SAR 成像系统的发展呈现怎样的趋势?

2. 对于机载或星载雷达遥感,使用合成孔径雷达是唯一可行的选择,试阐述其中的理由,并阐述卫星 SAR 数据获取系统的基本构成。

3. 参考杨氏双缝干涉实验,试简述 InSAR 信息提取的基本要义和数据处理的核心。

4. 根据成像平台和传感器配置的不同,试阐述 InSAR 系统可分为哪几类。

5. InSAR 可应用于地形三维重建和区域地表形变监测等方面,试与其他技术对比并阐述 InSAR 的技术优势。

第 2 章 雷达成像基本原理

雷达成像系统通过发射雷达波信号，并接收回波信号实现对目标的探测与成像。目前常用的雷达成像模式包括真实孔径雷达成像与合成孔径雷达成像两类，其中真实孔径雷达成像系统最早出现于第二次世界大战期间，经历近几十年的发展，目前已广泛应用于军事、气象灾害等目标的探测与成像。但真实孔径雷达的空间分辨率直接受限于天线孔径，成像单元往往显著大于多数观测目标的尺寸，无法实现对中等与小尺寸目标的观测与成像。

为解决真实孔径雷达成像分辨率差的问题，合成孔径雷达技术应运而生。合成孔径雷达的成像过程与真实孔径雷达并无显著不同，但为了提高成像分辨率，合成孔径雷达成像技术通过脉冲压缩（pulse compression）原理有效拓宽频带宽度，进而提高了沿雷达波传播方向的成像分辨率（Bamler and Hartl，1998；Rosen et al.，2000）。此外，利用运动平台的真实孔径雷达数据，基于观测目标的多普勒效应，对单目标多次雷达回波信号进行合成阵列处理，可以显著提高雷达成像沿平台运动方向的分辨率（Bamler and Hartl，1998）。目前，合成孔径技术已广泛应用于星载、机载与地基雷达平台的高分辨率成像，实现对目标的精细观测（刘国祥等，2000）。

本章主要介绍雷达成像基本原理（包括雷达成像的物理基础及其系统构成）、真实孔径雷达成像基本原理和合成孔径雷达成像基本原理等，并简要介绍几种 SAR 影像的几何畸变（geometric distortion）。

2.1 雷达成像物理基础

不同于可见光和红外遥感利用光学成像技术获取地面目标信息，雷达成像是根据电磁场理论结合微波技术，通过解调接收到的电磁波信号，来探测感兴趣的目标并测定相应的距离、速度、方向等目标状态参数（Monserrat et al.，2014）。为了便于读者更好地理解雷达成像的原理，本节将首先介绍电磁波的基本特性。

2.1.1 电磁波

1865 年，麦克斯韦提出的电磁基本方程（即麦克斯韦方程）预测了电磁波的存在，根据电磁场理论，变化的电场在其周围引发变化的磁场，这一变化的磁场又在较远的区域激发新的变化电场，并随之在更远区域内产生新的变化的磁场（肖峻和杨洪平，2012）。如上所述，变化的电场和磁场彼此激发，交替产生，以有限的速度从近到远在空间内以"波浪"形式推进传播，形成了电磁波。目前我们熟知的 γ 射线、X 射线、紫外线、可见光、红外线、微波、无线电波等都属于电磁波。按照它们在真空中传播的波长或频率，遵从一定的增减次序将其逐一排列起来（Simons and Rosen，2007），便可得到电磁波谱图（图 2.1），其中常用雷达波波长范围为 1 mm~1 m。根据波长区间的不同，雷达波可被划分为 Ka 波段（波长 0.8~1.1 cm）、K 波段（波长 1.1~1.7 cm）、Ku 波段（波长 1.7~2.4 cm）、X 波段（波长 2.4~3.8 cm）、C 波段（波长 3.8~7.3 cm）、S 波段（波长 7.3~15 cm）、L 波段（波长 15~30 cm）和 P 波段（波长 30~100 cm）。

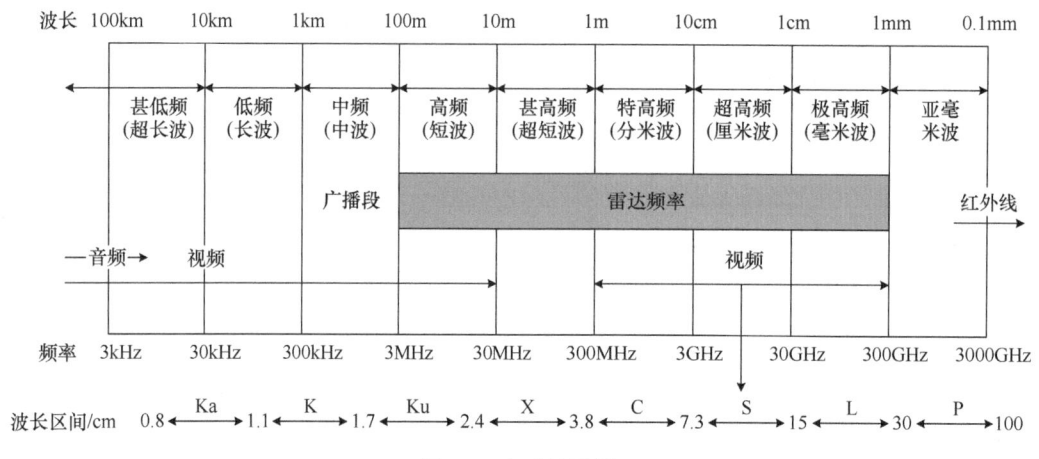

图 2.1 电磁波谱图

电磁波既具备波的性质又包含粒子的性质（即波粒二象性），其中波动特性主要反映在波的干涉、衍射和偏振现象中（Hanssen，2001；靳国旺等，2014）。在微波遥感中，雷达干涉测量正是利用波的干涉原理开展数据处理与分析，当两个或两个以上频率和振动方向均相同且相位差恒定的电磁波传播至相同介质并发生交汇重叠时（Rosen et al.，2000；廖明生和林珲，2003），交汇波振幅的矢量和等于合成波的振幅，在交汇区不同区域内呈现出不同的现象，即振幅增强、削弱或完全抵消，这种现象称为波的干涉（Simons and Rosen，2007）。

当电磁波通过有限大小的阻碍物时，将产生偏离原直线路径的出射光，并绕过该物体继续传播，这种现象称为波的衍射。夫琅禾费单缝衍射实验结果表明：电磁波通过木板中心小缝时将发生衍射，导致中央产生特别明亮的亮纹，而两侧对称排列着一些亮度减弱的条纹（Massonnet and Feigl，1998）。如果将单缝换成小孔，则屏幕上显示一个明亮的圆斑，周围分布着逐渐减弱的同心明环和暗环。研究电磁波的衍射现象对遥感仪器的设计、遥感图像空间分辨率的提高以及遥感图像的处理具有重要意义。

电磁波的偏振是其波动特性的另一个主要特征，主要表现为波的振动方向相对于传播方向的不对称。电磁波是横波（电场、磁场及传播方向三者相互垂直），且具有偏振性，其偏振状态可分为偏振、部分偏振和非偏振。这一偏振特性在遥感技术中的具体应用体现在偏振摄影和雷达成像上。入射波与再辐射波的偏振状态在信息传递时具有重要作用，除了提供强度和频率信息之外，还可提供辐射发射或散射性质的信息。水平偏振和垂直偏振波照射在同一地物目标界面时，其产生的反射率和相位是不同的，因此可以利用不同偏振的雷达波束来了解和分析地面目标信息（Massonnet and Feigl，1998；

Ferretti，2014；张大跃和付克祥，1996）。

2.1.2 电磁波的散射

电磁波遇到介质（固体、液体、气体等）时会发生反射、折射、吸收、透射和散射等一系列现象。当电磁波在传播过程中遇到大气中的物质如气体分子、浮尘和微小水滴等目标时，会在物体表面生成新的电荷并改变电子的运动状态，将原来的入射电磁波能量从各个方向传播出去，这种物理现象叫作电磁波的散射（Simons and Rosen，2007；刘国祥等，2012a；王敏锡等，1997）。雷达波传输过程中，大气中的云、雾和降水粒子是其主要的散射物，粒子的大小、形状、电学性质等属性决定了电磁波散射特征的差异。根据入射电磁波波长 λ 与散射质点大小 a 的关系，可将散射分为瑞利散射 ($a < \lambda$) 和米氏散射 ($a > \lambda$)（Rott，2009；王敏锡等，1997）。而按照散射发生位置的不同，电磁波散射又可分为表面散射与体散射两种。

表面散射发生在介质的分界面上，其散射强度与分界面两侧介质的复介电常数差成正比，其方向由分界面的粗糙度（反映自然表面起伏变化）决定。若散射面光滑，入射的电磁波能量与界面作用后，被分成两束平面波，如图 2.2（a）所示，一束为反射波，它与法线构成的夹角等同于入射角（即发生镜面反射（specular reflection）），方向为沿表面向上；另一束为折射波或透射波，它与法线构成的夹角由散射面两边介质的相对介电常数决定，方向为沿表面向下。如图 2.2（b）所示，若表面粗糙度与电磁波长同数量级，入射的电磁波能量与界面作用后，辐射方向不一，并将按照朗伯余弦定律形成散射场，即发生漫反射（diffuse reflection）。

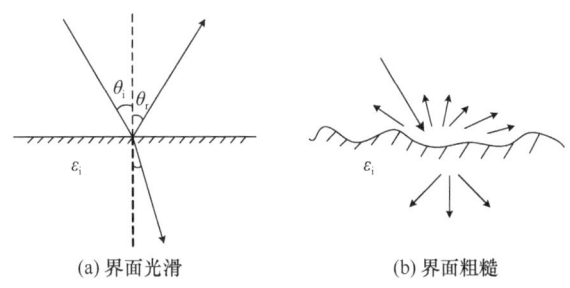

图 2.2 表面散射示意图

体散射发生在介质内部，由于介质内部的不均匀性而产生。体散射的强度与介质的不连续性、密度的不均匀性、电磁波入射角度、界面粗糙程度、介质的平均介电常数以及自身波长等多个因素有关。如果介质不均匀，或是不同介质相互混合时，就常常会引发体散射，如阴雨时的大气（属多个散射体分布）、土壤或积雪的内部、植被等，见图 2.3。

2.1.3 雷达回波信号构成

雷达接收机主要接收由雷达发射器发射并经地物交互作用后返回的回波信号，回波信号不仅包含了反映电磁波强度的振幅信息，而且还包含了与雷达斜距相关的相位信息

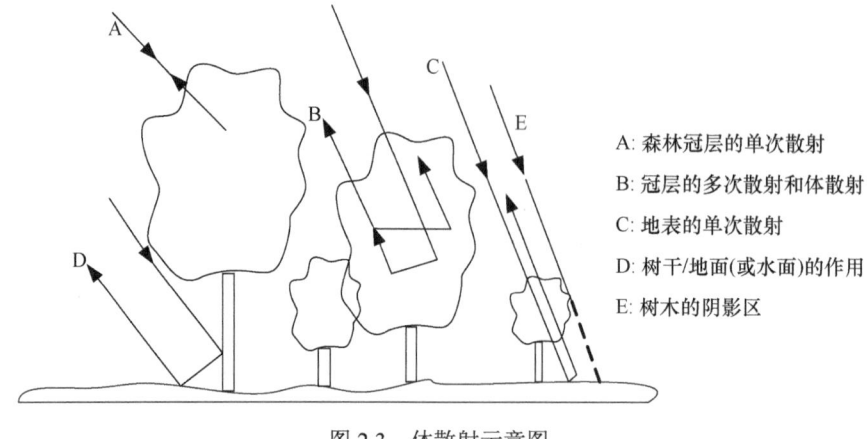

图 2.3　体散射示意图

（Zebker et al.，1994a），因此雷达影像较普通光学遥感影像来说涵盖了更丰富的信息，每个像素包含的信息由振幅值和相位值两部分组成，这两个分量可以用一个复数表示，即

$$a + bi = \sqrt{a^2 + b^2} \cdot e^{i\phi} \tag{2.1}$$

式中，i 表示虚数单位，$i^2 = -1$；a 和 b 分别表示一个复数的实部（real part）和虚部（imaginary part）；$\sqrt{a^2 + b^2}$ 为振幅，表示回波强度信息；ϕ 为相位且 $\phi \in [-\pi, \pi)$，可根据不同象限来计算，即

$$\phi = \begin{cases} \arctan \dfrac{b}{a} & a > 0 \text{ 且 } b \geqslant 0 \text{ 或 } b < 0 \\ \dfrac{\pi}{2} & a = 0 \text{ 且 } b > 0 \\ -\dfrac{\pi}{2} & a = 0 \text{ 且 } b < 0 \\ \arctan \dfrac{b}{a} + \pi & a < 0 \text{ 且 } b \geqslant 0 \\ \arctan \dfrac{b}{a} - \pi & a < 0 \text{ 且 } b < 0 \end{cases} \tag{2.2}$$

注意：式（2.1）右侧是以欧拉公式形式表示的一个复数，其中 $e^{i\phi} = \cos\phi + i\sin\phi$。

对于雷达成像来说，理解雷达波与一个地面分辨元的交互作用及后向散射回波信号构成非常重要，设某一地面分辨元的总体回波信号为 $a+bi$，下面介绍该复数信号是如何形成的（廖明生和林珲，2003；刘国祥，2004b）。如图 2.4 所示，假设一个地面分辨元是由不同几何、物理和化学特性的 N 个目标所组成，且该地面分辨元存在一个假想的平均反射面（与雷达入射波垂直），设雷达至平均反射面的几何距离为 R，则雷达波往返传播可表示为 $e^{-i\frac{4\pi}{\lambda}R}$，这里 λ 表示雷达波长。雷达波与分辨元内的每一目标发生交互作用时包含两方面的影响：一是每一目标与平均反射面之间存在几何路径延迟（设第 k

个目标至平均反射面的几何距离为 ρ_k，$k=1,2,\cdots,N$），可表示为 $\mathrm{e}^{-\mathrm{i}\frac{4\pi}{\lambda}\rho_k}$；二是雷达波与每一目标交互作用时产生不同的附加相位延迟与后向散射强度，可表示为 $A_k\mathrm{e}^{\mathrm{i}\phi_k}$，这里 A_k 和 ϕ_k 分别表示回波振幅和延迟相位。综合起来，该地面分辨元的总体回波信号 $a+b\mathrm{i}$ 可表示为

$$a+b\mathrm{i}=\mathrm{e}^{-\mathrm{i}\frac{4\pi}{\lambda}R}\sum_{k=1}^{N}A_k\mathrm{e}^{\mathrm{i}\phi_k}\mathrm{e}^{-\mathrm{i}\frac{4\pi}{\lambda}\rho_k} \qquad (2.3)$$

通过式（2.3）不难看出，一个地面分辨元内部的诸目标对雷达回波复数信号均有贡献，因这些目标在几何、物理和化学特性上存在差异，将产生不同的相位延迟和后向散射强度，其综合效应便可引起干涉现象的发生，这可导致雷达成像的斑点噪声（speckle noise）。如果从视觉效果方面来比较雷达影像和传统光学遥感影像，雷达影像的清晰度要差很多，这主要是雷达成像过程中因地面分辨元内部干涉而引起的斑点噪声所导致的。这里需要指出的是，雷达波在大气介质中往返传播时可能会发生偏转，从而引入大气延迟相位，致使雷达回波信号也可能包含大气延迟的贡献（Zebker et al.，1997；Emardson et al.，2003）。

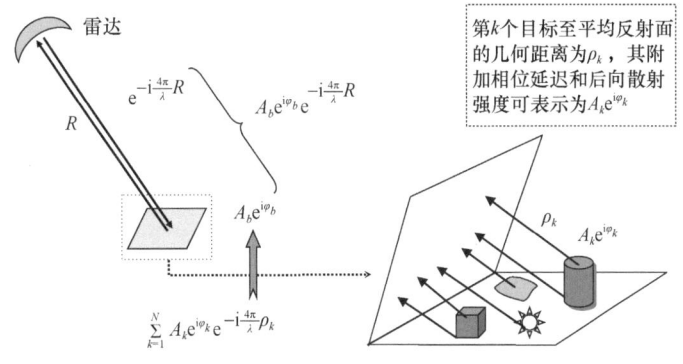

图 2.4　地面分辨元雷达回波信号构成

2.2　雷达成像信号学理论

成像雷达是一种主动发射微波信号并接收来自地物目标后向散射信号的设备（Rott，2009；Sansosti et al.，2014；Hanssen et al.，1999）。以机载雷达为例，电磁波从波束发生器传至雷达天线，由天线向外发射，雷达波与地物发生交互作用后产生回波信号，接收天线收集该回波，并传回至记录设备（Simons and Rosen，2007；Sansosti et al.，2014），最终通过聚焦成像（focusing and imaging）、辐射定标（radiometric calibration）等生成雷达影像。整个成像过程可概括为雷达波信号的生成、传输、接收和处理，为了更深入理解雷达成像的基本原理，本节将从信号学理论的角度出发描述雷达成像的基本过程。

2.2.1 雷达波信号基础理论

雷达波本质上属于连续时间的电压信号(Rosen et al., 2000; Simons and Rosen, 2007; Emardson et al., 2003),其时域形式为 $s(t)$,可表示为

$$s(t) = \text{rect}(t) \cdot A\cos(2\pi f_0 + \varphi_0) \tag{2.4}$$

式中,A 为雷达信号的振幅;f_0 为信号的载波频率;φ_0 为信号的随机初相;t 为时间变量,$\text{rect}(\cdot)$ 表示矩形函数。由傅里叶变换理论知识可知,$s(t)$ 可表示为多个正弦信号之和,这些分量正弦信号的幅度和相位可通过傅里叶变换计算得到:

$$S(f) = \int_{-\infty}^{+\infty} s(t) e^{-i2\pi ft} dt \tag{2.5}$$

其中 $S(f)$ 为 $s(t)$ 在频率域的表达,也称频谱,通常 $S(f)$ 是一个复函数,即

$$S(f) = S_R(f) + iS_I(f) = |S(f)| e^{i\phi(f)} \tag{2.6}$$

经逆傅里叶变换,可将频谱 $S(f)$ 变换至原 $s(t)$,即

$$s(t) = \int_{-\infty}^{+\infty} S(f) e^{i2\pi ft} df \tag{2.7}$$

由此可知,信号 $s(t)$ 与频谱 $S(f)$ 可以相互转换,互为傅里叶变换对(Hanssen, 2001)。若两个信号在同一域内相乘,则对应于它们在另一域内作卷积,即

$$\begin{cases} s_1(t) * s_2(t) = \int_{-\infty}^{\infty} s_1(\tau) s_2(t-\tau) d\tau \\ s_1(t) \cdot s_2(t) \Leftrightarrow S_1(f) * S_2(f) \\ S_1(f) \cdot S_2(f) \Leftrightarrow s_1(t) * s_2(t) \end{cases} \tag{2.8}$$

对频率分布在 $(-f_1, +f_1)$ 内的信号 $s(t)$,进行间隔为 Δt 的采样,相当于将信号乘以一个无线脉冲串(Hanssen, 2001; 王超等, 2002),即

$$s_n(t) = s(t) \left[\sum_{n=-\infty}^{+\infty} \delta_D(t - n\Delta t) \right], \quad n = 0, \pm 1, \pm 2, \cdots \tag{2.9}$$

式中,δ_D 为单位脉冲函数。当采样间隔 Δt 满足 $\dfrac{1}{\Delta t} > B$(B 表示带宽)时,原信号可从一组采样信号中恢复。

2.2.2 雷达信号的生成、发射与成像

雷达成像的基本过程如图 2.5 所示(Simons and Rosen, 2007; 王超等, 2002),首先通过雷达脉冲设备生成雷达波,生成的雷达波信号包括脉冲宽度、起止时间、频率、重复频率及脉冲特性等丰富的信息,之后与相干振荡器中输出的中频信号叠加,通过混

频器混频,产生低功率的有特定波形的中频信号,即调制信号(Hanssen,2001;Beauducel and Peirre,2000)。调制信号进入发射器后,由于功率较低,发射器对信号进行逐级放大直到功率足够大,再经馈线传输给转换开关。

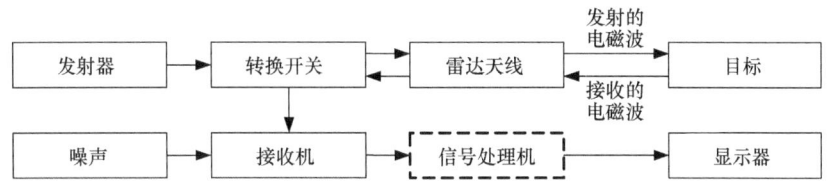

图 2.5　主动式成像雷达工作原理

当放大后的调制信号传送到转换开关(相当于一个单刀双置开关)时,关闭接收机,以防止大功率泄漏信号烧坏接收机前端器件。紧接着,信号经馈线传送至雷达天线,当接收目标回波信号时,打开接收机即可。天线是雷达系统与外界的接口设备,从雷达硬件设备向自由空间传输电磁波,并从自由空间接收雷达电磁波(回波辐射信号)(Simons and Rosen,2007;王超等,2002)。经转换开关,将发射器送来的大功率脉冲信号传输到天线,然后经天线定向地向自由空间辐射。从目标返回的二次辐射信号被天线接收后,经转换开关传送给雷达接收机。

由于回波信号比较微弱,经转换开关到达接收机后,接收机将对其进行放大处理,其中包括(舒宁,2003;刘国祥,2004b)高频放大、主中放大、检波视频、混频、进程增益控制、自动增益控制、模拟脉冲压缩等,放大到一定幅度后,信号处理机会对目标回波视频信号进行二次处理,包括视频积累、多普勒滤波、杂波抑制、杂波图技术、恒虚警率处理、空-时二维处理、目标识别和图像处理等。

经接收机处理的回波信号被传送到数据处理机进行目标参数的提取,包括目标识别判定、目标角度/距离/速度测量、目标航迹处理、目标参数坐标变换、雷达情报变换等(焦明连和蒋廷臣,2009;刘国祥,2004b)。此外,可通过发射同步脉冲并依据目标回波延时来测量距离;根据角度基准、角度增量脉冲和目标回波测量目标方位角和俯仰角;根据活动目标多普勒频移或目标距离变化率来测量速度等。

早期的雷达成像系统采用的是真实孔径雷达,雷达天线一般安置于飞行平台一侧,随平台一起飞行,天线的飞行方向称为方位向,垂直于天线飞行的方向(与雷达波发射的方向一致)称为距离向(Bamler and Hartl,1998;舒宁,2003)。如图 2.6 所示,雷达天线以一定的侧视角度沿距离向朝地表发出脉冲宽度较窄的椭圆锥状雷达波束,在地表形成一个辐照带,通过接收从地表反射的后向散射信号来成像(Moreira et al.,2013;王超等,2002;Rodgers and Ingalls,1969)。上述过程在平台飞行过程中不断重复进行,对地表辐照带成像,并且按照回波信号的先后顺序进行距离向上的扫描,合成一个二维的数据阵列(Sansosti et al.,2014;Graham,1974),生成地表的雷达影像。

图 2.6 中,L 为雷达天线长度;W 为雷达天线宽度;R_n、R_m 和 R_f 分别为雷达近斜距、中斜距和远斜距;ω_v 为雷达距离向波束宽度角(horizontal beamwidth angle);ω_h 为

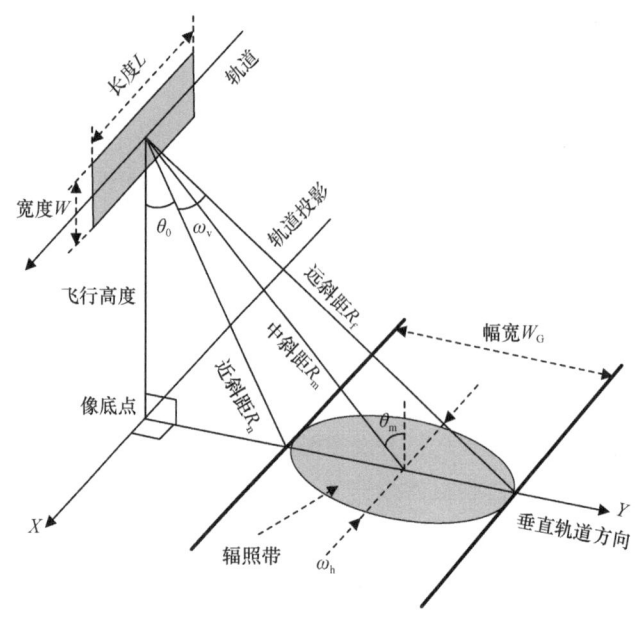

图 2.6 真实孔径雷达成像几何示意图

雷达方位向波束宽度角；θ_0 为近斜距对应的雷达侧视角；θ_m 为中斜距对应的雷达入射角；W_G 为雷达成像带幅宽。

生成雷达影像的空间分辨率是一项重要参数，主要指在雷达影像上可辨别的两相邻目标之间的最小距离（王超等，2002）。分辨率依赖于雷达天线长度、雷达波长和信号脉冲宽度等多个因素，分辨率越高，可分辨的最短距离越小。通常，雷达影像空间分辨率分为两种，包括距离向分辨率和方位向分辨率（Rosen et al.，2000；舒宁，2003）。

2.3 真实孔径雷达成像基本原理

2.3.1 距离向分辨率

雷达波束的宽度、地表辐照带的宽度都取决于天线自身的尺寸（李平湘和杨杰，2006；Graham，1974）。雷达距离向波束宽度角 ω_v 与天线宽度 W 和雷达波长 λ 有关，关系式如下：

$$\omega_v = \frac{\lambda}{W} \tag{2.10}$$

参考图 2.7，雷达信号与地面交汇的部分为辐照带，由其中几何关系，可推导获得辐照带地距向宽度 W_G 的表达式如下：

$$W_G \approx \frac{R_m \cdot \omega_v}{\cos\theta_m} = \frac{R_m \cdot \lambda}{W \cdot \cos\theta_m} \tag{2.11}$$

式中，R_m 为雷达天线中心至辐照带中心的斜距（即中斜距）；θ_m 为中斜距对应的雷达波入射角。

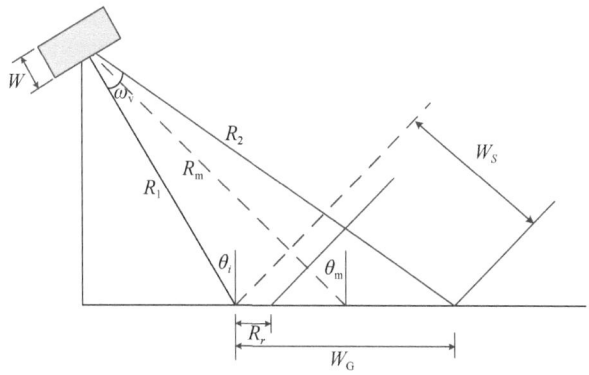

图 2.7 雷达波与地面交互几何关系

为了从雷达影像上分辨出空间相邻单元，被雷达系统所接收的相邻单元回波信号要求在时间上有差别。设雷达脉冲宽度为 τ，若雷达要分辨出在斜距向（slant range direction）上距离为 d 的地物并对其进行成像，必须满足：

$$d > \frac{c\tau}{2} \tag{2.12}$$

式中，c 为光速。此时，没有重复的信号返回到雷达系统中，相邻地面点才能被辨别，回波信号才可以独立构成影像。因此，雷达的斜距向分辨率为 $\Delta R = c\tau/2$，若投影到地面则得到地面距离分辨率（简称地距分辨率）ΔR_G，即

$$\Delta R_G = \frac{c\tau}{2\sin\theta} \tag{2.13}$$

式中，θ 为雷达波入射角。随着雷达波入射角的变化（0°~90°），雷达地距分辨率是变化的，越靠近像底点，分辨率越低；越远离像底点，分辨率越高。如果雷达侧视角为 0°，即正对像底点成像，靠近像底点的地面分辨率将非常糟糕（无穷大），导致雷达成像失败，这也正是为什么成像雷达一定要侧视的主要原因。

根据式（2.13）可知，真实孔径雷达的距离向分辨率由雷达脉冲的宽度 τ 决定，需要尽可能地缩小雷达脉冲的宽度来提高距离向的分辨率，然而脉冲宽度的减小影响脉冲信号的发射强度，可能会导致脉冲能量不足的问题（Bamler and Hartl，1998；王超等，2002；廖明生和林珲，2003）。为了平衡二者，一种线性调频脉冲压缩技术被应用，用来减小雷达脉冲宽度以得到更高距离向分辨率的雷达影像。

2.3.2 方位向分辨率

雷达方位向波束宽度角 ω_h 与天线长度 L 和雷达波长 λ 有关，关系式如下：

$$\omega_h = \frac{\lambda}{L} \qquad (2.14)$$

则可得到雷达波束辐照带沿方位向的长度 L_G 为

$$L_G = R_m \cdot \omega_h = R_m \cdot \frac{\lambda}{L} \qquad (2.15)$$

考虑到真实孔径雷达地表辐照带方位向长度 L_G 等同于方位向分辨率 ΔL，即 $\Delta L = L_G$，因此只有当两相邻目标之间的距离比雷达波束辐照带方位向长度大时，才能被区分开（Bamler and Hartl，1998；舒宁，2003；李平湘和杨杰，2006）。由式（2.15）可知，当真实孔径雷达成像几何确定时（即 R_m 基本恒定），如要提高方位向分辨率，只能通过增加天线长度或降低波长来实现。然而，实际应用中雷达波长太短会导致雷达信号受大气影响严重，而受飞行平台空间的限制，安装的天线也不宜过长，因此直接提高真实孔径雷达方位向分辨率具有较高的技术难度。

2.4 合成孔径雷达成像基本原理

与真实孔径雷达相比，合成孔径雷达的显著优势在于提高了雷达影像的分辨率。合成孔径雷达通过对距离向采用脉冲波束压缩技术来提高距离向分辨率，利用合成孔径技术模拟出等效大孔径天线来提高方位向分辨率，使得生成的雷达影像具有更高的地面目标分辨能力（Zebker and Goldstein，1986）。

2.4.1 脉冲压缩技术

雷达回波的脉冲宽度决定了成像的距离向分辨率，较窄的脉冲宽度有利于距离向分辨率的提高，然而，较窄的发射脉冲也会导致雷达的发射功率降低，使得雷达的作用距离减小（王超等，2002；廖明生和林珲，2003）。为了同时兼顾雷达信号的分辨率及作用距离，现代雷达一般采用大时宽和大带宽的线性调频信号进行成像，大时宽信号提高了雷达的平均发射功率，而大带宽信号采用脉冲压缩技术在接收信号时将脉冲波束变窄，从而可提高距离向分辨率。

如图2.8所示，对线性调频信号进行脉冲压缩处理一般采用信号脉冲压缩滤波方法（李平湘和杨杰，2006），发射信号的变化规律与脉冲压缩滤波器的延迟频率特性是相反的，即发射信号相位与脉冲压缩滤波器的相频共轭匹配（廖明生和林珲，2003），因此理想的脉冲压缩滤波器就是匹配滤波器。

具有矩形包络的线性调频信号为

$$u_i(t) = A\mathrm{rect}\left(\frac{t}{\tau}\right)\mathrm{e}^{\mathrm{i}(2\pi f_0 t + \pi k t^2)} \qquad (2.16)$$

式中，τ 为线性调频信号的持续时间；k 为调频斜率；A 为线性调频信号的振幅；f_0 为信号的载波频率；$\mathrm{rect}(\cdot)$ 表示矩形函数。

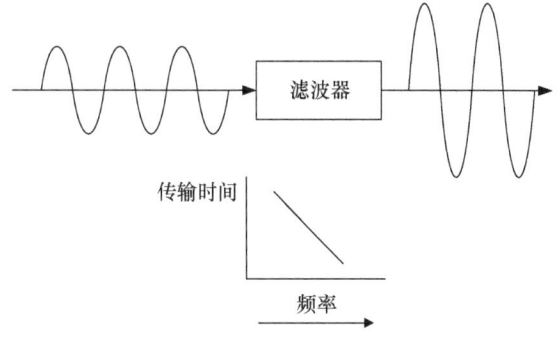

图 2.8 脉冲压缩滤波器

该信号的包络函数为

$$a(t) = A\text{rect}\left(\frac{t}{\tau}\right) = \begin{cases} A, & -\dfrac{\tau}{2} \leqslant t \leqslant \dfrac{\tau}{2} \\ 0, & \text{其他} \end{cases} \quad (2.17)$$

相位函数为

$$\phi(t) = 2\pi f_0 t + \pi k t^2 \quad (2.18)$$

瞬时频率为

$$\omega(t) = \frac{\mathrm{d}\phi(t)}{\mathrm{d}t} = 2\pi f_0 + 2\pi k t \quad \text{或} \quad f(t) = f_0 + kt \quad (2.19)$$

瞬时频率随时间呈线性变化,是线性调频信号的主要特征。线性调频信号经过匹配滤波器后得到具有 sinc(·) 函数包络的输出,即

$$\mu_0(t) = A\sqrt{D}\frac{\sin\pi k\tau(t-t_0)}{\pi k\tau(t-t_0)}e^{\mathrm{i}[2\pi f_0(t-t_0)]}\pi f_0(t-t_0) \quad (2.20)$$

该信号的包络为

$$A\sqrt{D}\frac{\sin\pi k\tau(t-t_0)}{\pi k\tau(t-t_0)} \quad (2.21)$$

式中,t_0 为附加延时,由滤波器的物理实现决定;D 为脉冲压缩比,以 τ_0 表示压缩后窄脉冲的宽度;B_w 为线性调频信号的带宽,则脉冲压缩比 D 等于线性调频信号的时间带宽积,即

$$D = \frac{\tau}{\tau_0} - \tau B_\text{w} - \pi k\tau^2 \quad (2.22)$$

设雷达入射角为 θ,则经脉冲压缩后的雷达地距分辨率可表达为

$$\Delta R_{\mathrm{G}} = \frac{c\tau_0}{2\sin\theta} = \frac{c}{2B_{\mathrm{w}}\sin\theta} \tag{2.23}$$

由式（2.23）可知，SAR 影像地距分辨率理论上仅由雷达信号的带宽 B_{w} 决定，为获取更高地距分辨率的 SAR 影像，需增大信号带宽（靳国旺等，2014；刘国祥，2004b）。

2.4.2 合成孔径技术

对于真实孔径雷达而言，方位向分辨率主要取决于天线长度。而在合成孔径雷达中，关键是利用雷达与地物二者间的相对运动产生的多普勒频移现象，来实现方位向分辨率的改善（舒宁，2003；刘国祥，2004b；Rodgers and Ingalls，1969）。如图 2.9 所示，雷达天线可以在一定时间段内连续接收目标散射的回波信号，这个时间段内平台飞行的距离相当于一个大的雷达天线孔径。

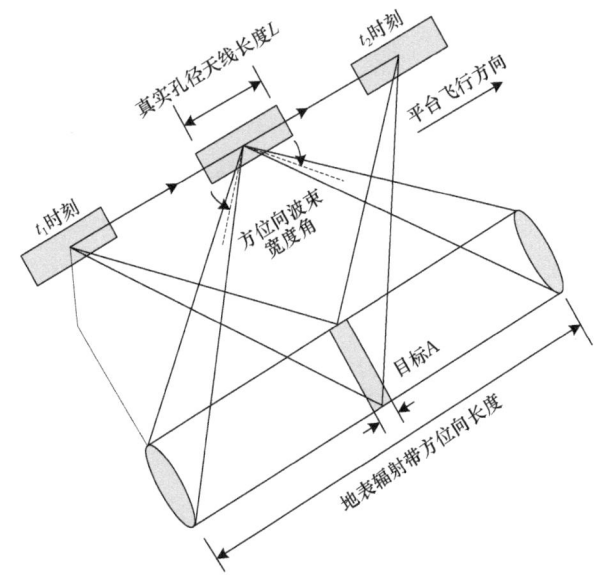

图 2.9　合成孔径雷达成像几何

从图 2.9 中可以看出，从 t_1 时刻开始，到 t_2 时刻结束，在这个时间段内，不断有地面目标 A 的回波脉冲信号返回到天线，且雷达平台飞行的距离近似等于方位向辐照带的长度，该长度即为模拟的等效雷达天线长度（Rosen et al.，2000；焦明连和蒋廷臣，2009）。

设合成的天线孔径长度为 L_{S}，根据式（2.15），则可得到相应的方位向分辨率 ΔL，即

$$\Delta L = \frac{R_{\mathrm{m}} \cdot \lambda}{L_{\mathrm{S}}} \tag{2.24}$$

由于雷达天线最大的合成孔径大小与真实孔径雷达波束辐照带沿方位向的长度相等，则 ΔL 可进一步表示如下：

$$\Delta L = \frac{R_{\mathrm{m}} \cdot \lambda}{L_{\mathrm{S}}} = \frac{R_{\mathrm{m}} \cdot \lambda}{\dfrac{R_{\mathrm{m}} \cdot \lambda}{L}} = L \tag{2.25}$$

式（2.25）说明，合成孔径雷达的方位向分辨率仅仅取决于实际使用的天线孔径大小。同时，双程相移使方位向的分辨率缩减为真实天线孔径的一半（李平湘和杨杰，2006），即合成孔径雷达的最终方位向分辨率 ΔL_0 为

$$\Delta L_0 = \frac{L}{2} \tag{2.26}$$

2.4.3 成像与聚焦算法

脉冲压缩技术和合成孔径技术可以保证应用较小的雷达天线来获取较高分辨率的地面影像，但是雷达传感器直接获取的是地面目标的回波数据，为了进一步得到地面目标的二维影像信息，必须对原始雷达数据进行一系列的数字信号处理，该过程称为雷达数据的聚焦成像（李平湘和杨杰，2006；何秀凤和何敏，2012）。

$$\sigma(x,y) \to h(\cdot,\cdot) \to r(t,\tau) \to h^{-1}(\cdot,\cdot) \to \sigma(x,y) \tag{2.27}$$

式中，$\sigma(x,y)$ 为地面影像数据；$r(t,\tau)$ 为雷达获取的原始数据，由 $r(t,\tau)$ 得到代表地面影像的 $\sigma(x,y)$ 的过程即为雷达数据聚焦成像；系统的脉冲响应函数 $h(\cdot,\cdot)$ 在聚焦成像中发挥着关键作用，数据获取过程依赖于该函数，脉冲响应函数反映了雷达波发射、反射和接收的全过程，且可描述为

$$h(\hat{t}, t_{\mathrm{m}}) = P\left(\hat{t} - \frac{2R}{c}\right) \cdot \mathrm{e}^{\frac{-2\pi \mathrm{i} f_0}{c}\left[2R + \frac{(V t_{\mathrm{m}} - i)^2}{R}\right]} \tag{2.28}$$

式中，$\hat{t}$ 为回波时延；$t_{\mathrm{m}} = i/V$ 为慢时间；$P(\cdot)$ 为脉冲包络；R 为斜距；c 为光速；f_0 为载波频率；V 为卫星飞行速度；(i,j) 为目标在场景中的坐标。聚焦成像数据处理算法一般在频率域内执行，式（2.28）通过二维快速傅里叶转换到频率域（何秀凤和何敏，2012），经过距离向脉冲压缩、振幅补偿、相位补偿、带通滤波（bandpass filtering）和二维逆傅里叶变换，最终获得地面 SAR 影像。再次强调，2.1.3 小节中已述及，SAR 影像的每一像元既包含目标振幅信息，也包含相位信息，可用一个复数表示，因此，SAR 影像也被称为单视复数（single look complex，SLC）影像。

2.4.4 辐射定标

辐射定标是针对 SAR 系统端口到端口性能进行标定的过程，即标定 SAR 系统接收到地物目标后向散射回波信号的幅度和相位能力。通常，辐射定标可分为两部分，即内部定标和外部定标（Rosen et al.，2000；刘国祥，2005b；Rodgers and Ingalls，1969）。

1. 内部定标

内部定标是指利用雷达系统内置的传感器注入定标信号到雷达数据流中，以实现标

定雷达系统的性能（何秀凤和何敏，2012；靳国旺等，2014）。内部定标主要应用于估计热效应和其他因素引起的发射功率和接收机增益的相对变化。

常用的内定标方法主要有两种，分别是系统内部独立定标法和比率定标法。对比来说，系统内部独立定标要求间歇中断测量序列，导致各独立观测量误差的累积，影响总定标的精度；而比率定标法允许在测量间隔变动比较频繁的情况下进行处理，产生误差的概率较小（靳国旺等，2014）。

2. 外部定标

外部定标是指利用地物目标发射或反射的定标信号标定雷达系统的过程，主要适用于确定被测地物目标的绝对散射系数（何秀凤和何敏，2012；靳国旺等，2014）。外部定标的地面目标可以是类似于角反射器的已知雷达截面面积的点目标，也可以是已知散射特性的分布目标。

外部定标的优点在于可直接测量端对端的系统性能，如天线波束中心增益和角度以及信号传播效应等系统参数。但是外部定标的缺点是不能经常对外部定标场进行成像，这样会导致对系统传递特性测量的样本数不够，因此不足以测量短期系统的不稳定性，影响平台的正常运行。

内部定标对系统进行定标处理具有随时性，但仅仅局限于相对定标的过程；而外部定标只能依赖于雷达采集的定标场数据对系统进行辐射校正，虽对雷达设备要求不高，但受限于定标场的状况。因而，内部定标和外部定标应结合使用，每次定标期间，在进行外部定标处理的同时应结合内部定标的方法进行辐射校正。

2.5　合成孔径雷达成像工作模式

2.5.1　合成孔径雷达成像模式

目前，SAR 传感器的工作模式呈多样化发展，如图 2.10 所示，主要包括条带模式、聚束模式、扫描模式和滑动聚束模式四种（Rosen et al.，2000；刘国祥，2004a，2004c），各种模式的侧重点不同。例如，聚束模式多用于获取小范围但分辨率高的影像，而扫描模式多用于获取覆盖面积较大的影像，但无法保证其分辨率（Moreira et al.，2013；舒宁，2003；靳国旺等，2014），下面介绍各成像模式的主要特征与差异。

条带模式（stripmap）：是一种最基本的 SAR 成像模式，图 2.10（a）给出了其成像示意图（Rosen et al.，2000；何秀凤和何敏，2012）。此种模式的雷达天线指向不变，成像对象是与雷达传感器搭载平台移动方向相平行的地面条带，成像带宽不定，从几千米到数百千米皆可。成像时有斜视与正侧视两种方式，雷达天线的指向与平台移动方向不垂直时被称为斜视，若二者垂直，则被称为正侧视。条带模式适用于大范围不间断的成像，但由于天线增益等系列问题，方位向分辨率不能根据天线长度的降低而随意增加，最高不会超过天线长度的一半。

聚束模式（spotlight）：即定点成像，利用对方位向天线波束指向的调节，使波束始终集中照射在一个地面目标范围内，其成像示意图参见图 2.10（b）（Moreira et al.，2013；

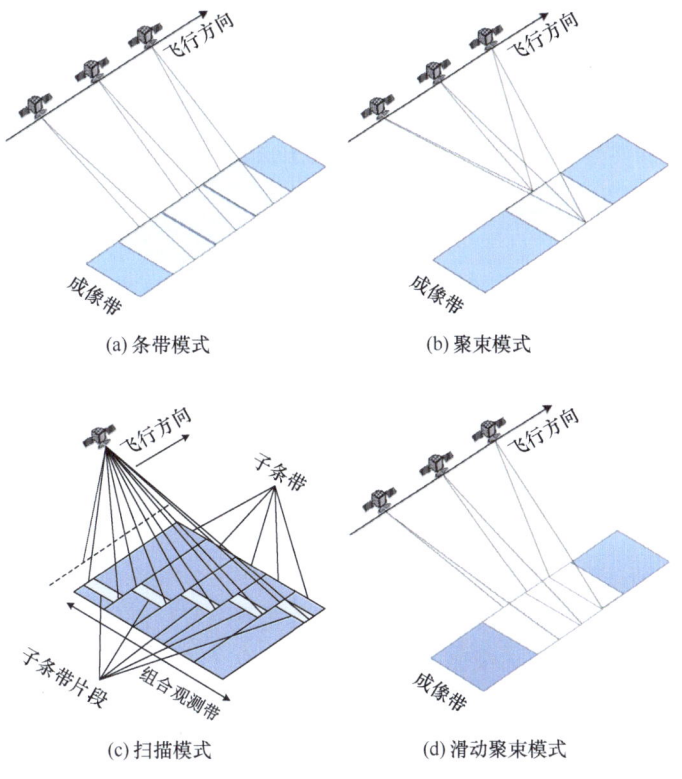

图 2.10 SAR 工作模式

刘国祥等，2000）。由于沿移动路线 SAR 不断地向同一目标范围发射信号，方位向的相干时间变长，从而使合成孔径长度变大，天线波束宽度（antenna beamwidth）不再约束方位向分辨率。但是，采用聚束式进行成像，其影像覆盖面积通常较小，最大范围为天线的波束宽度。

扫描模式（scanSAR）：以牺牲一定的分辨率来解决距离模糊对方位向脉冲重复频率（pulse repetition frequency，PRF）的限制问题，从而增大测绘带宽度。这种模式多用于星载 SAR 中，图 2.10（c）为其成像示意图。SAR 传感器工作在 scanSAR 模式下时，可以对多个子条带进行成像。SAR 的每一个子带的数据都是在 Burst 模式下采集的（Rott，2009；靳国旺等，2014），Burst 之间的时间间隙就是传感器对剩余子带成像的时间。通过把每个子测绘带的原始数据处理为 Burst 模式的图像，最后融合拼接成一幅完整的 scanSAR 影像。

滑动聚束模式（sliding spotlight）：是当前较新颖的一种 SAR 工作模式（Rott，2009；Rodgers and Ingalls，1969），如图 2.10（d）所示。该模式下，通过控制天线照射范围在地面的移动速度来实现调节方位向分辨率的目的，其成像的范围大于聚束式 SAR，分辨率优于同等天线长度的条带式 SAR，因此可以达到高分辨率与大范围成像同时兼顾的效果。

2.5.2 雷达成像极化模式

电磁波极化，是指电磁波的电场振动幅度的变换趋势，是空间电磁波的一个基本的特征。平面电磁波极化，是指电场矢量的末端在与传播方向垂直的平面内随时间的变化而形成的运动轨迹（Moreira et al.，2013；靳国旺等，2014）。如图 2.11 所示，平面极化波分三种：线极化波、椭圆极化波以及圆极化波，雷达成像主要使用的是线极化波，简称极化波，即电场矢量的末端在一个电场平面内运行的路线呈一条直线。

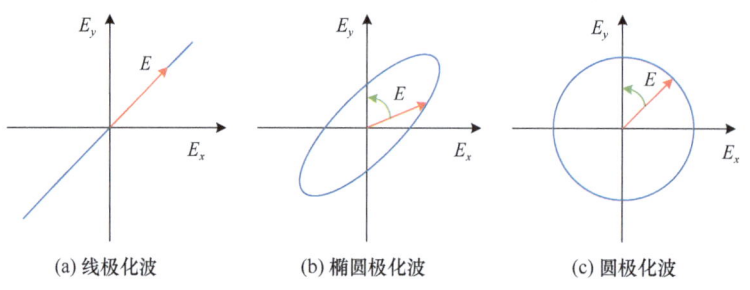

(a) 线极化波　　　　　　(b) 椭圆极化波　　　　　　(c) 圆极化波

图 2.11　平面极化波

如图 2.12 所示，线极化分为水平极化与垂直极化，若电场矢量平行于地面，称为水平（H）极化；若电场矢量垂直于地面，则称为垂直（V）极化。根据不同的发射和接收极化模式，可得到四种不同极化方式的 SAR 影像（王超等，2002；廖明生和林珲，2003），即 HH、HV、VV 和 VH 影像。若收发的是同种方式的极化波，则为同极化影像（即 HH 和 VV 影像），否则就是交叉极化影像（即 HV 和 VH 影像）。

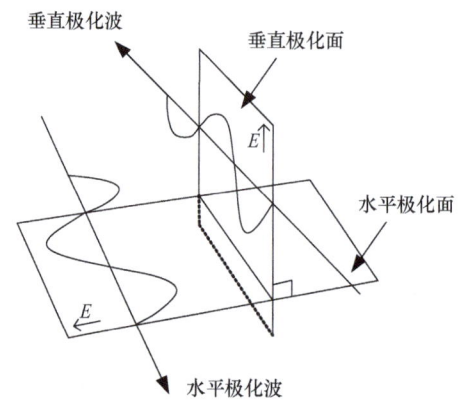

图 2.12　极化示意图

图 2.13 显示了对同一区域采用不同极化方式（即 HH、VV 和 HV）获取的 L 波段 SAR 影像及其假彩色合成影像。不难看出，不同的极化波会使同一目标产生不一样的影像效果（廖明生和林珲，2003；焦明连和蒋廷臣，2009）。一般情况下，表面光滑的地物其 HH 回波强度大于 HV，对于直立式目标物，VV 极化信号比 HH 极化信号强。不同的地物在某一极化影像中的亮度可能比较接近，而在另一种极化影像中可能很容易区分开来，如日光熔岩、皮斯迦熔岩和冲积扇在 HH 影像中差异不大，但在 HV 影像中呈现较大的差异。

通常情况下，InSAR 干涉对中的两幅影像应来自相同的极化模式，进一步的实验发现,不同雷达极化模式获取相同观测目标的回波信号间存在一定的差异,并影响 InSAR 相干性,因此,InSAR 干涉处理前有必要考虑待观测地物的物理特征,选择最优的接收、发射极化状态组合的 SAR 数据,以降低相位噪声带来的影响(王超等,2002;靳国旺等,2014)。此外,极化信息的应用可使目标的特征参数增多,有助于实现地物分类及地物参数的估计。

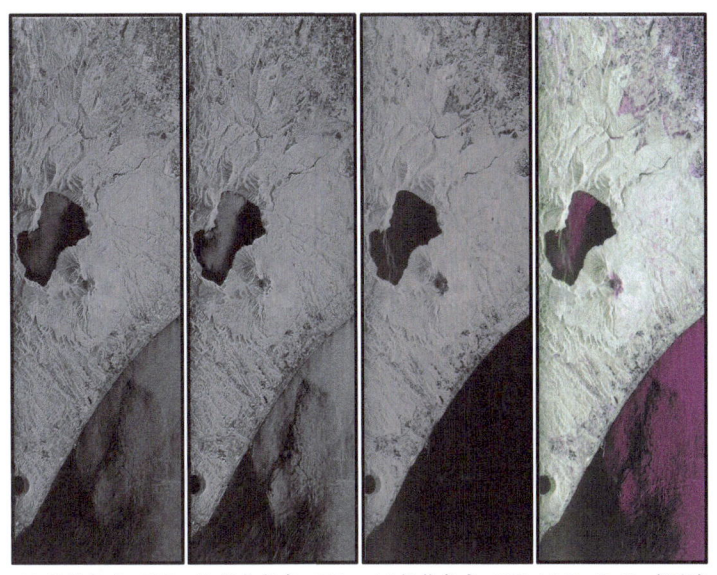

(a)极化方式:HH (b)极化方式:VV (c)极化方式:HV (d) $R_{HH}G_{VV}B_{HV}$假彩色

图 2.13 对同一区域采用不同极化方式获取的 SAR 影像及其假彩色合成影像(JAXA EORC,2006)

2.6 合成孔径雷达影像的主要几何畸变

SAR 系统采用侧视成像的工作模式,在较小的侧视成像范围内,可将微波看作平面波,入射角视为常数,若地面平坦则地距与斜距呈线性关系;但若不平坦,存在地表起伏,则会出现几何畸变(李平湘和杨杰,2006;刘国祥等,2000;刘国祥,2004b),研究发现 SAR 影像主要存在的几何畸变包括近距离压缩、阴影(shadowing)、叠掩(layover)和透视收缩(foreshortening)(李平湘和杨杰,2006;刘国祥,2006;刘国祥等,2000)。

1)近距离压缩

由于雷达侧视成像是以斜距投影方式获取目标信息,因此,同等尺寸的地面目标,距像底点越远,在斜距影像上的成像范围就越大(刘国祥,2004b),如图 2.14 所示,在地面上具有相同长度的 A1 和 A2 经雷达成像后,在斜距影像上分别对应 B1 和 B2,显然在斜距向上 B1 小于 B2。很明显,相对 A2 而言,更靠近像底点的 A1 被压缩了。

2)阴影

如图 2.15 所示,在斜坡背面的一段区域内,天线波束不能到达,所以该处无雷达回

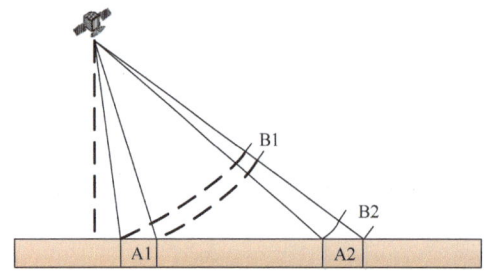
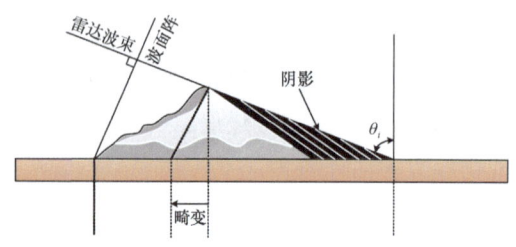

图 2.14　近距离压缩示意图　　　　　图 2.15　阴影示意图

波信号，并在 SAR 影像上形成阴影（Simons and Rosen，2007；刘国祥等，2001b）。山体的坡度和雷达入射角影响雷达阴影的形成，从近斜距到远斜距，入射角逐渐增大，阴影逐渐突出。由于阴影的存在无法获取其所覆盖区域的有效信号。但是，在卫星雷达传感器参数丢失或不完整情况下，阴影是雷达照射方向的一个很好的指标，而且根据雷达阴影还可估计山体高度，根据此特征可以判断地形起伏。

3）叠掩

如图 2.16 所示，对于地形起伏地区，当斜坡高点的回波信号比斜坡低点的回波信号优先到达传感器时，即斜坡顶部比底部先成像，将产生叠掩现象（焦明连和蒋廷臣，2009；刘国祥，2006）。一般情况下，叠掩在较小入射角条件下成像时更易发生，近斜距比远斜距更易发生。

4）透视收缩

如图 2.17 所示，在地形起伏区域，虽然回波信号由低点到高点依次返回，但是在影像上的长度会比按比例尺计算后的实际距离要短（焦明连和蒋廷臣，2009；刘国祥等，2000）。透视收缩导致这些区域在影像上呈现比较亮的值，当斜坡垂直于雷达波束时，透视收缩达到极致，整个斜坡汇聚成一个高亮度的点。对于任意给定的斜坡或山坡，当入射角增加时，透视收缩效应会下降。当入射角接近 90°，透视效应被消除，但会出现严重阴影，因此在选择雷达波入射角时，应同时考虑阴影和透视收缩两个因素。

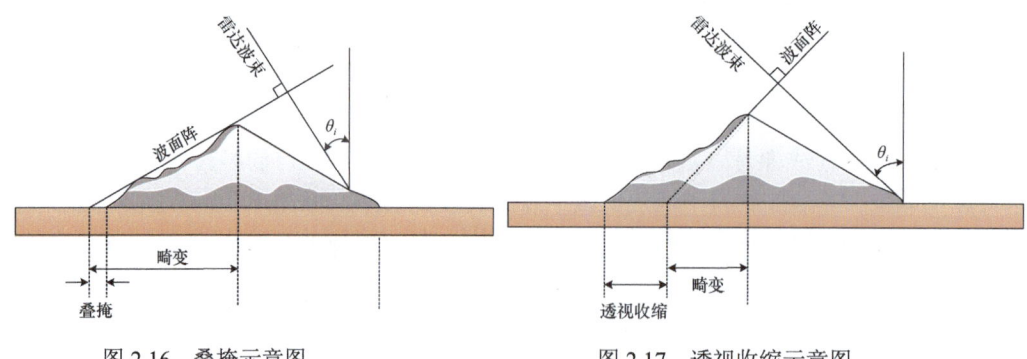

图 2.16　叠掩示意图　　　　　　　　图 2.17　透视收缩示意图

思考题

1. 雷达接收机主要接收由雷达发射器发射并经地物交互后返回的回波信号，试说明雷达回波信号由哪些部分组成，各信号分别受哪些因素影响，并与普通光学遥感影像比较，举例说明雷达影像的优势和劣势。

2. 相对于真实孔径雷达来说，合成孔径雷达的距离向和方位向分辨率都得到了提升，试说明其成像基本原理，并举例说明在相同的分辨率条件下，合成孔径雷达与真实孔径雷达天线尺寸方面的差异。

3. 合成孔径雷达成像模式和极化模式呈现多样性，具体说明常见的成像模式与极化模式有哪些，并分别阐述各成像模式的主要特征，对比分析不同极化模式的雷达影像中各地物特征。

4. 合成孔径雷达影像存在几何畸变，如近距离压缩、阴影、叠掩、透视收缩，试分别说明以上几何畸变形成的原因，并对比分析相同坡度情况下，不同雷达入射角对叠掩、阴影、透视收缩三种畸变的影响。

第3章 卫星SAR参考框架与投影转换

确定卫星SAR传感器及其产品的参考框架是处理和利用SAR影像的前提和基础。SAR参考框架是指卫星轨道描述、SAR数据存储、处理和解译过程中所参照的坐标系统。投影转换是指将一种地图投影点位坐标转换为另一种地图投影点位坐标的过程。SAR影像及其后续处理产品一般都需要经过投影转换过程,以方便对其所包含的信息进行解译和判读。

从第2章的陈述可以看到,卫星SAR成像过程是在雷达斜距-多普勒(range-Doppler,RD)坐标系下完成回波信号的记录与处理的。雷达斜距-多普勒坐标系是一个二维平面坐标系,由卫星飞行方向(即方位向)和雷达波侧视方向(即斜距向)构成。某一地面目标的斜距-多普勒坐标是在SAR成像几何框架下该目标点与雷达卫星间的相对位置的直观反映。某一地面目标点在SAR影像中的位置可以使用方位向成像时刻 t 和斜距 R 两个变量来描述,并与SAR影像坐标(或称像素坐标,即行号 r 和列号 c)对应。然而,在实际应用中,某一地面目标点的空间位置通常采用地理坐标(如大地纬度坐标、横轴墨卡托投影坐标等)来描述。因此,对于SAR影像及其产品(如通过干涉处理得到的产品,见第9章和第10章)来说,投影转换一般是指SAR影像坐标与地理坐标之间的互相转换。

根据SAR影像坐标系与地理坐标系间投影转换方向的不同,可将投影转换分为后向转换和前向转换两种(Wegmüller and Werner,1998)。后向转换是指将SAR影像坐标系产品投影至地理坐标系的过程,如将SAR SLC强度影像转换为经纬度坐标系;前向转换则是将地理坐标系产品转换为SAR影像坐标系的过程,如在SAR差分干涉处理过程中(见4.5节和第10章),需要将外部数字高程模型(DEM)数据或地面控制点坐标数据投影转换至SAR影像坐标系,为计算和扣除地形相位贡献提供方便。此外,根据是否有DEM辅助参与,可以将投影转换分为椭球校正投影转换(geocoded ellipsoid corrected,GEC)和地形校正投影转换(geocoded terrain corrected,GTC)两种(Roth et al.,1993)。其中,GEC投影转换将地球模型简化为一个具有平均高程的椭球面,因此不需要DEM支持;GTC投影转换则需要结合DEM数据,利用真实的地球表面进行投影转换。GTC投影转换能够在一定程度上消除SAR侧视成像导致的几何畸变,使得其产品的定位精度要高于GEC投影转换产品。

本章将对卫星SAR影像与目标空间定位参考框架、SAR卫星轨道模型(orbital model)及其参数计算、SAR目标空间定位方程和投影转换方法进行系统介绍,最后结合实例数据,介绍SAR影像及其干涉产品的投影转换过程。

3.1 卫星SAR影像与目标空间定位参考框架

SAR影像处理及其产品的投影转换过程涉及的坐标参考框架主要有SAR影像坐标

系（与雷达斜距-多普勒坐标系对应）、地固空间直角坐标系和大地经纬度坐标系三种。

3.1.1 SAR 影像坐标系

SAR 影像坐标系是 SAR 成像和存储数据所采用的参考框架。图 3.1（a）为 SAR 成像示意图，卫星飞行方向为方位向，SAR 影像中每一行对应于卫星雷达脉冲信号在该方向的某一采样时刻 t；雷达波侧视方向为斜距向，每一列对应于卫星雷达与目标之间的斜距 R。可以看出，雷达斜距-多普勒坐标 (t,R) 可以方便地描述地面目标与卫星雷达的相对位置，并且其与目标在 SAR 影像中的像素坐标行、列号 (r,c) 对应，如图 3.1（b）所示。值得说明的是，这里和本书其他地方所提到的像素坐标系（或称影像坐标）的原点位于一幅影像的左上角，坐标横轴指向影像列方向（即斜距向），坐标纵轴指向行方向（即方位向），例如，影像第一行第一列的像素坐标为（0，0），影像第 100 行第 90 列的像素坐标为（99，89），诸如此类。

设 SAR 卫星方位向起始采样时刻为 t_0，雷达波沿方位向的脉冲重复频率为 PRF（即沿飞行方向每秒钟扫描的行数），SAR 卫星近斜距为 R_0（SAR 影像中第一列像素对应的斜距），斜距向空间分辨率为 ΔR，则雷达斜距坐标 (t,R) 与影像像素坐标 (r,c) 有如下转换关系：

$$\begin{cases} t = t_0 + r\Delta t \\ R = R_0 + c\Delta R \end{cases} \quad (3.1)$$

式中，$\Delta t = 1/\text{PRF}$ 为脉冲采样时间间隔。

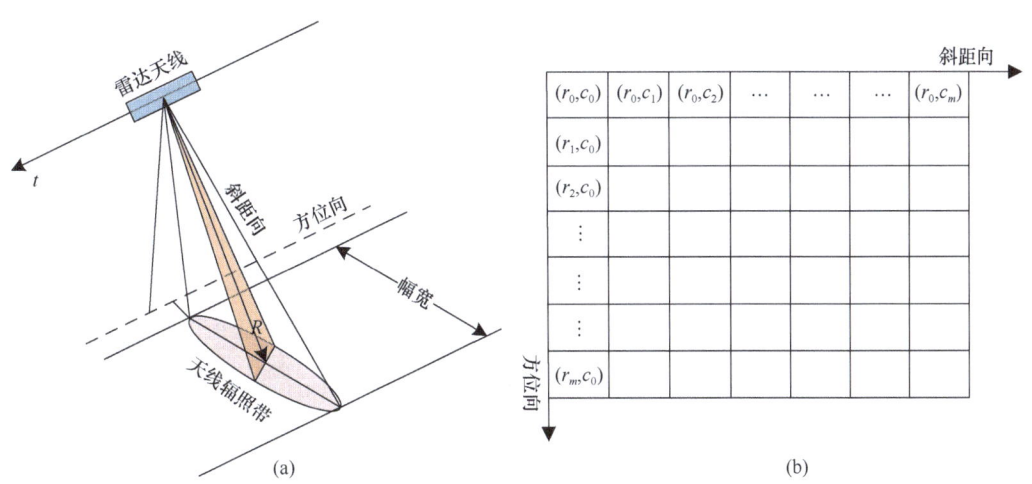

图 3.1 SAR 成像示意图（a）与 SAR 影像坐标系示意图（b）

3.1.2 地固空间直角坐标系

地球被认为是一个赤道稍凸、两极略扁且密度不均匀的椭球体，这使得地球参考坐标系统的建立相比均匀球体更为复杂。此外，对于对地观测卫星而言，其重点是观测地球表面目标的变化情况，但地球自身也在不停旋转，为了描述地球表面固定目标的位置，通常需要建立一个与地球体相固联的旋转坐标系，即地固坐标系（earth-fixed coordinate system）（吕志平和乔书波，2010）。

设想一个直角坐标系，其原点是地球的质心，Z 轴和地球的旋转轴重合，并且 X 轴穿过赤道面与格林尼治子午线（参考零度子午线）相交，但该坐标系的地球旋转轴不固定，旋转轴在地球两极地区漂移，漂移轨迹在一个粗略的圆上，这种现象叫作极移（polar motion）。考虑到确定极移的困难性，测地学家们定义了一个从 1900 年到 1905 年的平均位置。这个点固定于地壳上的一个位置，称为协议地极（conventional terrestrial pole，CTP）。基于此可定义坐标系如下：

（1）原点为地球质心；

（2）Z 轴穿过 CTP；

（3）X 轴指向赤道面和参考零度子午线的交点，Y 轴定义在赤道面上与 X 轴、Z 轴组成右手直角坐标系。

如此定义的以地球质心为原点的地固直角坐标系，称为地心地固坐标系。美国国防部于 1984 年构建了世界大地坐标系（world geodetic system，WGS），即为典型的地心地固坐标系，其坐标系原点为地球质心，Z 轴指向 BIH1984.0 定义的协议地极方向，X 轴指向 BIH1984.0 零度子午面和赤道的交点，Y 轴与 X、Z 轴构成右手直角坐标系，其详细的空间关系如图 3.2 所示。WGS-84 坐标系统自 1987 年 1 月开始作为 GPS（global positioning system）广播星历的坐标参考基准，其采用的 4 个基本参数如下：

椭球长半轴　$a = 6378137$ m；

地球引力常数　$GM = 3986005 \times 10^8$ m^3/s^2；

正常化二阶带球谐系数　$C_{2,0} = -481.16685 \times 10^{-6}$；

地球自转角速度　$\omega = 7929115 \times 10^{-11}$ rad/s。

可以看出，WGS-84 坐标系是一个空间直角坐标系，人造卫星的空间位置可以采用 (X_s, Y_s, Z_s) 形式来确定。WGS-84 是目前许多 SAR 卫星空间定轨的基本参考框架，SAR 影像参数文件中给出的卫星轨道位置和速度矢量正是基于该坐标系来定义的。

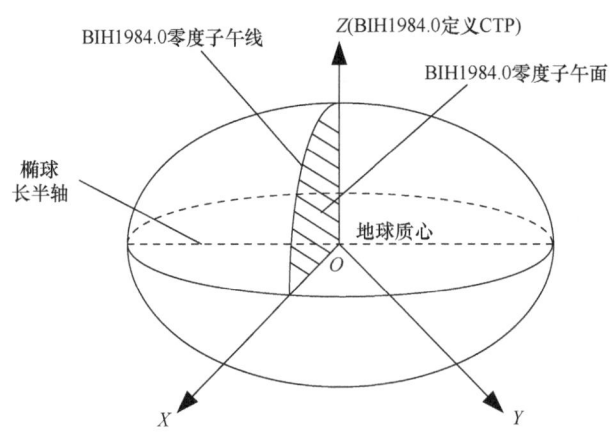

图 3.2　WGS-84 参考坐标系

3.1.3 大地经纬度坐标系

大地经纬度坐标系是大地测量中表示地面目标位置常用的地理坐标系，它是通过参考椭球面来定义的，常用的参考椭球为图 3.2 所示的 WGS-84 参考椭球。对于某一空间点 P，其 WGS-84 坐标系下空间直角坐标 (X_P, Y_P, Z_P) 与大地经纬度坐标 (L, B, H) 之间的转换关系如下：

$$\begin{cases} X_P = (N+H)\cos B \cos L \\ Y_P = (N+H)\cos B \sin L \\ Z_P = [N(1-e^2)+H]\sin B \end{cases} \quad (3.2)$$

$$\begin{cases} L = \arctan(Y_P/X_P) \\ B = \arctan\left\{Z_P(N+H) \Big/ \left[\sqrt{(X_P^2+Y_P^2)}(N(1-e^2)+H)\right]\right\} \\ H = Z_P/\sin B - N(1-e^2) \end{cases} \quad (3.3)$$

式中，N 为该点的参考椭球卯酉圈曲率半径，即 $N = a/\sqrt{1-e^2\sin^2 B}$；$a$ 和 e 分别为该大地坐标系对应参考椭球的长半轴和第一偏心率，即 $e^2 = (a^2-b^2)/a^2$；b 为椭球短半轴。

可以看出，WGS-84 空间直角坐标系和大地经纬度坐标系之间可以采用式（3.2）和式（3.3）方便地进行相互转换。大地经纬度坐标系一般是全球 DEM 数据（如 SRTM 数据）常用的坐标系统（Farr et al.，2007）。此外，大地经纬度坐标系是常用的地理成图和显示坐标系，如 Google Earth 地图即采用该坐标系。SAR 影像及干涉产品一般需要从雷达斜距-多普勒坐标系转换至大地经纬度坐标系，以方便进行解译并与其他类型大地测量产品（如 GPS 数据、水准数据）进行融合使用。

3.2 SAR 卫星轨道模型及其参数计算

目前国际 SAR 卫星的轨道一般使用地面控制中心和 GPS 卫星共同校正控制（Gabriel and Goldstein，1988；Kampes and Usai，1999），测定得到某些时刻 SAR 卫星在 WGS-84 坐标框架中的坐标，并在 SAR 数据头文件中给出。作为一个实例，图 3.3 给出了由 TerraSAR-X 卫星获取的一幅 SAR 影像的头文件部分信息，其中包含雷达参数和时间间隔为 10 s 的 12 个轨道节点在 WGS84 坐标系下的空间直角坐标和瞬时速度。此外，有些卫星（如 ERS-1/2、ENVISAT ASAR 等）经过精密定轨（precise orbit determination）后可以提供校正后的精密轨道数据。

在 SAR 数据处理前，需要根据 SAR 数据头文件参数推定 SAR 影像中任一目标对应成像时刻 SAR 卫星的位置参数。这一过程即为恢复 SAR 卫星的轨道参数（Massonnet and Feigl，1998）过程，具体方法一般包括空间定位计算法和轨道拟合法两种。

```
adc_sampling_rate:       1.6482917e+08  Hz
chirp_bandwidth:         1.5000000e+08  Hz
prf:                     3465.127162    Hz
azimuth_proc_bandwidth:  2765.00000     Hz
doppler_polynomial:      16.06023  0.00000e+00  0.00000e+00  0.00000e+00  Hz  Hz/m  Hz/m^2  Hz/m^3
doppler_poly_dot:        0.00000e+00  0.00000e+00  0.00000e+00  0.00000e+00  Hz/s  Hz/s/m  Hz/s/m^2  Hz/s/m^3
doppler_poly_ddot:       0.00000e+00  0.00000e+00  0.00000e+00  0.00000e+00  Hz/s^2  Hz/s^2/m  Hz/s^2/m^2  Hz/s^2/m^3
receiver_gain:           −19.8000  dB
calibration_gain:        0.0000  dB
sar_to_earth_center:     6884375.4876  m
earth_radius_below_sensor: 6372387.0349  m
earth_semi_major_axis:   6378137.0000  m
earth_semi_minor_axis:   6356752.3141  m
number_of_state_vectors: 12
time_of_first_state_vector: 36094.000000  s
state_vector_interval:   10.000000  s
state_vector_position_1: −2651039.2120   5475403.4619   3224091.3720   m m m
state_vector_velocity_1: 2944.37900     −2502.68200    6646.77400     m/s m/s m/s
state_vector_position_2: −2621453.2896   5450022.7573   3290360.3454   m m m
state_vector_velocity_2: 2972.72800     −2573.41500    6606.88700     m/s m/s m/s
state_vector_position_3: −2591586.2021   5423936.0757   3356226.3969   m m m
state_vector_velocity_3: 3000.61200     −2643.87500    6566.19100     m/s m/s m/s
state_vector_position_4: −2561442.6107   5397146.1932   3421681.4674   m m m
state_vector_velocity_4: 3028.02800     −2714.05400    6524.69100     m/s m/s m/s
state_vector_position_5: −2531027.2114   5369655.9768   3486717.5499   m m m
state_vector_velocity_5: 3054.97400     −2783.94100    6482.39400     m/s m/s m/s
state_vector_position_6: −2500344.7242   5341468.3875   3551326.6875   m m m
state_vector_velocity_6: 3081.44500     −2853.52700    6439.30300     m/s m/s m/s
state_vector_position_7: −2469399.8999   5312586.4773   3615500.9771   m m m
state_vector_velocity_7: 3107.44000     −2922.80300    6395.42500     m/s m/s m/s
state_vector_position_8: −2438197.5176   5283013.3901   3679232.5697   m m m
state_vector_velocity_8: 3132.95700     −2991.76100    6350.76500     m/s m/s m/s
state_vector_position_9: −2406742.3805   5252752.3620   3742513.6713   m m m
state_vector_velocity_9: 3157.99100     −3060.39000    6305.32800     m/s m/s m/s
state_vector_position_10: −2375039.3203  5221806.7180   3805336.5440   m m m
state_vector_velocity_10: 3182.54100    −3128.68200    6259.12000     m/s m/s m/s
state_vector_position_11: −2343093.1913  5190179.8781   3867693.5036   m m m
state_vector_velocity_11: 3206.60400    −3196.62800    6212.14700     m/s m/s m/s
state_vector_position_12: −2310908.8761  5157875.3463   3929576.9294   m m m
state_vector_velocity_12: 3230.17800    −3264.21900    6164.41400     m/s m/s m/s
```

图 3.3 一幅 TerraSAR-X 影像头文件的部分信息（含 12 个轨道节点的坐标和瞬时速度）

3.2.1 基于空间定位的轨道参数计算方法

当缺乏精轨数据或轨道数据时间密度较低时，可尝试采用基于空间定位的轨道参数计算方法（Gabriel and Goldstein，1988；Kampes and Usai，1999）。由于受地球质心引力和摄动力的影响，卫星运行轨道实际上是随时间改变而非固定不变的，但考虑到卫星 SAR 获取一幅影像时所经过的路程相对于整个卫星轨道椭圆只是很小的弧段，在这种情况下，对于任一时间的卫星轨道信息，可由对应的升交点赤经 Ω、卫星轨道倾角（orbit inclination）I、卫星幅角 ω 和卫星距地心的距离 ρ 来唯一描述（吕志平和乔书波，2010），各项参数的几何关系如图 3.4 所示。

图 3.4 中，O 为地心原点，Z 轴指向协议地极方向，X 轴指向春分点，$O\text{-}XYZ$ 构成右手直角坐标系，且一般称为地心惯性坐标系。而升交点赤经 Ω 定义为卫星轨道面与赤道面交线与 OX 轴的夹角，卫星位置向量与轨道面和赤道面交线的夹角定义为卫星幅角 ω，轨道面与赤道面本身的夹角定义为轨道倾角 I。

SAR 卫星轨道参数（satellite orbit parameters）均使用 WGS-84 坐标系（即图 3.4 中的 $O\text{-}X'Y'Z'$），该坐标系的原点和 Z' 轴与地心惯性坐标系一致，但其 X' 轴为本初子午

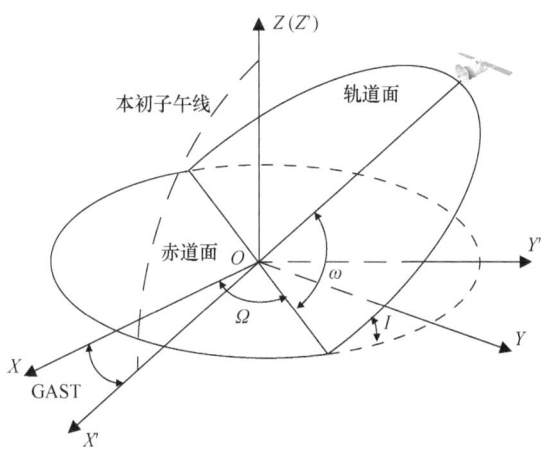

图 3.4 卫星飞行轨道空间几何关系

面（零度子午面）与赤道面的交线，其与地心惯性坐标系的 X 轴存在一定的夹角，该夹角称为格林尼治视恒星时角 GAST（Greenwich apparent sidereal time），可由卫星观测地面的协调世界时 UTC（coordinated universal time）时刻计算得到。在已知 WGS-84 坐标系下卫星位置和飞行速度参数的情况下，可依据图 3.4 中几何关系计算得到该时刻卫星轨道的四个参数：升交点赤经 Ω、卫星轨道倾角 I、卫星幅角 ω 和卫星距地心的距离 ρ，具体的计算模型为（吕志平和乔书波，2010）

$$\begin{cases} C_x = Y_S V_z - Z_S V_y \\ C_y = Z_S V_x - X_S V_z \\ C_z = X_S V_y - Y_S V_x \\ C = \sqrt{C_x^2 + C_y^2 + C_z^2} \end{cases} \quad \begin{cases} \rho = \sqrt{X_S^2 + Y_S^2 + Z_S^2} \\ I = \arccos\left(\dfrac{C_z}{C}\right) \\ \omega = \arcsin\left(\dfrac{Z_S}{\rho \sin I}\right) \\ \Omega = \arctan\left(\dfrac{-C_x}{C_y}\right) \end{cases} \tag{3.4}$$

式（3.4）中 (X_S, Y_S, Z_S) 和 (V_x, V_y, V_z) 分别代表在 WGS-84 坐标系下的卫星位置和飞行速度，基于该式可计算得到任意给定卫星坐标和飞行速度的卫星轨道的四个参数，且已有研究表明（吕志平和乔书波，2010），以上四个参数均为时间的函数，可表示为

$$\begin{cases} \rho(t) = \rho_0 + \rho_1 t + \rho_2 t^2 \\ I(t) = I_0 + I_1 t \\ \omega(t) = \omega_0 + \omega_1 t \\ \Omega(t) = \Omega_0 + \Omega_1 t \end{cases} \tag{3.5}$$

式中，$t = T - T_0$ 为卫星坐标参数观测时间相对协调世界时 UTC 的时间差；ρ_i，I_i，ω_i 和 Ω_i 为待求模型参量。当已知的卫星轨道坐标和飞行速率超过 3 个时，可采用最小二乘方法计算出模型参数。

在确定模型参数后，根据 SAR 影像上任一像元对应的 UTC 时间 T，均可依据式（3.4）计算得到此时刻卫星的轨道参数，进而依据式（3.6）计算出卫星在 WGS-84 坐标系下的位置坐标。

$$\begin{cases} X_S = \rho(\cos\omega\cos\Omega - \sin\omega\sin\Omega\cos I) \\ Y_S = \rho(\cos\omega\sin\Omega + \sin\omega\cos\Omega\cos I) \\ Z_S = \rho\sin\Omega\sin I \end{cases} \quad (3.6)$$

3.2.2 基于多项式拟合的 SAR 轨道参数计算方法

当轨道数据精度较高和轨道数据时间密度较高时，可采用基于多项式拟合的轨道参数计算方法。在 SAR 影像头文件提供有高时间密度（如 5~10 s 间隔）卫星精密轨道数据的条件下，一般认为卫星运行轨迹具有较好的平滑性。如图 3.5 所示，形成一个干涉像对的主、副 SAR 影像对应的卫星轨道分别由"SAR 轨道 1"和"SAR 轨道 2"表示，此处，每个轨道弧段分别由 12 个轨道节点（即历元点）组成，每个轨道节点即为卫星 SAR 的瞬时位置，其空间位置和飞行速度（一般以 WGS84 坐标系为参考）均已知。例如，P_m 为主影像（master image）的一个轨道节点，其空间直角坐标为 (X_m, Y_m, Z_m)，其飞行速度为 (V_{xm}, V_{ym}, V_{zm})；P_s 为副影像（slave image）的一个轨道节点，其空间直角坐标为 (X_s, Y_s, Z_s)，其飞行速度为 (V_{xs}, V_{ys}, V_{zs})。P 为地球表面的观测点，其空间直角坐标为 (X_P, Y_P, Z_P)。

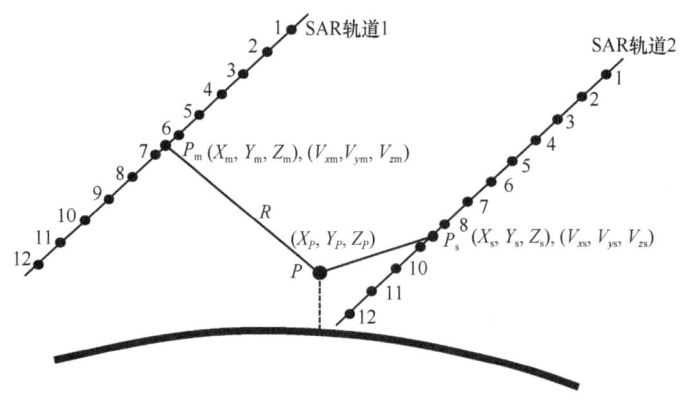

图 3.5 卫星飞行轨道空间几何关系

因此，可基于多项式轨道参数确定方法，对成像时间段内的轨道参数进行拟合，以时间为自变量，所采用的多项式通常如下：

$$\begin{cases} X = a_0 + a_1 \cdot t + a_2 \cdot t^2 + a_3 \cdot t^3 \\ Y = b_0 + b_1 \cdot t + b_2 \cdot t^2 + b_3 \cdot t^3 \\ Z = c_0 + c_1 \cdot t + c_2 \cdot t^2 + c_3 \cdot t^3 \end{cases} \begin{cases} V_x = d_0 + d_1 \cdot t + d_2 \cdot t^2 + d_3 \cdot t^3 \\ V_y = e_0 + e_1 \cdot t + e_2 \cdot t^2 + e_3 \cdot t^3 \\ V_z = f_0 + f_1 \cdot t + f_2 \cdot t^2 + f_3 \cdot t^3 \end{cases} \quad (3.7)$$

式中，(X,Y,Z)，(V_x,V_y,V_z) 分别为卫星的轨道位置和飞行速度；a_i，b_i，c_i，d_i，e_i 和 f_i 为模型系数（$i=0,1,2,3$）；t 为卫星轨道的时间参数，一般取相对于某一参考时间（如影像中间行的成像时间）的差值。在提供有足够数量的卫星位置和飞行速度数据的条件下，可采用最小二乘方法解算出上述模型系数，从而获得 SAR 卫星的轨道位置与飞行速度模型（Kampes and Usai, 1999），以此计算出 SAR 影像中任意方位向时刻所对应的卫星轨道参数。

采用上述任一轨道模型，可计算得到 SAR 成像范围内任一时刻所对应的卫星轨道位置和飞行速度，进而得到卫星的空间基线（spatial baseline）等参数，并在 InSAR 干涉数据处理中的影像配准、参考椭球面相位去除、地形相位计算等流程中发挥重要的作用（Hanssen, 2001；刘国祥, 2006）。

3.3 SAR 目标空间定位

SAR 目标空间定位是指将 SAR 影像中像点坐标与对应的地面目标地理坐标之间的关系使用某一数学模型来描述的过程，是 SAR 投影转换的核心内容。目前，卫星 SAR 最常用的空间定位模型是由 Curlander 和 Brown 提出的距离-多普勒模型（Curlander and Brown, 1981）。距离-多普勒模型从 SAR 成像几何出发，通过构建斜距方程（slant range equation）、多普勒方程（Doppler equation）和椭球方程（ellipsoid equation）来严密表达 SAR 空间定位模式，这三个方程组一般被称为 SAR 目标定位方程，由此可建立 SAR 影像坐标与目标地理坐标之间的关系。

图 3.6 显示了简化的雷达天线与地面目标之间相对运动所形成的成像几何。SAR 平台距地面的高度为 h，以速度 V_S 匀速飞行，卫星雷达从位置 A 到位置 C 为一个多普勒历程，即从 A 处开始持续接收到地面目标 P 反射的雷达回波信号，直到在 C 处反射信号消失，卫星雷达在 B 点时（正侧视）与地面目标间的斜距为 R_0。SAR 在成像过程中，在方位向时刻 t 返回的雷达波相位 $\varphi(t)$ 可表示为

$$\varphi(t) = 2\pi f_0 \left(t - \frac{2R}{c} \right) \quad (3.8)$$

式中，f_0 为雷达波束频率；c 为雷达波速；R 为卫星与目标之间的斜距。由式（3.8）可得回波频率为

$$f = \frac{1}{2\pi} \frac{\mathrm{d}\varphi}{\mathrm{d}t} = f_0 - \frac{2f_0}{c} \frac{\mathrm{d}R}{\mathrm{d}t} \quad (3.9)$$

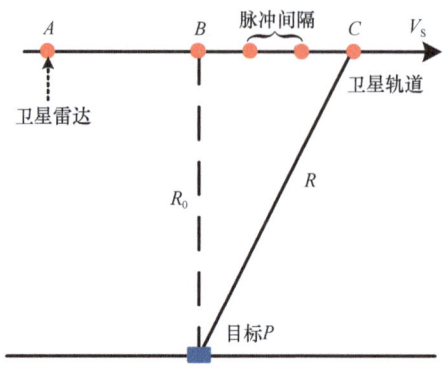

图 3.6 SAR 目标定位观测几何

式中第二项即为多普勒频率（Doppler frequency），以 f_D 表示，则多普勒频率方程为

$$f_\mathrm{D} = -\frac{2f_0}{c}\frac{\mathrm{d}R}{\mathrm{d}t} \tag{3.10}$$

可以看出，斜距 R 随着时间 t 变化而变化。假设在 t 时刻 SAR 卫星在 WGS-84 空间直角坐标系中的位置矢量为 $\boldsymbol{S}=(X_\mathrm{S},Y_\mathrm{S},Z_\mathrm{S})^\mathrm{T}$，速度矢量为 $\boldsymbol{V}_\mathrm{S}=\left(V_{xs},V_{ys},V_{zs}\right)^\mathrm{T}$，地面目标 P 在 WGS-84 空间直角坐标系的位置矢量为 $\boldsymbol{P}=(X_P,Y_P,Z_P)^\mathrm{T}$，且在 SAR 影像上对应的像素坐标为 (r,c)，则其对应的 SAR 斜距 R 可以表示为

$$\begin{aligned}R &= |\boldsymbol{S}-\boldsymbol{P}| = \left|(X_\mathrm{S},Y_\mathrm{S},Z_\mathrm{S})^\mathrm{T}-(X_P,Y_P,Z_P)^\mathrm{T}\right|\\&= \left|(\Delta X,\Delta Y,\Delta Z)^\mathrm{T}\right|\\&= \left|\sqrt{\Delta X^2+\Delta Y^2+\Delta Z^2}\right|\end{aligned} \tag{3.11}$$

式中，$(\Delta X,\Delta Y,\Delta Z)^\mathrm{T}$ 为卫星至地面目标 P 的位置向量差 $\overrightarrow{SP}$。将斜距 R 对时间求一阶导数，可得

$$\frac{\mathrm{d}R}{\mathrm{d}t}=-\frac{\Delta X\frac{\mathrm{d}\Delta X}{\mathrm{d}t}+\Delta Y\frac{\mathrm{d}\Delta Y}{\mathrm{d}t}+\Delta Z\frac{\mathrm{d}\Delta Z}{\mathrm{d}t}}{\sqrt{\Delta X^2+\Delta Y^2+\Delta Z^2}} \tag{3.12}$$

由于式（3.12）中 $\left(\frac{\mathrm{d}\Delta X}{\mathrm{d}t},\frac{\mathrm{d}\Delta Y}{\mathrm{d}t},\frac{\mathrm{d}\Delta Z}{\mathrm{d}t}\right)^\mathrm{T}=\boldsymbol{V}_\mathrm{S}$，将其代入式（3.10）得到

$$f_\mathrm{D}=-\frac{2(\boldsymbol{S}-\boldsymbol{P})\cdot\boldsymbol{V}_\mathrm{S}}{\lambda R} \tag{3.13}$$

同时，地面目标 P 在空间直角坐标系中应满足如下椭球方程：

$$\frac{(X_P+Y_P)^2}{(a+h)^2}+\frac{Z_P^2}{b^2}=1 \qquad (3.14)$$

式中，a 和 b 分别为参考椭球的长和短半轴；h 为地面目标大地高（geodetic height）。由于 SAR 原始数据聚焦处理（focused processing）过程中一般参考到零多普勒频率（Wegmüller and Werner，1998），即 $f_D=0$。将式（3.11）、式（3.13）和式（3.14）联立，则可以得到如下隐函数方程组：

$$\begin{cases} \dfrac{2}{\lambda}\dfrac{(X_S-X_P)V_{xs}+(Y_S-Y_P)V_{ys}+(Z_S-Z_P)V_{zs}}{R}=0 \\ (X_S-X_P)^2+(Y_S-Y_P)^2+(Z_S-Z_P)^2-R^2=0 \\ \dfrac{(X_P+Y_P)^2}{(a+h)^2}+\dfrac{Z_P^2}{b^2}-1=0 \end{cases} \qquad (3.15)$$

式（3.15）即为根据 SAR 成像模型推导的距离-多普勒方程，它是 SAR 目标空间定位的基础。该方程构建了 SAR 影像坐标与地理坐标之间的关系，采用非线性方程组解算方法（如牛顿迭代法）可解算此隐函数方程组。根据定位过程不同可将空间定位分为直接定位和间接定位两类（Wegmüller and Werner，1998；Kampes and Usai，1999）。

直接定位是指从 SAR 影像坐标出发，求解该影像坐标对应的大地经纬度坐标 (L,β,h) 的过程。给定 SAR 影像中某一像素坐标 (r,c)，根据 SAR 参数文件信息可以由式（3.1）计算出其对应的斜距 R，再基于卫星位置矢量 S 及卫星速度矢量 V_S 等参数，由隐函数方程组（3.15）即可以解算出该像素位置对应的地理坐标 $(X_P,Y_P,Z_P)^T$，然后根据式（3.3）将此 WGS-84 空间直角坐标转换为大地经纬度坐标。需要注意的是，利用该方法需要已知 SAR 影像中每一像素对应的大地高 h，其可以由 InSAR 干涉测量得到，也可以从外部 DEM 数据中获取。

间接定位是指从地面目标的大地经纬度坐标 (L,β,h) 出发，在已有 DEM 数据的辅助下，根据距离-多普勒方程求出 DEM 数据中每一像素目标点在 SAR 影像上对应的像素坐标。具体求解思路为：首先假设一个像素坐标 (r_0,c_0)（如影像中心位置，其对应的时刻为 t_0）对应于 DEM 中的目标点，然后根据 SAR 侧视时卫星速度矢量和斜距矢量应满足垂直条件（即式（3.13）中多普勒频率为 0），计算正确位置行号对应时刻（计算方法详见 5.1 节），然后计算该时刻与 t_0 时刻之间的时间差 Δt，得到修正后的时刻 $t=t_0+\Delta t$ 和该时刻对应的行列号 $(\bar{r}_0,c_0)$。在一定终止条件下，经过循环迭代获取该地理坐标系下目标点对应的行号 r。根据该行号计算 SAR 卫星的位置后，即可确定 SAR 卫星与目标点之间的斜距 R，进而利用式（3.1）推算出列号 c。

综上所述，空间定位的目的是得到 SAR 影像坐标系下每一像素坐标对应的地理位置坐标，或 DEM 中每一坐标对应的 SAR 影像坐标。为了便于两种投影坐标之间建立转换关系,需要构建一个矩阵来表示这种点对点的对应关系,即查找表矩阵(Wegmüller and Werner,1998)。对应于直接定位和间接定位两种 SAR 目标空间定位过程,查找表矩阵有两种表示形式:一种是与 SAR 影像产品行列数相同,其存储了 SAR 影像像素坐标对应的地理坐标;另一种是与投影转换后地理坐标影像行列数相同,其存储了该地理坐标对应的 SAR 影像像素坐标值。实际应用中,这两种查找表矩阵之间可以进行相互转换。

3.4 投影转换方法

从后面章节将可以看到,利用 InSAR 计算所得到的相关结果(如地面高程或地表形变信息)是参考到 SAR 影像坐标系的,应采用投影转换途径将 SAR 影像及其干涉产品中每一像素与其地理位置进行一一对应。该投影转换过程首先需要确定 SAR 影像坐标与目标地理坐标系统的转换参数,然后通过数字重采样(resampling)方法生成目标地理坐标系下的 SAR 影像及其干涉产品。在实际操作中,根据是否有 DEM 参与投影转换过程,可以将投影转换的产品分为经过椭球校正投影转换(GEC)和经过地形校正投影转换(GTC)两级产品。本节将对这两种投影转换方法和数字重采样方法进行介绍。

3.4.1 椭球校正投影转换方法

由于不需要外部 DEM 参与,椭球校正投影转换产品的生成一般采用空间定位方法中的直接定位法来构建 SAR 影像坐标与地理坐标对应的查找表矩阵。在直接地理定位过程中,式(3.14)中的参数 h 一般设定为 0 值或为研究区的平均高程值(Wegmüller and Werner,1998)。对于式(3.15)构成的隐函数方程组,较为经典的算法有数值迭代和解析算法两大类。其中,经典的数值迭代方法主要有 ASF 法、牛顿迭代法等;解析算法主要有分析定位方法和相对定位方法等。这些算法中,由于牛顿迭代法有较好的解算精度,因而最为常用。

影响 GEC 产品投影转换精度的因素主要有 SAR 卫星的轨道数据精度和研究区域的地形变化情况。在地形平坦区域,GEC 产品具有较好的转换精度,而在地形起伏较大区域,由于 SAR 侧视成像导致的图像畸变(image distortion)(如透视收缩、叠掩等),其转换精度较差。因此,GEC 方法一般应用于海洋、沿海或者极地等地形平坦的地区。而在地形起伏较大地区,为了精确恢复 SAR 目标点的空间几何关系,在完成 GEC 投影转换后,一般有必要进行几何精校正处理,即对查找表矩阵进行精化。目前,常用的几何精校正模型有多项式模型、G. Konecny 模型和 F. Leberl 模型等(朱彩英等,2003)。

1. 多项式模型

多项式模型(polynomial model)法需要一定数量分布均匀且精度较高的地面控制点,常用二次多项式进行纠正。通常认为利用地面控制点纠正后的地理坐标 (X,Y) 是直接定位所得的坐标 (x,y) 经平移、缩放、旋转、仿射、扭曲以及更高次基本变形的综合作用结果,因此可用一个合理阶数的多项式来拟合控制点地理坐标与直接转换所得地理坐标之间的转换关系。下面是一个常用的二阶多项式转换模型:

$$\begin{cases} X = a_0 + a_1 x + a_2 y + a_3 xy + a_4 x^2 + a_5 y^2 \\ Y = b_0 + b_1 x + b_2 y + b_3 xy + b_4 x^2 + b_5 y^2 \end{cases} \quad (3.16)$$

式中，(x,y) 为控制点影像坐标；(X,Y) 为控制点地面坐标；a_i 和 b_i ($i=0,1,2,\cdots,5$) 为二次多项式纠正系数。一般情况下，至少需要 6 个以上的控制点来构建误差方程，实现对参数 a_i、b_i 的最小二乘求解，从而利用式（3.16）对查找表进行纠正，得到精化的查找表矩阵。查找表矩阵确定以后，即可采用数字重采样方法（见 3.4.3 小节）将 SAR 影像产品重采样到地理空间坐标下。此外，若 SAR 影像范围较大，可选择三次多项式来构建像点和地面点之间的变换关系。

2. F. Leberl 构像方程

国际著名摄影测量学者 F. Leberl 基于雷达传感器成像几何特征，建立了 SAR 影像构像模型，即 F. Leberl 公式。该模型由两个方程组成：距离向上的距离条件方程和方位向上的零多普勒频率条件方程（朱彩英等，2003）。

$$\begin{cases} (X-X_S)^2 + (Y-Y_S)^2 + (Z-Z_S)^2 = (y \cdot M_y - D_S)^2 & \text{（斜距）} \\ (X-X_S)^2 + (Y-Y_S)^2 + (Z-Z_S)^2 = (y \cdot M_y - r_0)^2 + H^2 & \text{（地距）} \end{cases} \quad (3.17)$$

零多普勒频率条件：

$$V_{X_S}(X-X_S) + V_{Y_S}(Y-Y_S) + V_{Z_S}(Z-Z_S) = 0 \quad (3.18)$$

轨道时间多项式：

$$\begin{cases} X_S = X_{S_0} + V_{X_{S_0}} \cdot T + \dot{V}_{X_{S_0}} \cdot T^2 + \cdots \\ Y_S = Y_{S_0} + V_{Y_{S_0}} \cdot T + \dot{V}_{Y_{S_0}} \cdot T^2 + \cdots \\ Z_S = Z_{S_0} + V_{Z_{S_0}} \cdot T + \dot{V}_{Z_{S_0}} \cdot T^2 + \cdots \end{cases} \quad (3.19)$$

$$T = M_x \cdot x \quad (3.20)$$

其中，D_S 为扫描延迟；r_0 为地距延迟（对应 D_S 的平面距离）；H 为数据规化面相对航高；(x,y) 为像点坐标；M_x 为方位向比例尺的分母；M_y 为距离向比例尺的分母；T 为相对于图幅原点的飞行时间；x 为影像方位向坐标；(X,Y,Z) 为像元目标对应的地面空间直角坐标；(X_S,Y_S,Z_S) 为天线瞬时几何位置的地面空间直角坐标；$\left(X_{S_0},Y_{S_0},Z_{S_0}\right)$ 为图幅原点（$T=0$）成像时刻雷达天线的地面空间直角坐标；$\left(V_{X_{S_0}},V_{Y_{S_0}},V_{Z_{S_0}}\right)$ 为卫星雷达在 $\left(X_{S_0},Y_{S_0},Z_{S_0}\right)$ 处的速度矢量；$\left(\dot{V}_{X_{S_0}},\dot{V}_{Y_{S_0}},\dot{V}_{Z_{S_0}}\right)$ 为卫星雷达在 $\left(X_{S_0},Y_{S_0},Z_{S_0}\right)$ 处的加速度

矢量。

从上述可知，当已知 SAR 影像的成像设计参数 H，M_x，M_y 时，根据已知的测站定位数据，或根据至少 4 个平面高程控制点，可建立至少 8 个条件方程，求出影像的 7 个纠正参数 $\left(X_{S_0}, Y_{S_0}, Z_{S_0}, V_{X_{S_0}}, V_{Y_{S_0}}, V_{Z_{S_0}}, r_0(D_S)\right)$。F. Leberl 公式无须已知飞行平台的姿态参数，而是侧重于飞行平台的位置、飞行速度和飞行方向，此构像方程应用于斜距投影的 SAR 影像几何校正和目标定位时较为精确。

3. G. Konency 构像方程

国际摄影测量学者 G. Konency 于 1988 年在第 16 届国际摄影测量与遥感学会上提出了地距投影的 SAR 影像构像模型，称之为 G. Konency 公式（杨波，2008），即

$$\begin{cases} x'_{\text{gr}} = f_x \dfrac{a_{1j}\left(X - \Delta X - X_{S_j}\right) + a_{1j}\left(Y - \Delta Y - Y_{S_j}\right) + a_{1j}\left(Z - \Delta Z - Z_{S_j}\right)}{a_{3j}\left(X - \Delta X - X_{S_j}\right) + a_{3j}\left(Y - \Delta Y - Y_{S_j}\right) + a_{3j}\left(Z - \Delta Z - Z_{S_j}\right)} \\ y'_{\text{gr}} = f_y \dfrac{a_{2j}\left(X - \Delta X - X_{S_j}\right) + a_{2j}\left(Y - \Delta Y - Y_{S_j}\right) + a_{2j}\left(Z - \Delta Z - Z_{S_j}\right)}{a_{3j}\left(X - \Delta X - X_{S_j}\right) + a_{3j}\left(Y - \Delta Y - Y_{S_j}\right) + a_{3j}\left(Z - \Delta Z - Z_{S_j}\right)} \end{cases} \quad (3.21)$$

$$P = 1 - \dfrac{\sqrt{(X - X_{S_j})^2 + (Y - Y_{S_j})^2 + (Z - Z_{S_j})^2}}{\sqrt{(X - X_{S_j})^2 + (Y - Y_{S_j})^2}} \quad (3.22)$$

$$\begin{cases} \Delta X = P(X - X_{S_j}) \\ \Delta Y = P(Y - Y_{S_j}) \end{cases} \quad (3.23)$$

式中，x'_{gr} 和 y'_{gr} 为地距投影的像点坐标；$(X_{S_j}, Y_{S_j}, Z_{S_j})$ 为雷达天线几何中心 j 时刻在空间直角坐标系中的位置；f_x 和 f_y 为等效焦距；$(a_{ij}, b_{ij}, c_{ij}, i = 1, 2, 3)$ 为天线在第 j 行传感器的姿态角 $(\omega_j, \varphi_j, \kappa_j)$ 构成的方向余弦；其他符号意义同前，且有

$$\begin{cases} y'_{\text{gr}} = y + r'_0 \\ f_x = H / M_x \\ f_y = H / M_y \\ r'_0 = \sqrt{D_s^2 - \dfrac{H^2}{M_y}} \end{cases} \quad (3.24)$$

G. Konency 模型忽略了 SAR 影像的成像原理，而是根据一般的摄影测量原理，它不只研究飞行平台的位置、天线的姿态角及其变率、飞行速度和方向，还涉及外方位元素线角元素的变化，其解算的未知参数比 F. Leberl 方程式更多。式（3.21）中，在 $x = 0$

处，$(\varphi_0, \omega_0, \kappa_0, X_{S_0}, Y_{S_0}, Z_{S_0})$ 为此处的外方位元素，$(\dot{\varphi}_0, \dot{\omega}_0, \dot{\kappa}_0, \dot{X}_{S_0}, \dot{Y}_{S_0}, \dot{Z}_{S_0})$ 为此处的外方位元素的一阶变率，这两类元素被称为纠正参数。由于缺少确定的测站参照数据用来求解Konency模型的未知参数，因此需要不少于8个平面高程控制点，根据式（3.24）构建至少16个条件方程，求解纠正参数。

综上所述，多项式纠正方法的计算比较简单，忽略了地形变化的影响，直接将产生几何畸变的影像依据控制点进行数学模拟（朱彩英等，2003；杨波，2008），故比较适合平坦地区；G. Konecny 模型忽略了 SAR 影像本身的成像特点，把 SAR 影像当成线阵列影像，就像推扫式成像方式那样，并且对模型参数初始值的要求较高；SAR 构像模型中应用最为广泛的是 F. Leberl 模型，它依据卫星位置推算地面点各位置的成像关系，充分利用 SAR 成像的几何和物理条件来获得精确的目标位置。

3.4.2 地形校正投影转换方法

地形校正投影转换必须有 DEM 的支持，即在投影转换之前，需要有完全覆盖研究区域的外部 DEM 数据。目前，覆盖全球陆地地表具有较高分辨率（30 m）的 DEM 数据主要有 SRTM DEM 和 Aster GDEM 两种（舒宁，2003；Albino et al.，2015）。生成 GTC 产品过程中，通常是采用间接定位的方法生成初始查找表。

影响 GTC 产品转换精度的因素主要有：卫星轨道的精度和外部 DEM 的精度。由于卫星的轨道矢量和外部 DEM 都存在误差，根据距离-多普勒模型进行的空间定位得到的初始查找表一般精度都不高。如果以此查找表进行投影转换，可能会将造成 SAR 影像产品投影转换后对应地理空间位置的错位，因此需要对初始查找表进行精化以提高转换精度。

精化查找表矩阵的方法除了在 3.4.1 小节提及的三种几何精纠正方法，这里将介绍一种根据外部 DEM 和 SAR 成像几何参数模拟 SAR 强度图，然后将其与真实 SAR 强度图进行匹配进而改进查找表精度的方法（Wegmüller and Werner，1998）。该方法不需要外部 GCP 数据支持，自动化处理程度较高，已被众多 InSAR 处理软件（如 GAMMA、ROI_PAC 等）使用。基于这一思路的 GTC 产品投影转换处理步骤如下。

（1）基于研究区域外部 DEM 和 SAR 产品参数文件信息，根据间接空间定位方法计算地理坐标与 SAR 影像坐标对应的初始查找表。该步骤数据处理过程中，DEM 会被裁剪至 SAR 影像覆盖的地理坐标覆盖范围内，查找表的行列数与裁剪后的 DEM 大小相同，每一元素存储着每一 DEM 像元对应的 SAR 影像坐标。

（2）由 SAR 成像参数和裁剪后的 DEM 进行 SAR 强度影像模拟。根据 SAR 的后向散射机制，SAR 成像强度图与每一像元的雷达散射截面积相关。散射截面积可以由局部入射角表示，然后由经验散射模型函数（Eineder，2003）模拟得到 SAR 影像强度图。一般认为，真实 SAR 成像中某一像元的后向散射能量是该像元散射截面内所有物体后向散射的综合贡献，但这里由外部 DEM 模拟的 SAR 强度图并不考虑散射截面内不同地物类型的后向散射特性。

（3）根据初始查找表，将模拟的具有地理坐标的 SAR 强度影像重采样至 SAR 影像坐标系下，得到与 SAR 影像行列号相同的模拟强度图。初始查找表的精度不够高，导致模拟强度图与真实 SAR 强度图之间存在一定的几何偏差，为了对这种偏差进行描述，需要将这两种强度影像进行精确匹配。可以首先采用基于强度互相关的配准方法，将模拟 SAR 影像与原有 SAR 强度图进行精确匹配，得到这两种影像间的偏移量；然后采用二阶多项式模型（如式（3.16））对这种偏移进行拟合，得到查找表校正模型；最后将原始查找表根据此校正模型进行校正处理，得到精化的查找表。

一般情况下，如果研究区域有明显的地表起伏，则基于强度图的自动匹配一般能够获得较好的结果；但如果该地区地表起伏不明显（如沙漠、平原），模拟的 SAR 强度影像则难以与真实 SAR 强度影像匹配起来，此时可以手动选择控制点计算配准偏移量并拟合距离向和方位向双线性函数模型。根据精化的查找表矩阵，将 SAR 产品重采样至地理坐标系下，完成 GTC 投影转换过程。

3.4.3 数字重采样

投影转换过程中，重采样是根据某坐标系下的影像像素值和查找表矩阵计算目标坐标系下对应位置处像素值的过程。重采样过程需要首先确定输出影像的规则格网，由于规则格网对应的输入影像坐标（行列号）不一定是整数，因而需根据一定插值算法将原始影像相关像素值计算后分配给该格网。如图 3.7 所示，规则格网化后某一地理平面坐标 (X_P, Y_P) 处对应的 SAR 斜距坐标下影像坐标为 $(I,J) = (r+u, c+v)$，其中 (r,c) 为整数，(u,v) 为 $(0,1)$ 区间的浮点数。为了求得地理坐标 (X_P, Y_P) 处对应的像素值 F，需要通过 (I,J) 邻近坐标的像素值进行插值得到。重采样中经常采用的插值算法有最邻近插值（nearest interpolation）法、双线性插值（bilinear interpolation）法和三次卷积插值（cubic convolution interpolation）法（Hanssen，2001；Kampes and Usai，1999）。

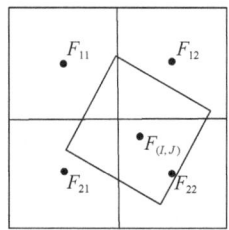

图 3.7 输出坐标 (I,J) 位于输入影像的四个相邻像素中间

1）最邻近插值法

最邻近插值法直接将与某像元位置最邻近的像元值作为该像元的新值。实际操作中，常取 $I = \mathrm{INT}(r+u)$，$J = \mathrm{INT}(c+v)$ 像素值作为重采样值，其中 INT 为取整函数。该方法的优点是算法简单，能够保持像素值不变。但是，纠正后的影像可能具有不连续性，会影响重采样效果；并且当相邻像素值差异较大时，可能会产生较大的重采样误差。

2）双线性插值法

如图 3.8 所示，双线性插值法取采样点 $(r+u, c+v)$ 至周围 4 邻域像元的距离进行加权计算采样值。假设该 4 邻域像素值分别为 $[F(r,c), F(r,c+1), F(r+1,c), F(r+1, c+1)]$，则双线性插值值 F 计算过程如下：

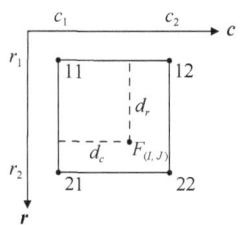

图 3.8 双线性插值法示意图

$$F_{(I,J)} = (1-d_r)(1-d_c)F_{(r,c)} + d_r(1-d_c)F_{(r,c+1)} + d_c(1-d_r)F_{(r+1,c)} + d_r d_c F_{(r+1,c+1)} \quad (3.25)$$

式中，$d_r = r - \text{INT}(r+u)$；$d_c = c - \text{INT}(c+v)$。

3）三次卷积插值法

理论上的最佳插值函数是 sinc 函数，三次卷积插值是利用多项式逼近该函数：

$$w(x) = \begin{cases} 1 - 2x^2 + |x_c|^3, & 0 \leqslant |x| < 1 \\ 4 - 8|x| + 5x^2 - |x|^3, & 1 \leqslant |x| < 2 \\ 0, & 2 \leqslant |x| \end{cases} \quad (3.26)$$

重采样点 $(I,J) = (r+u, c+v)$ 处的像素值是它周围 16 个像元的像素值的加权和，每个像素值对应的权系数由式（3.26）计算，如图 3.9 所示，F 可由如下插值公式得到：

$$F_{(I,J)} = \sum_{r=1}^{4} \sum_{c=1}^{4} w_{rc} \cdot \boldsymbol{I} \cdot w_{cr} \quad (3.27)$$

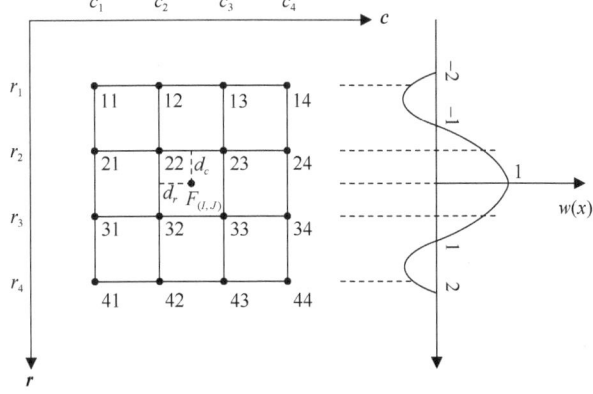

图 3.9 三次卷积插值法示意图

式中，

$$I = \begin{bmatrix} F(r-1,c-1) & F(r-1,c+0) & F(r-1,c+1) & F(r-1,c+2) \\ F(r+0,c-1) & F(r+0,c+0) & F(r+0,c+1) & F(r+0,c+2) \\ F(r+1,c-1) & F(r+1,c+0) & F(r+1,c+1) & F(r+1,c+2) \\ F(r+2,c-1) & F(r+2,c+0) & F(r+2,c+1) & F(r+2,c+2) \end{bmatrix}$$

$$w_{rc} = \begin{bmatrix} w(u+1) & w(u+0) & w(u-1) & w(u-2) \end{bmatrix}$$

$$w_{cr} = \begin{bmatrix} w(v+1) & w(v+0) & w(v-1) & w(v-2) \end{bmatrix}^T$$

利用双三次卷积内插法重采样的精度比较高，但缺点是计算量比较大。

3.5　投影转换实例

SAR 影像干涉产品一般包括 SAR 影像坐标系下的 SAR 强度图、相干系数、地表高程（ground surface elevation）及地表形变结果等。为满足实际生产和解译的需求，需要将这些产品投影转换至地理坐标系下。这些产品均可按照 3.4 节所述的方法进行投影转换，得到椭球校正（GEC）投影转换产品或者地形校正（GTC）投影转换产品。

本实验以 2017 年 1 月 31 日获取的一景覆盖青海省海东市某地区的 Sentinel-1A 影像为实验数据，进行投影转换实验。以 30 m 地表分辨率的外部 SRTM DEM 为辅助高程数据，将该景 SAR 影像的强度图按照地形校正方法进行投影转换，得到大地经纬度坐标系下的 SAR 强度影像。获取该景数据的 SAR 卫星飞行方位角为 190°（降轨），雷达波侧视角为 33.72°。影像中心经纬度为 [36.4267°N, 102.6631°E]，影像大小为 5500 行×1100 列，斜距向分辨率约为 2.33 m，方位向分辨率约为 13.97 m。

以距离向和方位向分别为 10 和 2 的多视因子对该影像进行多视处理（multi-look processing），得到了如图 3.10 所示的 SAR 多视影像强度图，分辨率约为 23×28 m，影像大小为 550 行×550 列。可以看出该强度影像大部区域均有地形起伏。接下来以 GTC 产品投影转换方法为例，详细介绍其转换过程。

首先需要准备覆盖该影像的外部 DEM 文件，SRTM DEM 数据（可从美国地质调查局（United States Geological Survey，USGS）网站下载：http://earthexplorer.usgs.gov/）。为提高投影转换效率，我们需要对 DEM 进行预处理，截取得到 SAR 影像覆盖范围内的 DEM。裁剪后的 DEM 晕渲图如 3.11 所示。

在 DEM 数据准备完成后，首先需要由 SAR 目标空间定位方法生成初始查找表矩阵。根据 3.3 节所述间接空间定位方法，得到每一 DEM 像素对应的 SAR 影像坐标，即可生成查找表矩阵。查找表矩阵的大小与裁剪后的 DEM 数据相同，同样为 596 行×539 列，矩阵中每一元素由两部分组成，分别表示地理纵坐标和横坐标所对应的 SAR 影像像素坐标（一般以复数形式存储，分别对应实部和虚部）。表 3.1 展示了由本实验数据生成的

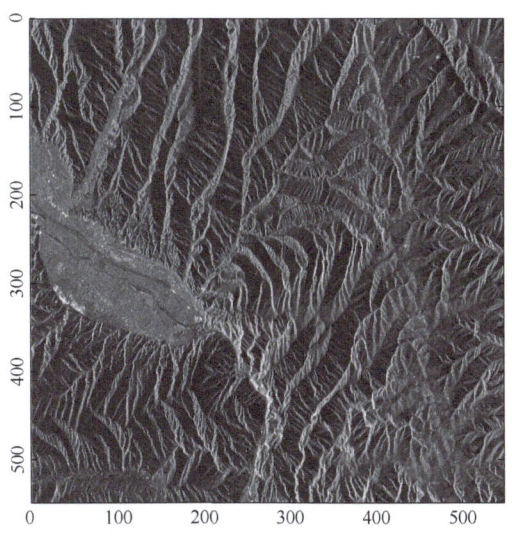

图 3.10 雷达坐标系下多视后的强度图

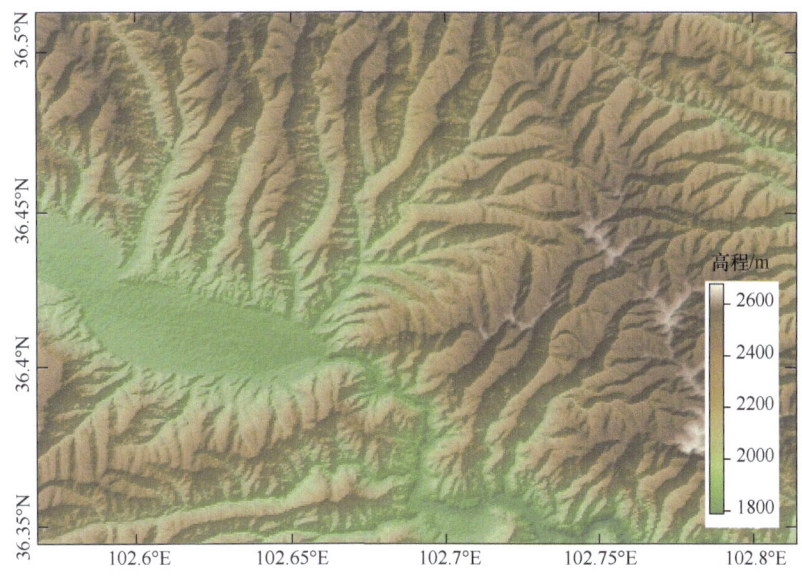

图 3.11 GTC 投影转换所采用的实验区 DEM

表 3.1 初始投影转换查找表示例

(55.888985, 441.086182)	(56.683456, 440.934601)	(57.220722, 440.783539)
(55.738884, 439.995087)	(56.501198, 439.843597)	(57.006313, 439.692566)
(55.556625, 438.904083)	(56.318939, 438.752563)	(56.952663, 438.601288)

查找表矩阵中抽取的 3 行×3 列元素内容，其中左上角对应查找表第（201 行，201 列）元素，括号内第一个数值对应 SAR 距离向坐标，第二个数值对应 SAR 方位向坐标。

接下来，需要对初始查找表矩阵进行精化，即通过模拟和真实的 SAR 强度图之间的匹配偏移量进行查找表矩阵修正。在模拟 SAR 强度图像过程中，通过裁剪后的 DEM 计算地表分辨单元的雷达波散射截面法向量，该法向量与雷达波入射矢量的夹角即为局部入射角。基于地表散射单元的局部入射角即可根据文献（Eineder，2003），计算得到该地区 SAR 模拟强度影像。图 3.12 为根据初始查找表进行投影转换至 SAR 影像坐标系下的 SAR 模拟强度图，大小与真实获取的 SAR 影像相同，即 550 行×550 列。将图 3.12 与真实 SAR 强度影像（图 3.10）比较可以看出，在地形起伏地区，模拟 SAR 强度图保留了较好的纹理信息，而在地表平坦的地区，模拟 SAR 的强度值比较均匀。这是由于在模拟过程中，并未考虑不同反射单元内不同地物属性导致的。

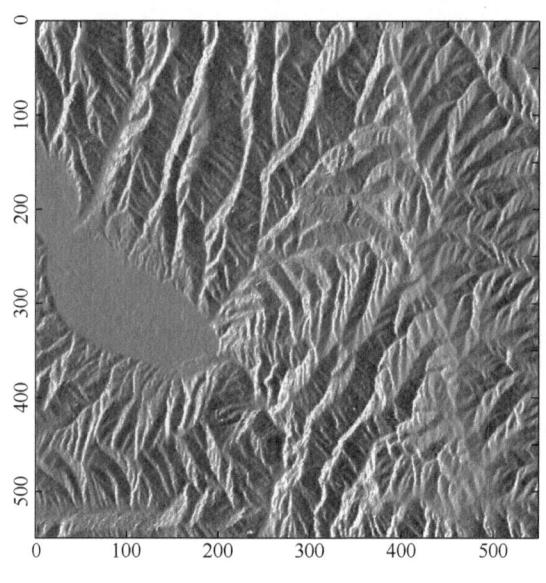

图 3.12 模拟的 SAR 强度图

由于实验区地表存在明显地形起伏特征，采用影像自动匹配算法计算模拟 SAR 强度影像和真实强度影像之间的偏移量，可保证查找表的精度。完成此步骤后，表 3.1 所示的查找表示例元素数值变化如表 3.2 所示。可以看出在精化前、后查找表元素沿距离向最大偏移量达到 0.09 像素，方位向最大偏移量为 4.13 像素，分别对应地表约 0.21 m 和 57.70 m 的偏移。

表 3.2 精化后的投影转换查找表示例

(55.798386, 445.219177)	(56.592693, 445.069458)	(57.129852, 444.919800)
(55.648365, 444.130798)	(56.410522, 443.981110)	(56.915539, 443.831421)
(55.466194, 443.042450)	(56.228355, 442.892731)	(56.861950, 442.743042)

根据精化后的查找表，将多视 SLC 的强度影像根据该查找表进行像素值重采样，即完成了投影转换。这里采用的重采样方法为双线性插值法，重采样后得到大地经纬度坐标系下 SAR 强度影像图如 3.13 所示。可以看出，在影像地势起伏较大的区域 GTC 投影转换结果有效校正了 SAR 成像过程导致的透视收缩和阴影等畸变。但是，由于缺少该区域地面控制点数据，在这里无法验证本实验 GTC 投影转换方法所得到地理坐标的绝对精度。

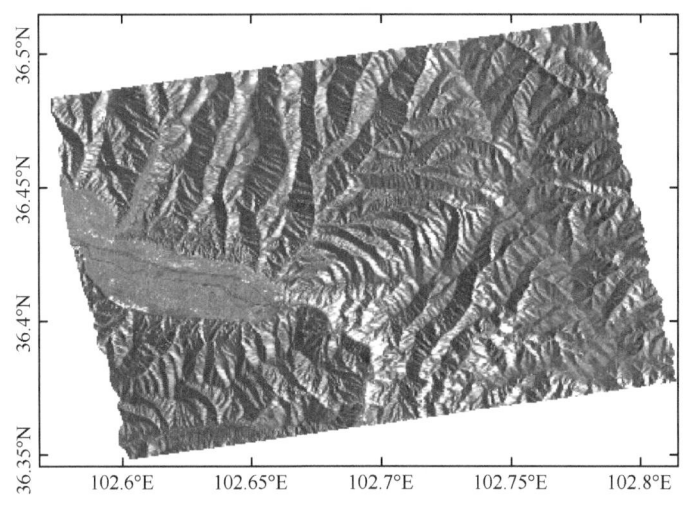

图 3.13 GTC 投影转换后的多视 SAR 强度影像

思考题

1. 在 SAR 干涉原理和干涉模型中,简述需要用到的坐标系统。

2. SAR 影像头文件中一般包含 WGS-84 坐标框架下多个历元的卫星轨道参数(坐标和速度),试使用真实的轨道数据验证基于多项式拟合轨道模型的方法。

3. 投影转换的目的是什么? 在 SAR 数据处理过程中主要涉及哪些投影转换过程?

4. SAR 目标空间定位是投影转换的核心内容,请试述 SAR 目标空间定位的分类和基本原理。

第4章 合成孔径雷达干涉原理

在第1章中已述及，合成孔径雷达干涉的物理机制源自1801年Thomas Young设计的"杨氏双缝干涉实验"。电磁波（光波）穿过两条狭缝到达接收屏上同一位置时的传播距离不同，导致两束光波在该处产生一定的相位差，引起相位叠加或抵消，使得接收屏上出现明暗相间的条纹（Rosen et al.，2000；Massonnet and Feigl，1998），即所谓的干涉条纹。InSAR正是基于此原理而发展起来的一门新技术，在InSAR观测中，杨氏双缝干涉实验的两条狭缝等效于卫星两次过境时的轨道空间位置，而光波变成了雷达电磁波，地球表面类似于接收屏。因此，卫星SAR干涉也呈现出与杨氏双缝干涉实验相似的条纹效应。

正如1.1节中所指出的，星载SAR系统一般使用单天线采集信号（图1.5），卫星雷达以一定的时间间隔和轻微的轨道偏离对同一地区重复成像，两次获取的SAR影像可形成一个干涉对（其中一幅影像称为主影像，而另外一幅影像称为副影像），这就是卫星重复轨道干涉系统。需要指出的是，传统航空摄影测量以及光学遥感主要以影像灰度值为数据处理对象，而星载SAR系统不仅记录了地面目标雷达回波信号的散射强度（振幅）信息，还记录了雷达回波信号的相位信息（Rosen et al.，2000；Zisk，1972）。雷达回波信号的相位信息反映了雷达天线到地面目标的斜距（王超等，2002），利用卫星雷达沿重复轨道对同一地区两次成像的斜距相位差进行类似杨氏双缝干涉实验的相位干涉处理，便可得到干涉相位，进而从干涉相位中分离和提取出不同的相位分量，如参考椭球面相位（flat-earth phase）、地形相位（topographic phase）、形变相位（deformation phase）和大气相位（atmospheric phase）等（Hanssen，2001），这正是InSAR的基本思想和技术要点。

本章将重点介绍合成孔径雷达干涉测量的基本原理，包括干涉解析几何和InSAR干涉相位模型，并详细介绍各相位分量对应的几何和数学模型，阐述基于干涉相位的地形三维重建，最后介绍差分干涉地表形变信号的提取，并对干涉相干性和相位噪声的来源进行系统分析。

4.1 电磁波干涉——杨氏双缝干涉实验

电磁波干涉理论是合成孔径雷达干涉技术的物理基础，最早的电磁波干涉实验源自1801年Thomas Young设计的"杨氏双缝干涉实验"，该实验成功地实现了光波的干涉成像，并奠定了电磁波干涉的理论和实验基础（Bamler and Hartl，1998；李平湘和杨杰，2006；焦明连和蒋廷臣，2009）。雷达波的干涉原理与双缝干涉同根同源，为了更好地理解InSAR技术的基本概念，本节将详细介绍杨氏双缝干涉实验的电磁学与几何学理论基础。

图 4.1 显示了杨氏双缝干涉实验的基本原理，其中 O 点为光源位置；O' 是 O 在白板上的投影；S_1，S_2 为双狭缝；S_1'，S_2' 分别为其在白板上的投影；其中右边的白屏为成像板；光波干涉的平面图如最右边的明暗相间的条纹图所示；d 为双狭缝分光板到成像板的垂直距离；x 为目标点 P 到 O' 的距离；r_1，r_2 分别为通过双狭缝到目标 P 点的传输斜距；Δx 为干涉条纹间距。此外，为了与合成孔径雷达干涉几何形成对应关系，此处引入基线的概念，其中代表双狭缝的间距 B 为光波干涉基线；由 S_2 到 r_1 的垂线定义为垂直基线（perpendicular baseline），以 $B_\perp$ 表示；而两光波传输斜距差定义为平行基线（parellel baseline），以 $B_\parallel$ 描述。

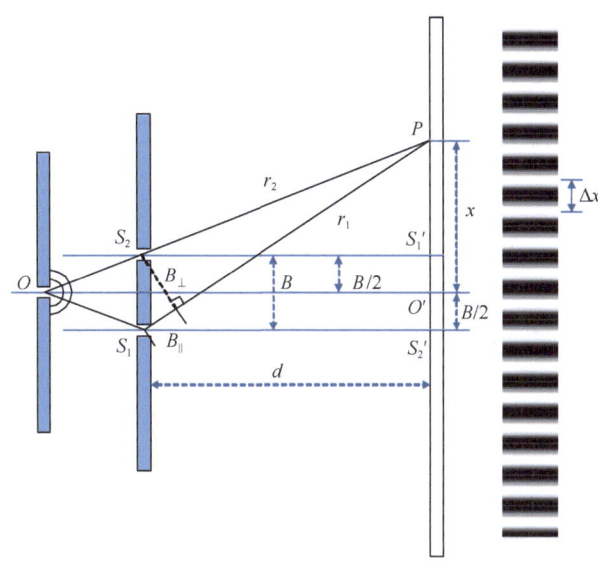

图 4.1　杨氏双缝干涉实验原理

根据图 4.1 中所示的几何关系可知（Bamler and Hartl，1998；Ouchi，2013）：

$$B_\parallel = r_1 - r_2 \quad (4.1)$$

同时，r_1、r_2、d 和 x 满足如下关系：

$$\begin{cases} r_1^2 = d^2 + \left(x + \dfrac{B}{2}\right)^2 \\ r_2^2 = d^2 + \left(x - \dfrac{B}{2}\right)^2 \end{cases} \quad (4.2)$$

对两式进行求差可得

$$r_1^2 - r_2^2 = 2Bx \quad \Rightarrow \quad (r_1+r_2)(r_1-r_2)=2Bx \quad (4.3)$$

实验中双狭缝间距 B 往往很小，而双狭缝距成像屏的距离 $d \gg B$，且 $d \gg x$，因此可近似得到下式：

$$r_1 + r_2 \approx 2d \tag{4.4}$$

同时考虑式（4.1），式（4.3）可表示为

$$d \cdot B_\parallel = B \cdot x \tag{4.5}$$

进而得到

$$B_\parallel = \frac{B}{d} x \tag{4.6}$$

根据电磁波的振幅叠加效应与式（4.6）可知，以下两个结论显然成立。

（1）若两光程差 $B_\parallel = n\lambda$（$n = 0, \pm 1, \pm 2, \cdots$），其中 λ 代表实验中使用的光波波长，此时光程差等于波长的整数倍，两束光到达 P 点时将出现振动方向一致的振幅叠加增强效应，此时 P 点呈现亮条纹，同时考虑光程差和式（4.6），可推导得到：

$$x = n\frac{\lambda d}{B} \tag{4.7}$$

分析上式可知，在实验基线 B、光波波长 λ 和双缝与成像屏间距 d 固定的情况下，成像屏上必然周期性地出现亮度增强的条纹，且相邻两亮度一致条纹的间距为 $\lambda d / B$。

（2）若两光程差 $B_\parallel = (2n-1)\lambda/2$（$n = 0, \pm 1, \pm 2, \cdots$），即光程差等于半波长的奇数倍，两束光到达 P 点时将出现相反的振动方向，进而导致振幅的抵消效应，P 点将呈现出暗条纹（舒宁，2003），同理考虑式（4.6）可得：

$$x = \left(n - \frac{1}{2}\right)\frac{\lambda d}{B} \tag{4.8}$$

根据该式可知，成像屏上也必将以 $\lambda d / B$ 为间距呈现出规律分布的暗条纹。

综合分析式（4.7）和式（4.8）可知，在成像屏上将会等间隔地出现亮条纹与暗条纹，该结论在杨氏双缝干涉实验中得到很好的验证，同时条纹间隔由下式唯一确定：

$$\Delta x = \frac{\lambda d}{B} \tag{4.9}$$

根据式（4.9）可知，条纹间隔由实验中使用的光波波长、基线长（双狭缝间距）和狭缝与成像屏之间的距离共同决定，且在波长 λ 和狭缝与成像屏间距 d 固定的情况下，Δx 与基线长度成反比，随着基线长度的增加，Δx 逐渐减小，即条纹逐渐变密。此现象在杨氏双缝干涉实验中也得到了验证，同时此现象与下文将要介绍的 InSAR 参考椭球相位干涉条纹具有理论上的一致性，此处的结论和几何模型将在下文得到进一步的验证与分析。

合成孔径雷达干涉即源于上述的杨氏双缝干涉实验，在不考虑小范围地形起伏的情

况下，机载和星载雷达干涉测量模式均与上述实验具有完全一致的成像模式和几何模型（Hanssen，2001），但多数星载雷达卫星均以一定的周期实现对同一观测目标的重访，并记录雷达回波数据。星载雷达干涉是基于两次重访时的雷达回波数据进行干涉处理，由于时间上的差异性，卫星的飞行轨道将不完全重合，此时，干涉基线需进行精确估算，且时间和空间上的雷达信号失相关问题也需要考虑。但也正是由于时间上的不一致性，使得星载 InSAR 技术具有对观测目标在时间尺度上的变化进行监测的能力（Bamler and Hartl，1998；Rott，2009；焦明连和蒋廷臣，2009）。

总之，较之上述的杨氏双缝干涉实验，InSAR 技术面临着更为复杂的实际情况，包括地形起伏（可类比于杨氏双缝干涉实验中成像屏本身的不光滑）、空间基线失相关、时间失相关、大气相位噪声等各种因素，后面的章节中将逐步对这些内容进行详细分析与讨论。

4.2 InSAR 干涉几何

前已述及，InSAR 主要围绕干涉相位的处理与分析来提取感兴趣的信息。在实际数据处理中，可将沿卫星重复轨道获取的两幅 SAR 影像（即一个干涉对的主、副影像）对应像素的相位值进行差分，便可得到一个相位差图，通常称为干涉相位图。干涉相位意即相位差异，与传感器到目标的距离直接相关，是 InSAR 数据处理与信号提取的焦点所在。实际上，干涉相位是参考椭球面、地形起伏、大气延迟和地表形变等因素贡献和的体现（刘国祥，2004c）。本节将以常用的卫星重复轨道干涉系统为例，介绍雷达干涉测量的几何模型，分析参考椭球面相位、地形相位、形变相位等的来源与计算方法，阐述基于 InSAR 开展三维地形重建和地表形变信息提取的理论基础与基本流程。

图 4.2 表示卫星沿轻微偏离轨道对同一地面目标 P 的两次成像（设卫星垂直飞入地面），即在轨道 S_1 和 S_2 位置，雷达传感器分别向地面目标 P 发射电磁波并接收其回波信号。图中，目标点 P 沿法线方向至参考椭球面的距离（即大地高）为 h；R_1，R_2 分别表示卫星雷达在 S_1（对应于主影像）和 S_2（对应于副影像）位置对 P 点观测成像时的斜距；H 为第一次卫星过境时距参考椭球面的高度；O 为地球参考椭球质心；B 为干涉空间基线（即两次卫星过境时的空间基线）；(B_h, B_v)，$(B_\parallel, B_\perp)$ 分别为空间基线沿不同方向上的分量，其中 $B_\parallel$，$B_\perp$ 分别表示沿雷达波视线方向和垂直于视线方向的基线分量；B_h，B_v 分别为沿水平方向和竖直方向的基线分量；α 为基线 B 与水平方向的夹角（或称为基线倾角（baseline-orientation angle））；θ 为雷达侧视角。它们之间存在如下关系：

$$\begin{cases} B_h = B\cos\alpha \\ B_v = B\sin\alpha \end{cases} \quad (4.10)$$

$$\begin{cases} B_\parallel = B\sin(\theta - \alpha) \\ B_\perp = B\cos(\theta - \alpha) \end{cases} \quad (4.11)$$

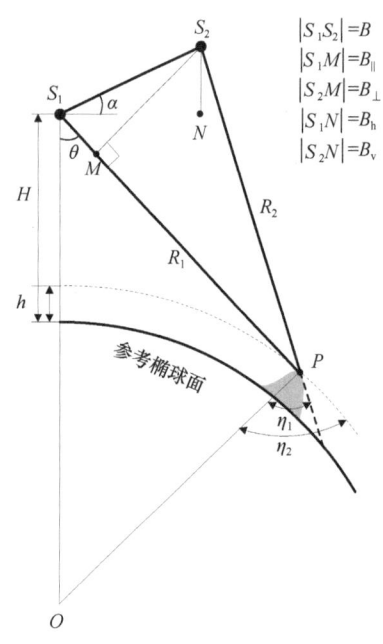

图 4.2　InSAR 干涉几何模型

根据卫星两次成像时相对空间位置的不同，通常用正负符号来标识垂直基线，一般定义为：卫星如图 4.2 所示向右飞行时，当卫星第二次过境的空间位置位于第一次过境的右侧时垂直基线定义为正，反之则为负。在实际的应用中，使用以下计算方法确定垂直基线的正负号。

计算绝对垂直基线的平方值：

$$B_\perp^2 = B^2 - B_\parallel^2 \tag{4.12}$$

根据轨道参数和地面点坐标计算以下两个矢量：

$$\begin{cases} \overrightarrow{S_1P} = \overrightarrow{OP} - \overrightarrow{OS_1} \\ \overrightarrow{S_2P} = \overrightarrow{OP} - \overrightarrow{OS_2} \end{cases} \tag{4.13}$$

计算用于判别基线符号的两个角度值：

$$\begin{cases} \eta_1 = \angle(\overrightarrow{PO}, \overrightarrow{S_1P}) \\ \eta_2 = \angle(\overrightarrow{PO}, \overrightarrow{S_2P}) \end{cases} \tag{4.14}$$

依据上述两个角度大小，采用下式判断垂直基线的符号：

$$\text{sign} = \begin{cases} 1, & \eta_1 < \eta_2 \\ -1, & \eta_1 > \eta_2 \end{cases} \tag{4.15}$$

综合考虑式（4.12）与式（4.15），计算得到带符号的垂直基线：

$$B_{\perp} = \text{sign} \cdot \sqrt{B^2 - B_{\parallel}^2} \quad (4.16)$$

此外，根据图 4.2 中的几何关系可知，空间基线 (B_h, B_v) 和 $(B_\parallel, B_\perp)$ 分别构成独立的基线组合，在已知任意一组基线组合的情况下均可推出另一组基线组合，两者之间的转换模型如下所示，已知 (B_h, B_v)，则有（Rott，2009；刘国祥，2006；靳国旺等，2014）

$$\begin{cases} B_{\parallel} = B_h \sin\theta - B_v \cos\theta \\ B_{\perp} = B_h \cos\theta + B_v \sin\theta \end{cases} \quad (4.17)$$

若已知 $(B_\parallel, B_\perp)$，则有

$$\begin{cases} B_h = B_{\perp} \cos\theta + B_{\parallel} \sin\theta \\ B_v = B_{\perp} \sin\theta - B_{\parallel} \cos\theta \end{cases} \quad (4.18)$$

前已述及，SAR 影像的每一像素既包含地面分辨元的雷达后向散射强度（振幅）信息，也包含与斜距（即传感器到目标的距离）有关的非整周相位信息（王超等，2002；刘国祥等，2000）。在不考虑相位噪声的前提条件下，图 4.2 中往返斜距 R_1 和 R_2 分别对应的绝对相位 ψ_1 和 ψ_2 可表示为

$$\begin{cases} \psi_1 = -\dfrac{4\pi R_1}{\lambda} = -(n_1 \cdot 2\pi + \phi_1) \\ \psi_2 = -\dfrac{4\pi R_2}{\lambda} = -(n_2 \cdot 2\pi + \phi_2) \end{cases} \quad (4.19)$$

式中，n_1 和 n_2 分别为雷达波沿斜距 R_1 和 R_2 往返传播的相位整周数；ϕ_1 和 $\phi_2 \in [-\pi, \pi)$，分别为对应于往返斜距 R_1 和 R_2 的非整周相位（即已知的观测量）；λ 为雷达波长。值得指出的是，由于是往返传播，所以绝对相位对应的实际距离为两倍斜距；并且 SAR 影像中每一像素的相位均存在整周模糊度问题，也就是说此处的 n_1 和 n_2 均是未知的。

参考图 4.2 中所示的几何关系，斜距 R_1 和 R_2 均远大于基线长度 B，因此，可近似认为 R_1 平行于 R_2，则可推导获得如下关系式：

$$B_{\parallel} = \delta R = R_1 - R_2 = -\dfrac{\lambda(\psi_1 - \psi_2)}{4\pi} \quad (4.20)$$

将式（4.19）代入式（4.20），可得下式：

$$B_{\parallel} = \dfrac{\lambda \cdot (n_1 - n_2)}{2} + \dfrac{\lambda \cdot (\phi_1 - \phi_2)}{4\pi} \quad (4.21)$$

令 $n = \dfrac{n_1 - n_2}{2}$，代入上式，得

$$B_{\parallel} = \lambda \cdot n + \frac{\lambda \cdot (\phi_1 - \phi_2)}{4\pi} \tag{4.22}$$

这里需要强调的是，相位整周模糊度之差 n 仍然是未知数，可通过相位解缠方法来确定，关于相位解缠问题，将在第 8 章中进行专门陈述。从上面的分析可以看出，平行基线几何长度与斜距 R_1 和 R_2 之差相等，斜距差直接反应了干涉几何架构、参考椭球面、地形起伏和地表位移等诸多因素的贡献之和。此外，如果卫星雷达在不同时间对同一地区成像的气象条件（包括电离层和对流层）不同，会导致雷达至地面目标的视线发生不同程度的偏转，从而致使斜距差中也可能包含大气延迟的贡献。

4.3 InSAR 干涉相位模型

理论上来说，InSAR 干涉相位 ψ 主要由多个分量构成，包括参考椭球面相位 φ_{ref}、地形相位 φ_{top}、形变相位 φ_{def}、大气相位 φ_{atm} 和噪声相位 φ_{noi}，具体如下：

$$\psi = \varphi_{\text{ref}} + \varphi_{\text{top}} + \varphi_{\text{def}} + \varphi_{\text{atm}} + \varphi_{\text{noi}} \tag{4.23}$$

其中噪声相位呈现随机特性，在相位模型中以高频分量形式存在，可通过低通相位滤波的方法予以抑制，而大气相位具有高度的地形空间自相关（spatial autocorrelation）性，在相位模型中呈现出低频信息，因此，相位的高通滤波（high pass filtering）有助于减弱大气效应（廖明生和林珲，2003；李平湘和杨杰，2006；焦明连和蒋廷臣，2009）。为了便于下文的陈述和理解，这里假设式（4.23）中的干涉相位 ψ 及各分量均为绝对相位，而非含有整周模糊度的相位。

在实际的干涉相位中，参考椭球面相位、地形相位和形变相位占主导地位，在基于 InSAR 提取 DEM 信息时往往采用较短的时间基线（temporal baseline）和较长的空间基线干涉对，且假设形变信息为零，此时仅需要去除参考椭球面相位分量即可获得相应的地形相位，而 DInSAR 则是以提取地表形变信息为目标，地形相位本身也需要被计算和去除（龙四春，2012；刘国祥等，2001a），下面分别介绍参考椭球面相位、地形相位和形变相位的几何模型。

4.3.1 参考椭球面相位几何模型

参考椭球面相位是指参考椭球面（即大地高为零）本身所引起的干涉相位（Simons and Rosen，2007；何秀凤和何敏，2012；刘国祥等，2000）。相对于地形相位和形变相位而言，参考椭球面相位在 InSAR 初始干涉图中呈现主要分量，这也就是原始干涉图呈现出与飞行方向近似平行的密集干涉条纹的原因（请见第 6 章实例）。

图 4.3 显示了参考椭球面相位的几何模型，为了求得地面点 P 的参考椭球面相位，考虑到 SAR 成像具有斜距投影特性，可将 P 点等斜距投影至参考椭球面，即得到 P_0 点，则有 $r_1 = R_1$，对应于主影像的卫星雷达至 P_0 点的侧视角为 θ_0。此时参考椭球面相位 φ_{ref}

可根据下式计算：

$$\varphi_{\text{ref}} = -\frac{4\pi}{\lambda}(r_1 - r_2) = -\frac{4\pi}{\lambda}(R_1 - r_2) \quad （4.24）$$

根据图 4.3 可知，$B_\| = \delta R = r_1 - r_2 = B\sin(\theta_0 - \alpha)$，因此：

$$\varphi_{\text{ref}} = -\frac{4\pi}{\lambda}B_\| = -\frac{4\pi}{\lambda}B\sin(\theta_0 - \alpha) \quad （4.25）$$

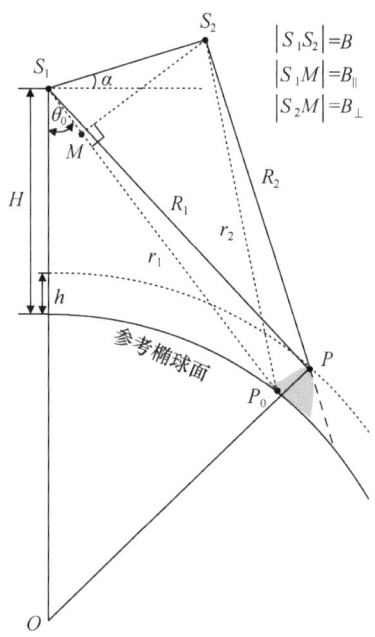

图 4.3　参考椭球面与地形相位几何

根据式（4.25）可进行参考椭球面相位的计算，但需要注意的是，雷达影像上沿同一方位向的侧视角存在显著差异，并呈现出从近斜距到远斜距逐渐增大的趋势，因此需要对各像元的侧视角进行精确估计（焦明连和蒋廷臣，2009；刘国祥，2006；何秀凤和何敏，2012），同时需要根据卫星轨道数据和配准结果计算得到相应的基线长度 B 和基线倾角 α。

在实际计算参考椭球面相位时，一般不使用式（4.25），而是根据 SAR 成像参数、卫星轨道数据、干涉像对配准参数、SAR 定位方程等直接计算任一像元对应于主、副影像的斜距 r_1、r_2，进而依据式（4.24）计算相应的参考椭球面相位。同时，考虑到参考椭球面具有平滑特性，参考椭球面相位也呈现出明显的线性分布特征。因此，在计算全局参考椭球面相位时，无需计算所有像元的参考椭球面相位，而是在影像范围内选择若干均匀分布的像元位置，计算这些所选定像元的参考椭球面相位，最后依据下式构建参考椭球面相位模型：

$$\varphi_{\text{ref}} = a_0 + a_1 r + a_2 c + a_3 r^2 + a_4 rc + a_5 c^2 \quad （4.26）$$

式中，a_i 为待求模型参数 $(i = 0, 1, \cdots, 5)$，r，c 分别为像元在主影像中的行列号，实际计算中需要将行列号归化至 $[-1, 1]$ 区间，以此降低模型的扰动。依据式（4.24）和已计算得到的所选定像元的参考椭球面相位，在最小二乘意义下可求解所有模型参数（Hanssen，2001；Simons and Rosen，2007；何秀凤和何敏，2012）。当参考椭球面相位模型确定后，便可计算得到主、副影像重叠区域内任一像元的参考椭球面相位。关于参考椭球面相位计算过程将在第 6 章中进行详细介绍。

4.3.2 地形相位几何模型

SAR 观测的实际地表往往并不位于参考椭球面上，如图 4.3 中的 P 点，是具有一定大地高 h 的地面点。此时，InSAR 干涉相位的构成中除了参考椭球面相位之外，还包含了由于目标大地高 h 所引起的相位分量，即地形相位。

从图 4.3 中可看出，由于观测目标 P 的大地高 h 导致雷达侧视角增加了 $\delta\theta$，这将直接导致 $r_2 \ne R_2$，卫星两次成像的斜距差为

$$\delta R = R_1 - R_2 \quad (4.27)$$

根据斜距差与基线的关系，式（4.27）可扩展为

$$\begin{aligned}\delta R &= B\sin(\theta_0 + \delta\theta - \alpha) \\ &= B\sin(\theta_0 - \alpha)\cos\delta\theta + B\cos(\theta_0 - \alpha)\sin\delta\theta\end{aligned} \quad (4.28)$$

对于星载合成孔径雷达而言，其斜距 R 和卫星高度 H 远远大于观测目标大地高 h，因此目标高程所引起的侧视角变化量 $\delta\theta$ 很小（靳国旺等，2014），则有 $\sin\delta\theta \approx \delta\theta$，$\cos\delta\theta \approx 1$。依据该替换原则，式（4.28）可整理为

$$\delta\theta = B\sin(\theta_0 - \alpha) + B\cos(\theta_0 - \alpha)\delta R \quad (4.29)$$

参考式（4.25）可知，该式右边的第一项表示参考椭球面引起的斜距差，而第二项则是目标高程引起的斜距差，将式（4.29）转换为干涉相位模型，则有

$$\psi = -\frac{4\pi}{\lambda}B\sin(\theta_0 - \alpha) - \frac{4\pi}{\lambda}B\cos(\theta_0 - \alpha)\delta\theta = -\frac{4\pi}{\lambda}B_{\parallel} - \frac{4\pi}{\lambda}B_{\perp}\delta\theta \quad (4.30)$$

进而可推导获得地形相位的表达式：

$$\varphi_{\text{top}} = -\frac{4\pi}{\lambda}B_{\perp}\delta\theta \quad (4.31)$$

同时，考虑小范围内地球曲率（Earth curvature）较小，根据图 4.3 的几何关系可知，以下关系式成立：

$$\begin{cases} \cos\theta_0 = \dfrac{H}{R_1} \\ \cos(\theta_0 + \delta\theta) = \dfrac{H - h}{R_1} \end{cases} \quad (4.32)$$

考虑 $\delta\theta$ 极小，推导获得

$$\delta\theta = \frac{h}{R_1 \sin\theta_0} \quad (4.33)$$

将式（4.33）代入式（4.31），即可得到地形相位分量：

$$\varphi_{\text{top}} = -\frac{4\pi B_\perp h}{\lambda R_1 \sin\theta_0} \quad (4.34)$$

设邻近两个像元的绝对相位差为 2π，恰好对应于一个干涉条纹（见图 1.3 所示的实例），则根据式（4.34）可推导得到相应的高程差 Δh 为

$$\Delta h = -\frac{\lambda}{2} \cdot \frac{R_1 \sin\theta_0}{B_\perp} \quad (4.35)$$

根据式（4.34）可知，地形相位分量与垂直基线长度有关，垂直基线的增大将导致地形相位绝对值增大。式（4.35）一般被称为地形干涉敏感度（interferometric sensitivity to terrain height）方程，Δh 被称为高程敏感度。在雷达波长和侧视角等固定的情况下，一个干涉条纹（即 2π 的相位变化）所对应的高程差 Δh 与干涉垂直基线长度 $B_\perp$ 成反比，即垂直基线越长，一个整周干涉条纹对应的地面高差越小，表明干涉相位对高程越敏感，在干涉图中表现为干涉条纹越密集；反之，垂直基线越短，一个整周干涉条纹对应的地面高差越大，表明干涉相位对高程越不敏感，在干涉图中表现为干涉条纹越稀疏。因此，利用 InSAR 测高时，应当挑选具有较长基线的干涉对，但同时需顾及过长的干涉基线将导致 InSAR 几何失相关（详见 4.6.2 小节），不利于地形信息的提取。

图 4.4 显示了我国青海省某地区对应不同基线长度的 InSAR 干涉图，其中图 4.4（a）对应基线长为 127 m，图 4.4（b）对应基线长为 14 m。两组干涉实验均采用 TerraSAR-X 影像数据，雷达波长为 3.1 cm，且时间基线均为 11 天。以图 4.4 中 A、B 区域为例，图 4.4（a）中 A 区域呈现 8 条干涉条纹，图 4.4（b）中对应区域仅呈现 1 条清晰的干涉条纹；图 4.4（a）中 B 区域呈现 6 条干涉条纹，图 4.4（b）中对应区域也只呈现出 1 条干涉条纹。其他区域也有类似的情况：即图 4.4（a）上的干涉条纹明显比图 4.4（b）更为密集。考虑到相同时间相同区域地表起伏变化应是一致的，因此图 4.4（a）中的每条干涉条纹代表的地面高差小于图 4.4（b），即图 4.4（a）中的干涉相位对地形起伏更敏感。

为进一步定量分析高程敏感度与干涉基线长度的关系，以 ENVISAT 卫星 ASAR 系统为例（Ouchi，2013；Sansosti et al.，2014；Zebker and Goldstein，1986），其雷达波长为 5.6 cm，平均侧视角为 22.8°，平均斜距 R_1 为 847 km，基于以上参数结合式（4.35）计算获得在不同垂直基线长度情况下的高程敏感度，即 2π 弧度对应的高程变化，如图 4.5 所示。从中可看出，随着垂直基线的增加，高程敏感度迅速提高，但在垂直基线长超过 300 m 之后，增大垂直基线引起的高程敏感度变化不再显著，且过长的基线将导致几何失相关现象的出现，因此，对于 ENVISAT 卫星 ASAR 系统而言，300 m 左右的垂直基线较为适用于提取地表高程信息（Simons and Rosen，2007；焦明连和蒋廷臣，2009；刘国祥，2004c）。

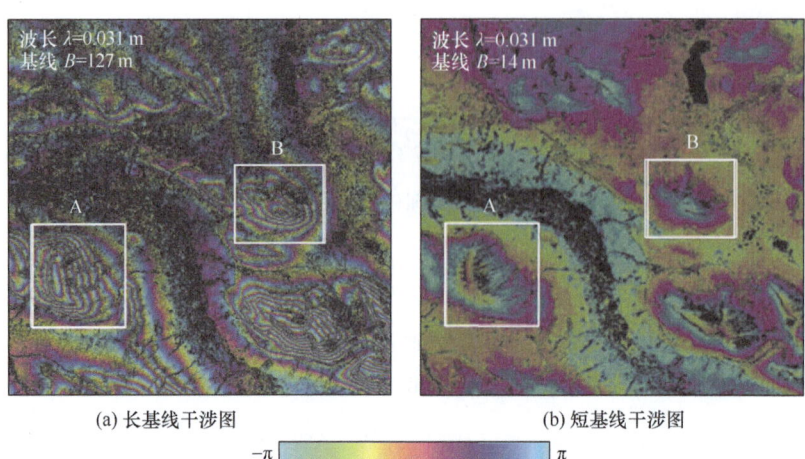

(a) 长基线干涉图 (b) 短基线干涉图

图 4.4 不同基线长度的干涉图

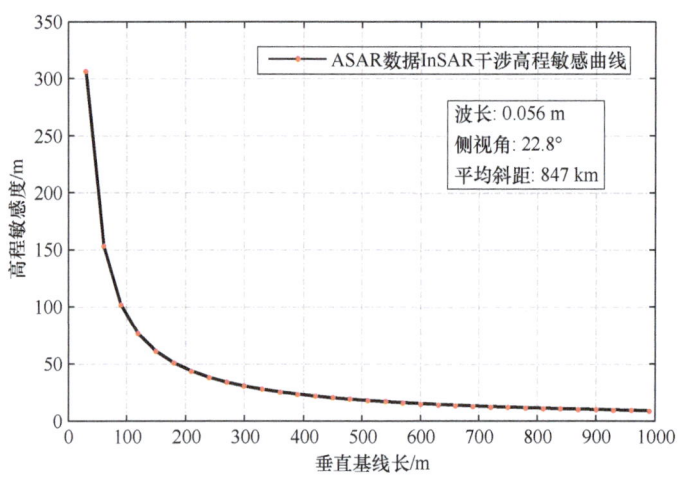

图 4.5 InSAR 高程敏感度与垂直基线长度的关系

4.3.3 形变相位几何模型

在卫星 SAR 对某一地面区域先后两次成像期间,如果地表发生了形变,如图 4.6 所示,其中 P 点在两次成像期间沿向量 r 移至 P_1 点,将 S_2P 代表的单向斜距 R_2 等距离投影至 S_2P_1,则可获得观测目标位移造成的沿雷达视线方向的斜距变化量为 Δr。

则干涉相位的表达式为

$$\psi = -\frac{4\pi}{\lambda}(R_1 - R_2') \tag{4.36}$$

考虑 $R_2' = R_2 + \Delta r$,则式(4.36)可变为

$$\psi = -\frac{4\pi}{\lambda}(R_1 - R_2) + \frac{4\pi}{\lambda}\Delta r \tag{4.37}$$

式(4.37)右边第一项为参考椭球面相位和地形相位的合成分量,而公式右边的

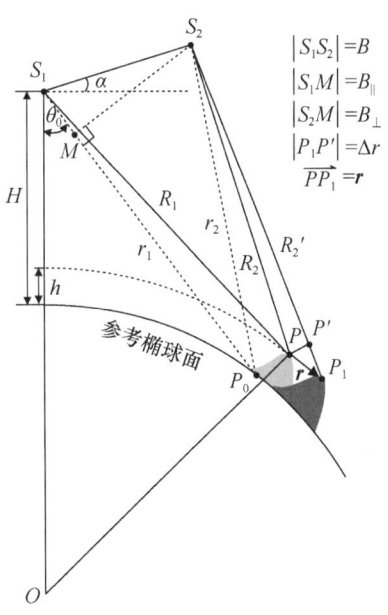

图 4.6 InSAR 形变相位几何

第二项为由于观测目标位移所引起的形变相位分量(即沿雷达视线方向的形变相位分量),即

$$\varphi_{\text{def}} = \frac{4\pi}{\lambda}\Delta r \tag{4.38}$$

将式(4.38)进行变换,得到地表形变量:

$$\Delta r = \frac{\lambda}{4\pi}\varphi_{\text{def}} \tag{4.39}$$

从上述分析不难看出,单一雷达干涉系统仅能测量沿雷达视线方向的一维地表形变量,这是 InSAR 形变测量技术的局限所在。根据式(4.39)可知,一个整周 2π(即一个干涉条纹)的相位变化对应于 $\lambda/2$ 量级的沿雷达视线方向的地表形变。对于 X 波段(波长为 3.1 cm)雷达干涉系统来说,其对地表形变测量的敏感度为 1.55 cm;对于 C 波段(波长为 5.6 cm)雷达干涉系统来说,其对地表形变测量的敏感度为 2.8 cm;对于 L 波段(波长为 23.6 cm)雷达干涉系统来说,其对地表形变测量的敏感度为 11.8 cm。设式(4.39)中的形变相位测量精度为 36°,则 X、C 和 L 波段雷达干涉系统的形变测量精度分别为 0.16、0.28 和 1.18 cm。显然,波长越短,雷达干涉系统的形变测量精度越高;波长越长,雷达干涉系统的形变测量精度越低(张红等,2009;刘国祥,2004c)。

需要注意的是,观测敏感度并不代表观测能力,若在干涉数据处理中能够精确地去除轨道分量、大气延迟分量、系统噪声分量等干扰因素,理论上 InSAR 可以探测得到极高精度的雷达视线向(line of sight,LOS)地表形变,可达到厘米甚至毫米量级的观测精度(李平湘和杨杰,2006;Zebker and Goldstein,1986;Zebker et al.,1997)。

4.4 基于干涉相位的地形三维重建

InSAR 应用主要包括地形三维重建和地表形变测量，其中高精度的地形数据同时又是高精度形变提取的基本数据需求（刘国祥等，2000）（主要用于地形相位的精确去除）。本节主要介绍使用 InSAR 干涉相位提取地表高程信息的理论基础和主要技术流程。

基于干涉相位计算目标高程的算法主要包括模糊度高算法、罗德里格斯算法和 Schwabisch 算法等（Simons and Rosen，2007；舒宁，2003；刘国祥，2005c），其中模糊度高算法因其精确的计算结果及简洁的处理流程而得到广泛的应用。因此，本节将主要介绍基于 InSAR 技术和模糊度高算法的地形三维重建流程。

根据式（4.34），被成像目标的地形高程 h 可使用下式计算：

$$h = -\frac{\lambda}{4\pi} \frac{R_1 \sin\theta_0}{B_\perp} \cdot \varphi_{\text{top}} = -\frac{\lambda}{4\pi} \frac{R_1 \sin\theta_0}{B \cos(\theta_0 - \alpha)} \cdot \varphi_{\text{top}} \tag{4.40}$$

式中，φ_{top} 为地形干涉相位；h 为观测目标高程；λ 为雷达波长；α 为基线 B 与水平方向的夹角；R_1 为对应于此目标的主影像斜距；θ_0 为对应于此目标的主影像雷达侧视角；$B_\perp$ 为干涉垂直基线。

若整个干涉区域内，主影像雷达侧视角、干涉基线长度、干涉基线与水平方向夹角 α 均恒定，则可直接依据式（4.40）计算得到所有解缠相位（unwrapped phase）对应的相对高程，之后再依据参考控制点即可恢复绝对高程。但在实际的 SAR 场景中侧视角从近斜距到远斜距逐渐增大，同时干涉基线也沿着方位向依据轨道交会角逐渐变化，因此无法直接根据上式计算观测目标的相对高程 h。

根据上面的分析可知，我们需要解决侧视角和基线参数的精确计算问题，其中基线参数可通过轨道数据和配准结果精确计算获得，因此，只有侧视角需要针对不同的观测目标分别计算，为此，在不考虑地球曲率的情况下，引入观测目标的几何方程，即

$$h = H - R_1 \cos\theta \tag{4.41}$$

式中，$\theta = \theta_0 + \delta\theta$；$H$ 为雷达卫星平台高度（可从 SAR 影像头文件中得到）。对式（4.41）进行反变换得到：

$$\theta = \arccos\left(\frac{H-h}{R_1}\right) \tag{4.42}$$

精确计算观测目标的雷达侧视角和目标高程是一个循环的非线性过程（李平湘和杨杰，2006；刘国祥，2004c），一般情况下，首先给予假定的目标高程 h_1，代入式（4.42），计算获得侧视角 θ，进而代入式（4.41）获得新的目标高程 h，若 $\eta = |h - h_1|$ 小于给定阈

值（threshold），则认为迭代结束；反之赋值 $h_1 = h$，重新开始上述迭代计算。基于 InSAR 技术的地形三维重建的整体流程，如图 4.7 所示。

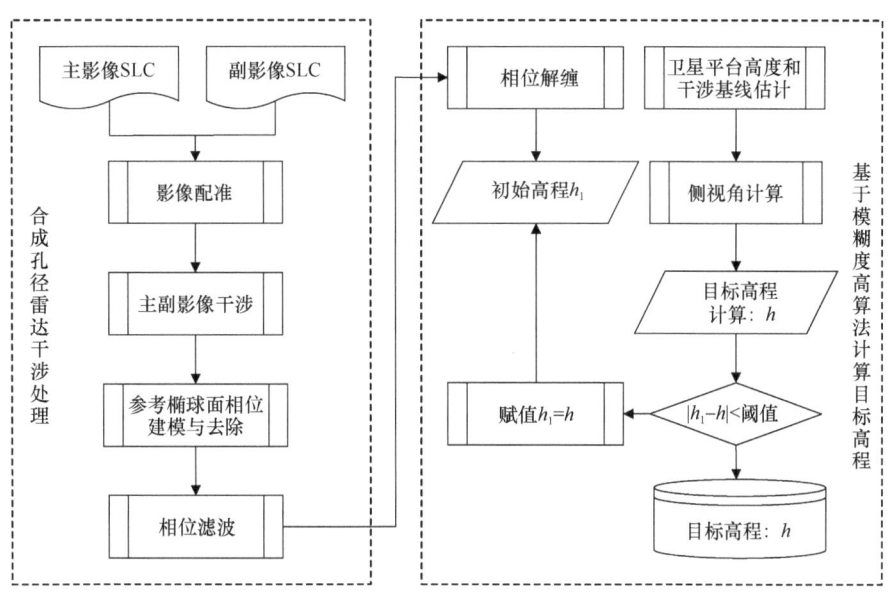

图 4.7 基于 InSAR 模糊度高算法的地形三维重建流程

4.5 差分干涉形变信号提取

InSAR 技术的另一重要应用领域是监测地表形变，并已在火山、地震、山体滑坡、冰川漂移、坝体变形、城市沉降等监测中得到了广泛的应用（Massonnet and Feigl，1998；Lu and Dzurisin，2014；张慧鑫等，2011）。从 4.3.3 小节可知，单一雷达干涉系统仅能测量沿雷达视线方向的一维地表形变量，此节主要介绍基于单一干涉系统测量一维形变场的基本思路，第 10 章将从实际应用的角度出发详细介绍差分干涉一维地表形变监测的主要方法，关于 InSAR 三维地表形变场测量方法，将在 11.2 节中进行拓展介绍。目前常用的一维地表形变差分干涉信号提取方法主要包括两轨+外部 DEM 法、三轨法和四轨法（张红等，2009），本节将主要介绍这三种差分干涉测量方法提取形变信号的理论基础和技术流程。

4.5.1 两轨+外部 DEM 法

两轨+外部 DEM 方法主要使用跨越形变期的两幅 SAR 影像和该区域的外部 DEM 来完成差分干涉处理。首先使用跨越形变期的两幅 SAR 影像进行干涉处理，并去除参考椭球面相位，随后将外部 DEM 配准采样至影像干涉区域范围内，根据干涉基线和配准后的外部 DEM 高程信息计算获得相应的地形相位信息，再将地形相位信息从干涉相位中扣除，最终获得主要包含形变信号的差分干涉相位（刘国祥，2004c）。为便于陈述和理解，此处不再考虑大气延迟相位，系统噪声相位等的影响。

该方法的基本干涉几何如图 4.6 所示，假设卫星两次过境时间内发生了可观测到的

地表形变，则两期 SAR 影像的干涉相位模型为

$$\psi = \varphi_{\text{ref}} + \varphi_{\text{top}} + \varphi_{\text{def}} \tag{4.43}$$

反推上式，获得形变相位：

$$\varphi_{\text{def}} = \psi - \varphi_{\text{top}} - \varphi_{\text{ref}} \tag{4.44}$$

式中，φ_{def} 为形变相位；ψ 为干涉相位；φ_{ref} 为参考椭球相位；φ_{top} 为地形相位。根据前述内容可知，在已知干涉基线长度和地面高程的情况下，可根据下式计算得到参考椭球面相位和地形相位：

$$\begin{cases} \varphi_{\text{ref}} = -\dfrac{4\pi}{\lambda} B_{\parallel} \\ \varphi_{\text{top}} = -\dfrac{4\pi B_{\perp} h}{\lambda R_1 \sin \theta_0} \end{cases} \tag{4.45}$$

将参考椭球面相位和地形相位从干涉相位中扣除，即可获得地表形变引起的干涉相位，具体数据处理流程如图 4.8 中左侧点划线框内包含的内容所示。顺便指出，图 4.8 中所示的"形变对"是指跨越形变期且构成形变信息提取的干涉 SAR 影像对，而"地形对"是指构成地形信息提取的干涉 SAR 影像对。

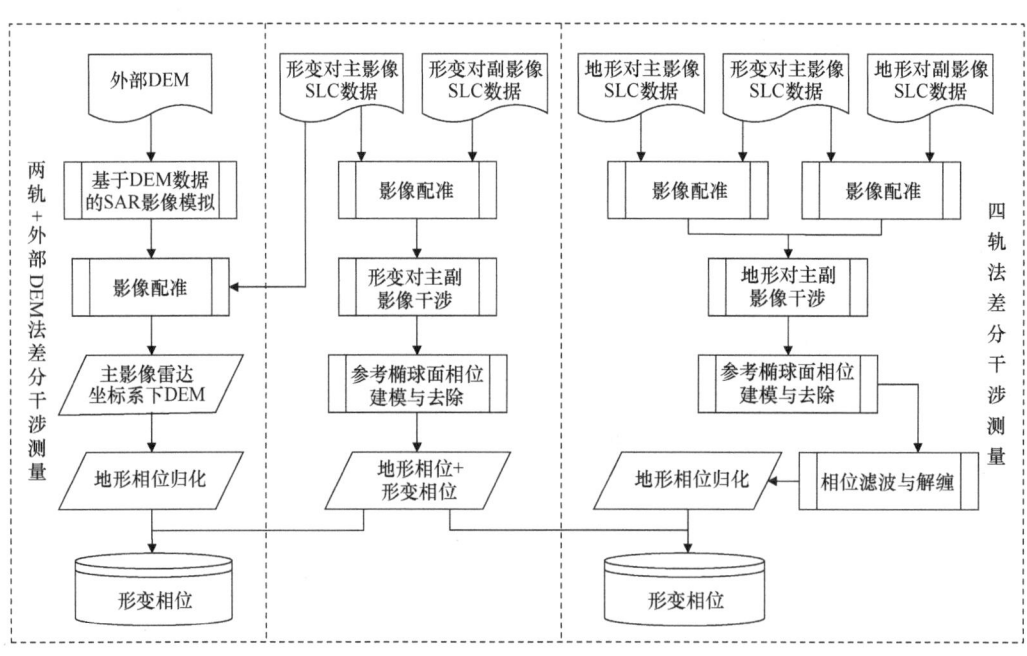

图 4.8 "两轨+外部 DEM 法"与"四轨法"形变相位提取流程

4.5.2 三轨法

相对于两轨+外部 DEM 法而言，三轨法最大的优势是不需要引入外部 DEM 数据，该方法需要三幅 SAR 影像，并基于公共主影像配成两个干涉对，其中一个干涉对时间

基线跨越形变期,称为"形变对";而另一个干涉对成像时间均为形变发生前或形变发生后,称为"地形对"。

由于"地形对"和"形变对"具有不同的干涉空间几何,导致"地形对"反映的地形相位不能直接用于"形变对"的地形相位扣除,需要首先根据两个干涉对中垂直基线的差异进行尺度归化(何秀凤和何敏,2012),即

$$\varphi_{top1}=\frac{B_\perp^1}{B_\perp^2}\varphi_{top2} \quad (4.46)$$

式中,φ_{top1}为待求的"形变对"地形相位;φ_{top2}为基于"地形对"提取的地形相位;$B_\perp^1$和$B_\perp^2$分别为"形变对"和"地形对"的垂直基线。基于该模型可完成"地形对"地形相位向"形变对"地形相位的转换,最终的三轨形变相位模型可表示为

$$\varphi_{def} = \varphi_1 - \varphi_{ref1} - \varphi_{top1} = \varphi_1 - \varphi_{ref1} - \frac{B_\perp^1}{B_\perp^2}\varphi_{top2} \quad (4.47)$$

式中,φ_{def}为待求的形变相位;φ_1为"形变对"的原始干涉相位;φ_{ref1}为"形变对"的参考椭球面相位。三轨法差分干涉形变相位提取流程,如图4.9所示。

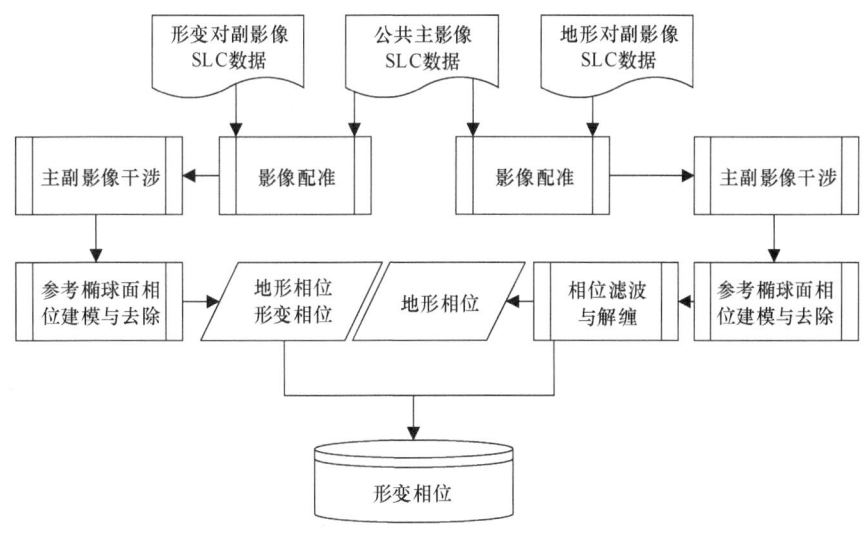

图4.9 三轨法形变相位提取流程

4.5.3 四轨法

四轨法在本质上与两轨+外部 DEM 法类似,但四轨法的地形相位并不是由外部 DEM 模拟生成,而是从独立的"地形对"中获取,这又与三轨法的实现流程相似。四幅 SAR 影像构成两个干涉对,其中跨越形变期的为"形变对",而未跨越形变期的为"地形对"(Simons and Rosen,2007;李平湘和杨杰,2006)。

从"地形对"获取的地形相位同样无法直接应用于"形变对",也同样需要进行三

轨法中描述的基线比例转换，如式（4.46）所示。同时，由于涉及两个干涉对配准等问题，四轨法的整体流程要更为复杂，包括"地形对"主、副影像与"形变对"主、副影像的配准与重采样工作，具体流程如图4.8中右侧点划线框内包含的内容所示。

值得说明的是，"地形对"的主、副SAR影像的选取需遵从两个原则：一是主、副影像的时间间隔（即时间基线）越短越好，可以有效抑制干涉对时间失相关所引起的相位噪声；二是空间基线适当，以使空间失相关（spatial decorrelation）和地形敏感度（见4.3.2小节）达到平衡。关于干涉时间和空间失相关的有关解释，将在4.6.2小节中陈述。而"形变对"的主、副SAR影像的选取也需遵从两个原则：一是主、副影像的时间间隔应跨越可探测的形变期；二是主、副影像的空间基线需尽可能短，这样有利于减小地形相位的贡献和提高形变的可探测性，从而达到精确提取形变信息的目的。由于"地形对"和"形变对"的SAR影像选取存在不同的要求，在可选SAR影像数据不充足的情况下，三轨法和四轨法的应用受到极大限制，而两轨+外部DEM法仅需要考虑选择基线相对较短的形变干涉对即可，因此，两轨+外部DEM法在实际的形变信号提取中具有更为广泛的应用（张红等，2009）。

4.6 干涉相干性及相位噪声源

4.6.1 干涉相干性测度

一个干涉像对的主、副影像的相位相干性分析是评价干涉质量好坏的重要标准，目前常用的干涉相位相干性测度主要使用相干系数（Simons and Rosen，2007；刘国祥等，2000；Gabriel et al.，1989），以此描述两幅影像同名区域的相似程度，相干系数值分布于[0, 1]区间内。相干系数为0表示两者完全不相干，相干系数为1则表示两者完全一致。

相干系数最早由普拉蒂等于1993年提出，其理论模型定义如下：

$$\gamma = \frac{E\left[\mu_1 \mu_2^*\right]}{\sqrt{E\left[|\mu_1|^2\right] E\left[|\mu_2|^2\right]}} \quad (4.48)$$

式中，$E[\cdot]$为数学期望；u^*为共轭复数。基于该理论模型，实际的InSAR计算过程中，真实数据的相干系数依据式（4.48）的变换式计算，即

$$\gamma = \frac{\sum_{n=1}^{N}\sum_{m=1}^{M} \mu_1(n,m)\mu_2^*(n,m)}{\sqrt{\sum_{n=1}^{N}\sum_{m=1}^{M}|\mu_1(n,m)|^2 \sum_{n=1}^{N}\sum_{m=1}^{M}|\mu_2(n,m)|^2}} \quad (4.49)$$

式中，M和N为计算相干性的数据块尺寸大小；n和m为数据块内行列号；$\mu_1(n,m)$，

$\mu_2(n,m)$ 为主、副影像数据块内影像坐标 (n,m) 处的复数值；$|\cdot|^2$ 为数据的二阶范数。依据该公式可计算得到主、副影像干涉的相干系数（刘国祥，2006）。

式（4.49）是标准的基于 SAR 影像复数数据计算获得相干系数的方式，但雷达系统的热噪声等因素极易造成计算结果的跳变，使相干系数在空间上呈现较强的波动性，不利于相干性的准确评价；而基于 SAR 影像振幅数据计算获得的相干系数可较好地解决该问题，在 GAMMA、Doris 等软件中也均采用基于 SAR 影像振幅信息的相干系数计算方案，具体的计算模型如下：

$$\gamma = \frac{\sum_{n=1}^{N}\sum_{m=1}^{M}|\mu_1(n,m)||\mu_2(n,m)|}{\sqrt{\sum_{n=1}^{N}\sum_{m=1}^{M}|\mu_1(n,m)|^2 \sum_{n=1}^{N}\sum_{m=1}^{M}|\mu_2(n,m)|^2}} \quad (4.50)$$

式中，$|\cdot|$ 为复数的绝对值；其他符号含义与式（4.49）保持一致。以任一像元为中心，按 $n\times m$ 的窗口大小进行计算，即可得到相干系数值 γ，各点的相干系数则作为评价该像元干涉相位质量好坏的指标，此外，相干系数与信号学中常用的信噪比（signal-to-noise ratio，SNR）之间也具有很强的相干性，两者之间的关系可描述如下：

$$\gamma = \frac{\text{SNR}}{1+\text{SNR}} \quad (4.51)$$

从式（4.51）中可看出，信噪比越高，相干系数越大。两者的对应关系也表明，利用信噪比或相干系数来描述相位相干质量具有等价性。

4.6.2 干涉相干性分析与评价测度

干涉相位存在多种噪声来源，但总体上可以分为两类，即由 SAR 硬件与处理系统等自身因素所产生的多普勒失相关和热噪声失相关，以及由于空间基线和时间基线过长造成的失相关。其中，空间失相关和时间失相关是影响雷达干涉测量提取地形和地表形变的主要误差源（刘国祥等，2001a；Zebker and Villasenor，1992；Ahmed et al.，2011）。

1. 多普勒失相关和热噪声失相关

沿卫星飞行方向即方位向上，由于雷达两次成像时多普勒中心频率（Doppler center frequency，DCF）不一致所导致的失相关被称为多普勒失相关，也可称为多普勒质心失相关（靳国旺等，2014），两次成像多普勒中心频率差异越大，失相关则越严重，可表示为

$$\xi_D = \begin{cases} 1-\Delta f_{\text{DC}}/B_A, & |\Delta f_{\text{DC}}| \leqslant B_A \\ 0, & |\Delta f_{\text{DC}}| > B_A \end{cases} \quad (4.52)$$

式中，Δf_{DC} 为多普勒中心频率差异；B_A 为方位向带宽。

一般情况下，这种由于多普勒中心频率差异引起的失相关噪声可以利用方位向滤波的手段予以抑制，还可以通过估计多普勒函数来进一步提高 SAR 影像干涉对间的相干性。合成孔径雷达系统自身在发射、接收电磁波信号以及记录地面回波信息的过程中所产生的热噪声在一定程度上也会降低 SAR 信噪比，即降低两幅 SAR 影像间的相关性，从而造成干涉相位误差，这种现象被称为 InSAR 的热噪声失相关。通常，SAR 干涉测量中的热噪声失相关可以简单地使用系统的信噪比来表示：

$$\xi_N = \frac{1}{1+SNR^{-1}} \tag{4.53}$$

式中，SNR 为雷达系统自身的信噪比的值。例如，对于 ERS1/2 卫星来说，SNR =11.7，则 ξ_N = 0.921。

对于多普勒和热噪声失相关，如得不到有效的处理，将会降低干涉图的质量，并对后续的相位解缠造成负面影响，甚至导致地形和形变信息提取失败。

2. 空间失相关

由空间干涉基线造成的失相关问题也常称为几何失相关，这主要是由于卫星两次过境轨道偏离过大（即空间基线过长）所致，如图 4.10 所示，对同一地物目标进行观测的两次雷达侧视角存在显著差异（李平湘和杨杰，2006；刘国祥，2005b），引起地物对雷达波不同的交互和后向散射特性，使得两次观测相位发生很大的变化，进而导致干涉相关性的降低，甚至完全失相关。严重的空间失相关会影响到干涉结果的质量，致使 InSAR

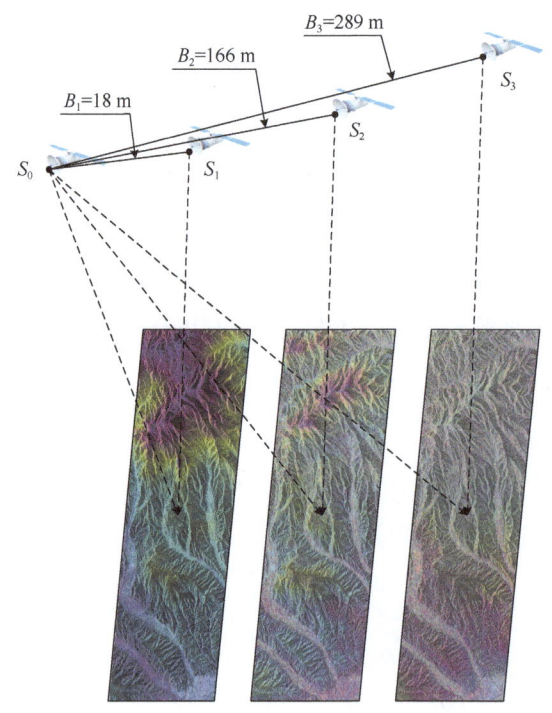

图 4.10 空间失相关示意图

提取的地形或形变信息难以达到需要的精度要求。空间失相关通常可用临界基线（critical baseline）来表达。两次影像获取之间的相关性随着垂直基线长度的增加呈线性下降，垂直基线长度到达临界基线长时将完全失相关。另外，地形坡度对于几何失相关也起着至关重要的作用。

有研究表明，局部的地形因素和雷达波长对几何失相关存在显著的影响（Simons and Rosen，2007；焦明连和蒋廷臣，2009；刘国祥，2004c），其关系如下：

$$\left|B_{\perp,\text{critical}}\right| = \frac{\lambda R \tan(\theta - \partial)}{2\text{d}R} \tag{4.54}$$

式中，$B_{\perp,\text{critical}}$ 为几何失相关临界垂直基线长度；λ 为雷达波长；R 为雷达斜距；θ 为雷达侧视角；∂ 为地面坡度角；$\text{d}R$ 为雷达影像斜距向分辨率。

当垂直基线长已知时，便可通过下式计算空间相干系数：

$$\left|\gamma_{\text{baseline}}\right| = 1 - \frac{B_{\perp}}{B_{\perp,\text{critical}}} \tag{4.55}$$

分析式（4.54）可知，雷达的空间相关性是垂直基线长度和地形坡度的函数，空间失相关的临界基线长度与地形起伏的剧烈程度成反比例关系，但与雷达波长成正比例关系（何秀凤和何敏，2012；刘国祥等，2001b），即地形起伏越剧烈，临界干涉基线长度越短，而较长的雷达波长则有助于临界干涉基线的增大。例如，若想获得好的相关性，ERS1/2 卫星的垂直基线长度一般小于 JERS 卫星。在地势平缓（零坡度）的区域，ERS1/2 的临界基线长度大约为 1100 m，而 JERS 则为 7000 m。需要注意的是，基准长度的选择取决于实际的应用目的。

在实际的干涉测量中，干涉对的空间基线是影像选取的重要指标，过长的干涉基线必然导致较低的相关性和质量较差的干涉结果，特别是对于以提取地表形变信号为主要目标的差分干涉测量而言，短的空间基线不仅有利于干涉质量的提高，更有利于形变信号本身的提取并明显减小 DEM 误差的影响。但对于以提取地形为目标的 InSAR 干涉来说，较长的干涉基线虽然不利于相关性的提高，也更易受到失相关噪声的影响，但有利于提高相位相对于高程的敏感度。因此，干涉基线的选择是一个折中选取的过程。

3. 时间失相关

时间失相关是由于雷达两次成像期间观测区域分辨单元内地物物理和化学特性随时间随机变化而产生的，如植被的生长与叶面朝向的变化、土壤含水量变化、农田翻耕、地表发生较大的形变及河流丰水期和枯水期等，此类地物特性随时间改变引起的失相关统称为时间失相关（李平湘和杨杰，2006；Graham，1974）。但是机载 SAR 干涉不会受到时间失相关的影响，因为它们使用的双天线可同时进行数据采集。

此外，对于某一地面观测分辨单元而言，散射特性主要由成像 SAR 系统参数和成像表面的几何和电学特性所决定，分辨单元内散射体的组成和结构的显著变化可能会导致严重的失相关。若观测分辨单元内的地物出现随机性的波长尺度的位置变化，或者目标像元内的物质结构出现了显著的变化都将导致失相关的发生,常见的情况包括地震断层近场剧烈形变导致的失相关和滑坡、泥石流等物质迁移导致的失相关等。同时观测分辨单元的电学特性是介电常数的函数,与水分含量高度相关。因此观测分辨单元内地物电学特性的改变也容易导致失相关,这主要反映在地物含水量的变化上,当处于植被发育区、冰雪寒冷区及农业耕种区时都可能产生严重失相关(Sansosti et al.,2014;刘国祥等,2000)。

因此,过长的观测时间间隔(即长时间基线)不利于干涉相关性的保持,特别是对于植被茂密区域。此外,不同的雷达波长在维持时间相关性方面具有一定的差异,整体趋势表现为:雷达波越长越有助于时间相关性的保持,这是因为,雷达波长越长,其穿透能力也就越强。例如,在植被覆盖地区,较长的雷达波可以穿透树冠到达地面再被地面反射,而较短的雷达波可能在树冠表面即被反射,而地面的散射稳定性要比树冠的散射稳定性高很多,因此长波段雷达波的时间相关性要明显高于短波段雷达波(Massonnet and Feigl,1998;廖明生和林珲,2003)。

思考题

1. 合成孔径雷达干涉相位主要由哪些分量构成,试根据干涉几何推导各相位分量的几何模型,分析并解释各分量的成因及特征。

2. 常用的三种差分干涉测量方法是二轨+外部 DEM 法、三轨法和四轨法,试从差分原理和技术流程两方面对比三者差异,并给出三种方法的适用范围。

3. 试分析哪些因素可导致干涉失相关现象的发生,并讨论各类干涉失相关现象的有效削弱和改正方法。

第5章 SAR 影像配准与干涉相位计算

SAR 影像配准（coregistration）是干涉测量处理的首要步骤，其核心思想就是计算构成一个干涉对的两幅 SAR 影像同名点的坐标映射关系，将待配准影像（即副影像）按照映射关系采样为与参考影像（即主影像）相同的像素格网，使两幅影像的同名点对应于地面同一分辨单元（王超等，2002；刘国祥等，2012a；Scheiber and Moreira，2000）。前面章节已述及，卫星 SAR 系统采用单天线重复轨道工作模式，卫星一次通过某一地区时只能获取一幅单视复数 SAR 影像，卫星以一定的时间间隔和轻微的轨道偏移重复通过该地区时再次成像，由于轨道偏移，这两幅影像并不完全重合，因此需要将用于干涉的两幅 SAR 影像进行精确配准。

SAR 影像配准不精确，将导致较大的干涉相位误差。当两幅影像配准误差（coregistration error）大于或等于一个像元时，两幅影像将完全失相关，干涉时不能生成干涉条纹，也就无法进行干涉测量。因此，合成孔径雷达干涉测量中，SAR 影像配准精度必须达到亚像元级，即亚像元级配准（sub-pixel registration）。一般来说，SAR 影像的配准精度至少要达到 1/8 像元（Prati et al.，1994；Franceschetti and Lanari，1999）。为满足这一要求，干涉测量中通常先对 SAR 影像进行粗配准（coarse registration），然后进行精配准（precise registration）（Kampes，1999）。粗配准和精配准的原理相似，数据处理过程主要包括三个步骤：①控制点选取；②建立参考影像与待配准影像间的坐标映射关系；③对待配准影像进行坐标变换和像素值重采样。一旦完成两幅 SAR 影像的精确配准之后，需对它们进行复数共轭相乘（complex conjugate multiplication），便可直接计算和生成一次差分干涉相位图。

本章将对 SAR 影像粗配准、精配准和干涉图计算等方面进行介绍，并给出一个 SAR 影像配准和一次差分干涉相位计算实例，以加强对相关数据处理过程的理解。

5.1 SAR 影像粗配准

无论是粗配准还是精配准，控制点选取均是一个关键步骤。在粗配准中，从两幅 SAR 影像中识别出少量的同名点（≥1 个），然后根据同名点间的像素坐标偏移量，对影像进行简单平移，从而使参考影像与待配准影像同名点大致对应于地面同一分辨单元。控制点选取方法有两种：一是人工选取法，二是自动选取法。人工选取法是通过目视分析，在参考影像和待配准影像上找出对应于地面同一分辨单元的像元作为控制点。人工选取法看似简单，但因 SAR 影像存在明显的斑点噪声和几何畸变，这使得人工选取控制点的难度较大，而且精度较低。目前常用的控制点选取方法是自动选取法，下面主要介绍这一方法。

自动选取法首先选择参考影像的中心点作为控制点，再利用参考影像和待配准影像的卫星轨道参数、InSAR 几何及 SAR 定位方程，求得参考影像中心点在待配准影像中的同名点，以这两个点作为影像粗配准的一个控制点对。

根据 InSAR 几何，参考影像中心点在待配准影像上有唯一的同名点，如图 5.1 所示。轨道 1 和轨道 2 分别为获取参考影像和待配准影像对应的两个卫星飞行轨迹，点 1~12 是卫星在飞行轨道上不同时刻的位置（即轨道节点，或称轨道历元），SAR 影像数据头文件通常会提供这些轨道节点的参数（常见的 SAR 卫星轨道节点数量为 10~19 个），即 WGS–84 坐标系下的卫星空间直角坐标和飞行速度，如图 3.5 所示。在图 5.1 中，P 为参考影像中心点对应的地面分辨元，其在 WGS–84 坐标系下的空间直角坐标为 (X_P, Y_P, Z_P)；参考影像中心点的像素坐标为 $P_m(r_m, c_m)$，其在待配准影像上的同名点像素坐标为 $P_s(r_s, c_s)$；P_m 为获取参考影像的卫星对 P 点成像时的雷达瞬时位置，其空间直角坐标为 (X_m, Y_m, Z_m)，速度为 (V_{xm}, V_{ym}, V_{zm})；P_s 为获取待配准影像的卫星对 P 点成像时的雷达瞬时位置，其空间直角坐标为 (X_s, Y_s, Z_s)，速度为 (V_{xs}, V_{ys}, V_{zs})。

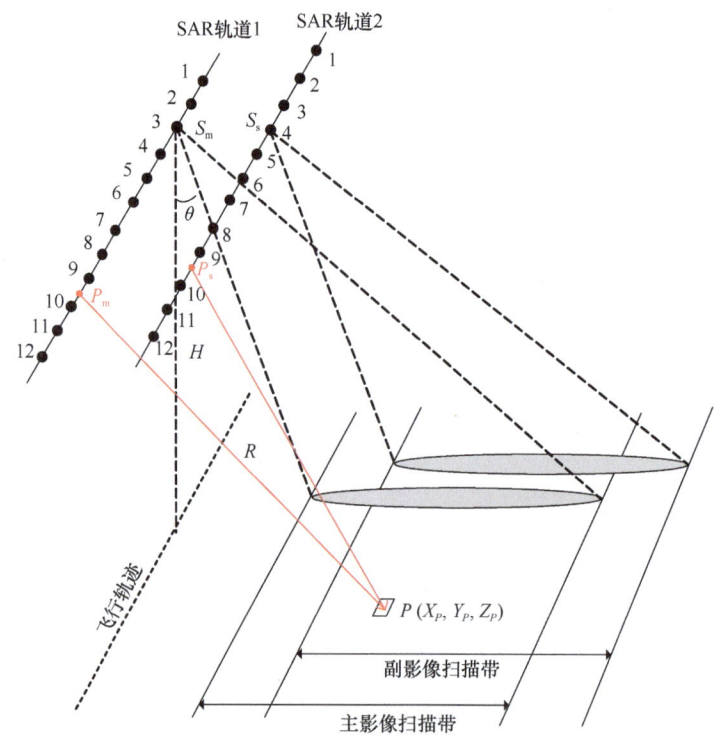

图 5.1 InSAR 及影像中心点几何示意图

基于影像头文件信息、InSAR 几何及 SAR 定位方程，可以计算出参考影像中心点 $P_m(r_m, c_m)$ 在待配准影像上的同名点 P_s 的像素坐标 (r_s, c_s)，具体计算步骤如下。

第一步，计算参考影像（即主影像）中心点对应地面点 P 的空间直角坐标。如表 5.1 所示，从参考影像头文件中读取影像中心点所对应的地面点 P 的大地经纬度坐标

(β, L)，并假设 P 点的大地高为零（这一假设是合理的，将在后面专门讨论），将 P 点的大地坐标转换为空间直角坐标 (X_P, Y_P, Z_P)。

表 5.1 TerraSAR-X 影像头文件信息（由 GAMMA 软件提取）

参数	值
Gamma Interferometric SAR Processor (ISP) —Image Parameter File	
title	C215_N135_D_SM_tanDEM_a1_020_R_2013-12-02T23-46-51.410679Z
sensor	TDX-1
date	2013 12 2 23 46 51.4107
start_time	85611.410679 s
center_time	85615.410693 s
end_time	85619.410708 s
azimuth_line_time	2.5917741e–04 s
line_header_size	0
range_samples	14590
azimuth_lines	30868
range_looks	1
azimuth_looks	1
image_format	FCOMPLEX
image_geometry	SLANT_RANGE
range_scale_factor	1.0000000e+00
azimuth_scale_factor	1.0000000e+00
center_latitude	29.3786600 degrees
center_longitude	94.4250233 degrees
heading	190.3414404 degrees
range_pixel_spacing	1.364105 m
azimuth_pixel_spacing	1.837934 m
near_range_slc	590788.1911 m
center_range_slc	600738.6566 m
far_range_slc	610689.1220 m
first_slant_range_polynomial	0.00000 0.00000 0.00000e+00 0.00000e+00 0.00000e+00 0.00000e+00 s m 1 m^–1 m^–2 m^–3
center_slant_range_polynomial	0.00000 0.00000 0.00000e+00 0.00000e+00 0.00000e+00 0.00000e+00 s m 1 m^–1 m^–2 m^–3
last_slant_range_polynomial	0.00000 0.00000 0.00000e+00 0.00000e+00 0.00000e+00 0.00000e+00 s m 1 m^–1 m^–2 m^–3
incidence_angle	33.4474 degrees
azimuth_deskew	ON
azimuth_angle	90.0000 degrees
radar_frequency	9.6499993e+09 z
adc_sampling_rate	1.0988612e+08 z
chirp_bandwidth	1.0000000e+08 z
prf	3858.3609656 Hz
azimuth_proc_bandwidth	2765.00000 Hz
doppler_polynomial	24.74716 4.44322e–04 0.00000e+00 0.00000e+00 Hz Hz/m Hz/m^2 Hz/m^3
doppler_poly_dot	5.29983e–01 0.00000e+00 0.00000e+00 0.00000e+00 Hz/s Hz/s/m Hz/s/m^2 Hz/s/m^3

续表

	Gamma Interferometric SAR Processor (ISP) —Image Parameter File
doppler_poly_ddot	0.00000e+00　0.00000e+00　0.00000e+00　0.00000e+00　Hz/s^2 Hz/s^2/m Hz/s^2/m^2 Hz/s^2/m^3
receiver_gain	21.8000 dB
calibration_gain	49.2407 dB
sar_to_earth_center	6884755.5076 m
earth_radius_below_sens	6373223.1275 m
earth_semi_major_axis	6378137.0000 m
earth_semi_minor_axis	6356752.3141 m
number_of_state_vectors	19
time_of_first_state_vector	85607.000000 s
state_vector_interval	1.000000 s
state_vector_position_1	−798696.9214　5955071.2185　3361210.7437　m　m　m
state_vector_velocity_1	1063.81640　3860.39050　−6563.15760　m/s　m/s　m/s
state_vector_position_2	−797632.3382　5958927.9105　3354645.5286　m　m　m
state_vector_velocity_2	1065.34930　3852.99250　−6567.26960　m/s　m/s　m/s
state_vector_position_3	−796566.2232　5962777.2021　3348076.2057　m　m　m
state_vector_velocity_3	1066.87970　3845.58960　−6571.37350　m/s　m/s　m/s
state_vector_position_4	−795498.5797　5966619.0860　3341502.7869　m　m　m
state_vector_velocity_4	1068.40780　3838.18180　−6575.46940　m/s　m/s　m/s
state_vector_position_5	−794429.4088　5970453.5621　3334925.2722　m　m　m
state_vector_velocity_5	1069.93350　3830.76910　−6579.55720　m/s　m/s　m/s
state_vector_position_6	−793358.7137　5974280.6206　3328343.6779　m　m　m
state_vector_velocity_6	1071.45680　3823.35150　−6583.63700　m/s　m/s　m/s
state_vector_position_7	−792286.4961　5978100.2615　3321758.0038　m　m　m
state_vector_velocity_7	1072.97770　3815.92910　−6587.70880　m/s　m/s　m/s
state_vector_position_8	−791212.7586　5981912.4775　3315168.2618　m　m　m
state_vector_velocity_8	1074.49630　3808.50170　−6591.77240　m/s　m/s　m/s
state_vector_position_9	−790137.5047　5985717.2613　3308574.4641　m　m　m
state_vector_velocity_9	1076.01250　3801.06960　−6595.82800　m/s　m/s　m/s
state_vector_position_10	−789060.7348　5989514.6130　3301976.6112　m　m　m
state_vector_velocity_10	1077.52620　3793.63250　−6599.87550　m/s　m/s　m/s
state_vector_position_11	−787982.4525　5993304.5251　3295374.7147　m　m　m
state_vector_velocity_11	1079.03760　3786.19060　−6603.91500　m/s　m/s　m/s
state_vector_position_12	−786902.6608　5997086.9905　3288768.7867　m　m　m
state_vector_velocity_12	1080.54660　3778.74390　−6607.94630　m/s　m/s　m/s
state_vector_position_13	−785821.3605　6000862.0092　3282158.8276　m　m　m
state_vector_velocity_13	1082.05310　3771.29230　−6611.96950　m/s　m/s　m/s
state_vector_position_14	−784738.5555　6004629.5716　3275544.8531　m　m　m
state_vector_velocity_14	1083.55730　3763.83600　−6615.98480　m/s　m/s　m/s
state_vector_position_15	−783654.2471　6008389.6775　3268926.8633　m　m　m
state_vector_velocity_15	1085.05910　3756.37480　−6619.99180　m/s　m/s　m/s
state_vector_position_16	−782568.4377　6012142.3199　3262304.8709　m　m　m

续表

	Gamma Interferometric SAR Processor (ISP) —Image Parameter File						
state_vector_velocity_16	1086.55840	3748.90880	−6623.99080	m/s	m/s	m/s	
state_vector_position_17	−781481.1312	6015887.4916	3255678.8873	m	m	m	
state_vector_velocity_17	1088.05540	3741.43810	−6627.98160	m/s	m/s	m/s	
state_vector_position_18	−780392.3282	6019625.1924	3249048.9129	m	m	m	
state_vector_velocity_18	1089.54990	3733.96260	−6631.96440	m/s	m/s	m/s	
state_vector_position_19	−779302.0317	6023355.4155	3242414.9598	m	m	m	
state_vector_velocity_19	1091.04210	3726.48230	−6635.93900	m/s	m/s	m/s	

第二步，计算获取待配准影像（即副影像）的卫星对地面点 P 成像时的雷达瞬时位置。根据 SAR 的三个定位方程，即斜距方程式（5.1）、多普勒方程式（5.2）和椭球方程式（5.3），以及如式（3.13）所示的卫星轨道参数方程，计算获取待配准影像的卫星对地面点 P 成像时的雷达瞬时位置。相关几何配置如图 5.2 所示。

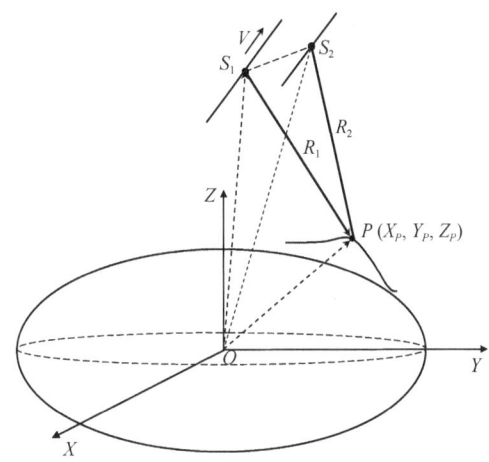

图 5.2 InSAR 干涉几何模型及坐标示意图

斜距方程：
$$R = |\boldsymbol{P} - \boldsymbol{S}| \tag{5.1}$$

多普勒方程：
$$f_{\text{Dop}} = 2\boldsymbol{V} \cdot \overrightarrow{SP} / \lambda \tag{5.2}$$

椭球方程：
$$\frac{(X_P + Y_P)^2}{(a+h)^2} + \frac{Z_P^2}{b^2} = 1 \tag{5.3}$$

式中，R 为待配准影像卫星雷达到地面点 P 的斜距；$\boldsymbol{P}$ 为地面点 P 在 WGS-84 坐标系下的位置矢量，即 $\boldsymbol{P} = (X_P, Y_P, Z_P)$；$\boldsymbol{S}$ 为待配准影像卫星雷达对 P 点成像时的位置矢量，即 $\boldsymbol{S} = (X_s(t), Y_s(t), Z_s(t))$，其中 t 为卫星雷达对 P 点成像的时间；$\boldsymbol{V}$ 为待配准影像卫星雷达对 P 点成像时的速度矢量，即 $\boldsymbol{V} = (V_{xs}(t), V_{ys}(t), V_{zs}(t))$；则有矢量 $\overrightarrow{SP} = \boldsymbol{P} - \boldsymbol{S}$；$\lambda$ 为电磁波波长；f_{Dop} 为多普勒频率；a 和 b 分别为 WGS-84 参考椭球的长、短半轴；

h 为 P 点的大地高，在粗配准阶段可假设为零。

此外，SAR 初数据经聚焦处理生成的 SLC 影像可以是零多普勒影像（即 $f_{\text{Dop}}=0$），也可以是非零多普勒影像。零多普勒影像表示雷达侧视扫描方向与卫星速度矢量方向垂直。在 SAR 影像粗配准中，可以认为影像的多普勒频率为零。对于非零多普勒影像，f_{Dop} 可根据多普勒中心系数（Doppler central coefficient）求解（靳国旺等，2014），有关详细计算方法将在 6.1 节中介绍。

假设 $f_{\text{Dop}}=0$ 和 $h=0$，上述三个 SAR 定位方程可扩展为

$$R = |\boldsymbol{P}-\boldsymbol{S}| = \sqrt{(X_P-X_s(t))^2+(Y_P-Y_s(t))^2+(Z_P-Z_s(t))^2} \tag{5.4}$$

$$f_{\text{Dop}} = 2\boldsymbol{V}\cdot\overrightarrow{SP}/\lambda = 2|\boldsymbol{V}|\cdot|\overrightarrow{SP}|\cdot\cos\eta = 0 \tag{5.5}$$

$$\frac{X_P^2+Y_P^2}{a^2}+\frac{Z_P^2}{b^2}=1 \tag{5.6}$$

在式（5.5）中，η 为雷达侧视方向与其飞行方向的夹角，对于 $f_{\text{Dop}}=0$ 的零多普勒成像，雷达侧视方向与其飞行方向是垂直的，因此 $\eta=90°$，$\cos\eta=0$，式（5.5）也就自然成立。那么要求解卫星坐标 $(X_s(t), Y_s(t), Z_s(t))$，仅利用式（5.4）和式（5.6）来解算显然是秩亏的。但是，由于 $f_{\text{Dop}}=0$，雷达侧视方向与其飞行方向垂直，那么卫星雷达对 P 点进行零多普勒成像时的瞬时位置与 P 点的距离是最短的。因此，可以建立如下目标约束方程：

$$\sqrt{(X_P-X_s(t))^2+(Y_P-Y_s(t))^2+(Z_P-Z_s(t))^2} = R_{\text{near}}+c_s\cdot dR \tag{5.7}$$

从 3.2.2 小节可以知道，利用卫星 SAR 影像头文件提供的轨道数据可建立卫星雷达位置和速度分量随时间变化的多项式模型，如式（3.13）所示，将此模型代入式（5.7）可计算卫星对 P 点成像时的瞬时位置。首先依据所建立的获取待配准影像的卫星雷达位置多项式模型，在待配准影像成像时间范围内，以影像第一行的成像时刻作为初始时刻 t_0（表 5.1），设定一个时间变化步长 Δt（可以是影像相邻行间的采样时间间隔），通过迭代运算，直到满足式（5.7）为止，此时的时间 $t(t=t_0+k\cdot\Delta t, k=\pm1,2,3,\cdots)$ 即为获取待配准影像的卫星雷达对地面点 P 的成像时刻。然后将成像时刻 t 代入式（3.13）即可计算出待配准影像卫星雷达的瞬时位置。

第三步，计算地面点 P 在待配准影像中的像素坐标。在获得待配准影像卫星雷达对 P 点的成像时刻 t 及该时刻卫星位置后，利用下式即可计算出地面点 P 在待配准影像中的像素坐标 (r_s, c_s)。

$$\begin{cases}\sqrt{(X_P-X_s(t))^2+(Y_P-Y_s(t))^2+(Z_P-Z_s(t))^2} = R_{\text{near}}+c_s\cdot dR \\ t=t_0+r_s\cdot dt\end{cases} \tag{5.8}$$

式中，R_{near} 为卫星成像的近斜距（即待配准影像的第一列像素对应的斜距）；dR 为斜距向采样间距；t_0 为待配准影像起始成像时间；dt 为方位向采样时间间隔。R_{near}、dR、t_0、dt 均可从副影像头文件中获取，如表 5.1 所示。点 $p_s(r_s, c_s)$ 就是参考影像中心点 $p_m(r_m, c_m)$ 在待配准影像上的同名点，它与参考影像中心点 p_m 组成一个控制点对。

从参考影像和待配准影像中确定控制点后，计算出待配准影像相对参考影像在行、列方向上的坐标偏移量，即

$$\begin{cases} \Delta r = r_s - r_m \\ \Delta c = c_s - c_m \end{cases} \quad (5.9)$$

一般情况下，粗配准中选取一个控制点即可。如果控制点个数大于 1，那么偏移量 Δr、Δc 为各个控制点偏移量的均值取整，即

$$\begin{cases} \Delta r = \text{INT}\left(\dfrac{1}{n}\sum_{i=1}^{n}\Delta r_i\right) \\ \Delta c = \text{INT}\left(\dfrac{1}{n}\sum_{i=1}^{n}\Delta c_i\right) \end{cases} \quad (5.10)$$

式中，n 为控制点个数；INT 表示取整。

根据待配准影像相对参考影像在行、列方向的坐标偏移量，对待配准影像分别在行、列方向进行简单的几何平移就可实现 SAR 影像粗配准。对待配准影像在行、列方向平移的数学实现就是该影像每个像素的行、列坐标分别减去 Δr、Δc，即

$$\begin{cases} r_s' = r_s - \Delta r \\ c_s' = c_s - \Delta c \end{cases} \quad (5.11)$$

式中，r_s'、c_s' 分别为待配准影像粗配准后的行、列坐标。

通过影像平移对两幅 SAR 复数影像进行粗配准的精度远不能满足雷达干涉的 1/8 像元配准精度要求。此外，基于影像平移的粗配准不能解决两影像间的旋转、畸变差异等问题，因此还需要在粗配准基础上对影像进行精配准。

值得说明的是，在影像粗配准的控制点选取过程中，将地面点的大地高假设为 0，这一假设在粗配准中是合理的。实际上，大地高只会对斜距向的几何配准产生影响，而对方位向配准不会产生影响。对斜距向像素偏差的影响大小应是基线倾角 α、基线长度 B、高程 h、雷达侧视角和斜距的函数。如图 5.3 所示，当地面点高程为 0 时，雷达瞬时位置 S_1 和 S_2 到该点的斜距差 δR 可近似为

$$\delta R = R_2 - R_1 \approx -B\sin(\theta_0 - \alpha) \quad (5.12)$$

当地面点高程变为 h 时，引起雷达侧视角增量 $\delta\theta_t$（近似等于 $h/R_1\sin\theta_0$），斜距差 δR 可表示为

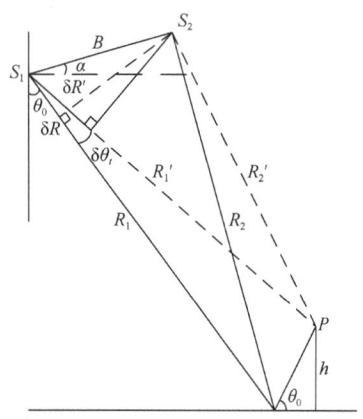

图 5.3 斜距差与高程的关系

$$\delta R' = R_2' - R_1' \approx -B\sin(\theta_0 + \delta\theta_t - \alpha) \approx -B\sin(\theta_0 - \alpha) - B\cos(\theta_0 - \alpha) \cdot \frac{h}{R_1\sin\theta_0} \quad (5.13)$$

考虑式（5.12）和式（5.13）之差，即可估计出因忽略高程所引起的斜距向配准误差 ξ：

$$\xi = \left[B\cos(\theta_0 - a) \cdot \frac{h}{R_1\sin\theta_0} \right] \Big/ \mathrm{d}R \quad (5.14)$$

式中，$\mathrm{d}R$ 为雷达斜距向采样间隔。以 ERS-1 系统为例，设基线长度 B 和倾角 α 别为 200m、25°，在最远、最近斜距处雷达侧视角和斜距分别取 24.5°和 874 km、21.5°和 852 km，ξ 随高程 h 变化的趋势如图 5.4 所示。尽管 ξ 与 h 线性关系，但斜率很小；随着斜距增大，h 对 ξ 的影响变小。例如，当高程为 1 km 时，误差接近 0.08 像素；高程达到 10 km 时，误差接近 0.8 像素。因此，粗配准时以地面高程为零进行计算，对斜距向配准的影响是可以忽略的。

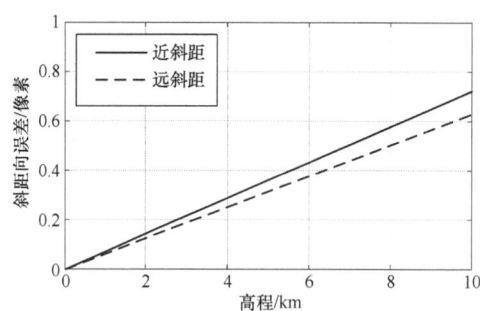

图 5.4 高程对斜距向配准误差的影响

5.2 SAR 影像精配准

精配准是在粗配准基础上，在参考影像里自动均匀布设控制点，再按某种相似性法则从待配准影像里搜索出与它们对应的同名点的精确位置,利用这些控制点坐标建立参考影像与待配准影像的坐标映射关系,最后对待配准影像进行坐标变换和像元值插值重采样,从而实现参考影像与待配准影像同名点精确对应于地面同一分辨单元。在精配准中,同名点的定位不再利用卫星轨道参数与 SAR 定位方程,而是根据同名点相似性测度指标来确定。根据同名点相似性测度指标选取的不同,精配准方法分为相干系数法(刘国祥等,2001c;Prati et al.,1994)、最大频谱法(maximum spectrum method)(Gabriel and Goldstein,1988;曾琪明和解学通,2004)、相位差影像平均波动函数法(汪鲁才等,2003;Lin et al.,1992a)以及综合配准法(integrated registration method)等(Lin et al.,1992b;Liu et al.,2001;Zhang et al.,2003)。其中,相干系数法、最大频谱法和相位差影像平均波动函数法是较为常用的 SAR 影像精确配准方法。

5.2.1　SAR 影像的同名点搜索

SAR 影像精配准的首要步骤是在参考影像内选取一定数目的控制点,并在待配准影像内搜索相应的同名点(homogeneous point)。如图 5.5(a)所示,首先在参考影像内按等行、列间距均匀选取 K 个像元作为控制点,其像素坐标为 (r_i^m, c_i^m), $i=1,2,\cdots,K$ 再按某种相似性法则从待配准影像里搜索出与它们一一对应的同名点,如图 5.5(b)所示。下面参考图 5.6 说明 SAR 影像同名点的搜索过程。

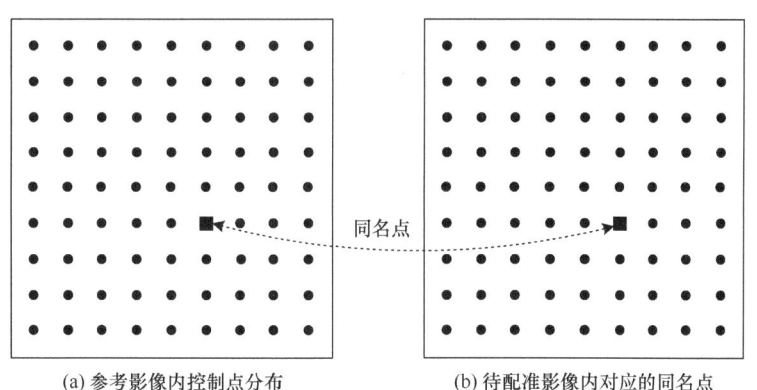

图 5.5　参考影像内控制点分布及待配准影像内对应的同名点

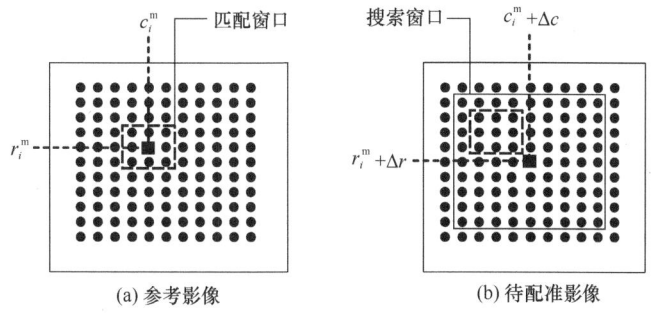

图 5.6　同名点搜索示意图

第一步，如图 5.6（a）所示，以参考影像内某控制点（以黑色实心方框表示）为中心，设定一个 $m \times n$ 大小的窗口作为匹配窗口，如图 5.6（a）中的黑色虚线框所示。根据粗配准计算得到的影像行、列偏移量参数 Δr、Δc，确定控制点在待配准影像上的同名点的大致位置 $(r_i^m + \Delta r, c_i^m + \Delta c)$。以待配准影像内点 $(r_i^m + \Delta r, c_i^m + \Delta c)$ 为中心，设定一个比匹配窗口大的窗口（M 行×N 列）作为搜索窗口，如图 5.6（b）的黑色实线框所示。

值得说明的是，为保证搜索同名点的准确性和可靠性，从而确保配准精度，在搜索同名点时，先采用较小的搜索窗口，在搜索窗口内完成一次搜索得到一个同名点位置后，再适当增大搜索窗口，重新进行同名点搜索。如此多次搜索，直到各次获得的同名点位置保持稳定（同名点间的坐标偏移量在一个给定的阈值范围内）为止，这样得到的同名点将是可靠的同名点。

第二步，采用合适的插值方法（如 sinc 函数）对参考影像和待配准影像进行过采样（oversampling），插值间隔应为 1/8 个像元（通常取 0.1 个像元即可）。然而，如果对整幅 SAR 影像作过采样处理，将使影像大小呈数量级增加，这必然增加数据处理的难度，降低计算机处理的效率。为解决这一问题，可以不对整幅 SAR 影像进行过采样，仅仅是在搜索同名点时，只对参考影像的匹配窗口数据和待配准影像的搜索窗口数据进行过采样。

第三步，在搜索窗口内，从左上角开始放置匹配窗口，计算参考影像和待配准影像中两匹配窗口的匹配指标值，即影像同名点相似性测度指标值。在搜索窗口中，按一定顺序逐像元移动匹配窗口，并计算不同位置处的匹配指标值，这样可得到搜索窗口内相应像元的相似性测度指标值。

第四步，比较搜索窗口内各像元的相似性测度指标值，以具有最佳相似性测度指标值的点 (r_i^s, c_i^s) 作为控制点 (r_i^m, c_i^m) 在待配准影像上的同名点。

第五步，对参考影像内的每个控制点，重复第二至第四步，搜索出它们在待配准影像中的同名点。

5.2.2 同名点相似性测度

判断搜索窗口内某点是否是控制点的同名点，是通过计算参考影像和待配准影像中两匹配窗口的相似性测度指标值来确定的。目前，计算相似性测度指标值的方法主要有：相干系数法、最大频谱法和相位差影像平均波动函数法。

1. 相干系数法

正如 4.6.1 小节中所述，对于两幅 SAR 复数影像来说，相干系数值越大，说明两幅影像的相似性程度越高，干涉图的质量越好（Touzi et al., 1999）。对于某个点，相干系数值越大，说明该点在两幅 SAR 影像上的相似性程度越高。因此，在精配准的同名点搜索与判定中，可使用相干系数作为同名点相似性测度指标。

对搜索窗口中的每个像元，根据它所对应的匹配窗口，利用式（4.49）可以计算出相干系数，再对比搜索窗口中所有像元的相干系数，将具有最大相干系数的像元作为控制点的同名点。相干系数法是目前 SAR 影像精配准中最常用的方法。

2. 最大频谱法

最大频谱法是一种在频率空间计算配准指标和确定同名点的方法，该方法以频谱值作为同名点相似性测度指标。首先将两匹配窗口的影像块进行干涉处理得到干涉条纹影像，然后对干涉条纹影像进行二维离散傅里叶变换（two-dimensional discrete Fourier transform，2D-DFT）得到二维谱，以二维谱绝对值（复数的模，即频谱值）中的最大值作为匹配窗口中心点的配准指标值，即相似性测度值。计算出搜索窗口中每个点像元配准指标值后，以具有最大配准指标值（即最大频谱值）的点作为控制点的同名点。

3. 相位差影像平均波动函数法

该方法以相位差影像的平均波动函数值 f 作为同名点相似性测度指标。首先计算两匹配窗口对应像素的相位差，然后按下式计算该窗口对应的相位差平均波动函数值 f，以 f 作为匹配窗口中心点的配准指标值。

$$f = \frac{1}{2} \cdot \sum_i \sum_j \left[\left| \varphi(i+1, j) - \varphi(i, j) \right| + \left| \varphi(i, j+1) - \varphi(i, j) \right| \right] \tag{5.15}$$

按上述方法获得搜索窗口内每个像元的相位差平均波动函数值 f 后，选取具有最小波动函数值的点作为控制点的同名点。

5.2.3 SAR 影像精配准模型

根据 5.2.1 小节所述同名点搜索方法，可得到 K 个坐标对 $p_i^m(r_i^m, c_i^m) \rightarrow p_i^s(r_i^s, c_i^s)$，$i = 1, 2, \cdots, K$。为了剔除同名点选取中可能存在的粗差（gross error），先计算出 K 个坐标对之间的行列偏移量，然后对这些偏移量进行统计分析，剔除行列偏移量中的奇异值及其对应的坐标对。

在获得经粗差剔除后的坐标对后，采用多项式（如二阶或三阶）来拟合待配准影像与参考影像之间的坐标变换模型，即参考影像与待配准影像的坐标映射关系。这种映射关系可以用坐标偏移量来表示，如式（5.16）所示，也可用坐标间的直接变换关系来表示，如式（5.17）。

$$\begin{cases} \Delta r = a_0 + a_1 \cdot r_m + a_2 \cdot c_m + a_3 \cdot r_m^2 + a_4 \cdot c_m^2 + a_5 \cdot r_m \cdot c_m \\ \Delta c = b_0 + b_1 \cdot r_m + b_2 \cdot c_m + b_3 \cdot r_m^2 + b_4 \cdot c_m^2 + b_5 \cdot r_m \cdot c_m \end{cases} \tag{5.16}$$

$$\begin{cases} r_s = A_0 + A_1 \cdot r_m + A_2 \cdot c_m + A_3 \cdot r_m^2 + A_4 \cdot c_m^2 + A_5 \cdot r_m \cdot c_m \\ c_s = B_0 + B_1 \cdot r_m + B_2 \cdot c_m + B_3 \cdot r_m^2 + B_4 \cdot c_m^2 + B_5 \cdot r_m \cdot c_m \end{cases} \tag{5.17}$$

式中，a_i、b_i、A_i 和 B_i 为多项式拟合系数，这里，$i = 0, 1, 2, \cdots, 5$。为简化表达，这里 (r_m, c_m) 和 (r_s, c_s) 分别表示同一地面分辨元在参考影像和待配准影像坐标系下的像素坐标。基于经粗差剔除后的坐标对，并采用最小二乘法可以计算出这些参数。

在获得参考影像与待配准影像的坐标映射关系后,对待配准影像进行坐标变换和插值重采样,将副影像采样为与主影像相同的像素格网,即可完成两幅 SAR 影像的精配准。为了保证配准后 SAR 复数影像相位数据的精度,在对待配准影像进行插值重采样时,应当对 SAR 复数影像数据的实部和虚部分别作内插(interpolation),而不能直接对相位数据作内插。此外,为了保证插值重采样后相位的精度,还要选取高精度的插值函数。理论上,最理想的插值函数是 sinc 函数,sinc 函数被认为是几乎没有信息量损失的插值函数。

$$\text{sinc}(x) = \frac{\sin x}{x} \tag{5.18}$$

在实际应用中,也可采用类似于 sinc 函数的双线性插值方法或双三次 B 样条插值方法,详见 3.4.3 小节。

5.3 干涉相位计算

对于一个干涉像对来说,经过粗配准和精配准的处理之后,便可以针对主影像和重采样后的副影像重叠区域内的每一像元计算一次差分干涉相位。值得说明的是,经过配准后,主影像与重采样后的副影像的大小相同,设为 $M \times N$(即 M 行 N 列),两幅影像中具有相同行、列号的像素对应于同一地面分辨元,主影像和重采样后的副影像中每一像元信息仍以复数表示,即

$$\begin{cases} M_{k,l} = a_{k,l}^{\text{m}} + b_{k,l}^{\text{m}}\text{i} \\ S_{k,l} = a_{k,l}^{\text{s}} + b_{k,l}^{\text{s}}\text{i} \end{cases} \tag{5.19}$$

式中,$M_{k,l}$ 和 $S_{k,l}$ 分别为主影像和重采样后的副影像中的像元信息,这里 $k = 0, 2, \cdots, M-1$,$l = 0, 2, \cdots, N-1$;i 为虚数单位,$a_{k,l}^{\text{m}}$,$b_{k,l}^{\text{m}}$ 和 $a_{k,l}^{\text{s}}$,$b_{k,l}^{\text{s}}$ 分别为主、副影像中一个复数的实部和虚部。

前已述及,将主影像和重采样后的副影像对应像素的相位相减,便可得到一次差分干涉相位。然而,在实际处理中,为了提高计算效率,先将主影像和重采样后的副影像对应像素作复数共轭相乘,其数学表达式为

$$\text{Int}_{k,l} = M_{k,l} \cdot S_{k,l}^{*} \tag{5.20}$$

式中,$\text{Int}_{k,l}$ 为干涉结果,仍是复数值。令 $\text{Int}_{k,l} = a + b\text{i}$,则有

$$\begin{aligned} \text{Int}_{k,l} &= a + b\text{i} \\ &= (a_{k,l}^{\text{m}} + b_{k,l}^{\text{m}}\text{i}) \cdot (a_{k,l}^{\text{s}} + b_{k,l}^{\text{s}}\text{i})^{*} \\ &= (a_{k,l}^{\text{m}} + b_{k,l}^{\text{m}}\text{i}) \cdot (a_{k,l}^{\text{s}} - b_{k,l}^{\text{s}}\text{i}) \\ &= (a_{k,l}^{\text{m}} \cdot a_{k,l}^{\text{s}} + b_{k,l}^{\text{m}} \cdot b_{k,l}^{\text{s}}) + (b_{k,l}^{\text{m}} \cdot a_{k,l}^{\text{s}} - a_{k,l}^{\text{m}} \cdot b_{k,l}^{\text{s}})\text{i} \end{aligned} \tag{5.21}$$

一旦通过式（5.21）计算得到像素坐标为 (k, l) 的像元的干涉复数值 $a+b\mathrm{i}$ 之后，便可根据式（2.2）计算得到该像元的一次差分干涉相位 ϕ，且 $\phi \in [-\pi, \pi)$。

从式（5.21）可知，经过主影像和重采样后的副影像重叠区域内的 SAR 干涉处理，所得到的结果仍是复数数据，据此可以计算出重叠区域内每一像元的干涉振幅和干涉相位，将干涉相位以图像的形式呈现，便可得到干涉相位图（如图 1.3 所示的实例）。注意，从干涉复数计算得到的相位称为一次差分相位且在 $[-\pi, \pi)$ 内变化，干涉相位图中一个完整的相位周期变化呈现为一个干涉条纹。再次强调，每一像素上均存在干涉相位整周模糊度问题，也就是说，实际干涉相位的整周数未知，需借助干涉相位解缠方法来求解（参见第 8 章）。从 3.3 节可知，对于一个"地形干涉对"来说，一次差分干涉相位一般包含参考椭球面、地形起伏和可能的大气延迟等因素的贡献；对于一个"形变干涉对"来说，一次差分干涉相位一般包含参考椭球面、地形起伏、地表形变和可能的大气延迟等因素的贡献。InSAR 数据后续处理工作主要包括：扣除相关相位分量、提取感兴趣的相位分量、相位滤波（phase filtering）、相位解缠、借助空间基线参数和几何转换计算地形或形变参数，这些将在第 6~10 章中介绍。

5.4 配准质量评价

SAR 影像配准后，可通过定性和定量两种方式来评价配准的质量。定性评价就是对配准后的两幅 SAR 复数影像进行干涉处理得到干涉图，通过观察干涉条纹的清晰度和连续性来评价影像配准质量。干涉条纹越清晰、连续，说明影像配准质量越高。定量评价是对配准后的 SAR 影像进行统计分析，得到一些量化指标，利用这些量化指标来衡量影像配准效果。目前定量评价的方法有相干系数法（Gens and Van Genderen，1996），信噪比法（Gabriel and Goldstein，1988）和奇异点（singular point）法（Kun and Yang，2002；陶鹂和杨汝良，2003），其中相干系数法是最常用的评价方法。

相干系数既是两幅 SAR 复数影像之间相似程度的指标，也是衡量干涉图质量的重要指标。因为 SAR 影像配准质量直接影响干涉图质量，因此，相干系数也可直接表达配准的效果。对配准后的影像对按式（4.49）计算各点的相干系数（在 0~1 之间变化）。每一点的相干系数值表明该点的配准效果，相干系数值越大，越接近 1，说明该点的配准效果越好。对影像所有点的相干系数，可以用图像方式显示，即生成一幅相干系数图，如图 5.7 所示。相干系数图是一幅灰度图像，如果图像中各点的相干系数值越高，图像总体亮度越大，说明影像总体配准质量越高。

信噪比法是将配准后的两幅复数 SAR 影像作干涉处理得到干涉图，然后对干涉图进行二维 DFT 变换，得到各点的二维条纹谱 $f_{i,j}$，最后按下式计算干涉图的信噪比（SNR）（Gabriel and Goldstein，1988）。SNR 越大，表明两幅影像配准质量越高。

$$\mathrm{SNR} = \frac{f_{\max}}{\sum f_{i,j} - f_{\max}} \tag{5.22}$$

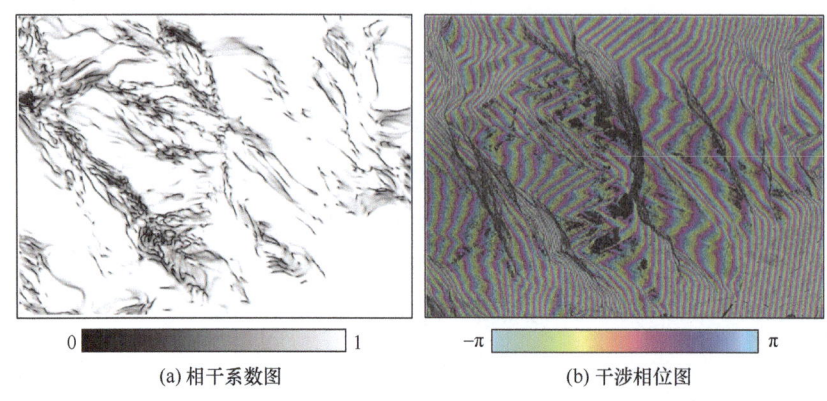

(a) 相干系数图　　　　　　　　　　(b) 干涉相位图

图 5.7　某干涉像对的相干系数图及其干涉相位图

式中，f_{max} 为干涉图中所有点 $f_{i,j}$ 的最大值。

奇异点法是将配准后的两幅复数影像作干涉处理得到干涉相位图，然后判定并统计干涉相位图中的奇异点（详见第 8 章）。干涉相位图中奇异点越少，说明影像配准质量越好，反之则配准质量越差（Kun and Yang，2002；陶鹂和杨汝良，2003）。

5.5　SAR 影像配准与干涉相位计算实例及分析

下面以真实 SAR 影像为例说明 SAR 影像配准和一次差分干涉相位计算的具体处理过程。所用影像是 TerraSAR-X/TanDEM-X 卫星于 2013 年 12 月 2 日获取的西藏林芝地区的两幅 SAR 影像，配准中 TanDEM-X 影像为参考影像（即主影像），TerraSAR-X 影像为待配准影像（即副影像），其大小均为 30868×14590 像素。主影像头文件参数如表 5.1 所示，待配准影像头文件参数如表 5.2 所示。

表 5.2　待配准影像部分头文件信息（由 GAMMA 软件提取）

Gamma Interferometric SAR Processor（ISP）—Image Parameter File	
title	C215_N135_D_SM_tanDEM_a1_020_R_2013-12-02T234651.410683Z
sensor	TSX-1
date	2013 12 2 23 46 51.4107
start_time	85611.410683 s
center_time	85615.410697 s
end_time	85619.410712 s
azimuth_line_time	2.5917741e–04 s
line_header_size	0
range_samples	14590
azimuth_lines	30868
range_looks	1
azimuth_looks	1
image_format	FCOMPLEX
image_geometry	SLANT_RANGE

续表

Gamma Interferometric SAR Processor (ISP) —Image Parameter File	
range_scale_factor	1.00E+00
azimuth_scale_factor	1.00E+00
center_latitude	29.3840107 degrees
center_longitude	94.4176295 degrees
heading	190.3413087 degrees
range_pixel_spacing	1.364105 m
azimuth_pixel_spacing	1.837916 m
near_range_slc	590770.4578 m
center_range_slc	600720.9232 m
far_range_slc	610671.3886 m
first_slant_range_polynomial	0.00000 0.00000 0.00000e+00 0.00000e+00 0.00000e+00 0.00000e+00 s m 1 m^–1 m^–2 m^–3
center_slant_range_polynomial	0.00000 0.00000 0.00000e+00 0.00000e+00 0.00000e+00 0.00000e+00 s m 1 m^–1 m^–2 m^–3
last_slant_range_polynomial	0.00000 0.00000 0.00000e+00 0.00000e+00 0.00000e+00 0.00000e+00 s m 1 m^–1 m^–2 m^–3
incidence_angle	33.5069 degrees
azimuth_deskew	ON
azimuth_angle	90.0000 degrees
radar_frequency	9.6499993e+09 Hz
adc_sampling_rate	1.0988612e+08 Hz
chirp_bandwidth	1.0000000e+08 Hz
prf	3858.3609656 Hz
azimuth_proc_bandwidth	2765.00000 Hz
doppler_polynomial	51.31889 4.87996e–04 0.00000e+00 0.00000e+00 Hz Hz/m Hz/m^2 Hz/m^3
doppler_poly_dot	7.26377e–01 0.00000e+00 0.00000e+00 0.00000e+00 Hz/s Hz/s/m Hz/s/m^2 Hz/s/m^3
doppler_poly_ddot	0.00000e+00 0.00000e+00 0.00000e+00 0.00000e+00 Hz/s^2 Hz/s^2/m Hz/s^2/m^2 Hz/s^2/m^3
receiver_gain	22.1670 dB
calibration_gain	49.3807 dB
sar_to_earth_center	6884798.8286 m
earth_radius_below_sensor	6373221.4274 m
earth_semi_major_axis	6378137.0000 m
earth_semi_minor_axis	6356752.3141 m
number_of_state_vectors	19
time_of_first_state_vector	85607.000000 s
state_vector_interval	1.000000 s
state_vector_position_1	–798627.2957 5954879.6606 3361660.0811 m m m
state_vector_velocity_1	1063.84110 3860.58410 –6562.97940 m/s m/s m/s
state_vector_position_2	–797562.6879 5958736.5468 3355095.0437 m m m
state_vector_velocity_2	1065.37380 3853.18650 –6567.09180 m/s m/s m/s
state_vector_position_3	–796496.5483 5962586.0329 3348525.8982 m m m
state_vector_velocity_3	1066.90420 3845.78400 –6571.19620 m/s m/s m/s
state_vector_position_4	–795428.8804 5966428.1117 3341952.6562 m m m

续表

Gamma Interferometric SAR Processor（ISP）—Image Parameter File						
state_vector_velocity_4	1068.43220	3838.37660	−6575.29250	m/s	m/s	m/s
state_vector_position_5	−794359.6851	5970262.7829	3335375.3178	m	m	m
state_vector_velocity_5	1069.95780	3830.96430	−6579.38080	m/s	m/s	m/s
state_vector_position_6	−793288.9658	5974090.0370	3328793.8994	m	m	m
state_vector_velocity_6	1071.48110	3823.54710	−6583.46110	m/s	m/s	m/s
state_vector_position_7	−792216.7239	5977909.8739	3322208.4006	m	m	m
state_vector_velocity_7	1073.00190	3816.12500	−6587.53330	m/s	m/s	m/s
state_vector_position_8	−791142.9623	5981722.2862	3315618.8336	m	m	m
state_vector_velocity_8	1074.52040	3808.69800	−6591.59740	m/s	m/s	m/s
state_vector_position_9	−790067.6843	5985527.2668	3309025.2104	m	m	m
state_vector_velocity_9	1076.03650	3801.26620	−6595.65350	m/s	m/s	m/s
state_vector_position_10	−788990.8903	5989324.8154	3302427.5316	m	m	m
state_vector_velocity_10	1077.55020	3793.82950	−6599.70140	m/s	m/s	m/s
state_vector_position_11	−787912.5841	5993114.9250	3295825.8086	m	m	m
state_vector_velocity_11	1079.06150	3786.38800	−6603.74140	m/s	m/s	m/s
state_vector_position_12	−786832.7686	5996897.5882	3289220.0536	m	m	m
state_vector_velocity_12	1080.57040	3778.94170	−6607.77320	m/s	m/s	m/s
state_vector_position_13	−785751.4443	6000672.8051	3282610.2672	m	m	m
state_vector_velocity_13	1082.07690	3771.49050	−6611.79690	m/s	m/s	m/s
state_vector_position_14	−784668.6158	6004440.5660	3275996.4646	m	m	m
state_vector_velocity_14	1083.58100	3764.03450	−6615.81260	m/s	m/s	m/s
state_vector_position_15	−783584.2837	6008200.8709	3269378.6464	m	m	m
state_vector_velocity_15	1085.08270	3756.57370	−6619.82010	m/s	m/s	m/s
state_vector_position_16	−782498.4506	6011953.7125	3262756.8255	m	m	m
state_vector_velocity_16	1086.58200	3749.10810	−6623.81960	m/s	m/s	m/s
state_vector_position_17	−781411.1206	6015699.0838	3256131.0124	m	m	m
state_vector_velocity_17	1088.07880	3741.63770	−6627.81090	m/s	m/s	m/s
state_vector_position_18	−780322.2943	6019436.9846	3249501.2081	m	m	m
state_vector_velocity_18	1089.57330	3734.16250	−6631.79420	m/s	m/s	m/s
state_vector_position_19	−779231.9745	6023167.4080	3242867.4247	m	m	m
state_vector_velocity_19	1091.06540	3726.68260	−6635.76930	m/s	m/s	m/s

5.5.1 粗配准

第一步，选取参考影像中心点为控制点，确定其空间直角坐标。

顾及参考影像大小为 30868×14590，选取中心像元 p_m(15434, 7295) 为控制点。从参考影像头文件读取中心像元对应的地面点 P 的大地经纬度为 (94.4176295°, 29.3840107°)；设其大地高为 0，则其空间直角坐标为 (−428430.860, 5545647.399, 3111113.760)，坐标单位为 m。

第二步，计算卫星 TerraSAR-X 对待配准影像中 P 点成像时的瞬时位置和时间。

根据待配准影像的 19 个精密轨道参数，如表 5.2 所示，采用三次多项式拟合的卫星轨道模型如下：

$$\begin{cases} X_s(t) = 2.5572 \times 10^{11} - 8.8978 \times 10^6 t + 103.1834 t^2 - 3.9878 \times 10^{-4} t^3 \\ Y_s(t) = 4.7839 \times 10^{11} - 1.7089 \times 10^7 t + 203.3613 t^2 - 8.0624 \times 10^{-4} t^3 \\ Z_s(t) = 8.5799 \times 10^{11} - 2.9904 \times 10^7 t + 347.3397 t^2 - 1.3444 \times 10^{-3} t^3 \end{cases}$$

顾及获取待配准影像的卫星 TerraSAR-X 对 P 点成像时的多普勒频率为 0，根据目标约束方程（5.7），以 $t_0 = 85607$ s 为成像起始时刻，通过迭代运算得到雷达对 P 点的成像时刻 t 为 85615.34747347473 s，并代入上述轨道模型，便可得到该时刻卫星的瞬时位置空间直角坐标为 (−789763.527, 5987037.583, 3306282.176)，坐标单位为 m。

第三步，计算 P 点在待配准影像上的像素坐标及初配准参数。

由副影像头文件可知：

$$R_{\text{near}} = 590770.4578 \text{ m}, \quad dR = 1.364105 \text{ m}, \quad dt = 2.5917741 \times 10^{-4} \text{ s}$$

根据第二步计算结果，利用式（5.8）计算得到 P 点在待配准影像上的像素坐标为 p_s(15433, 7295)，该点即为 p_m 点在待配准影像上的同名点。根据控制点 p_m 及其同名点 p_s 的像素坐标，得到待配准影像相对参考影像的坐标偏移量 $(\Delta r, \Delta c)$，即两幅影像的初配准参数，即 $\Delta r=15434-15433=1$，$\Delta c=7295-7295=0$。

5.5.2 精配准

根据初配准结果，在参考影像上自动均匀选取 601 个控制点，设搜索窗口的大小为 64×64，匹配窗口大小为 16×16，利用相干系数法，从待配准影像中搜索出 601 个控制点的同名点。采用二次多项式，建立两影像的偏移量映射关系如下：

$$\begin{cases} r_s = -0.00193 + 1.7186 \times 10^{-6} r_m - 1.8027 \times 10^{-7} c_m + 3.4579 \times 10^{-11} r_m \cdot c_m \\ \quad -1.6952 \times 10^{-10} r_m^2 - 4.2576 \times 10^{-12} c_m^2 \\ c_s = -0.01622 - 3.9340 \times 10^{-7} r_m + 2.3692 \times 10^{-7} c_m \\ \quad +4.4962 \times 10^{-12} r_m \cdot c_m + 2.4203 \times 10^{-11} r_m^2 + 3.0232 \times 10^{-12} c_m^2 \end{cases}$$

利用上述偏移量映射关系，对待配准影像进行插值重采样，得到精配准结果。为分析配准质量，图 5.8 和图 5.9 分别显示了精配准后进行干涉处理得到的西藏林芝地区 TerraSAR-X/TanDEM-X 相干系数图和干涉相位图。在相干系数图（图 5.8）中，黑色部分为水体或雷达阴影区域，因为水体的镜面反射，回波信号极弱，不具相干性，所以相干系数值极低，对应的干涉相位也基本上是噪声。陆地部分相干系数值较高，一方面说明两幅 SAR 影像相干性好，另一方面说明影像配准质量也很好。从干涉图（图 5.9）来看，相干系数较高区域都获得了很好的干涉条纹，只是由于有参考椭球面相位的加入，干涉条纹十分密集，这表明影像配准效果很好。

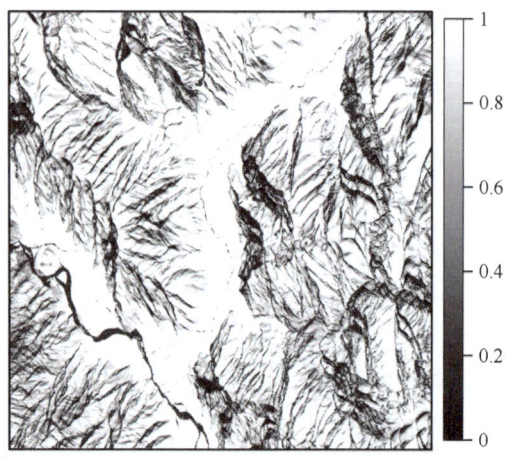

图 5.8　西藏林芝地区 TerraSAR-X/TanDEM-X 相干系数图

图 5.9　西藏林芝地区 TerraSAR-X/TanDEM-X 干涉相位图

思考题

1. SAR 影像配准与光学遥感影像的几何校正有什么区别？
2. 分析一幅未做任何处理的 SAR 单视复数影像具有哪些特点。这些特点对 SAR 影像配准会带来哪些影响？
3. SAR 影像粗配准与精配准的最大区别是什么？
4. SAR 影像配准精度对 InSAR 结果会产生哪些影响？
5. 分析一下影响 SAR 影像配准精度的因素有哪些。

第6章 参考椭球面相位计算

从干涉相位模型（参见4.3节）可知，干涉相位是参考椭球面相位、地形相位、形变相位、大气相位、噪声相位的贡献总和，由于参考椭球面相位的存在，干涉条纹会变得非常密集，这必然增加干涉处理的难度。因此，无论是提取地形还是提取形变位移场，都需要从干涉相位中去除参考椭球面相位，这一过程又称为去平地效应（flat-earth phase removal）（舒宁，2003；Kampes，1999）。本章重点介绍如何计算和去除参考椭球面相位。

6.1 单点参考椭球面相位的计算

从4.3节可知，地面任一点的参考椭球面相位就是该点在参考椭球面上的等斜距投影点所对应的干涉相位（罗小军等，2006a）。如图4.3所示，地面任何一点 P，以主影像卫星雷达与 P 的间距（即斜距）R_1 为半径，以该点成像时刻卫星飞行的速度矢量为轴进行旋转，将与参考椭球面相交于一点 P_0，P_0 即是地面点 P 在参考椭球面上的投影点。雷达与 P_0 的斜距 r_1 与斜距 R_1 相等，并且两个雷达斜视角（squint angle）（即斜距矢量与卫星轨道的夹角）也相同，这种投影称为等斜距投影，P_0 点称为 P 点在参考椭球面上的等斜距投影点。P_0 点的干涉相位就是 P 点对应的参考椭球面相位，根据干涉几何，该参考椭球面相位可用下式来表示：

$$\varphi_{\text{ref}} = -\frac{4\pi}{\lambda}(r_1 - r_2) \tag{6.1}$$

式中，r_1 为 P_0 点到主影像成像雷达的斜距，也就是 P 点到主影像成像雷达的斜距；r_2 为 P_0 点到副影像成像雷达的斜距（详见图4.3）。

从式（6.1）可知，要计算地面任一点的参考椭球面相位，首先要确定该点在参考椭球（一般均采用WGS-84参考椭球）面上的投影点位置，再计算投影点分别与主、副影像成像雷达的斜距。投影点位置和斜距均可根据雷达的成像参数（SLC影像头文件提供）、成像几何以及SAR定位方程计算。为了便于介绍参考椭球面相位计算方法和过程，下面首先介绍两个概念。

1. 斜距采样率

斜距采样率（range sampling rate，RSR）即是雷达沿斜距向每秒钟扫描的列数（Kampes，1999）。其表达式如下：

$$\text{RSR} = \frac{N-1}{t_{cl} - t_{c1}} \tag{6.2}$$

式中，N 为影像的总列数；t_{cl} 为斜距向最后一列采样时间；t_{c1} 为斜距向第一列采样时间；t_{cl}、t_{c1} 均为雷达脉冲收发双程时间（即雷达脉冲从雷达发射天线发射到达目标，再从目标返回雷达接收天线所用的时间），单位是 s。N、t_{cl}、t_{c1}、RSR 的值均可从 SLC 影像头文件中提取或计算获得。

依据斜距采样率，在知道某个像元在像素坐标系中的列坐标 c（注意，对于第 1 列，$c=0$，对于第 N 列，$c=N-1$）的情况下，可按式（6.3）计算雷达对该像元所对应的地面目标进行扫描所用时间（收发双程时间）t_c；在知道雷达对某目标扫描所用时间 t_c 的情况下，也可依据下式计算出该目标成像后在影像中所处的列数：

$$t_c = \frac{c}{\text{RSR}} + t_{c1} \tag{6.3}$$

在获得影像中某像元在斜距向的扫描时间后，就可按下式计算该像元所对应目标到雷达的斜距 R：

$$R = \frac{C}{2} \cdot t_c \tag{6.4}$$

式中，C 为光速，$C = 299792458$ m/s。

2. 脉冲重复频率

脉冲重复频率（PRF）是雷达沿飞行方向（方位向）每秒钟扫描的行数（Kampes，1999），其计算式如下：

$$\text{PRF} = \frac{M-1}{t_{rl} - t_{r1}} \tag{6.5}$$

式中，M 为影像的总行数；t_{rl} 为影像最后一行成像时刻；t_{r1} 为影像第一行成像时刻。这 3 个参数可直接从副影像头文件中提取或计算获得。目前，InSAR 处理软件（如 Doris 和 GAMMA）在读取影像头文件时就能直接计算出脉冲重复频率。

根据雷达成像的脉冲重复频率，在知道某个像元在像素坐标系中的行坐标 r（注意，对于第 1 行，$r=0$，对于第 M 行，$r=M-1$）的情况下，可按下式计算该像元的成像时刻 t_r：

$$t_r = \frac{r}{\text{PRF}} + t_{r1} \tag{6.6}$$

在知道某像元的成像时刻 t_r 的情况下，可依据式（6.6）的逆算式计算出该像元在影像中所处的行数。

参考图 4.3，下面介绍地面点 P 的参考椭球面相位计算方法和流程。

第一步，建立主、副影像成像期间的卫星轨道模型。

从主、副影像头文件中读取卫星轨道参数，根据式（3.13）所示的主、副影像卫星位置和速度随时间变化的关系式，采用最小二乘方法分别求解主、副影像成像期间的卫星轨道模型。

第二步，计算主影像成像的斜距采样率 RSR 和脉冲重复频率 PRF。

从主影像头文件中读取影像大小（行、列数）、斜距向第一列采样时间、斜距向最后一列采样时间、影像第一行成像时刻、影像最后一行成像时刻等参数，分别按式（6.2）和式（6.5）计算主影像的斜距采样率 RSR 和脉冲重复频率 PRF。值得注意的是，RSR 和 PRF 有时可直接在影像头文件中获取。

第三步，计算地面点 P 至主影像成像雷达的斜距。

设地面点 P 成像后在主影像坐标系的坐标为 (r_m, c_m)，其中，r_m 表示行向坐标，c_m 表示列向坐标。依据 P 点的列坐标 c_m，首先按式（6.3）计算雷达对该点扫描的时间，再利用式（6.4）计算 P 点到雷达的斜距 R_1，则可综合表示为

$$R_1 = \frac{C}{2} \cdot \left(\frac{c_m}{\text{RSR}} + t_{c1} \right) = \text{NR} + c_m \cdot \text{RPS} \tag{6.7}$$

式中，NR 为近斜距；RPS 为斜距像素间隔（range pixel spacing）。利用 GAMMA 软件可从 SAR 影像头文件中直接读取这两个参数。

由于 P_0 点是 P 点在参考椭球面上的等斜距投影点，所以 P_0 点到主影像成像雷达的斜距 r_1 也就等于 P 点到主影像成像雷达的斜距 R_1，即 $r_1 = R_1$。

第四步，计算 P 点在主影像中的成像时间及相应时刻的主影像卫星轨道参数。

根据 P 点在影像坐标系中的行坐标 r_m，利用式（6.6）计算 P 点对应的雷达成像时刻 t_r，然后将 t_r 代入第一步建立的主影像卫星轨道模型，计算出 P 点成像时刻的卫星雷达位置 (X_m, Y_m, Z_m) 及飞行速度 (V_{xm}, V_{ym}, V_{zm})。

第五步，计算主影像卫星对 P 点成像时的雷达多普勒频率 f_{Dop}。

根据雷达成像的多普勒方程（5.2）可知，雷达成像的多谱勒频率与雷达波长、雷达飞行速度矢量和雷达到目标的斜距矢量相关。当雷达对某点成像时的斜距矢量与卫星速度矢量垂直（即雷达斜视角为 90°）时，该点成像的多普勒频率为零，否则，其多普勒频率不为零。因此，雷达成像的多普勒频率表明了雷达成像时的斜距矢量方向。

在通常情况下，卫星地面接收站在对雷达信号进行处理并生成 SLC 影像后，给出了计算该影像成像多普勒频率的如下两种计算模型：

$$f_{\text{Dop}} = a_0 + a_1 \frac{c}{\text{RSR}} + a_2 \left[\frac{c}{\text{RSR}} \right]^2 \tag{6.8}$$

$$f_{\text{Dop}}=b_0+b_1 \cdot R+b_2 \cdot R^2 \tag{6.9}$$

式中，a_0、a_1、a_2、b_0、b_1、b_2 为多普勒质心系数，一般包含在影像头文件中；c 为某像元在影像坐标系中的列向坐标；R 为该点对应的地面目标到雷达的斜距。

式（6.8）是以点在影像坐标系中的列坐标表示的模型，式（6.9）是以点对应的地面目标到雷达的斜距表示的模型，这两种模型可依据斜距采样率与斜距的关系相互转换。为方便计算，在参考椭球面相位计算中，一般采用第二种模型。首先从主影像头文件中读出多普勒质心系数，再根据点 P 的像素坐标 (r_m, c_m)，计算点 P 成像时的多普勒频率为

$$f_{\text{Dop}}=b_0+b_1 \cdot \frac{C}{2} \cdot \left(\frac{c_m}{\text{RSR}}+t_{c1}\right)+b_2 \cdot \frac{C^2}{4} \cdot \left(\frac{c_m}{\text{RSR}}+t_{c1}\right)^2 \tag{6.10}$$

第六步，计算 P 点在参考椭球面上的等斜距投影点 P_0 的坐标。

根据 SAR 成像几何，P 点在参考椭球面上的等斜距投影点 P_0 的卫星轨道参数（位置和速度）、多普勒频率、斜距均与 P 点的相应参数相同。因此，基于这些参数，利用 SAR 三个定位方程（即多普勒方程、斜距方程和椭球方程）可求解 P_0 点在参考椭球面上的空间直角坐标 (X_0, Y_0, Z_0)，见式（5.1）、式（5.2）和式（5.3）。

第七步，计算副影像卫星对 P_0 点成像时的坐标。

根据 P_0 点的坐标、副影像卫星的轨道模型和多普勒质心系数，利用多普勒频率方程，以时间为步进，采用迭代运算方法，求解对 P_0 点成像时的副影像卫星位置 (X_S, Y_S, Z_S)。这一过程与 SAR 影像粗配准中依据控制点坐标来确定副影像卫星轨道位置的方法（见 5.1 节 SAR 影像粗配准第二步）相同，只是此处的多普勒频率不为零，迭代运算中以多普勒频率方程作为约束目标方程。

第八步，计算 P_0 点至副影像卫星雷达的斜距。

在求得副影像卫星对 P_0 点成像时的位置 (X_S, Y_S, Z_S) 后，结合 P_0 点在参考椭球面上的位置 (X_0, Y_0, Z_0)，依据斜距公式，即可求得 P_0 点至副影像卫星雷达的斜距 r_2。

第九步，计算 P 点的参考椭球面相位。

根据第三步和第八步求得的 P_0 点至主、副影像卫星雷达的斜距 r_1 和 r_2，依据式（6.1）即可计算出 P_0 点的干涉相位。根据参考椭球面相位的定义，该 P_0 点的干涉相位即为 P 点的参考椭球面相位 ϕ_{ref}。

第十步，去除参考椭球面相位。

参考 5.3 节所述干涉相位计算方法，设 P 点的实际干涉复数信号为 $a+b\text{i}$，则其振幅为 $A=\sqrt{a^2+b^2}$，相位为 ϕ 且 $\phi \in [-\pi, \pi)$（其具体计算方法参见 2.1.3 小节），可以欧拉公式表示，即

$$\text{Int} = a + b\text{i} = A \cdot \mathrm{e}^{\mathrm{i}\phi} \tag{6.11}$$

在通过计算获得 P 点的参考椭球面相位 ϕ_{ref} 后，为便于后续处理，可根据欧拉公式表示为复数形式：

$$\text{Ref} = \mathrm{e}^{\mathrm{i}\varphi_{\text{ref}}} = \cos\varphi_{\text{ref}} + \mathrm{i}\sin\varphi_{\text{ref}} \tag{6.12}$$

为了从实际干涉相位 ϕ 中扣除参考椭球面相位 φ_{ref}，实际计算是将 P 点的干涉复数（Int）与参考椭球面相位对应的复数（Ref）进行共轭相乘，即可得到一个新的复数值（IR），即

$$\begin{aligned}\text{IR} &= \text{Int} \cdot \text{Ref}^* \\ &= A\mathrm{e}^{\mathrm{i}(\phi-\varphi_{\text{ref}})} \\ &= (a + b\mathrm{i}) \cdot (\cos\varphi_{\text{ref}} + \mathrm{i}\sin\varphi_{\text{ref}})^*\end{aligned} \tag{6.13}$$

令 $\text{IR} = c + d\mathrm{i}$，则可以很容易计算出一个新的相位值，即为 $\arctan(d/c)$，此相位值即为扣除参考椭球面相位后的干涉相位。

6.2 干涉区域参考椭球面相位建模

从 6.1 节可知，干涉图中某一像元的参考椭球面相位计算过程是较为复杂的，如果一幅干涉图中每个像元的参考椭球面相位都采用上述方法来计算，这将是一项十分耗时的工作。实际上，参考椭球面相位就是地面点在参考椭球面上投影点的干涉相位。相对于整个参考椭球面来说，一幅干涉图所覆盖的区域是很小的，可近似看成一个平面，那么从"杨氏双缝干涉实验"可以想象，一幅干涉图所覆盖区域的参考椭球面干涉条纹将会是近似平行而且密集的，图 6.1 给出了一个参考椭球面相位（即参考椭球面干涉相位）分布的实例，可以看出，参考椭球面干涉相位会呈现出规律性的变化特征（罗小军等，2006a）。借鉴"杨氏双缝干涉实验"分析可知，参考椭球面相位的变化是随着参考椭球面上的点至卫星雷达的斜距变化而呈现规律性变化的（Kampes, 1999）。根据 SAR 等斜距投影成像可知，参考椭球面上的点至卫星雷达的斜距是随其影像坐标（即列向坐标）呈规律性变化的，因此，一幅干涉图的参考椭球面相位必然是随着影像的像素坐标呈现出规律性的变化。

基于上述分析，一般使用一个模型来模拟参考椭球面相位随影像像素坐标变化的规律，通常采用的参考椭球面相位模型为 n 次多项式模型，实际应用中一般使用如下的二次多项式模型（Kampes, 1999）：

$$\phi_{\text{ref}} = a_0 + a_1 r + a_2 c + a_3 r^2 + a_4 rc + a_5 c^2 \tag{6.14}$$

式中，r 和 c 分别为主影像空间的行向坐标和列向坐标；a_i 为多项式系数（$i = 0, 1, \cdots, 5$）。式（6.14）的多项式模型就是常用的参考椭球面相位模型。

为了建立上述参考椭球面相位模型，首先应在主影像和重取样后的副影像重叠区域内选择若干均匀分布的像元，如设置一个7×7的格网覆盖整个重叠区域，49个格网结点对应的像元就是所选出的像元，然后对这49个像元逐一记录其像素坐标，并采用6.1节所述的方法计算其相应的参考椭球面相位，这样依据式（6.14）可建立49个观测方程；最后采用最小二乘方法求解得到参考椭球面相位模型的6个系数，从而完成该干涉像对的参考椭球面相位模型的建立。

一旦参考椭球面相位模型确定后，给定重叠区域内任一像元的像素坐标，便可使用如式（6.14）的模型计算该像元的参考椭球面相位，这样的处理方式可以大大提高参考椭球面相位计算的效率，这也是许多InSAR计算软件所采用的策略。在如此计算出重叠区域内所有像元的参考椭球面相位后，就可得到类似于图6.1所示的结果，即呈现出明显的平行干涉条纹。根据式（6.13），将重叠区域内每一像元的干涉复数与其参考椭球面相位对应的复数进行共轭相乘，便可达到去除参考椭球面相位的目的。

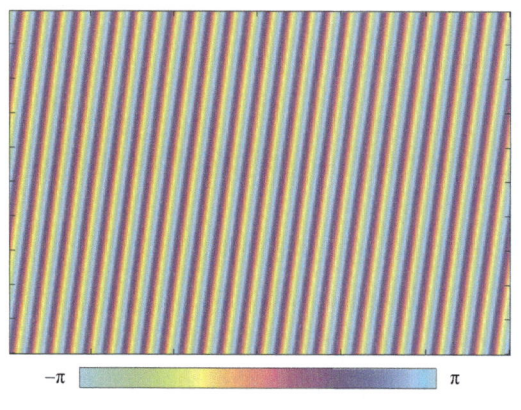

图6.1 参考椭球面相位图

6.3 参考椭球面相位计算实例及分析

下面以一个真实 SAR 干涉像对为例说明参考椭球面相位计算的具体处理过程。所采用的 SAR 影像仍然是第5章配准实例的数据（见5.5节），即 TerraSAR-X/TanDEM-X 卫星于 2013 年 12 月 2 日获取的西藏林芝地区的两幅 SAR 影像，TanDEM-X 影像为主影像，TerraSAR-X 影像为副影像，其大小均为 14590×30868 像素。主影像头文件信息如表5.1所示，副影像头文件信息如表5.2所示。

为便于理解，下面以主影像像素坐标为(2001, 501)的像元 P_m（设其对应的地面点为 P）为例，介绍该像元所对应的参考椭球面相位计算过程。

第一步，从主影像头文件中读取相关参数，获得斜距采样率和脉冲重复频率，$RSR=1.0988612\times10^8$ Hz 和 $PRF=3858.3609656$ Hz。

第二步，从主影像头文件中读取近斜距，按照式（6.4）计算出第1列像元成像时雷达脉冲的往返传播时间为 3.941315×10^{-3} s，再利用式（6.7）计算得到像素 P_m(2001, 501)

对应的地面点 P 至主影像卫星雷达的斜距为

$$R_\mathrm{m} = \mathrm{NR} + c_\mathrm{m} \cdot \mathrm{RPS} = 590788.1911 + 500 \times 1.364105 = 591470.2436\,(\mathrm{m})$$

第三步，计算主影像卫星雷达对地面 P 点的成像时间及卫星轨道参数。

根据主影像头文件可知，影像第一行成像时刻为 2013 年 12 月 2 日 23 时 46 分 51.4107 秒，以这天的零时为起算点，则该影像第一行成像时刻 $t_{r1} = 85611.410679$ s。因 P 点在主影像中所处的行坐标 $r_\mathrm{m} = 2001$，利用式（6.6）可计算出 P 点对应的卫星雷达成像时刻 t_r 为

$$\begin{aligned} t_r &= \frac{r_\mathrm{m}}{\mathrm{PRF}} + t_{r1} \\ &= \frac{2001-1}{3858.3609656} + 85611.410679 \\ &= 85611.929034\,(\mathrm{s}) \end{aligned}$$

使用主影像卫星的 19 个轨道参数，可采用三次多项式拟合主影像卫星轨道模型（见式（3.13）和 5.5.1 小节），得到 85611.929034 时刻卫星雷达的位置及飞行速度分别为 $(-789763.527, 5987037.583, 3306282.176)$ 和 $(1076.539, 3798.485, -6597.234)$，坐标单位为 m，速度单位为 m/s。

第四步，计算 P 点在主影像成像时的雷达多普勒频率 f_Dop。

从表 5.1 的头文件提供的多普勒频率系数（doppler_polynomial: 24.74716 Hz, 4.44322e–04 Hz/m, 0.00000e+00 Hz/m^2, 0.00000e+00 Hz/m^3）的单位可以看出，该多普勒频率模型是用斜距表示的模型，即式（6.9）所示的模型。因此，根据 P 点对应的主影像卫星斜距 $R_\mathrm{m} = 591470.2436$ m，利用式（6.9）计算出主影像雷达对 P 点成像时的多普勒频率 f_Dop 为

$$\begin{aligned} f_\mathrm{Dop} &= b_0 + b_1 * R_\mathrm{m} + b_2 * R_\mathrm{m}^2 \\ &= 24.74716 + 4.44322 \times 10^{-4} \times 591470.2436 \\ &= 287.5504 \end{aligned}$$

第五步，计算 P 点在参考椭球面上的等斜距投影点 P_0 的坐标。

根据 P 点成像时对应的主影像雷达多普勒频率、斜距、卫星的位置及速度和参考椭球参数，利用 SAR 三个定位方程计算得到 P 点在参考椭球面上的等斜距投影点 P_0 的坐标为 $(-449639.830, 5545763.659, 3107711.676)$，坐标单位为 m。

第六步，计算副影像卫星雷达对 P_0 点成像时的瞬时位置。

根据 P_0 点的坐标、副影像卫星的成像参数（轨道参数和多普勒系数），利用如式（5.2）所示的多普勒频率方程，以时间为步进，采用迭代运算方法，可求解对 P_0 点成像时副影像卫星雷达的瞬时位置为 $(-789624.411, 5987092.114, 3306308.574)$，坐标单位为 m。

第七步，计算 P 点的参考椭球面相位。

根据 P_0 点的坐标 ($-449639.830, 5545763.659, 3107711.676$) 及其对应的副影像卫星雷达的瞬时位置 ($-789624.411, 5987092.114, 3306308.574$)，利用斜距方程求得 P_0 至副影像卫星雷达的斜距 $r_2 = 591439.810$ m。因 $r_1 = R_1$，故利用式（6.1）便可计算得到 P 点的参考椭球面相位为

$$\begin{aligned}\phi_{\text{ref}} &= -\frac{4\pi}{\lambda}(r_1 - r_2) \\ &= -\frac{4\pi}{0.031066578212083}(591470.243705916 - 591439.810097383) \\ &= -12310.3356\end{aligned}$$

第八步，去除参考椭球面相位。

在真实干涉图中，P 点的干涉相位为 2.1894 rad（不含整周数），将其写成复数形式为 $e^{2.1894i}$。P 点参考椭球面相位的共轭复数为 $e^{12310.3356i}$，二者乘积的相位即是去除参考椭球面相位后的干涉相位。

$$\begin{aligned}e^{i\phi_{\text{srp}}} &= e^{2.1894i} \cdot e^{12310.3356i} \\ &= e^{-2.5182i}\end{aligned}$$

因此，P 点去除参考椭球面相位后的干涉相位 ϕ_{srp} 为 -2.5182 rad。

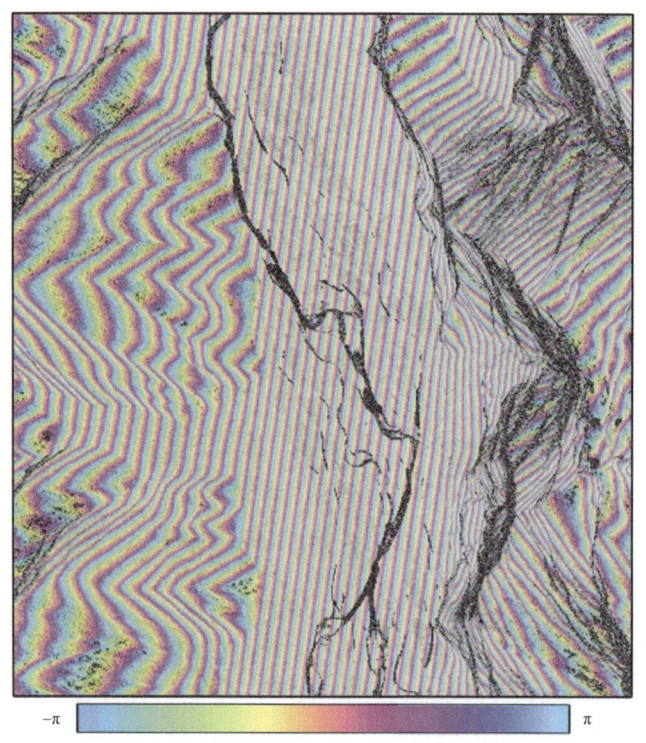

图 6.2　含参考椭球面相位的干涉图

如图 6.2 所示 TerraSAR-X/TanDEM-X 卫星 SAR 影像局部干涉相位图，由此可知，在地形平坦地区（图中部）干涉相位图呈现为大致与轨道相平行的条纹。图 6.3 即是去除参考椭球面相位后的干涉图，从图 6.3 中可以看出，去除参考相位后，地形相位条纹得以清晰呈现，其形状与地形等高线相似：地形坡度越大，干涉条纹越密集；地形越复杂，条纹曲率变化越明显。

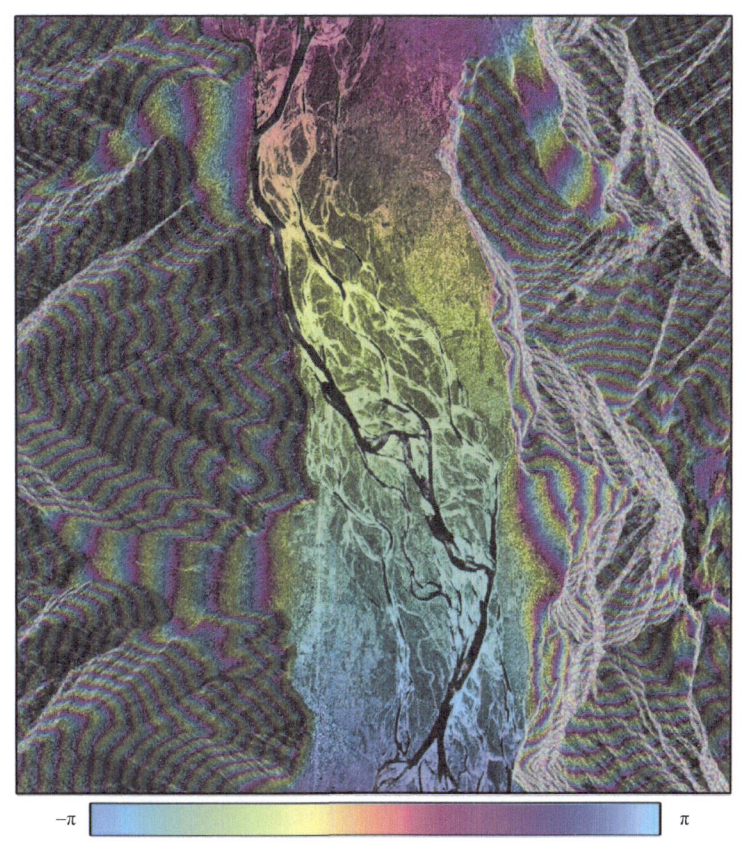

图 6.3　去除参考椭球面相位后的干涉图

思考题

1. 阐述计算单点参考椭球面相位的主要过程；利用 InSAR 软件计算一个实际干涉对的参考椭球面相位，并分析参考椭球面相位图的特点。

2. 如果对初始干涉图不去除参考椭球面相位（即平地效应），会给后续的干涉处理带来哪些困难？

3. 如果干涉图的平地效应去除不彻底，会给干涉和差分干涉结果带来哪些问题？

4. 干涉图去平地效应效果和质量会受哪些因素影响？利用多项式模型去平地效应是否存在不足的地方？如果存在，可以采用哪些方法加以弥补？

第7章 干涉相位滤波

由于SAR系统成像与干涉处理固有的斑点噪声、时间失相关、几何失相关等特点，导致生成的干涉相位图中含有大量噪声，表现为相位不连续、相位不明晰、周期性不明显等。这些噪声会严重影响后续相位解缠和其他数据解译工作的可靠性。因此，对干涉相位滤波（interferometric phase filtering）是相位解缠工作之前的必要步骤之一，通过适当的滤波来削弱噪声，使相位更连续，最终达到正确解缠和精确解译的目的。

正如4.6.2小节中所述，干涉相位的噪声来源是多方面的，一般认为包含以下几个方面（刘国祥等，2001a；蔡国林等，2008）：①系统热噪声；②多普勒失相关；③空间失相关；④时间失相关；⑤影像处理。相位噪声可通过滤波算法来抑制，不同干扰产生相位噪声的机理不一样，其相应滤波策略也不尽相同。根据数据处理阶段的不同，可将滤波分为前置滤波（apriori filtering）和后置滤波（posterior filtering）（舒宁，2003），前置滤波是指在生成干涉相位图之前对原始单视复数SAR影像进行滤波，而后置滤波则是指在生成干涉相位图后进行的滤波。

从前面章节可知，对于一个"地形干涉对"来说，一般要经过主、副SAR影像配准、干涉相位计算和参考椭球面相位去除等过程，从而得到反映地形起伏的一次差分干涉相位图，为了保证后续相位解缠和地形信息提取的有效性，需要对一次差分干涉相位图进行后置滤波处理。对于一个"形变干涉对"来说，一般要经过主、副SAR影像配准、干涉相位计算、参考椭球面相位去除和地形相位去除等过程，从而得到反映地表位移的二次差分干涉相位图，为了保证后续相位解缠和形变信息提取的有效性，也需要对二次差分干涉相位图进行后置滤波处理。为便于陈述，如无特别需要，本章将不严格区分一次差分地形干涉相位和二次差分形变干涉相位，而是统称为干涉相位。

本章首先介绍滤波方法的类别，即SAR影像的前置滤波和干涉相位的后置滤波，随后对这两类滤波分别进行详细介绍，并从空间域（space domain）和频率域（frequency domain）的角度介绍若干种典型滤波算法。紧接着对干涉相位质量的评价指标进行介绍，最后利用本章介绍的滤波方法对SLC和干涉相位进行滤波实例效果展示，并评价滤波后的干涉相位质量。

7.1 滤波方法类别

滤波的困难在于，既要尽可能多地抑制噪声，又要尽可能好地保护相位连续性。从被滤波的对象来分，滤波方法可以分为两类，即针对SAR单视复数影像的前置滤波和针对干涉相位的后置滤波。其中，前置滤波主要用来抑制多普勒失相关、几何失相关和斑点效应（speckle effect）引起的噪声，主要包括方位向滤波、斜距向滤波和多视处理等。后置滤波则根据干涉相位的形态特征或统计特征来滤除噪声。

后置滤波在干涉相位滤波中起着主导作用,国内外学者对此进行了大量研究,并提出了诸多方法,这些方法大致上可以分为四类。

(1) 空间域滤波 (space domain filtering)(王超等,2002;舒宁,2003;廖明生和林珲,2003):直接在影像空间借助卷积模板实现干涉相位滤波。主要算法包括均值滤波(mean filtering)、中值滤波(median filtering)、圆周期均值滤波(pivoting mean filtering)、圆周期中值滤波(pivoting median filtering)等。

(2) 局部统计自适应滤波 (local statistical adaptive filtering)(王超等,2002;舒宁,2003;廖明生和林珲,2003):针对影像中信息的不均匀性,基于局部直方图特征、均值、灰度、梯度等参数来确定参与滤波的邻域点及权值的大小。主要算法包括自适应滤波(adaptive filtering)(Lee 滤波)、Goldstein 滤波(Goldstein filtering)等。这些滤波器均具有对干涉相位的局部统计特征自适应的特性,也就是说,它们是局部统计值的函数,因此对相位噪声的抑制效果较好。实际应用表明,局部统计自适应滤波在平滑噪声的同时能较好地保持干涉相位的边缘信息,已成为目前干涉相位滤波处理中最常用的方法。

(3) 形态学滤波 (morphological filtering)(王超等,2002;舒宁,2003;廖明生和林珲,2003):联合干涉相位的二维平面位置(行号、列号)与灰度值构建三维模型,并利用形态学方法滤除噪声。主要算法包括 Candeias 形态滤波、分层形态学滤波、灰度形态学滤波等。

(4) 多尺度滤波 (multi-scale filtering)(蔡国林等,2008;蔡国林等,2009;Xu et al.,1994):即基于小波变换的滤波算法,其核心在于小波域内的滤波器构建。多尺度滤波的优点是既能抑制噪声,又能较好地保留干涉相位的边缘细节信息。目前常用的算法包括基于小波域的软/硬阈值滤波、小波相位滤波、小波变换与其他滤波器的组合算法等。

7.2 SAR 影像前置滤波

在进行干涉测量时,经常会出现构成干涉对的主、副 SAR 影像的多普勒质心不同的情况,从而导致两幅 SAR 影像在方位向上存在频谱漂移 (frequency drift)。对于卫星重复轨道干涉测量来说,引起多普勒质心不一致的原因包括两个方面(刘国祥,2006):一是重复轨道并不完全平行,而且雷达波束中心指向发生变化,使得两次回波信号在方位向上处于不同的多普勒频带;二是沿方位向的地形坡度角也会引起多普勒频移。此外,因卫星重复轨道对同一地面目标两次成像的雷达侧视角存在显著差异,这会引起地物对雷达波不同的交互和后向散射特性,从而导致主、副 SAR 影像在斜距向上也存在频谱漂移。

图 7.1 描述了主、副 SAR 影像在方位向和斜距向上的频谱漂移情况,其中,B_R 和 B_A 分别表示斜距向和方位向的频带范围;Δf_R 和 Δf_A 分别表示主影像和副影像在斜距向和方位向上的频谱漂移量。理论分析表明,如果主、副影像在斜距向和方位向上存在频谱漂移,将对干涉相位引入噪声,频谱漂移量越大,噪声也就越大,甚至会造成干涉失败。

因此，对于频谱漂移量较大的主、副 SAR 影像，在生成干涉相位图之前需要在斜距向和方位向分别进行预滤波处理，以减小其对干涉相位质量的影响。

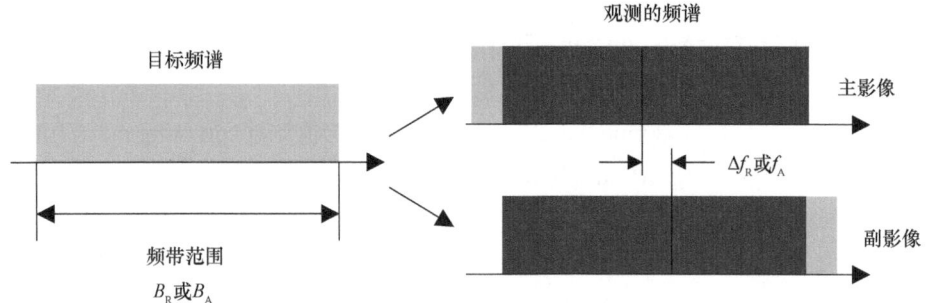

图 7.1　主、副 SAR 影像在斜距向和方位向上的频谱漂移示意图（刘国祥，2006）

7.2.1　SAR 影像的方位向滤波

目前针对 SAR 方位向上多普勒频移的处理方法主要有以下两种（王超等，2002；刘国祥，2006；刘国祥等，2012a）。

第一种：对构成一个干涉对的主、副雷达影像的原始信号（即雷达初数据）分别进行聚焦成像（即生成 SAR 影像）处理时，采用相同的多普勒中心频率。多普勒中心频率是设计匹配滤波的重要参数之一，只有输入正确的多普勒中心，才能使输出信号达到最大信噪比。因此，在对雷达初数据进行聚焦处理时，可以选择主、副雷达影像的多普勒中心频率的平均值作为输入参数，虽然这样做会降低多普勒带宽并导致输出信号的平滑效应，但可提高干涉对的相干性。

第二种：对构成一个干涉对的主、副 SAR 影像（经配准重采样后）分别进行方位向滤波处理，从而达到保留主、副 SAR 影像共同的多普勒频谱的目的。设影像大小为 $M \times N$，由于主、副 SAR 影像在获取过程中，它们的多普勒中心频率（Doppler center frequency，DCF）在斜距向上都是缓慢变化的，该变化可通过二次多项式模型进行建模：

$$\mathrm{DCF_m} = a_0^m + a_1^m \cdot r + a_2^m \cdot r^2 \tag{7.1}$$

$$\mathrm{DCF_s} = a_0^s + a_1^s \cdot r + a_2^s \cdot r^2 \tag{7.2}$$

式中，$\mathrm{DCF_m}$、$\mathrm{DCF_s}$ 分别为主、副 SAR 影像的多普勒中心频率；a_i^m、$a_i^s (i=0,1,2)$ 为多项式系数；$r \in [0, N]$，为斜距向上像素个数。其中，主、副 SAR 影像多普勒中心频率的系数 a_i^m、a_i^s 可在 SAR 影像聚焦后数据的头文件中查找。

获取主、副 SAR 影像的多普勒中心频率 $\mathrm{DCF_m}$、$\mathrm{DCF_s}$，可按下面公式计算方位向上的频谱飘移 Δf_A：

$$\Delta f_A = \mathrm{DCF_m} - \mathrm{DCF_s} \tag{7.3}$$

由此，主、副 SAR 影像方位向的重叠带宽 B_A^o 变为

$$B_A^o = B_A - |\Delta f_A| \tag{7.4}$$

显然，主、副 SAR 影像的频谱中心也发生了相应变化：

$$f_{AC}^m = f_{AC}^s = DCF_{mean} = (DCF_m + DCF_s)/2 \tag{7.5}$$

经过上述计算得到主、副 SAR 影像的方位向重叠带宽 B_A^o 和新的频谱中心 f_{AC}^m（或 f_{AC}^s）后，就可以进行主、副 SAR 影像的方位向滤波了。首先，分别沿列方向对主、副影像分别进行快速傅里叶变换（fast Fourier transform，FFT）；然后设计一个带宽为 B_A^o、中心为 f_{AC}^m 的滤波器对频域内的主、副影像滤波，去除二者带宽不重叠部分；最后对滤波后的频率域主、副影像进行快速傅里叶逆变换（inverse fast Fourier transform，IFFT），得到滤波后的主、副影像，即完成了方位向滤波。

7.2.2 SAR 影像的斜距向滤波

前已提及，两次回波信号谱由于入射角存在差异，会产生波束的变化及频谱偏移量。假设斜距向上两个回波信号是被充分采样的，则两个信号线性相关且具有以下三个特点（王超等，2002；刘国祥，2006）：①在两个信号频谱相对偏移处有一峰值点，此时两个回波信号频谱相同部分重叠；②线性互相关频谱位于共同频带内，并以峰值点为中心共轭对称，且它的傅里叶变换对应的相位是线性的；③位于谱内不连续频带中的信号是噪声。实际处理时，以影像局部区域干涉相位斜距向频率为依据对 SAR 影像进行斜距向滤波，利用影像的均值频率滤除频率过高或过低的数据，压缩影像频谱的不相干部分。具体过程如下（王超等，2002；刘国祥，2006）：

首先利用已知参数（斜距向采样频率 RSR、斜距向带宽 B_R、样本数 $M \times N$ 等）计算局部干涉图，进而沿干涉图行方向进行快速傅里叶变换（FFT），在频域内沿行方向统计每行的谱均值 INT。

然后根据下式计算信噪比：

$$SNR = M \cdot \max_p \bigg/ \sum_{i=1}^{M} (|INT_i|^2 - \max_p) \tag{7.6}$$

式中，M 为主、副影像行数；$INT_i (i=1,\cdots,M)$ 为第 i 行的谱均值；$\max_p$ 为所有行谱均值集合 INT 中的最大值。在此基础上，选择一个阈值 T，如果信噪比大于该阈值 T（小于阈值的不处理），则可根据均值频谱的峰值及其对应位置估计出频谱飘移 Δf_R 的值。

由此，主、副 SAR 影像斜距向的重叠带宽 B_R^o 变为

$$B_R^o = B_R - |\Delta f_R| \tag{7.7}$$

显然，主、副 SAR 影像的频谱中心也发生了相应变化：

$$\begin{cases} f_{\text{RC}}^{\text{m}} = \Delta f_{\text{R}}/2 \\ f_{\text{RC}}^{\text{s}} = -\Delta f_{\text{R}}/2 \end{cases} \quad (7.8)$$

经过上述计算得到主、副 SAR 影像斜距向的重叠带宽 B_{R}^{o} 和新的频谱中心 f_{RC}^{m}、f_{RC}^{s} 后，就可以进行主、副 SAR 影像的斜距向滤波了。首先，分别沿行方向对主、副影像分别进行快速傅里叶变换（FFT）。然后设计一个带宽为 B_{R}^{o}、中心为 f_{RC}^{m} 的滤波器对频域内的主影像滤波，去除二者带宽不重叠部分；设计一个带宽为 B_{R}^{o} 中心为 f_{RC}^{s} 的滤波器对频域内的副影像滤波，去除二者带宽不重叠部分。最后对滤波后的频率域主、副影像进行快速傅里叶逆变换（IFFT），得到滤波后的主、副影像，即完成了斜距向滤波。

7.2.3 SAR 影像的多视处理

如图 2.4 所示，地面目标在一个雷达分辨单元面积内是由许多散射体组成的，这些散射体对于入射的雷达波都会产生后向散射，各散射体后向散射波相干叠加的结果将会在 SAR 影像上产生斑点噪声。由于斑点噪声掩盖了 SAR 影像的精细结构，降低了影像的质量，从而影响目标的识别和影像的解译，因此需要对噪声尽可能地进行抑制。降低斑点噪声可以直接对影像作多视处理，或者成像后进行滤波，包括空间域滤波方法与频率域滤波（frequency domain filtering）方法。其中，SAR 成像后的滤波方法与光学影像滤波方法类似，这里不再赘述，下面仅对多视处理方法进行介绍。

完全发育的 SAR 斑点噪声是一种乘性噪声，其模型为（李小玮等，2002）

$$I(x, y) = R(x, y) \cdot F(x, y) \quad (7.9)$$

式中，(x, y) 为影像坐标系中的方位向、斜距向坐标；$I(x, y)$ 为观测到的散射信息（含有斑点噪声的信号）；$R(x, y)$ 为随机的地面目标雷达散射信息（未被噪声污染的原始信号），亦称期望反射信息；$F(x, y)$ 为衰减过程所引起的斑点噪声，它与 $R(x, y)$ 独立，均值为 1，方差 $\text{var}(F)$ 与影像视数有关。

为了改善影像质量，通常在成像过程中将区域特征的 N 次样本 I_i 进行非相干叠加，即多视处理：

$$I = \frac{1}{N} \sum_{i=1}^{N} I_i = \frac{1}{N} \sum_{i=1}^{N} (a_i + b_i) \quad (7.10)$$

式中，a_i 和 b_i 分别表示第 i 视 SAR 影像的实部和虚部。可以证明，如果 I_i 为指数分布，则 I 为具有 $2N$ 个自由度的 Γ(Gamma) 分布（徐新等，2000；Goodman，1976）：

$$p(I/P_{\text{s}}) = \left(\frac{N}{P_{\text{s}}}\right)^{N} \frac{I^{N-1}}{\Gamma(N)} \exp\left(\frac{-NI}{P_{\text{s}}}\right)$$

$$A = \sqrt{I} = \sqrt{\frac{1}{N} \sum_{i=1}^{N} I_i} \quad (7.11)$$

式中，$\Gamma(N)=(N-1)!$ 为 Gamma 函数。

SAR 影像处理中，经常用到振幅影像，但对一幅多视 SAR 振幅影像来说，斑点噪声的分布没有简单的闭式表达式。然而，如果多视振幅影像由 N 视 SAR 复数数据开平方根得到，即（Goodman，1976）

$$A = \sqrt{I} = \sqrt{\frac{1}{N}\sum_{i=1}^{N} I_i} \tag{7.12}$$

可以推导出多视 SAR 振幅影像的概率密度函数为（Goodman，1976）

$$p(A) = \frac{2A^{2N-1}N^N}{P_s^N \Gamma(N)} \exp\left(\frac{-NA^2}{P_s}\right) \tag{7.13}$$

即 χ^2 分布。对于不同的情况，SAR 数据还可以应用其他的数学模型和统计特性来表达。

实际应用过程中，多视处理算法的过程类似于 N 个独立采样信号的平均，既可以通过独立 SAR 强度影像的多视平均进行处理，也可以通过对 SAR 复数影像的实部和虚部分别进行多视平均来获取。即在方位向和斜距向分别进行 N 视（方位向和斜距向视数可以不一致）平均处理，处理后的影像大小是原影像的 $1/N^2$ 倍。多视处理是目前抑制斑点噪声最有效的方法，经 N 视处理后，可将斑点噪声的方差降低 $N^{1/2}$ 倍，但这是以牺牲 N 倍的空间分辨率为代价的。

7.3 干涉相位的后置滤波

尽管使用方位向和斜距向的前置滤波及多视处理算法可以抑制两幅 SAR 影像间的频谱漂移所引起的噪声及斑点噪声，但由时间失相关等引起的噪声仍会在干涉相位中存在，使得干涉相位不连续、不明晰。因此，还需要对干涉相位图进行滤波处理，即后置滤波，这也是 InSAR 干涉相位滤波的研究重点。

从 4.2 节可知，SAR 干涉处理得到的影像仍是复数数据，且从干涉复数影像中可以计算出振幅和相位。因此，对于干涉相位的滤波处理既可以在提取相位值之前的复数信号域中进行，也可以在干涉相位上进行，这是 InSAR 干涉相位滤波不同于 SAR 振幅影像滤波的地方。因此，不能简单地将 SAR 振幅影像滤波方法应用于 InSAR 干涉相位滤波，否则会影响到实际的相位值。

目前，针对干涉相位的后置滤波算法已有多种，既有空间域的，也有频率域的。下面将在分析干涉相位特点的基础上，从空间域和频率域两个方面分别对常用的滤波算法进行介绍。

7.3.1 干涉相位的特点

前已述及，无论是"地形干涉对"还是"形变干涉对"，其干涉相位都必然包含因

SAR 成像和干涉所导致的以下两个特点（李平湘和杨杰，2006）：①相位值的周期性；②相位值的不同可信度。

相位值的周期性是干涉相位的最主要特点。由于复数的周期性，干涉相位的值在 $[-\pi, \pi)$ 之间变化。因此，如果干涉图中的某像元及其邻近像元的复数相位值在 π 附近连续变化，则其在干涉相位中的相位主值就在 $-\pi$ 和 π 之间跳跃变化。这种情况对每一个相位在 $(2k+1) \times \pi$（k 为整数）附近的区域都存在。

干涉相位的周期性使得无法采用一般平滑滤波方法来处理。假设相位值在某一区域内为 π，受到噪声的干扰使其产生偏离且变为 π 附近的值，那么，理想的滤波处理的输出值就应为 π。但在干涉相位图中，π 附近的值变为在 π 和 $-\pi$ 之间跳变的值，如果采用一般的降噪滤波方法，对干涉相位滤波的输出结果将接近于 0，这显然是错误的。

干涉相位图的第二个特点是相位值的可信度不同。由干涉处理得到的干涉相位图中各点的相位值反映的是被测物体的物理量，其准确程度取决于 SAR 成像系统及成像过程中的诸多因素。因此，两幅影像的相干性好坏，对相位值的精度有重要影响。正如 3.7.1 小节所述，一般情况下，一个点的相干系数越大，相位准确度就越好，可信度也越高；反之，相干系数越小，相位准确度就越差，可信度也越低。影响相干性的因素很多，机理各不相同，使得它们对不同像素的作用也不相同，其结果是干涉相位图中各像素点对应的相干系数不一样，导致各点相位值的可信度也不一样，因此在滤波过程中要区别对待。

7.3.2 干涉相位的空间域滤波

1. 自适应 Lee 滤波

Lee 等（1998）于 1998 年从数学模型的角度分析，推导出了干涉相位图中的噪声为加性噪声而非乘性噪声，并在此基础上，根据干涉相位图的局部噪声分布特点和相位方向，提出了一种顾及局部噪声大小和边缘信息的自适应滤波方法。该方法的滤波思路如下：

考虑到相位噪声在整个干涉相位图中的分布并不是均匀的，在噪声水平较高处，平滑处理的力度要大；在噪声水平较低处，平滑处理的力度则要小。由于信噪比是相干性的函数，因此相干性测度可作为自适应的准则，在抑制噪声的同时尽量保持干涉相位的细节。

对于沿边缘方向选取窗口进行滤波时，尽量使窗口内包含的像素具有大致相同的地表高程。例如，对于一个"地形干涉对"来说，在地形起伏较大的区域，干涉条纹密集，常用的方形滤波窗口可能跨越数个相位，容易破坏相位的连续性，导致后续的相位解缠更加困难。因此，在相位边缘处宜采用非矩形窗口。如图 7.2 所示，设计了 16 个不同方向的 9×9 滤波窗口，其中，白色区域为参与滤波的像元，而黑色区域的像元不参与计算，这样可以有效地保持干涉相位的原貌。

在进行信噪比检测和窗口类型选择后，平滑滤波的实施可以在局部解缠后的相位域或复数信号上进行，具体流程如图 7.3 所示。其中，相位实数域滤波器的表达式为

$$\hat{\varphi}_x = \overline{\varphi}_z + \frac{\mathrm{var}(\varphi_x)}{\mathrm{var}(\varphi_z)}(\varphi_z - \overline{\varphi}_z) \qquad (7.14)$$

式中，$\hat{\varphi}_x$ 为无噪声相位 φ_x 的最优估值；φ_z 为滤波窗口内含噪声的相位；φ_x 为滤波窗口内不含噪声的相位；$\mathrm{var}(\varphi_z)$ 为滤波窗口内含噪声相位的方差；$\mathrm{var}(\varphi_x)$ 为滤波窗口内无噪声相位的方差；$\overline{\varphi}_z$ 为滤波窗口内的相位均值。

图 7.2　Lee 自适应滤波的 16 个不规则窗口

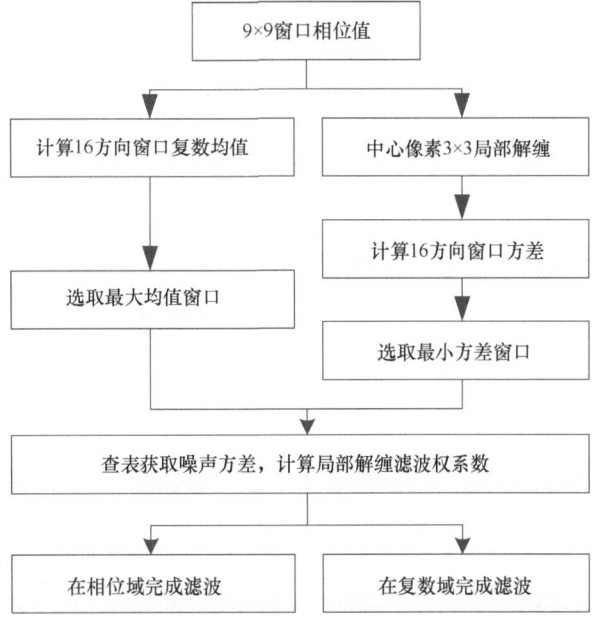

图 7.3　Lee 滤波算法流程

为了避免由于局部相位解缠可能造成的错误，自适应 Lee 滤波也可以在复数域进行。在复数域内，Lee 滤波器的表达式如下：

$$\hat{S}_x = \overline{S}_z + \frac{\text{var}(\varphi_x)}{\text{var}(\varphi_z)}(S_z - \overline{S}_z) \qquad (7.15)$$

式中，$\hat{S}_x$ 为无噪声信号 $e^{i\varphi_z}$ 的最优估值；$\overline{S}_z = e^{i\varphi_z}$ 为滤波窗口内的含噪声信号；$\text{var}(\varphi_z)$ 与相位域的计算式相同；$\overline{S}_z = \langle e^{i\varphi_z} \rangle$ 为滤波窗口内复数信号的归一化值。

Lee 滤波算法虽然能取得很好的滤波效果，但也存在两个缺陷：首先，每次移动滤波窗口都需要进行局部相位解缠，然而相位解缠本身又受噪声的影响；其次，每次移动滤波窗口都要检测相位边缘的位置并判断其方向，并依此确定该选用哪种形状和大小的滤波窗口。这两个问题导致实际操作十分复杂，且运算量非常大。

2. 圆周期均值滤波和圆周期中值滤波

针对干涉图的周期性特点，Lanari 等（1996）和 Eichel 等（1993）分别提出了圆周期中值滤波和圆周期均值滤波。这两种滤波算法的前提是假设地形起伏或形变相对于采样率是缓变的，即相邻采样点间存在较强的相关性，而噪声却在相邻采样点间是统计独立的，即不具有相关性。基于此，可在干涉相位上滑动卷积模板，然后采用邻域统计的方式来实现滤波。其中，圆周期均值滤波取统计均值，而圆周期中值滤波取统计中值。

对于 InSAR 干涉相位图来说，设 $\hat{\varphi}(f, g)$ 为干涉相位图中各点的相位值，其中 $f(f=1, 2, \cdots, M)$，$g(g=1, 2, \cdots, N)$ 分别为影像的行、列号；滤波窗口的大小为 $(2m+1) \times (2n+1)$，被滤波的相位点位于窗口的中心。令 $\hat{\varphi}(f, g)$ 为滤波后的输出值，则圆周期均值滤波可表达为

$$\hat{\varphi}(f, g) = \text{mean}_{k,l}\{\arg[\exp[i\varphi(k, l)]/d(k, l)]\} + \arg[d(k, l)] \qquad (7.16)$$

式中，$\exp[i\varphi(k, l)]$ 为干涉相位图中 (k, l) 点相位值 φ 所对应的单位振幅的相位矢量；$d(k, l) = \sum\limits_{k=f-m}^{f+m}\sum\limits_{i=g-n}^{g+n}\exp[i\varphi(k, l)]$ 为滤波窗口中各相位矢量 $\exp[i\varphi(k, l)]$ 的和，也称 $d(k, l)$ 为 φ 在窗口的主矢量；$\arg[\exp[i\varphi(k, l)]/d(k, l)]$ 为窗口中 (k, l) 点对应的相关矢量与主矢量的角度差，也称幅角；$\text{mean}(\cdot)$ 是对以 (f, g) 为中心的窗口内的各元素取平均值。该算法通过求取主矢量 $d(k, l)$，并用 $d(k, l)$ 作为参考点及使窗口中的相位为对称分布来解决滤波问题。

圆周期均值滤波的优点是：当相位噪声为雷达信号独立的加性高斯噪声时，其滤波结果在理论上是最大似然意义下的统计最优。然而，在对真实数据的滤波处理中，干涉相位的连续性保持能力较差，尤其在干涉条纹较密集区域，因此，该算法的滤波效果多受干涉相位质量的限制。

圆周期中值滤波算法可由下式表达：

$$\hat{\varphi}(f, g) = \text{median}_{k,l}\{\arg[\exp[\mathrm{i}\varphi(k, l)]/d(k, l)]\} + \arg[d(k, l)] \quad (7.17)$$

式中，median(·)是对以(f, g)为中心的窗口内的各元素取中位数。

圆周期中值滤波的优点是：与圆周期均值滤波相比，对干涉相位的连续性有较强的保持。实际上，中值滤波的结果不依赖于相位噪声的分布，不会像最优估计那样在相位噪声模型与实际不符时导致估值的性能受到很大损害。然而，由于没有顾及信号的统计规律，该算法的处理结果也不是最优的。

无论周期均值滤波还是周期中值滤波，滤波处理的结果都与所采用窗口的大小紧密相关，而窗口的大小又受到干涉条纹疏密的限制，当窗口覆盖的相位达到两个条纹或更多时，滤波结果将毫无意义。通常情况下，窗口越大，滤波结果越平滑，反之亦然。

7.3.3 干涉相位的频率域滤波

1. Goldstein 滤波

对于 InSAR 干涉图而言，其条纹具有一定的空间频率，条纹频率的大小取决于地形起伏或形变梯度、基线长短等因素，使得条纹的频率成份并不一定集中在频谱中的某个特定范围内。因此，在对干涉相位图进行滤波时很难确定采用低通滤波（low pass filtering）器、高通滤波器或是带通（阻）滤波器。为了对干涉相位图进行有效的滤波处理，1998年，Goldstein 和 Werner（Goldstein and Werner，1998）提出了与场景无关的 Goldstein 滤波器。其滤波过程如下。

（1）将干涉相位图 $I(f, g)$ 转换到矢量空间 $E(f, g)$：

$$E(f, g) = \exp(I(f, g)) = \cos(I(f, g)) + \mathrm{i}\sin(I(f, g)) \quad (7.18)$$

（2）将 $E(f, g)$ 分成相互重叠的小块（重叠率不小于75%），记为 E_l（$l = 1, 2, \cdots$，为所分的块数）。以第一块为例，对 E_1 进行二维快速傅里叶变换，获得频谱信息 $F_1(u, v)$，其中 (u, v) 表示空间频率。

（3）将频谱幅值 $|F_1(u, v)|$ 与选取的核函数 K 进行计算，得到 $|F_1^K(u, v)|$ 并对其进行归一化：

$$\left|F_1^K(u, v)\right| = \left|F_1^K(u, v)\right|\Big/\max\left(\left|F_1^K(u, v)\right|\right) \quad (7.19)$$

（4）构建一个加权函数 $\left|F_1^K(u, v)\right|^\alpha$，并利用该函数对原始频谱数据 $F_1(u, v)$ 进行处理：

$$\hat{F}_1(u, v) = F_1(u, v) \cdot \left|F_1^K(u, v)\right|^\alpha \quad (7.20)$$

式中，"·"为点乘；$\alpha(0 \leqslant \alpha \leqslant 1)$ 为频域滤波器加权函数的幂指数。

（5）对 $\hat{F}_1(u,v)$ 进行二维快速傅里叶逆变换，得到滤波后的结果 $\hat{E}_l$。根据步骤（1）~（5）对剩下所有块进行计算，直至 E_l 处理完毕。

（6）合并 $\hat{E}_l$ 得到 $\hat{E}(f,g)$ 然后对 $E(f,g)$ 取相位主值，得到 $\hat{I}(f,g)$，即为 Goldstein 滤波的结果。

需要指出的是，Goldstein 滤波对于影像分块大小和滤波系数 α 均未给出明确的选取方法，这些参数要根据实际情况确定。其中，滤波参数 α 取为 0 时相当于没有滤波，取为 1 时滤波后的干涉相位图中将出现系统性的残余相位，分辨率会明显降低。

2. 小波滤波算法

20 世纪 80 年代，Mallat 首次提出多尺度分析，并给出了其小波分解与重构的快速算法（Mallat，1989）。InSAR 干涉相位可被理解为复数矩阵，若用小波变换算法进行多尺度小波分解与重构，首先需要获取干涉相位的实部和虚部，并分别对实部和虚部进行处理，然后组合实部和虚部得到处理后的干涉相位。

设 f 为 InSAR 干涉相位的实部或虚部构成的矩阵，根据小波变换算法，其正交小波分解公式为（Mallat，1989；徐新等，2006）

$$\begin{aligned}
d_{j+1}^{\mathrm{V}}(m,n) &= \sum_k \sum_l h(k-2m)g(l-2n)c_j(k,l) \\
d_{j+1}^{\mathrm{H}}(m,n) &= \sum_k \sum_l g(k-2m)h(l-2n)c_j(k,l) \\
d_{j+1}^{\mathrm{D}}(m,n) &= \sum_k \sum_l g(k-2m)g(l-2n)c_j(k,l) \\
d_{j+1}(m,n) &= \sum_k \sum_l h(k-2m)h(l-2n)c_j(k,l)
\end{aligned} \tag{7.21}$$

式中，$c_j(k,l)$（$k=1,2,\cdots$；$l=1,2,\cdots$ 分别为行列号）为矩阵 f 在尺度 j 上的低频系数；$d_{j+1}^{\mathrm{H}}(m,n)$、$d_{j+1}^{\mathrm{V}}(m,n)$、$d_{j+1}^{\mathrm{D}}(m,n)$（$m=1,2,\cdots$；$n=1,2,\cdots$ 分别为行列号）分别表示尺度 $j+1$ 上矩阵 f 在水平方向、垂直方向和对角线方向的高频系数；h、g 为一对正交镜像滤波器组。

小波重构过程是分解过程的逆运算，相应的重构公式为（Mallat，1989；徐新等，2006）

$$\begin{aligned}
c_j(k,l) = & \sum_l \sum_k h(k-2m)h(l-2n)c_{j+1}(m,n) \\
& + \sum_l \sum_k g(k-2m)h(l-2n)d_{j+1}^{\mathrm{H}}(m,n) \\
& + \sum_l \sum_k h(k-2m)g(l-2n)d_{j+1}^{\mathrm{V}}(m,n) \\
& + \sum_l \sum_k g(k-2m)g(l-2n)d_{j+1}^{\mathrm{D}}(m,n)
\end{aligned} \tag{7.22}$$

利用小波多尺度分析特性，可将 InSAR 干涉相位在不同尺度下进行正交分解，分别得到干涉相位的低频分量和水平、垂直、对角线高频分量。其中，低频部分集中了干涉相位的主要能量，高频为细节部分。

利用小波分解与重构算法进行干涉图滤波的流程如图 7.4 所示，其中 LL、HH、VV、DD 分别表示干涉相位经过小波分解后的低频分量和水平、垂直、对角线高频分量。具体实现过程如下（蔡国林等，2008；汪鲁才等，2005）：

（1）分别将含噪声的 InSAR 干涉相位的实部和虚部分解到某一尺度下的不同频带；

（2）利用滤波算法分别对实部和虚部的高频系数进行滤波，剔除被噪声污染的小波系数；

（3）对实部和虚部进行小波系数重构，得到真实干涉相位的最优估计。

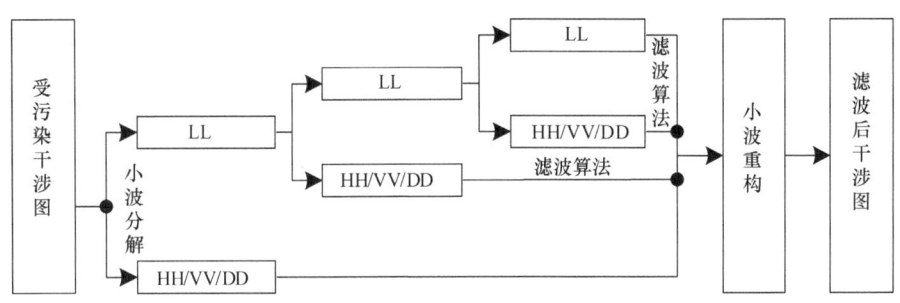

图 7.4 小波分解与重构的滤波流程图

目前常用的小波滤波算法有两种：①软阈值方法，将小于某一阈值的小波系数用 0 替代，并将大于阈值的小波系数减去阈值作为新的小波系数值；②硬阈值方法，直接将小于阈值的小波系数用 0 替代，而大于阈值的值不做处理。其中，软阈值的算法为（张旗等，2004；徐晨等，2004）

$$\tilde{d} = \begin{cases} d_\mu - \eta, & d_\mu \geqslant \eta \\ 0, & -\eta < d_\mu < \eta \\ d_\mu + \eta, & d_\mu \leqslant -\eta \end{cases} \quad (7.23)$$

硬阈值的算法为（张旗等，2004；徐晨等，2004）

$$\tilde{d} = \begin{cases} d_\mu, & |d_\mu| \geqslant \eta \\ 0, & |d_\mu| < \eta \end{cases} \quad (7.24)$$

式中，$\tilde{d}$ 为处理后的小波系数；d_μ 为小波系数；η 为阈值。该阈值 η 的计算如下（Donoho and Johnstone，1994）：

$$\eta = \sigma\sqrt{2\ln N} \quad (7.25)$$

式中，σ 为噪声标准方差；N 为信号长度。实际上，σ 是不可知的，常利用第一尺度上对角线高频子带 HH 的小波系数进行估计（Donoho and Johnstone，1994）：

$$\sigma_n = |\text{median}|/0.6745 \quad (7.26)$$

式中，median是第一尺度上对角线高频子带HH小波系数的中值。

实际应用中，硬阈值方法可以很好地保留边缘等局部特征，但也会使干涉相位出现整体失真现象；软阈值的处理相对要平滑一些，但可能会造成边缘模糊或局部失真现象。

7.4 干涉相位滤波质量评价

获得干涉相位后，需要对相位数据进行分析和评价。一方面可以确定哪些区域相位是一致的，哪些区域是不一致的；另一方面，也可以评价各种滤波算法在InSAR干涉相位滤波中的有效性。目前常用的干涉相位质量评价方法有两类：奇异点数法（Ghiglia and Pritt，1998）和相位质量图法。

理想状况下，从干涉图中获取的缠绕相位（wrapped phase）具有沿任意闭合环积分为零的属性。然而，并非所有像素的缠绕相位都满足Nyquist采样定理，尤其是有噪声和其他干扰（如陡坎、悬崖、垂直形变等）的情况下，这使得相邻像素间的相位差可能超出$[-\pi, \pi)$。若积分闭合环包含这样的区域，积分结果就不为零，从而产生奇异点（亦称留数点（residue）），如图7.5所示。奇异点类似于正电荷和负电荷，有正负之分，沿某一闭合路线的积分结果等于最后的净电荷数（积分过程中正负电荷可以抵消）。

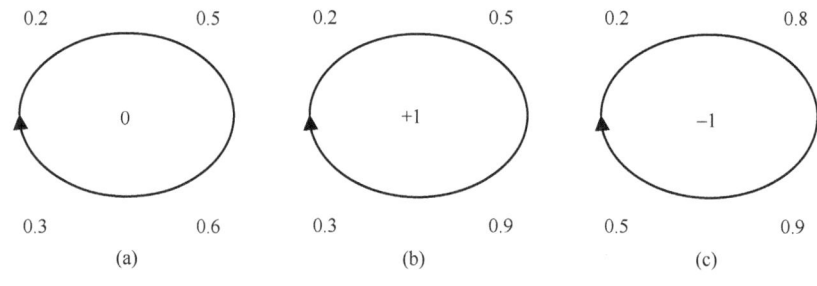

图7.5 奇异点计算示例

奇异点数法评价干涉图质量的主要过程是：首先从干涉图中提取相位的偏导数；然后通过简单的路径积分反算出各点的真实相位（absolute phases）差；最后逐一统计所有相位差不为零的点的数量。一般情况下，奇异点数的多少反映了干涉图的质量高低，奇异点数越少，干涉相位质量越好，反之，奇异点数越多，干涉相位质量越差。因此，对比滤波前后奇异点数量，如若数量减少，则干涉相位滤波质量较好，反之则较差。奇异点具体计算方法详见8.2.1小节。

相位质量图是最常用的干涉相位质量评价方法，主要有四种，即相干系数图、伪相干图、相位导数变化图和最大相位梯度图。下面将对这四种方法分别进行介绍。

相干系数图是普拉蒂等于1993年提出的一种干涉质量度量方法，其定义与计算方法详见4.6.1小节。实际数据处理过程中，相干系数可以在生成干涉图之后计算并绘制成灰度图，称为相干系数图。相干系数图上不同的明暗程度表明影像对应位置像素的相关性高低，也是最常用、最直观的干涉相位质量评价指标。此外，相干系数的变化也表征了影像获取期间地物的变化情况，因此，相干系数图也可用于辅助SAR影像的地物分类。

在无法获得 SAR 影像对的强度值时，常用伪相干图来模拟相干图。设 SAR 复数影像的强度为 1，则伪相干定义为（王超等，2002；李平湘和杨杰，2006）

$$|W_{m,n}| = \frac{\sqrt{\left(\sum_{f=m-\text{mod}(k/2)}^{f=m+\text{mod}(k/2)} \sum_{g=n-\text{mod}(k/2)}^{g=n+\text{mod}(k/2)} \sin \varphi_{f,g}\right)^2 + \left(\sum_{f=m-\text{mod}(k/2)}^{f=m+\text{mod}(k/2)} \sum_{g=n-\text{mod}(k/2)}^{g=n+\text{mod}(k/2)} \cos \varphi_{f,g}\right)^2}}{k^2} \quad (7.27)$$

式中，$W_{m,n}$（$m = 1, 2, \cdots$；$n = 1, 2, \cdots$ 分别为行、列号）为像素点的干涉质量值；$k \times k$ 为移动窗口的大小；$\varphi_{f,g}$ 为干涉相位值；$\text{mod}(\cdot)$ 为取整运算。而相位导数变化（phase derivative variance）图定义如下：

$$Z_{m,n} = \frac{\sqrt{\left(\sum_{f=m-\text{mod}(k/2)}^{f=m+\text{mod}(k/2)} \sum_{g=n-\text{mod}(k/2)}^{g=n+\text{mod}(k/2)} (\Delta_{f,g}^x - \overline{\Delta}_{f,g}^x)\right)^2 + \left(\sum_{f=m-\text{mod}(k/2)}^{f=m+\text{mod}(k/2)} \sum_{g=n-\text{mod}(k/2)}^{g=n+\text{mod}(k/2)} (\Delta_{f,g}^y - \overline{\Delta}_{f,g}^y)\right)^2}}{k^2} \quad (7.28)$$

式中，$Z_{m,n}$ 为相位导数变化值；$\varphi_{f,g}$ 为干涉相位值；$\Delta_{f,g}^x = \varphi_{f+1,g} - \varphi_{f,g}$；$\Delta_{f,g}^y = \varphi_{f,g+1} - \varphi_{f,g}$；$\overline{\Delta}_{f,g}^x$ 和 $\overline{\Delta}_{f,g}^y$ 分别为 $k \times k$ 窗口中 $\Delta_{f,g}^x$ 和 $\Delta_{f,g}^y$ 的均值。

相位导数变化不同于相干和伪相干系数，以倾斜地表为例，如果相位变化率保持一定，则相位导数变化为 0，而伪相干不为 0。严格来说，相位导数变化表征的是相位数据的"坏"，而不是"好"，即如果相位导数变化可忽略的话，相位数据就是好数据。实际上，在无法获得相干图的情况下，相位导数变化图是最可靠的，也是最有效的相位质量图。因此，针对滤波前后的 InSAR 干涉相位图求解相干系数/伪相干系数/相位导数变化，即可判断滤波质量。

最大相位梯度图是通过计算相位梯度来评判数据的质量。从相位图上可以看出，有显著噪声的相位区域对应的相位梯度一般也很大，因此可以用最大相位梯度来表征相位数据的质量。最大相位梯度的定义为（王超等，2002；李平湘和杨杰，2006）

$$\begin{cases} \max\left\{\left|\Delta_{f,g}^x\right|\right\} \\ \max\left\{\left|\Delta_{f,g}^y\right|\right\} \end{cases} \quad (7.29)$$

式中，$\Delta_{f,g}^x$ 和 $\Delta_{f,g}^y$ 的计算与式（7.28）中的一致。最大相位梯度图也有类似于伪相干图的缺陷，即在地形陡峭（即相位变化显著，但无噪声）的区域也表征为低质量数据。

7.5 干涉相位滤波实例

7.5.1 前置滤波结果

1. 方位向与斜距向滤波

如表 7.1 所示，实验利用欧洲空间局 ERS-1/2 在台湾西部地区所获取的两幅 C 波段 SAR 影像进行干涉处理和前置滤波,并对方位向和斜距向滤波的有效性进行验证。图 7.6 显示了实验区域的 SAR 振幅影像,其中矩形框范围内标示的 2500 个点被选作检查点。一方面,跟踪并对比在各种滤波情形下这些检查点上的相干系数和奇异点个数的变化情况,如表 7.2 和表 7.3 所示;另一方面,每次滤波后均进行干涉处理,生成相干系数图和干涉相位图,相关结果如图 7.7 和图 7.8 所示。

表 7.1 台湾西部地区 ERS-1/2 干涉对的 SAR 影像参数

平台(成像时间)	多普勒中心频率系数			$B_\perp$/m	谱重叠率		
	a_0/Hz	a_1/(Hz/Pixel)	a_2/(Hz/Pixel^2)		$\cap_A$	$\cap_R$	总和
ERS115(1996年5月)	198.6	0.0062494	-7.5002×10^{-7}	149.0	79.6%	85.5%	68.1%
ERS217(1996年5月)	−73.8	0.0012830	-2.3703×10^{-7}				

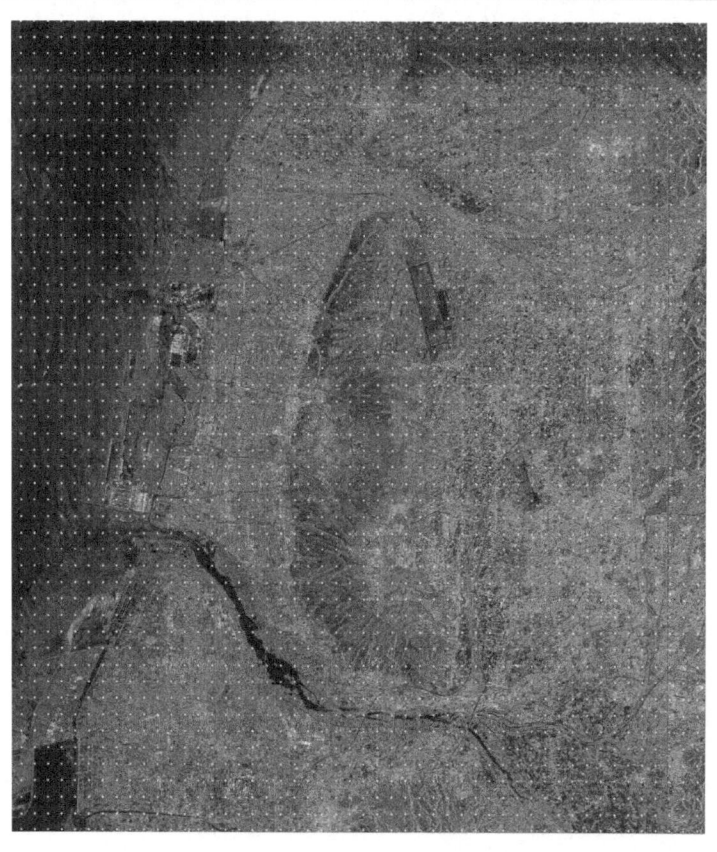

图 7.6 相干系数和奇异点的考查区域

实验结果显示,对单个 SAR 影像的斜距向和方位向滤波可显著改善干涉相干性,这充分说明了几何失相关噪声是可以通过滤波来抑制的。此外,由表 7.2、表 7.3 可知,干涉相干性提高了 13%,且奇异点个数降低了 31%,即斜距向和方位向滤波可以大大降低奇异点的个数,这对后续的相位解缠非常有利。

需要指出的是,因为前置滤波具有确定的物理意义(频谱补偿),并能显著提高相关性,因此后置滤波的平滑窗口可适当下调,从而在一定程度上避免因过分追求滤波结果而设置大平滑窗口,导致不必要的信息损失。此外,方位向先验滤波的贡献程度要明

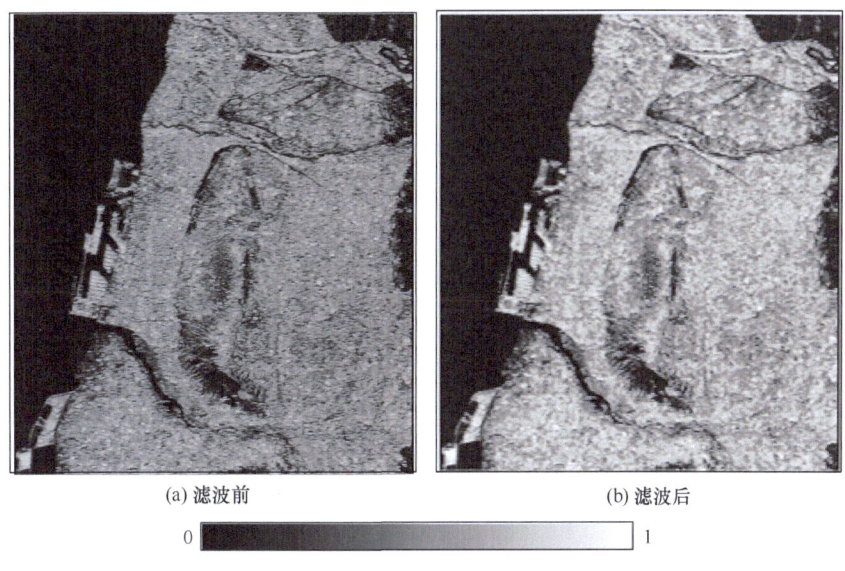

图 7.7 滤波前后的相干系数图

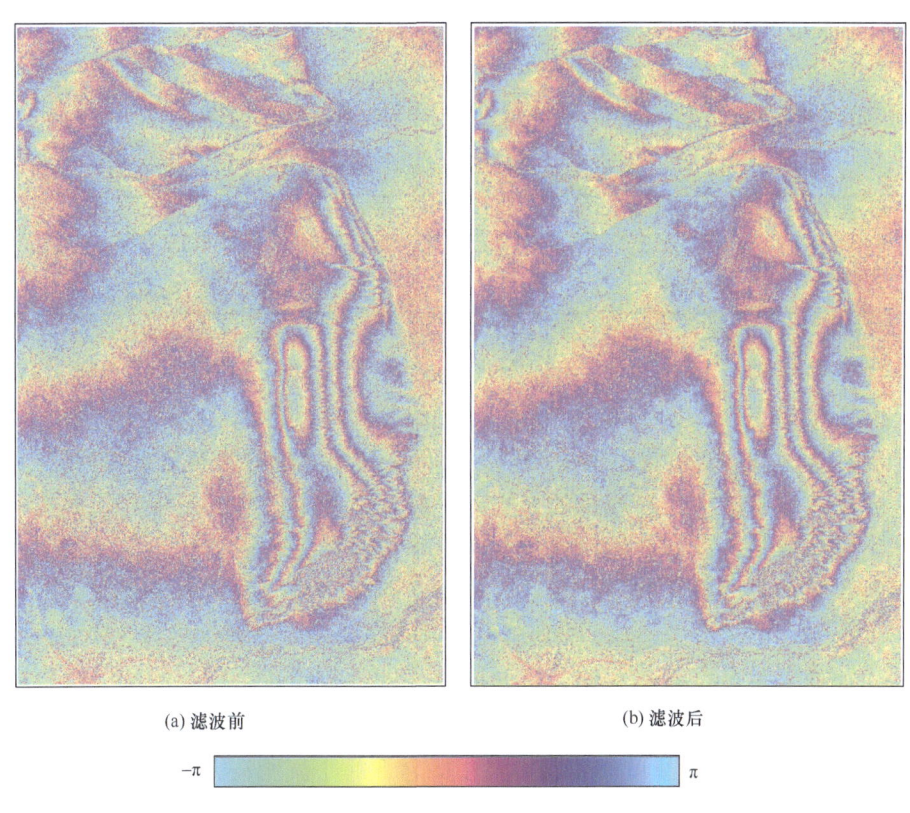

图 7.8 滤波前后的干涉图

显高于斜距向先验滤波。这是由于方位向滤波器的参数可以采用 SAR 传感器的多普勒中心系数或全局 SAR 信号来精确估计,而斜距向滤波器的参数精度极大地依赖于局部原始干涉数据的质量,因而很难精确估计。

表 7.2 滤波前后的相干系数统计结果

相干系数区间	[0.0, 0.1]	(0.1, 0.2]	(0.2, 0.3]	(0.3, 0.4]	(0.4, 0.5]	(0.5, 0.6]	(0.6, 0.7]	(0.7, 0.8]	(0.8, 0.9]	(0.9, 1.0]
无滤波像素个数	498	77	116	308	369	369	401	265	91	6
方位向滤波后像素个数	497	66	61	188	331	374	439	361	162	21
斜距向滤波后像素个数	501	71	90	237	380	402	402	303	103	11
两方向滤波后像素个数	495	67	53	135	257	366	474	413	200	40

表 7.3 滤波前后的奇异点数统计结果

滤波情况	无滤波	仅方位向滤波	仅斜距向滤波	斜距向和方位向滤波
奇异点个数	113927	88066	104658	78802
奇异点所占比例	8.0‰	6.1‰	7.3‰	5.5‰
奇异点减少比例	0%	22.7%	8.0%	31%

2. 多视处理

实验选用伊朗 Bam 地区的真实干涉像对（C 波段）作为滤波数据，两幅 SAR 影像如图 7.9 所示，表 7.4 为两幅影像获取的卫星平台和成像日期。对图 7.9 所示的两幅 SAR 影像进行方位向和斜距向滤波后作多视处理（方位向和斜距向的多视比为 10∶2），得到如图 7.10 所示的结果。综合图 7.9 和图 7.10 可以看出，经过多视处理后，有效地消除了斑点噪声的影响，提高了 SAR 影像的信噪比，且地物目标更清晰。

表 7.4 实验所选取的 SAR 影像参数

影像地点	影像序号	卫星平台	成像日期
伊朗 Bam 地区	1	ENVISAT ASAR	2003 年 6 月 11 日
	2	ENVISAT ASAR	2004 年 2 月 11 日

综合图 7.11、图 7.12 和表 7.5 可以看出，Lee 自适应滤波、圆周期中值滤波、Goldstein 滤波、小波软阈值滤波与小波硬阈值滤波都能取得较好的效果。然而，这些滤波算法也并非十全十美。其中，Lee 自适应滤波虽然顾及了局部噪声的分布特点和相位的方向，但滤波效果严重依赖于干涉相位的信噪比，且计算复杂，效率低下。圆周期中值滤波虽然不像最优估计那样在噪声模型与实际不符时导致估值的性能受到很大损害，但它没有顾及信号的统计规律，且滤波结果与所采用窗口的大小紧密相关，而窗口的大小又受到相位疏密的限制。一般情况下，窗口越大，滤波结果越平滑。Goldstein 滤波利用快速傅里叶变换将含噪信号变换到频域进行滤波。当干涉图中信号和噪声的频带相互分离时，这种方法效果很好。如果信号和噪声的频带相互重叠（如信号中混有白噪声），滤波效果就较差。多尺度概念下的小波滤波方法则是根据图像中信号和噪声在小波域中不同的形态表现来构造相应规则，将含有噪声的小波系数剔除，从而达到去噪的目的。但基于小波软、硬阈值算法的干涉图滤波的效果与滤波过程中的阈值确定有关。阈值过小，造成滤波效果不佳，阈值过大，又会造成图像的过渡平滑。

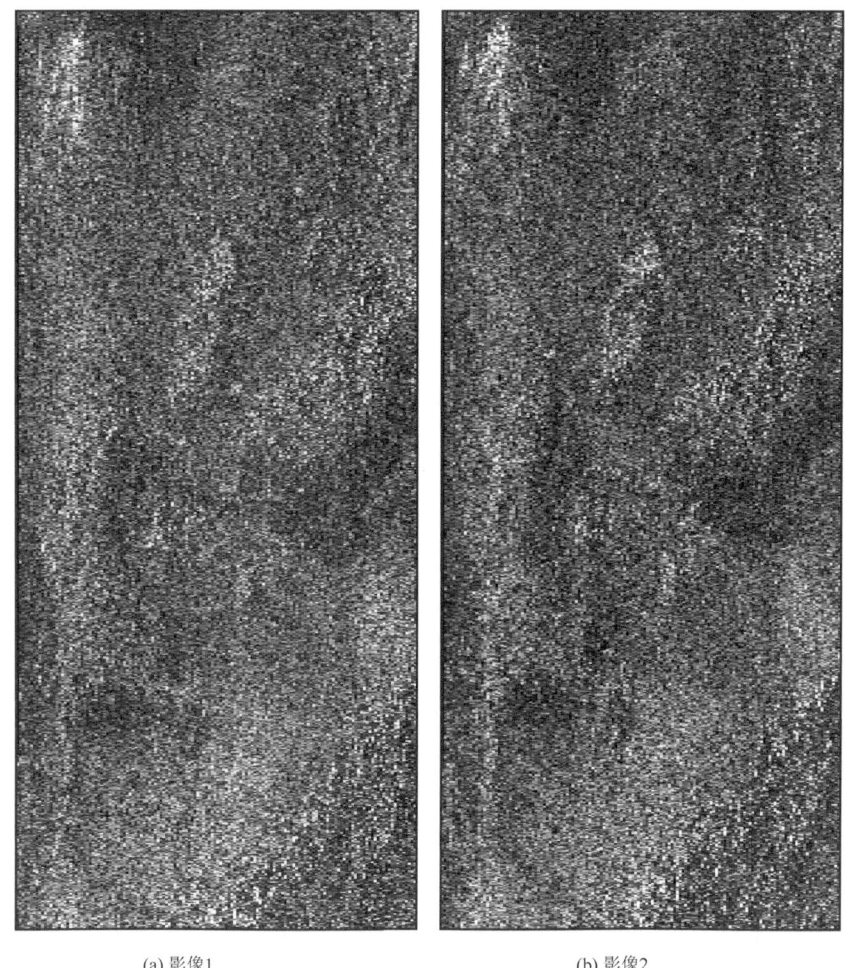

(a) 影像1   (b) 影像2

图 7.9　实验数据（单视复数数据所对应的振幅影像）

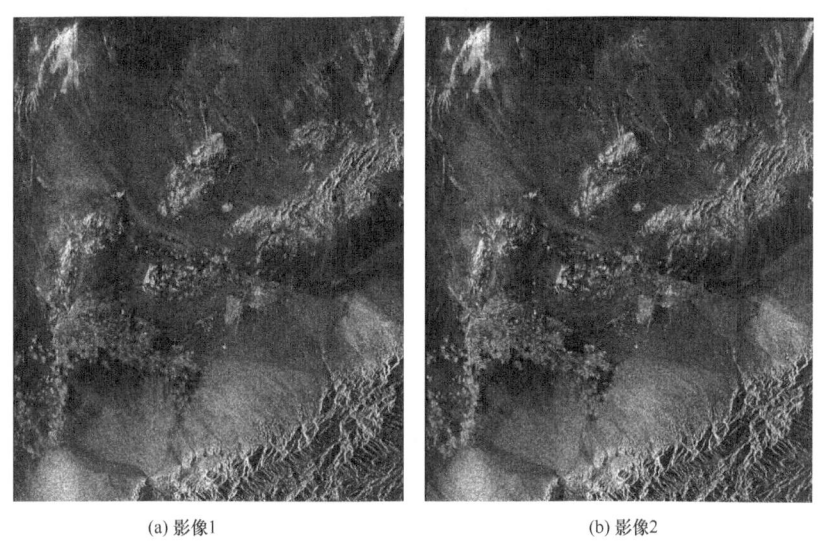

(a) 影像1   (b) 影像2

图 7.10　多视处理结果

· 129 ·

7.5.2 后置滤波结果

利用图 7.9 的两幅 SAR 影像经配准、干涉计算、去平地效应后得到如图 7.11（a）所示的干涉相位图。针对此干涉相位图，分别利用上述的后置滤波算法（Lee 自适应滤波、圆周期中值滤波、Goldstein 滤波、小波硬阈值滤波（小波函数为 sym4）、小波软阈值滤波（小波函数为 sym4））进行滤波，得到其对应结果，如图 7.11（b）～（f）所示。

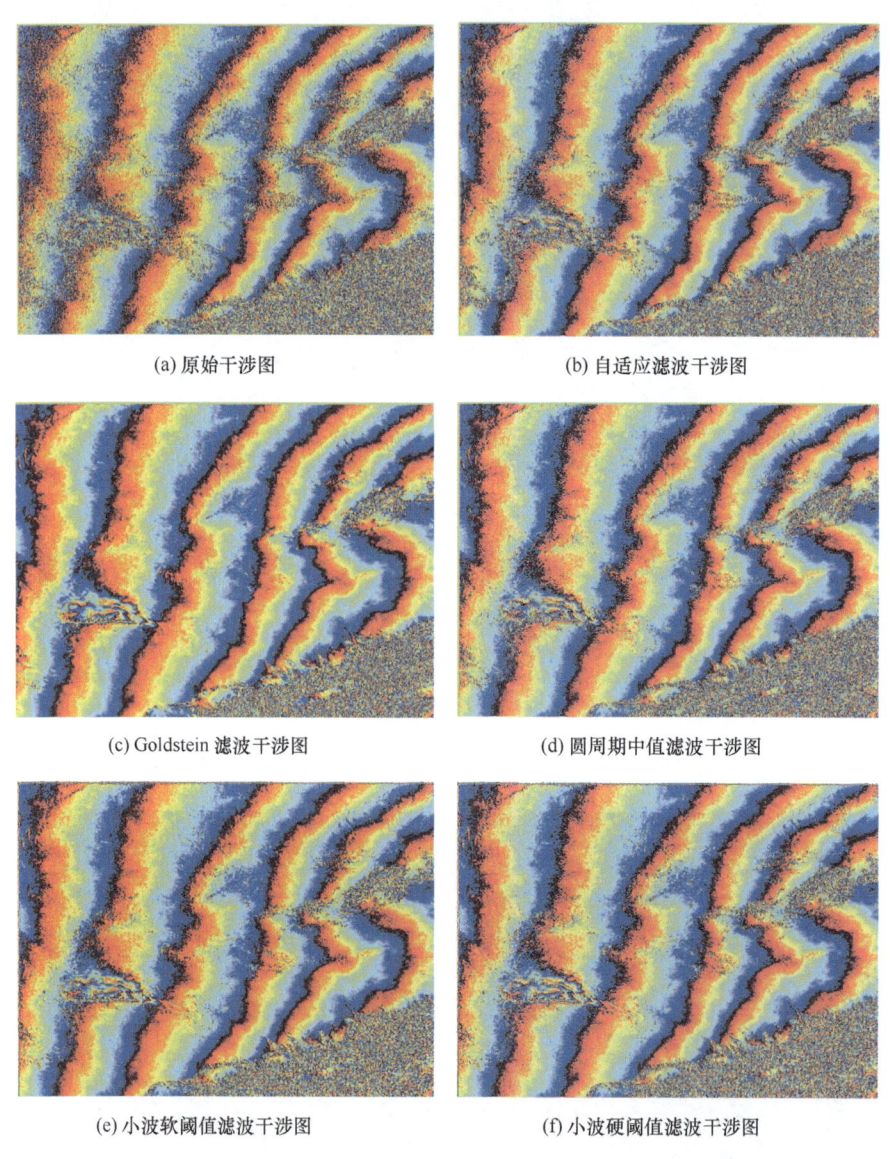

(a) 原始干涉图　　　　　　　　　　(b) 自适应滤波干涉图

(c) Goldstein 滤波干涉图　　　　　　(d) 圆周期中值滤波干涉图

(e) 小波软阈值滤波干涉图　　　　　(f) 小波硬阈值滤波干涉图

图 7.11　干涉相位图

同时采取相应评价指标对这五种滤波方法结果进行评价与比较。对同一区域两幅 SAR 影像的相关性一般利用相干系数图来评价，而干涉相位图后置滤波的结果则可用相位导数变化图和奇异点数两个评价指标进行质量评价。图 7.12 和表 7.5 分别为图 7.11 中六幅干涉相位图的相位导数变化图和奇异点数。

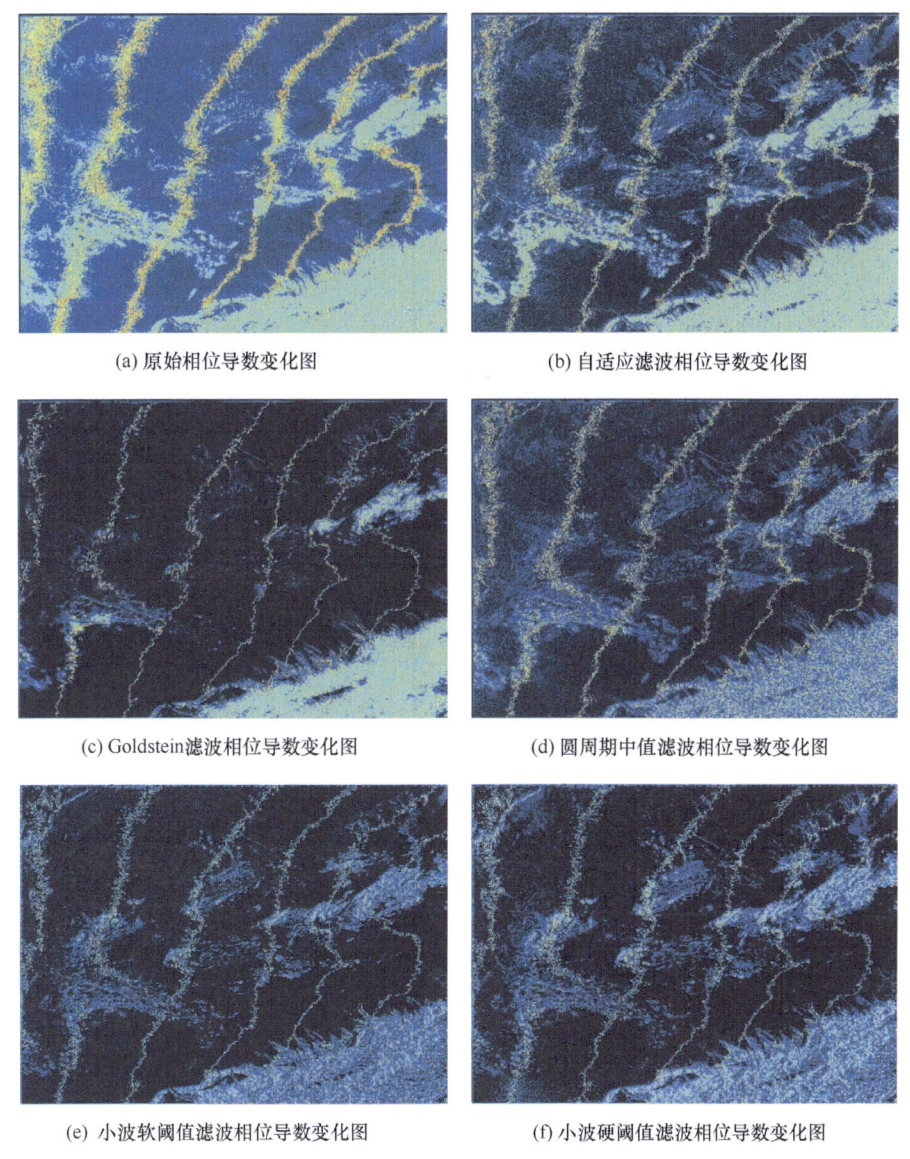

图 7.12 相位导数变化图

表 7.5 奇异点数 (单位：个)

原始干涉图	自适应滤波	Goldstein	圆周期中值滤波	小波软阈值滤波	小波硬阈值滤波
2021109	1164952	562882	580394	444605	606674

综上所述，目前的干涉相位滤波算法均存在噪声抑制与信息保持的矛盾，因此，如何在有效滤除噪声的同时又能完整地保留干涉相位的边缘信息是 InSAR 数据处理过程中需要解决的关键问题之一。

思考题

1. 干涉相位的噪声主要由哪些因素引起的？为什么要对影像或者干涉图进行前置

滤波或后置滤波？

2. 简要叙述 SAR 影像干涉对的斜距向和方位向滤波过程。

3. 分类叙述干涉相位图后置滤波方法有哪些。

4. 概述自适应滤波算法、圆周期均值滤波、圆周期中值滤波、Goldstein 滤波、小波（软阈值、硬阈值）滤波六种算法的优缺点。

5. 干涉相位图滤波质量的评价指标有哪些？

第8章 相位解缠

前已述及，相位解缠（phase unwrapping）作为 InSAR 和 DInSAR 数据处理中的关键步骤，直接影响最终提取高程量或微小形变量的精度。无论是反映地形起伏的干涉相位图，还是反映地表形变的差分干涉相位图，记录的均是周期缠绕后位于$[-\pi,\pi)$区间内的相位主值，它与真实相位值之间存在着$2k\pi$的差异（k为整数）。相位解缠的主要目的是：恢复相位主值中被模糊掉的整周相位$2k\pi$，从而计算出正确的高程或形变信息。

本章主要参考 Ghiglia 和 Pritt 的著作（1998）并结合相关理论与实际应用，将详细介绍相位解缠的原理、算法及操作流程。8.1 节主要介绍相位解缠的基本原理，8.2 节主要介绍相位解缠的相关概念，8.3 节重点介绍目前最常用的三类相位解缠算法，即基于路径跟踪的解缠算法、基于最小范数的解缠算法及网络流算法，8.4 节主要介绍基于模拟数据和实例数据进行的相位解缠实验，同时对实验结果进行讨论与分析，以便于深刻理解各种算法的特性。

8.1 相位解缠基本原理

传统的遥感数字图像处理中较少涉及信号相干处理，仅通过提取图像的灰度（对于 SAR 影像而言为振幅）信息进行各种图像变换。而现代传感器根据物质与波的相互作用规律，不仅记录目标在时间和空间域中对波的反射和散射强度信息，而且同时记录回波信号中的相位信息，使得以相位作为基本输入参数的信号相干技术取得了巨大的进展（Ghiglia and Pritt，1998；廖明生和林珲，2003）。事实上，在合成孔径雷达干涉、合成孔径声呐、光学干涉、核磁共振等诸多技术领域，利用相位信息进行分析及相关的应用都是至关重要的。

在信号处理过程中，虽然相位信息仅作为与信号传播时间和信号波长密切相关的一个固有特性被提取出来，但却是一个十分重要的物理量。一般情况下，绝对相位值总是以非线性的方式被缠绕进$[-\pi,\pi)$区间内，形成相位主值，或称为缠绕相位值。缠绕函数如下式所示：

$$\psi(t) = \phi(t) + 2\pi k(t) \tag{8.1}$$

式中，$k(t)$为整数函数；$\phi(t)$和$\psi(t)$分别为缠绕相位和绝对相位。因此，为了从信号的相位成分中提取出更多可靠的信息，必须为相位主值分配适当的2π整数倍，即执行相位解缠处理。

相位解缠的基本思想是对缠绕相位的差分值进行积分。下面将以图8.1为示例数据，结合 Itoh 相位解缠算法（Itoh，1982），简要阐明相位解缠的基本原理。

图 8.1 所示的人工模拟二维缠绕相位在竖直方向呈现周期性变化，由 –π 渐变到 π，然后由 π 突变为 –π，如此反复，在图像上表现为灰度值由浅渐渐变深，然后突变为浅色，再向深色渐变，形成图 8.1（a）所示的渐变横条纹。沿图 8.1（a）的 y 轴方向（即相位数据矩阵的行向方向）选取一条剖面线，以像元位置作为横坐标，以灰度强弱表示的缠绕相位值作为纵坐标，形成图 8.1（c）所示的周期性锯齿状图形，代表图 8.1（a）中的 4 个周期性条纹。

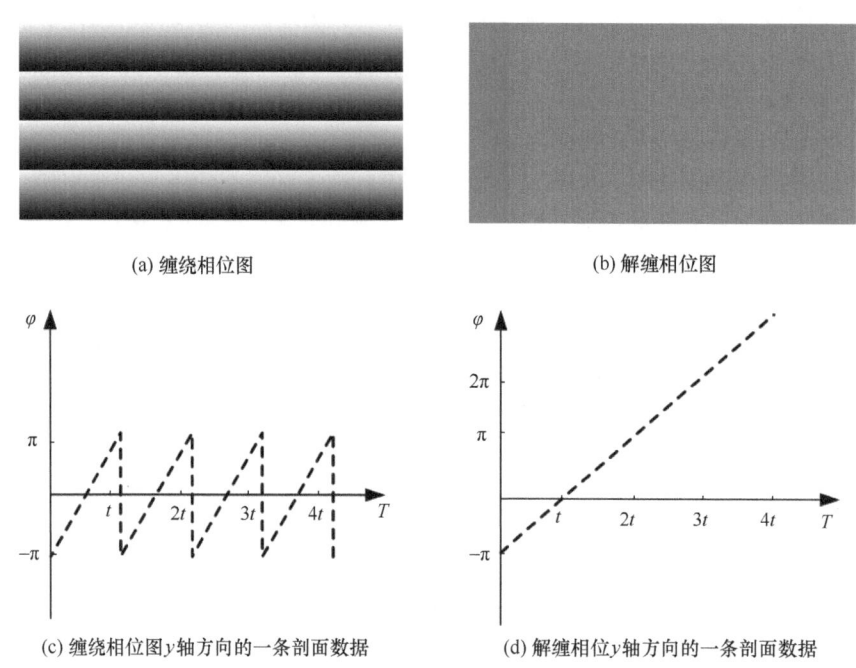

图 8.1 缠绕相位与解缠相位的简单示例

设图 8.1（c）中所示的缠绕相位剖面线总像元数目为 N，为了便于理解，这里选择一种较为简单的 Itoh 相位解缠算法沿此剖面线进行相位解缠，其主要操作步骤如下。

第一步，计算相邻像元的相位差分 $D(i)$：

$$D(i)=\phi(i+1)-\phi(i), \quad i=0, 1, \cdots, N-2 \tag{8.2}$$

第二步，对相邻像元的相位差分 $D(i)$ 进行缠绕操作：

$$\Delta(i) = W\{D(i)\} = \arctan\{\sin D(i), \cos D(i)\}, \quad i=0, 1, \cdots, N-2 \tag{8.3}$$

第三步，初始化起始点的绝对相位值：$\psi(0) = \phi(0)$。

第四步，累加相邻像元的相位差分，计算当前像元的绝对相位值：

$$\psi(i+1)=\psi(i)+\Delta(i), \quad i = 0, 1, \cdots, N-2 \tag{8.4}$$

其中，i 代表像元位置，W 代表缠绕操作，即

$$W\{x\} = \mod\{x+\pi, 2\pi\} - \pi \tag{8.5}$$

经过解缠操作，图 8.1（c）所示的周期性锯齿状图形可转换为图 8.1（d）所示的直线，图 8.1（a）所示的周期性条纹图可转换为图 8.1（b）所示的渐变灰度影像，其中每个像元的相位周期 $2k\pi$ 都已被确定，即 k 值被确定。从这里给出的相位解缠简单实例可以看出，Itoh 算法的实质是对观测干涉相位的邻域差分值采取缠绕和累加（即积分）的操作来完成相位解缠的，这里需要注意的有三点：一是图 8.1 中所示的模拟干涉相位具有规则性和不受噪声的影响，因而解缠工作十分容易完成，但实际的 InSAR 干涉相位常常会受到失相关、噪声与地形起伏不规则（即突变）和形变场梯度过大等因素的影响，因而 InSAR 相位解缠极具挑战性；二是 Itoh 算法是一种基于相位差分积分的解缠方法，实际解缠算法的设计还有其他途径和扩展，这将在 8.3 节中介绍；三是图 8.1 所示的解缠结果是参考到某一像元的模拟干涉相位，虽然确定了绝对相位的相对差异，但不是严格意义上的绝对相位恢复，要完整地恢复绝对相位场，必须借助于干涉几何和参考点相关的先验信息才能实现。

8.2 相位解缠相关概念

为了获取可靠的地形或者形变信息，对 InSAR/DInSAR 相位进行解缠时必须兼顾一致性和精确性。一致性是指解缠后的相位数据矩阵中任意两点间的相位差与这两点之间的路径无关；精确性是指解缠后的相位数据能够真实地恢复绝对相位信息。

影响相位解缠一致性和精确性的主要因素包括相位失真（phase aliasing）和噪声。相位失真主要由相位的急速变化引起（Spagnolini，1993）。根据奈奎斯特（Nyquist）定理可知：当采样频率（sampling frequency）高于原始信号中最高频率的两倍时，采样之后的数字信号才可被用于完整地恢复原始信号。将该定理应用于相位信号采样时表明：相邻绝对相位差的绝对值必须小于 π，否则将引起相位信号失真，导致绝对相位无法恢复。信号所包含的噪声常常导致相位解缠失败。噪声程度常用信噪比（SNR）来表示，SNR 越高，表示噪声量越弱，反之，信号被干扰的程度越大。为解决这些问题，相关学者提出或引入了不同的思路和方法，以下针对这些思路和方法进行介绍。

8.2.1 留数定理和留数点探测

1998 年，Goldstein 等将相位解缠问题映射至复变函数领域中的围线积分（contour integration），利用留数点（residue）描述了解缠相位的不一致性（廖明生和林珲，2003）。在复变函数领域中，设 $f(\phi) = \nabla \phi$ 在点 r 处是解析的，即函数 $f(\phi)$ 在点 r 及点 r 的某一邻域内处处可导，在点 r 的某邻域内任意作一条绕点 r 的简单闭曲线 C，根据柯西定理得到

$$\int_C f(\phi) \mathrm{d}\phi = 0 \tag{8.6}$$

但若 r 为一孤立留数点，则沿 r 点去心邻域 $0<|\phi_x-\phi_P|<\phi_{DN}$（以 r 为中心的一个邻域内任意一点的相位 ϕ_x 与 r 点相位 ϕ_P 之差小于邻域边界 $\pm\phi_{DN}$。注意，r 的去心邻域不包含 r 点）内的任一简单闭合路径 C 的积分值将不再为零，此时该积分值称为函数 $f(\phi)$ 在点 r 处的留数，记作

$$\text{Res}[f(\phi),r]=\frac{1}{2\pi\text{i}}\int_C f(\phi)\text{d}\phi \tag{8.7}$$

式中，i 为虚数单位，即 $\text{i}^2=-1$。

1. 留数定理

若函数在以分段光滑的闭曲线 C 为边界的区域 D 内除有限个留数点 $r_1,r_2,\cdots,r_n$ 外，处处解析，即在闭域 $\overline{D}=D+C$（包含区域内部和区域边界）上除这些留数点外处处连续，则函数 $f(\phi)$ 沿边界 C 的正向积分值等于函数 $f(\phi)$ 在 $r_1,r_2,\cdots,r_n$ 处的留数之和乘以 $2\pi\text{i}$，即

$$\int_C f(\phi)\text{d}\phi=2\pi\text{i}\sum_{k=1}^{n}\text{Res}[f(\phi),r_k] \tag{8.8}$$

Ghiglia 和 Pritt 将留数定理应用至二维相位解缠时，式（8.7）可表示为（Ghiglia and Pritt，1998）

$$\int_C f(\phi)\text{d}\phi=2\pi(\text{闭合路径所包围的留数点电荷之和}) \tag{8.9}$$

式（8.8）中的 $\text{Res}[f(\phi),r_k]$ 表示点 r_k 处带极性的留数点电荷，当其取值为 1 时，表明留数点 r_k 电荷极性为正，取值为 –1 时则其电荷极性为负。式（8.8）和式（8.9）均表明，函数 $f(\phi)$ 的积分独立于路径选择的充要条件为 $\int_C f(\phi)\text{d}\phi=0$，即闭合路径所包围的留数点电荷之和为零。因此，为抵消其电荷极性，确保积分结果与路径无关，对留数点的探测进行研究极为必要。

2. 留数点探测

留数点探测的目的是为了找到不满足积分独立于路径选择充要条件的情况，并在相位解缠时避开。留数点探测主要包含两个步骤：①归一化处理二维相位影像；②围绕最小闭合路径（2×2 像素模板）累加相位梯度值（phase gradient）。下面将借助二维离散图像来讨论如何探测留数点。

图 8.2 是经归一化处理的某一局部影像的相位分布，值域为 $[-0.5, 0.5)$，乘上 2π 后即为真实缠绕相位（廖明生和林珲，2003）。

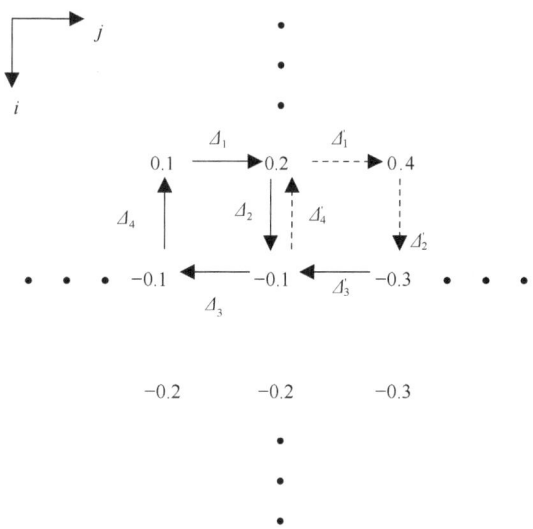

图 8.2 局部相位主值分布和最小闭合路径

第一步，沿着实线箭头形成的闭合路径计算相邻相位梯度的缠绕值，如下式：

$$\begin{aligned}\Delta_1 &= W\{\psi(i,j+1)-\psi(i,j)\} \\ \Delta_2 &= W\{\psi(i+1,j+1)-\psi(i,j+1)\} \\ \Delta_3 &= W\{\psi(i+1,j)-\psi(i+1,j+1)\} \\ \Delta_4 &= W\{\psi(i,j)-\psi(i+1,j)\}\end{aligned} \qquad(8.10)$$

式中，W 为缠绕操作，表明在离散信号的情形下，相邻像素相位梯度超出值域 $[-0.5, 0.5)$ 时，通过加减 1 的整数倍，将梯度值限制在值域 $[-0.5, 0.5)$ 中。

第二步，按照下式累加缠绕相位梯度值，即

$$\Delta_1+\Delta_2+\Delta_3+\Delta_4=0.1-0.3+0.0+0.2=0 \qquad(8.11)$$

计算结果表明，该闭合路径左上角像元为非留数点。

采用上述探测方式，继续沿虚线箭头形成的闭合路径，累加相邻相位梯度的缠绕值，其结果为

$$\Delta_1'+\Delta_2'+\Delta_3'+\Delta_4'=0.2+0.3+0.2+0.3=1 \qquad(8.12)$$

其中，$\Delta_2'=W\{-0.7\}=0.3$，计算结果表明，该闭合路径左上角像元为正留数点（positive residue），即留数点电荷极性为"正"。若计算结果为–1，则表明该闭合路径左上角像元为负留数点（negative residue），即留数点电荷极性为"负"。

依据式（8.8）和式（8.9）及留数点探测理论可作进一步推论：①围绕某一留数点的封闭路径积分等于 2π 的整数倍；②当积分路径不包含未抵消极性的留数点时，可得到符合一致性的解缠相位。

因此，用"枝切"（branch cut）将极性相反的留数点连接起来，并保证积分路径不跨越这些障碍，便可进行正确的相位解缠。如图 8.3（a）所示，当积分路径未跨越"枝

切"时,不会包含单个的、极性未抵消的留数点,解缠相位也将与之独立。反之,如图 8.3(b)所示,当积分路径跨越"枝切"时,单个的留数点已被包围,解缠相位将不满足一致性要求。

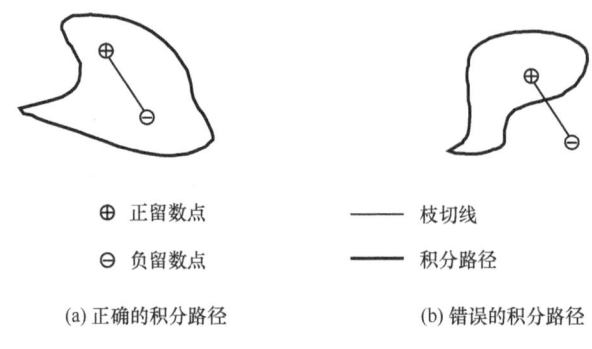

⊕ 正留数点　　　——— 枝切线
⊖ 负留数点　　　——— 积分路径

(a) 正确的积分路径　　　(b) 错误的积分路径

图 8.3　以不同方式分布的积分路径(Rosen et al., 2000)

一旦"枝切"被确定,相位解缠必须按照积分路径不跨越"枝切"的规则来执行。因此,合理构建"枝切"是基于路径跟踪(积分)相位解缠算法的核心,本章将在后续部分专门介绍路径跟踪方法。例如,在对图 8.4 中阴影部分所标记的相位断层区域执行相位解缠时,若选择图 8.4(a)中的最短路径方式安置"枝切",积分路径将被迫穿越相位断层,解缠结果将被引入误差,只有选择图 8.4(b)的方式安置"枝切",才可获取与真实相位更为匹配的解缠相位。

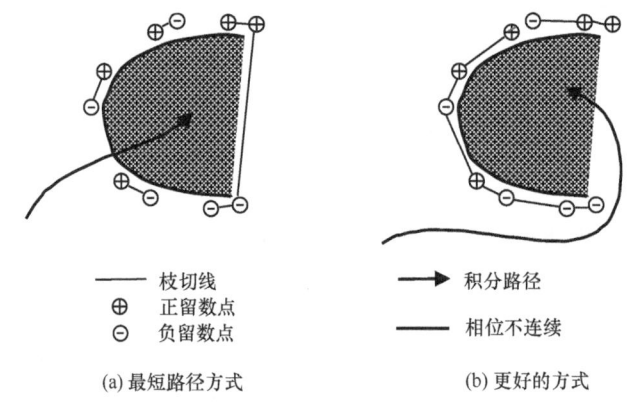

——— 枝切线　　　　　➔ 积分路径
⊕ 正留数点　　　　　——— 相位不连续
⊖ 负留数点

(a) 最短路径方式　　　(b) 更好的方式

图 8.4　不同的枝切安置方式示意图(Rosen et al., 2000)

8.2.2　掩膜

为更好地安置枝切,避免积分路径跨越相位不连续区域,有必要引入其他辅助信息来指导积分路径的选择。常用的辅助信息主要包括以下四种质量图:相干系数图、伪相干图、相位导数变化图和最大相位梯度图。相关概念已在 7.4 节中做过详细介绍,此处不再赘述。

上述质量图除可以直接应用于各类相位解缠算法外,还可应用于掩膜(mask)文件的制作。从另一个角度讲,掩膜可被看作第五种质量图,它将质量指标二值化,用"0"

标记低质量像元，用"1"标记高质量像元（Ghiglia and Pritt，1998）。标记为"0"的缠绕相位像元将不再参与相位解缠。如此，便可以对枝切线的生成进行指导。

使用质量图制作二值化掩膜时，需选择一个恰当的阈值来判定每个像元的标记符号：当像元质量值大于阈值时，掩膜像元标记为"1"，反之则标记为"0"。如何设置阈值以保证噪声和失真相位被全部排除的同时，也不孤立某些解缠区域，是掩膜制作面临的主要问题。

8.3 相位解缠算法

在第 8.2 节中介绍了相位解缠的基本原理和过程，在实际的相位解缠处理中，具体的算法和操作各有不同。经过国内外众多学者的长期研究，现已发展出很多种类的相位解缠算法，这些算法大致可分为三类（Ghiglia and Pritt，1998；廖明生和林珲，2003；Goldstein et al.，1988）：①基于路径跟踪的相位解缠算法（path-following phase unwrapping），通过选择合适的积分路径，以对相邻像元相位梯度进行积分的方式实现相位解缠；②基于最小范数的相位解缠算法（minimum Lp-norm phase unwrapping），通过最小化缠绕相位梯度与真实相位梯度差异的方式实现相位解缠；③网络流算法（network flow algorithm），将相位解缠问题转换成计算最小成本的网络流问题，通过最小化解缠相位和缠绕相位离散偏导数之差，来限制低质量区域相位误差的传递，从而求取全局最优解。下面将分别介绍这三类算法的相关原理及计算过程。

8.3.1 基于路径跟踪的解缠算法

8.2 节简单介绍了留数点和枝切线及在相位解缠中的作用，由此可见，关键是平衡一幅干涉相位图中的 n 对极性相反电荷，然而这存在 $n!$（n 的全组合）种可能的连接方式。因此，基于路径跟踪的相位解缠算法的研究重点集中于：如何从多种方式中确定出快速、高效及准确的"枝切"连接策略，以满足沿任意闭合路径的积分值都为零的条件。基于路径跟踪的相位解缠算法即是以此为基础而产生的。

此类算法总是显式或隐式地产生"枝切"，并以不同的规则优化安置"枝切"线，优化程度越高，算法越复杂，执行时间越长（Ghiglia and Pritt，1998；Goldstein et al.，1988；Xu and Cumming，1999）。其中，最具代表性的四种算法为：①Goldstein 枝切算法；②质量图引导算法；③掩膜枝切算法；④Flynn 最小不连续算法。

1. Goldstein 枝切算法

Goldstein 等于 1988 年提出的 Goldstein 枝切算法是一种有效的路径跟踪法。它能识别正负留数点，并按照最邻近原则连接留数点，并生成"枝切"，通过遵守积分路径不跨越"枝切"的原则，阻止误差的传递（Ghiglia and Pritt，1998；Goldstein et al.，1988）。其主要操作步骤如下：

（1）按照 8.2.1 小节中所述的留数点探测方法逐个像元扫描缠绕相位图，直至探测到第一个留数点；

（2）以该留数点作为中心基准点，安置3×3或更大的窗口，扫描第二个留数点；

（3）无论两个留数点是否具有相同的极性，均用"枝切"将其连接起来，并累加留数点之和；

（4）若两个留数点极性相反，它们将被标记平衡，若极性相同，将以第二个留数点作为中心基准点，安置3×3的窗口以搜索新的留数点；

（5）一旦发现新的留数点，无论其是否与其他留数点相连，都将其与中心基准留数点连接起来，并累加留数点之和；

（6）若留数点累加之和为0，已被探测到的留数点均被标记平衡，且该条枝切完成生长，重复步骤（1）；

（7）若留数点累加之和不为0，则依次采用当前探测窗口中的其余留数点作为中心基准点，安置3×3的窗口探测新的留数点；

（8）若留数点累加之和仍不为0，便将窗口设置为5×5或更大，继续采用当前探测窗口中的其余留数点作为中心基准点来探测新的留数点；

（9）当搜索窗口已包含边界像元时，在其与中心基准留数点之间安置枝切；

（10）避开"枝切"像元，逐个像元进行积分解缠。

采用上述方法生成枝切时需注意：①当探测到新的留数点时，无论该留数点是否与其他的留数点相连，都将该留数点与中心基准留数点连接起来；②当存在极性无法被平衡的留数点时，可将其与缠绕相位图边界像元相连，以阻止积分路径的错误跨越。

当留数点较多且分布密集时，该算法难以准确地连接"枝切"，常常导致积分路径的错误选择，将误差引入至解缠相位中。然而，在信噪比较高、留数点较少的情况下，Goldstein枝切算法却具有速度快、精度高的显著优势，也因此成为了一种常用的相位解缠算法。

2. 质量图引导算法

质量图引导算法不识别留数点，也不设置枝切线，它是通过相位质量图定义缠绕相位质量，控制积分路径沿高质量像元向低质量像元前进，并依次将缠绕相位进行解缠的算法。

质量图引导算法的核心是在相位质量图的引导下进行像元扩散，具体的操作步骤如下（Ghiglia and Pritt，1998；Xu and Cumming，1999）：

（1）选择7.4节中所述的任意一种质量图为每个干涉相位图像元赋予质量值；

（2）将某个高质量像元作为解缠起始点，并将邻接像元存入邻接列表（adjoin list）数组中；

（3）将邻接列表中的像元按照质量值排序，从中找到质量值最高的像元后对其进行解缠，并将该像元的邻接像元存入邻接列表中；

（4）重新按照质量值对邻接列表中的所有像元排序，直至邻接列表中的所有像元均被解缠。

在实际的操作运算中，可引入某一质量值阈值，延迟质量值低于该阈值的像元进入邻接列表，以便最大化地减小内存空间占用率，并有效提高运算效率。

质量图引导算法引用了外部辅助信息后，在一定程度上改善了 Goldstein 枝切算法错误安置"枝切"的情况。然而，由于该算法的积分路径完全依赖于质量图，因此在缺乏可靠质量图的情况下，它有可能包围非平衡留数点，将 $2k\pi$（其中 k 为整数）的误差引入至解缠相位中。

3. 掩膜枝切算法

掩膜枝切算法结合 Goldstein 枝切算法和质量图引导算法各自的优势，即在识别留数点的情况下，利用质量图来引导"枝切"安置，既充分利用了外部辅助信息，又确保了积分路径不包含未平衡的留数点，从而获取更精确的解缠相位值。

Flynn 于 1996 年对掩膜枝切算法进行了系统性研究和阐述。在质量图的引导下，掩膜枝切算法采用逐步增长的像素掩膜来连接留数点。由于像素掩膜类似于"枝切"，因此被称为掩膜枝切（mask-cut）。

该算法不从高质量区域开始解缠，而是沿低质量区域逐渐扩展像素掩膜，直到连接了等量的正留数点和负留数点，或者到达图像边界时为止。其主要操作步骤如下（Ghiglia and Pritt，1998；Derauw，1995）：

（1）按照 8.2.1 小节中所述的留数点探测方法找到所有的留数点；

（2）选择 7.4 节中所述的任意一种质量图为每个干涉相位图像元赋质量值；

（3）选择一个留数点作为起点，标记为掩膜枝切，并将其邻接像元存入邻接列表数组中；

（4）将邻接列表中的像元按照质量值排序，从中找出质量值最低的像元后将其标记为掩膜枝切，并将该像元的邻接像元存入邻接列表中；

（5）被标记为掩膜枝切的像元为留数点时，累加留数点之和；

（6）若被标记为掩膜枝切的像元为干涉相位图边界像元，则设置留数点之和等于 0；

（7）重新选择一个未被平衡的留数点作为新的起点，继续扩展掩膜枝切，直到所有的留数点都已被平衡；

（8）遍历所有与非掩膜枝切相邻的掩膜枝切像元，将其中未与留数点相邻且连接特性不显著的像元移除，以便细化掩膜枝切；

（9）避开掩膜枝切像元，围绕掩膜枝切的积分路径对每个像元逐次进行积分解缠。

每个掩膜枝切像元的连接特性均可按照一定规则被量化。下面将结合图 8.5，具体说明掩膜枝切像元连接特性的量化过程。

首先，以待判断的掩膜枝切像元作为中心基准点，安置 3×3 的窗口，将与其相邻的 8 个像元限制在该窗口内（图 8.5），并为其配置一个计数器。计数器的值按照如下规则变化：

（1）如果 A 为掩膜像素而 C 不是，计数器累加 1；

（2）如果 A 为非掩膜像素而 B 是，计数器累加 1；

（3）如果 A、B 为非掩膜像素而 C 是，计数器累加 1；

（4）如果 A、C 为非掩膜像素而 B 是，计数器累加 2。

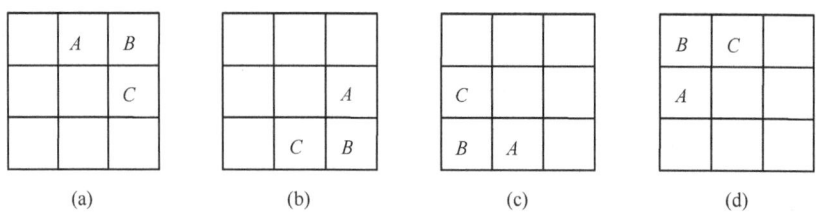

图 8.5　掩膜枝切像元连接特性的 3 个连续邻接像元分布情况（Ghiglia and Pritt，1998）

当前掩膜枝切像元的计数器值大于 2 时，表明该像元具有显著的连接特性，不能取消其掩膜枝切标记。

尽管该算法识别了留数点，并生成掩膜枝切，但其解缠相位的精度仍在很大程度上依赖于质量图的可靠性。当留数点不仅仅分布于低质量区域时，掩膜枝切算法与质量图引导算法都无法正常工作，此时采用枝切法将会取得更好的效果。

4. Flynn 最小不连续算法

Flynn 最小不连续算法与枝切法类似，但其不设置枝切，而是通过识别解缠相位中的跃变数并设置间断来阻断相位积分过程中错误的积分路径（Ghiglia and Pritt，1998；Flynn，1996；Judge and Bryanston-Cross，1994）。设任意一个像元 (i, j) 上的缠绕相位为 $\phi_{i,j}$，解缠相位为 $\psi_{i,j}$，据式（8.1）可知缠绕相位与解缠相位之间满足下列关系：

$$\psi_{i,j} = \phi_{i,j} + 2\pi k_{i,j} \tag{8.13}$$

式中，$k_{i,j}$ 为整数，称为缠绕数。

因此，当相邻像元之间存在 $2k\pi$ 的跃变时，称整数 k 为这对像元的跃变数（jump count），可从水平和竖直两个方向进行计算：

$$z_{i,j} = \text{INT}\left(\frac{\psi_{i,j} - \psi_{i,j+1}}{2\pi}\right), \quad v_{i,j} = \text{INT}\left(\frac{\psi_{i,j} - \psi_{i+1,j}}{2\pi}\right) \tag{8.14}$$

其中，INT 为取整操作。对于一幅相位图像，其跃变数的总量可由下式定义：

$$E = \sum |v_{i,j}| + \sum |z_{i,j}| \tag{8.15}$$

当相邻像元之间存在跃变数时，可安置一条矢量线将其分割开，这样的矢量线称为间断。它的作用与枝切类似，用于阻断其两侧相位信息的传递。

Flynn 于 1996 年提出的 Flynn 最小不连续算法，便是通过识别跃变数，将"间断"线安置于存在跃变数的像元之间，并为"间断"线连成的"圈"所包围的像元分配适当的缠绕数来实现相位解缠。其主要流程分为三步：

（1）计算缠绕相位的跃变数；
（2）扫描闭合边界；

（3）为闭合边界内的缠绕相位分配适当的2π整数倍值。

下面将结合图8.6和图8.7来说明Flynn最小不连续算法的主要思想。

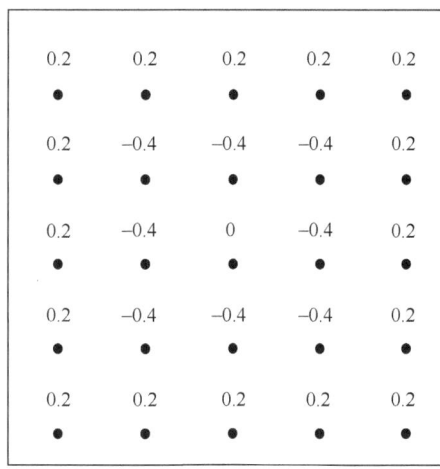

图8.6 缠绕相位节点图

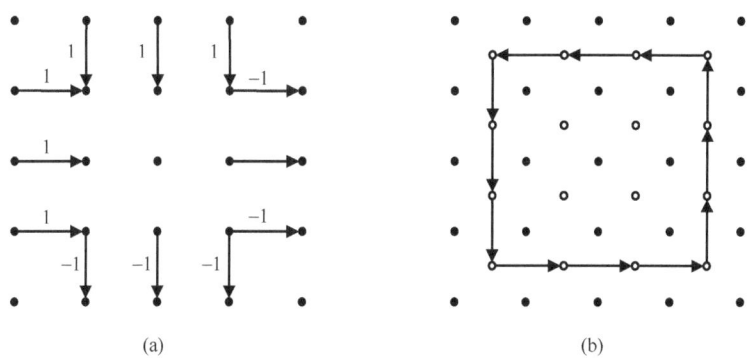

图8.7 缠绕相位跃变数分布图与间断分布图

图8.6所示为"金字塔"形平面缠绕相位图，其中，黑点表示像元，数字表示按比例换算至$[-0.5, 0.5)$之间的缠绕相位值。根据奈奎斯特定理可知，若要正确恢复绝对相位，相邻相位差的绝对值必须小于π。因此，在实际运算中，相邻像元相位差一旦大于π，便可将"间断"线安置于该相邻像元间。图8.7（a）、(b)分别显示依据图8.6中的缠绕相位值计算出的相位跃变（phase jump）数，以及为其安置的"间断"线。图8.7（b）显示"间断"线已形成闭合边界，即围绕图8.7（a）中间9个点的"圈"，表明"圈"内部的缠绕相位值将由-0.4和0分别变为0.6和1，而跃变数将由-1或1变为0。当跃变数总量E为0时，缠绕相位图便被完全解缠。

8.3.2 基于最小范数的解缠算法

基于最小范数的相位解缠算法理念完全不同于基于路径跟踪的相位解缠算法，它将相位解缠看成一个目标优化问题，其目标是设置一个限制规则，使解缠相位与缠绕相位之间差异最小化（Fried，1977；Ghiglia and Romero，1996；Pritt and Shipman，1994）。

在最小 L^p 范数问题中，存在 $p=2$ 的特例，即最小二乘问题。基于最小二乘的相位解缠算法是一种被广泛使用的优化方法，分为无权和加权两种形式。

无权形式下，相位解缠可理解为求解一个纽曼边界条件下的泊松方程，可通过离散余弦变换（discrete cosine transformation，DCT）、离散傅里叶变换（FFT）或无权多级格网法来有效求解（Fried，1977）。无权最小二乘算法可获取平滑的解缠相位曲面，但在解算过程中，它忽略了缠绕相位的质量差异，致使局部噪声在最小均方意义下的全局传播，最终导致解缠相位偏离真实相位。

加权最小二乘算法，则可利用一些先验权，如质量图、掩膜等，来有效阻止留数点对解缠相位的影响。这些先验权可以为缠绕相位中由叠掩、失真以及量测误差等因素产生的留数点赋零权，从而将这些区域孤立，获取更加精确的解缠相位值（Ghiglia and Pritt，1998；Ghiglia and Romero，1994）。加权最小二乘法主要包括 Picard 算法、预处理共轭梯度（preconditioning conjugate gradient，PCG）算法和加权多级格网法。

最小二乘相位解缠（least squares phase unwrapping）方法的基本思想是：最小化缠绕相位离散偏导数和真实相位离散偏导数之差的平方和。因此，设干涉相位矩阵大小为 $M \times N$，其中任意像元的缠绕相位值为 $\phi_{i,j}$，为求解与其对应的最小二乘解缠相位 $\psi_{i,j}$，须求解下式中 J 的极小值（Ghiglia and Pritt，1998）：

$$J = \left\{ \sum_{i=0}^{M-2}\sum_{j=0}^{N-1}|\psi_{i+1,j} - \psi_{i,j} - \Delta_{i,j}^{y}|^2 + \sum_{i=0}^{M-1}\sum_{j=0}^{N-2}|\psi_{i,j} - \psi_{i,j+1} - \Delta_{i,j}^{x}|^2 \right\} \tag{8.16}$$

将欧拉-拉格朗日方程应用于求解 J 的极小值时，可推导出：

$$(\psi_{i+1,j} - 2\psi_{i,j} + \psi_{i-1,j}) + (\psi_{i,j+1} - 2\psi_{i,j} + \psi_{i,j-1}) = \rho_{i,j} \tag{8.17}$$

式中：

$$\rho_{i,j} = \Delta_{i,j}^{x} - \Delta_{i,j-1}^{x} + \Delta_{i,j}^{y} - \Delta_{i-1,j}^{y} \tag{8.18}$$

其中，$\Delta_{i,j}^{x}$ 和 $\Delta_{i,j}^{y}$ 分别为行方向和列方向第 i 行、第 j 列缠绕相位差分值。

当边界条件符合式（8.19）、式（8.20）时，式（8.18）便演变成为求解纽曼边界条件下的泊松方程问题。

$$\Delta_{i,-1}^{x} = 0, \ \Delta_{i,N-1}^{x} = 0, \qquad 0 \leqslant i \leqslant M-1 \tag{8.19}$$

$$\Delta_{-1,j}^{y} = 0, \ \Delta_{M-1,j}^{y} = 0, \qquad 0 \leqslant j \leqslant N-1 \tag{8.20}$$

1. 无权最小二乘法

将无权最小二乘法应用于相位解缠时，常常将其转换为求解离散泊松方程的问题，即通过有效求解离散偏微分方程的方式得到式（8.16）的极小值。常用的无权最小二乘法包括基本迭代法、基于 FFT 的最小二乘法、基于 DCT 的最小二乘法和无权多级格网法。

1）基本迭代法

基本迭代法包括三种，分别为ω-Jacobi 迭代法、Gauss-Seidel 迭代法和 SOR 法，其迭代公式分别如下。

（1）ω-Jacobi 迭代法

$$\psi_{i,j}^{k+1} = (1-\omega)\psi_{i,j}^{k} + \omega(\psi_{i+1,j}^{k} + \psi_{i-1,j}^{k} + \psi_{i,j+1}^{k} + \psi_{i,j-1}^{k} - \rho_{i,j})/4, \quad 0 \leqslant \omega \leqslant 1 \quad (8.21)$$

式中，k 为迭代次数；ω 为松弛因子；$\rho_{i,j}$ 由式（8.18）计算得出。每次完整的迭代需要 $2(M \times N)$ 次乘法和 $6(M \times N)$ 次加减运算。

（2）Gauss-Seidel 迭代法

$$\psi_{i,j}^{k+1} = (\psi_{i+1,j}^{k} + \psi_{i-1,j}^{k} + \psi_{i,j+1}^{k+1} + \psi_{i,j-1}^{k+1} - \rho_{i,j})/4 \quad (8.22)$$

式中，k 为迭代次数；$\rho_{i,j}$ 由式（8.18）计算得出。每次完整的迭代需要 $(M \times N)$ 次乘法和 $4(M \times N)$ 次加减运算。Gauss-Seidel 迭代法是求解离散泊松方程的经典方法，它将 $\psi_{i,j}$ 初始化为 0，再通过式（8.22）的迭代循环进行数据更新，直到收敛为止。

（3）SOR 法

$$\psi_{i,j}^{k+1} = (1-\omega)\psi_{i,j}^{k} + \omega(\psi_{i+1,j}^{k} + \psi_{i-1,j}^{k} + \psi_{i,j+1}^{k} + \psi_{i,j-1}^{k+1} - \rho_{i,j})/4, \quad 0 \leqslant \omega \leqslant 1 \quad (8.23)$$

式中，k 为迭代次数；ω 为松弛因子；$\rho_{i,j}$ 由式（8.18）计算得出。在每次的松弛迭代中，SOR 法的计算量与 ω-Jacobi 迭代法和 Gauss-seidel 迭代法相当。但是，如果选择了恰当的松弛因子，该算法的收敛速度将会比 ω-Jacobi 迭代法与 Gauss-seidsl 迭代法提高一个量级。

2）基于 FFT 的最小二乘法

基于 FFT 的最小二乘法是解决无权最小二乘相位解缠问题的一个简单易行的方法。为了克服边界问题，它通过对相位函数进行镜像变换，使其转换为一个周期函数，再采用傅里叶变换来获取解缠相位（Pritt and Shipman，1994）。镜像变换存在两种方式，因此有两种与之对应的相位解缠算法：以 $x = N$ 为对称轴作镜像变换和以 $x=N - 0.5$ 为对称轴作镜像变换。

第一种算法的核心思想是，以 $x = N$ 为对称轴的镜像变换，将 $N+1$ 个点的定义扩展到 $2N$ 个点。

设大小为 $(M+1) \times (N+1)$ 的二维平面内存在缠绕相位函数 $\phi_{i,j}$，值域为 $[-\pi,\pi)$，解缠相位函数为 $\psi_{i,j}$，且满足两个条件：① $\exp(\mathrm{i}\psi) = \exp(\mathrm{i}\phi)$；② M 和 N 均为 2 的幂。以 $i = M$ 和 $j = N$ 为对称轴对缠绕相位函数 $\phi_{i,j}$ 作镜像对称操作（图 8.8），得到如下周期函数：

$$\tilde{\phi}_{i,j} = \begin{cases} \phi_{i,j} & 0 \leqslant i \leqslant M, 0 \leqslant j \leqslant N \\ \phi_{2M-i,j} & M < i < 2M, 0 < j < N \\ \phi_{i,2N-j} & 0 \leqslant i \leqslant M, N < j < 2N \\ \phi_{2M-i,2N-j} & M < i < 2M, N < j < 2N \end{cases} \quad （8.24）$$

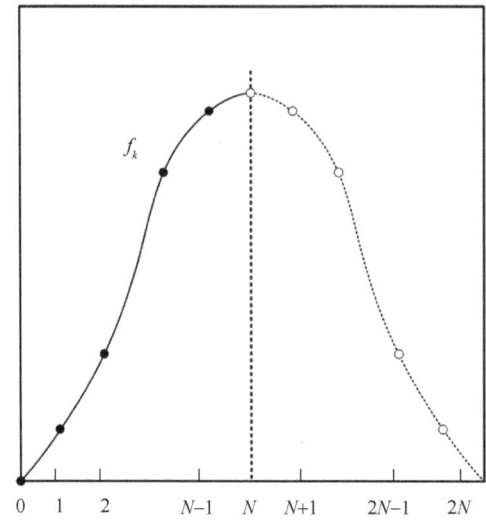

图 8.8　以直线 $x = N$ 为轴的镜像对称操作（Ghiglia and Pritt，1998）

由于周期函数在所有点处均有意义，因此，不必考虑边界情况，函数 $\tilde{\phi}_{i,j}$ 在行方向和列方向的相位差分 $\Delta_{i,j}^x$ 和 $\Delta_{i,j}^y$ 可分别定义为

$$\Delta_{i,j}^x = W\{\tilde{\phi}_{i,j+1} - \tilde{\phi}_{i,j}\}, \quad \Delta_{i,j}^y = W\{\tilde{\phi}_{i+1,j} - \tilde{\phi}_{i,j}\} \quad （8.25）$$

式中，W 为缠绕运算符。

同样地，需要求解的未知函数 $\psi_{i,j}$ 在此镜像对称操作下也存在周期函数 $\tilde{\psi}_{i,j}$，其最小二乘解可表达为如下的离散泊松方程：

$$(\tilde{\psi}_{i+1,j} - 2\tilde{\psi}_{i,j} + \tilde{\psi}_{i-1,j}) + (\tilde{\psi}_{i,j+1} - 2\tilde{\psi}_{i,j} + \tilde{\psi}_{i,j-1}) = \tilde{\rho}_{i,j} \quad （8.26）$$

由于 $\tilde{\rho}_{i,j}$ 也为周期函数，因此可直接对其应用傅里叶变换，可得

$$\Psi_{m,n} = \frac{P_{m,n}}{2\cos(\pi m/M) + 2\cos(\pi n/N) - 4} \quad （8.27）$$

式中，$\Psi_{m,n}$ 和 $P_{m,n}$ 分别为 $\tilde{\psi}_{i,j}$ 和 $\tilde{p}_{i,j}$ 的二维傅里叶变换，$\Psi_{0,0}$ 没有定义，可将其值设置为 0。对 $\Psi_{m,n}$ 进行傅里叶逆变换可得到 $\tilde{\psi}_{i,j}$。解缠相位 $\psi_{i,j}$ 即为 $\tilde{\psi}_{i,j}$ 在 $0 \leqslant i \leqslant M$，$0 \leqslant j \leqslant N$ 范围内的值。

该算法并未明确处理边界问题，但实际上却因镜像对称操作已将其隐形处理，即

$$\begin{aligned}
\Delta_{i,-1}^x &= -\Delta_{i,0}^x \\
\Delta_{i,N}^x &= -\Delta_{i,N-1}^x \\
\Delta_{-1,j}^y &= -\Delta_{0,j}^y \\
\Delta_{M,j}^y &= -\Delta_{M-1,j}^y
\end{aligned} \tag{8.28}$$

第一种基于 FFT 的相位解缠算法具体步骤如下：

（1）由式（8.18）计算 $\rho_{i,j}$ 值；

（2）依据式（8.24），对每一行的 $\rho_{i,j}$ 做镜像对称操作，再按列执行同样的操作得到 $\tilde{\rho}_{i,j}$；

（3）对 $\tilde{\rho}_{i,j}$ 作二维傅里叶变换；

（4）依据式（8.27）计算 $\Psi_{m,n}$；

（5）对 $\Psi_{m,n}$ 作傅里叶逆变换，得到解缠函数 $\psi_{i,j}$ 的最小二乘估算值。

与上述基于 FFT 的无权最小二乘算法不同，第二种算法以 $x = N - \dfrac{1}{2}$ 为对称轴作镜像变换，将 N 个点的定义扩展到 $2N$ 个点（图 8.9）。

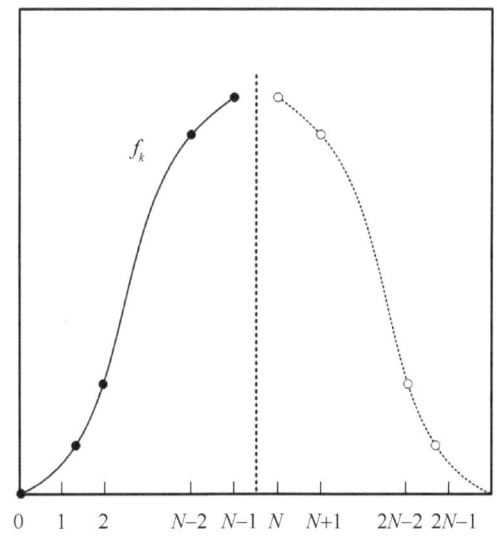

图 8.9　以直线 $x = N - \dfrac{1}{2}$ 为轴的镜像对称操作（Ghiglia and Pritt，1998）

为便于理解，以一维数据为例，给定函数 ϕ_j，其中 $0 \leqslant j \leqslant N$，作镜像对称操作后得到的函数为

$$\tilde{\phi}_j = \begin{cases} \phi_j & 0 \leqslant j < N \\ \phi_{2N-j-1} & N \leqslant j < 2N \end{cases} \tag{8.29}$$

$\tilde{\phi}_j$ 的傅里叶变换函数 Φ_k 为

$$\Phi_k = \sum_{j=0}^{2N-1} \tilde{\phi}_j W^{jk} \tag{8.30}$$

式中，$W = \exp(\mathrm{i}\pi/N)$，由于 $W^{2N} = 1$，式（8.30）的求和可分为两部分：

$$\Phi_k = \sum_{j=0}^{N-1} \phi_j W^{jk} + \sum_{j=0}^{N-1} \phi_j W^{(2N-j-1)k} \tag{8.31}$$

式（8.31）两侧乘以 $W^{k/2}$，得到

$$\tilde{\Phi}_k = \sum_{j=0}^{N-1} \phi_j \left[W^{(j+1/2)k} + W^{-(j+1/2)k} \right] \tag{8.32}$$

由于 $W^x + W^{-x} = 2\cos(\pi x/N)$，所以，式（8.32）等同于

$$\tilde{\Phi}_k = 2\sum_{j=0}^{N-1} \phi_j \cos\left[\frac{\pi k(j+1/2)}{N}\right] \tag{8.33}$$

经过上述公式的推导，我们实现了一维函数 ϕ_j 的余弦变换，即对其执行镜像处理后计算 FFT，并将复数 $W^{k/2}$ 引入其中。

对式（8.33）作余弦逆变换，得到

$$\tilde{\Phi}_k = \frac{1}{N}\sum_{k=0}^{N-1} \phi_k \cos\left[\frac{\pi k(j+1/2)}{N}\right] \tag{8.34}$$

上述等式通过对函数 ϕ_k 进行镜像处理后，将复数 $W^{-k/2}$ 引入其中，并执行 FFT 逆变换求得。

第二种基于 FFT 的无权最小二乘算法的具体步骤如下。

（1）由式（8.18）计算 $\rho_{i,j}$ 值。

（2）按照以下方式计算 $\rho_{i,j}$ 的余弦变换：

①对 $\rho_{i,j}$ 的每一行按照式（8.29）作镜像对称操作，并通过傅里叶变换及像元值乘以 $W^{j/2}$ 实现其余弦变换；

②对更新后数据的每一列作镜像对称操作，并执行余弦变换。

（3）引入最小二乘的约束条件，即依据式（8.27）计算 $\Phi_{m,n}$。

（4）对 $\Phi_{m,n}$ 作余弦逆变换，得到解缠函数 $\phi_{i,j}$ 的最小二乘估算值。

第一种 FFT 方法要求被处理数据大小为 $(M+1)\times(N+1)$，第二种 FFT 方法对数据大小的要求为 $M\times N$。其中，M 和 N 均为 2 的幂。因此，在实际的应用中，第一种方法所需输入数组的大小为 $(2^m+1)\times(2^n+1)$，而第二种方法为 $2^m\times 2^n$。两者相比，第二种方法的限制性更小，便捷性也更强。

3）基于 DCT 的最小二乘法

将式（8.33）所示的一维余弦变换拓展到大小为 $M \times N$ 的二维平面内时，得到（Ghiglia and Pritt，1998）

$$C_{m,n} = \begin{cases} \sum_{i=0}^{M-1}\sum_{j=0}^{N-1} 4\psi_{i,j} \cos\left[\dfrac{\pi m(2i+1)}{2M}\right] \cos\left[\dfrac{\pi n(2j+1)}{2N}\right], & 0 \leqslant m \leqslant M-1, 0 \leqslant n \leqslant N-1 \\ 0, & \text{其他} \end{cases} \quad (8.35)$$

与之对应的二维余弦逆变换为

$$\psi_{i,j} = \begin{cases} \dfrac{1}{MN}\sum_{m=0}^{M-1}\sum_{n=0}^{N-1} w(m,n) C_{m,n} \cos\left[\dfrac{\pi m(2i+1)}{2M}\right] \cos\left[\dfrac{\pi n(2j+1)}{2N}\right], & 0 \leqslant i \leqslant M-1, \\ & 0 \leqslant j \leqslant N-1 \\ 0, & \text{其他} \end{cases} \quad (8.36)$$

式中，$w(m,n) = w_1(m) w_2(n)$；$w_1(m)$ 和 $w_2(n)$ 的定义如下：

$$w_1(m) = \begin{cases} \dfrac{1}{2}, & m=0 \\ 1, & 1 \leqslant m \leqslant M-1 \end{cases}$$

$$w_2(n) = \begin{cases} \dfrac{1}{2}, & n=0 \\ 1, & 1 \leqslant n \leqslant N-1 \end{cases} \quad (8.37)$$

上述余弦变换和逆变换可以应用于泊松方程的求解。将式（8.17）的解 $\psi_{i,j}$ 通过系数 $\tilde{\psi}_{m,n}$ 表达成相应的余弦变换：

$$\psi_{i,j} = \frac{1}{MN}\sum_{m=0}^{M-1}\sum_{n=0}^{N-1} w(m,n)\tilde{\psi}_{m,n} \cos\left[\frac{\pi m(2i+1)}{2M}\right] \cos\left[\frac{\pi n(2j+1)}{2N}\right] \quad (8.38)$$

式中，$\tilde{\psi}_{m,n}$ 的定义如式（8.36）所示。将式（8.38）代入离散形式的泊松方程（8.17）得到缠绕相位和解缠相位之间的线性函数：

$$\hat{\psi}_{i,j} = \frac{\hat{\rho}_{i,j}}{2\cos(\pi i/M) + 2\cos(\pi j/N) - 4} \quad (8.39)$$

对式（8.39）作 DCT 逆变换，则得到解缠相位的估算值。其对应的边界条件为

$$\begin{cases} \psi_{0,j} - \psi_{-1,j} = 0 \\ \psi_{M,j} - \psi_{M-1,j} = 0, & 0 \leqslant j \leqslant N-1 \\ \psi_{i,0} - \psi_{i,-1} = 0 \\ \psi_{i,N} - \psi_{i,N-1} = 0, & 0 \leqslant i \leqslant M-1 \end{cases} \quad (8.40)$$

具体的实施步骤如下：

（1）由式（8.18）计算 $\rho_{i,j}$ 的值；

（2）对 $\rho_{i,j}$ 执行 DCT 变换，得到 $\tilde{\rho}_{i,j}$；

（3）依据式（8.39）计算 $\hat{\psi}_{i,j}$；

（4）对 $\hat{\psi}_{i,j}$ 执行二维 DCT 逆变换求解 $\psi_{i,j}$。

基于 DCT 的最小二乘法与基于 FFT 的最小二乘法十分相似。它们的运算速度基本一致，解缠结果也十分接近，当参与运算的数据格网大小为 $M \times N$ 时，M、N 也均要求为 2 的幂次。

4）无权多级格网法

Gauss-Seidel 松弛迭代法是一种平滑算子，能快速消除高频信息，而尽可能地保留低频信息。多级格网算法利用其平滑特性，将其应用于不同级别的格网，既可以快速地求解解缠相位，也可以过滤相应的误差，以更具实用性的方式实现干涉相位的解缠（Ghiglia and Pritt，1998）。

多级格网算法主要优点包括：①速度快，适用于大格网数据；②不限制数据格网边大小为 2 的幂；③可有效处理边界问题；④可应用于非线性偏微分方程的求解。

下面将结合图 8.10 说明多级格网算法的基本操作步骤：

（1）如图 8.10 所示，格网 A 为原始干涉相位，像元 a 为其中一个留数点，对其执行 Gauss-Seidel 松弛迭代法后，更新格网 A 的相位值，此时作为高频信息的留数点已在一定程度上被平滑过滤；

（2）将更新后的格网 A 重采样至粗格网 B，残余在像元 a 处的留数点信息将会传递给像元 b，此时可再次执行 Gauss-Seidel 松弛迭代法将其平滑过滤；

（3）以同样的方式更新格网 B，重采样至最粗格网 C 并执行 Gauss-Seidel 松弛迭代法，获取最优化的解缠相位信息；

（4）将更新后格网 C 的相位信息逐级重采样至格网 B、格网 A，求解出解缠相位。

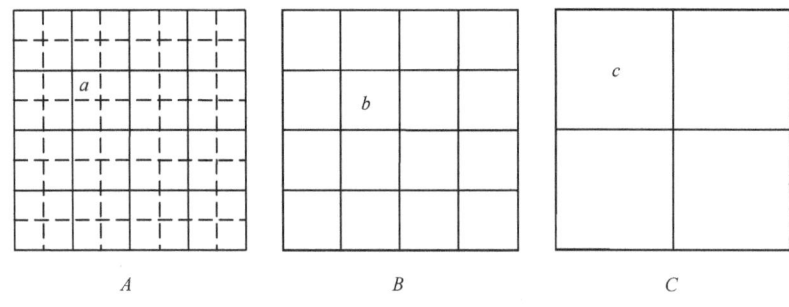

图 8.10 平面展开的格网金字塔

上述将细格网转换至粗格网的系列操作称作"限制"，而将粗格网转换至细格网的系列操作称作"延拓"。在实际应用中，可采用多种策略组织"限制"和"延拓"操作，因此衍生出多种多级格网算法。

多级格网算法的核心思想为：将误差的低频成分转换为高频成分，再通过 Gauss-Seidel 松弛迭代算法将其消除。粗格网中的低采样率增加了残留误差的空间频率，因此

"限制"操作的结果是将细格网的全局信息转变为粗格网中的局部信息。若将格网视为滤波器，那么不同的格网便可将不同频段的误差过滤掉，从而获得正确解。

尽管无权多级格网法具有较快的解缠速度，但它并不绕过留数点，而是直接穿过留数点。因此，残余误差将会传递给解缠相位，尤其是在留数点附近，甚至可以传播至更远处。最终导致相位梯度值的过低估计，使得相位梯度差呈现出较差的拟合度。这一缺陷可以通过在最小二乘解缠算法中引入加权策略予以改善。

2. 加权最小二乘法

无权最小二乘算法以直接穿过留数点的方式，将误差传播给解缠相位。而加权最小二乘算法通过引入质量图、掩膜等先验信息，为干涉相位中由叠掩、失真以及量测误差等因素产生的"低"质量区域赋低权或零权，尽可能地避免噪声传递，从而获取正确的解缠相位值。

一般来说，权重$w_{i,j}$的取值范围是$[0,1]$，可由相位质量图或其他先验知识所确定。引入权重后，最小化梯度差异问题演变为求解下式的最小值：

$$\varepsilon^2 = \sum_{i,j} U_{i,j}(\psi_{i+1,j} - \psi_{i,j} - \Delta_{i,j}^y)^2 + \sum_{i,j} V_{i,j}(\psi_{i,j+1} - \psi_{i,j} - \Delta_{i,j}^x)^2 \tag{8.41}$$

式中，权重$U_{i,j}$和$V_{i,j}$定义如下：

$$U_{i,j} = \min(w_{i+1,j}^2, w_{i,j}^2), \quad V_{i,j} = \min(w_{i,j+1}^2, w_{i,j}^2) \tag{8.42}$$

式（8.41）的最小二乘解$\psi_{i,j}$满足下式：

$$U_{i,j}(\psi_{i+1,j} - \psi_{i,j}) - U_{i-1,j}(\psi_{i,j} - \psi_{i-1,j}) + V_{i,j}(\psi_{i,j+1} - \psi_{i,j}) - V_{i,j-1}(\psi_{i,j} - \psi_{i,j-1}) = c_{i,j} \tag{8.43}$$

式中，$c_{i,j}$为加权相位拉普拉斯算子，其定义为

$$c_{i,j} = U_{i,j}\Delta_{i,j}^x - U_{i-1,j}\Delta_{i-1,j}^x + V_{i,j}\Delta_{i,j}^y - V_{i,j-1}\Delta_{i,j-1}^y \tag{8.44}$$

式（8.43）可采用经典的Gauss-Seidel松弛迭代算法求解，其迭代方程为

$$\psi_{i,j} = \frac{U_{i,j}\psi_{i+1,j} + U_{i-1,j}\psi_{i-1,j} + V_{i,j}\psi_{i,j+1} + U_{i,j-1}\psi_{i,j-1} - c_{i,j}}{v_{i,j}} \tag{8.45}$$

式中，$v_{i,j}$定义如下：

$$v_{i,j} = U_{i,j} + U_{i-1,j} + V_{i,j} + V_{i,j-1} \tag{8.46}$$

下面将结合无权最小二乘算法，推导加权最小二乘求解解缠相位的线性矩阵表达式。通用观测方程可表达为

$$\boldsymbol{Ax} = \boldsymbol{b} \tag{8.47}$$

求解其最小二乘解等效于求解正交方程：

$$A^T A x = A^T b \tag{8.48}$$

将最小二乘问题应用至相位解缠时，x 则指代真实相位矢量，b 是包含缠绕相位差分的矢量，而 T 表示矩阵转置操作。将式（8.48）重写后，可得

$$P\psi = \rho \tag{8.49}$$

式中，$P = A^T A$，$\rho = A^T b$，在执行迭代运算时，将作为已知数被代入。同时，式（8.49）等效于对真实相位和缠绕相位差分执行离散的拉普拉斯操作。

对式（8.47）引入权后，得到

$$WAx = Wb \tag{8.50}$$

式中，W 为权值。与式（8.48）相应，采用最小二乘的方式求解式 $WAx = Wb$ 中未知数 x 的正交方程演变为

$$A^T W^T W A x = A^T W^T W b \tag{8.51}$$

定义 $Q = A^T W^T W A$，$\bar{b} = W^T W b$，将其代入式（8.51），得到

$$Qx = A^T \bar{b} \tag{8.52}$$

若再将 $c = A^T \bar{b}$ 代入式（8.52），并用 ϕ 替代 x 可得

$$Q\phi = c \tag{8.53}$$

式（8.52）中的 $\bar{b}$ 为加权的相位差分量，而式（8.53）中 c 则为执行了离散拉普拉斯操作的加权相位差分量。该式即为加权最小二乘算法的矩阵描述。

引入权值后，无法直接采用傅里叶变换和余弦变换求解解缠相位。因此，在实际的运算操作中，常常通过某种数学变换，将缠绕相位和解缠相位之间的关系线性化，再采用傅里叶变换或余弦变换计算未知数 ψ 的初始值，最后以迭代循环的方式，快速求解解缠相位。

针对上述思想，多种基于最小二乘的加权算法被衍生出来，其中包括 Picard 迭代法和预处理共轭梯度法。

与基于路径跟踪的相位解缠算法不同，最小二乘算法是根据最小化梯度平方差的原则获取解缠相位。因此，将解缠相位进行重缠绕后，其值可能并不等于初始的缠绕相位。为减少解缠相位误差、保证数据的一致性，可在解缠过程中或结束后，引入一种后续操作来消除重缠绕相位与干涉相位的不一致性。该后续操作可被称为一致性操作，其主要思想与 Flynn 最小不连续算法类似，它通过计算水平和垂直跃变数的方式，求解当前解缠相位中错误分配的 2π 整数倍，并对其进行修正。

8.3.3 网络流算法

当缠绕相位图的数据质量较好时,基于路径跟踪和基于最小二乘的相位解缠算法均可以高效地恢复解缠相位。然而,当留数点较多时,这两类算法的解缠结果往往被引入过多误差,导致其严重偏离真实相位。但是,对一幅数据质量非常差的缠绕相位图进行解缠时,采用寻求最优解的网络流算法,便可获取更为精确的解缠结果。Costantini 于 1996 年提出的基于网络规划的相位解缠算法,将相位解缠问题转换成计算最小成本的网络流问题,通过最小化解缠相位离散偏导数和缠绕相位离散偏导数之差,来限制低质量区域相位误差的传递,从而求取全局最优解(Costantini,1998;于勇,2002;于勇等,2003)。

网络流算法主要包括:①基于规则网络的相位解缠算法;②基于不规则网络的相位解缠算法。本节主要介绍基于规则网络的最小费用流算法(minimum-cost flow algorithm)。

1. 算法原理

假设缠绕相位图大小为 $M \times N$,$\psi_{i,j}$ 为真实相位,$\phi_{i,j}$ 为缠绕相位,最小化解缠相位离散偏导数和缠绕相位离散偏导数之差,即求解下式(Costantini,1998):

$$\text{Min}\left\{\sum_{i=0}^{M-2}\sum_{j=0}^{N-1}\left|\psi_{i+1,j}-\psi_{i,j}-\Delta^y\phi_{i,j}\right|+\sum_{i=0}^{M-1}\sum_{j=0}^{N-2}\left|\psi_{i,j}-\psi_{i,j+1}-\Delta^x\phi_{i,j}\right|\right\} \tag{8.54}$$

式中,$\Delta^x\phi_{i,j}$,$\Delta^y\phi_{i,j}$ 为缠绕相位行方向和列方向第 i 行、第 j 列的离散偏导数。

假定下式成立:

$$\varphi_{i,j}^x = \Delta^x\phi_{i,j} + 2\pi n_{i,j}^x \tag{8.55}$$

$$\varphi_{i,j}^y = \Delta^y\phi_{i,j} + 2\pi n_{i,j}^y \tag{8.56}$$

则当相邻像元之间不存在大的跳跃时,作为真实相位第 i 行、第 j 列的离散偏导数 $\Delta^x\psi_{i,j}$ 和 $\Delta^y\psi_{i,j}$,可依据式(8.55)和式(8.56)来估计,即 $\Delta^x\psi_{i,j}=\varphi_{i,j}^x$,$\Delta^y\psi_{i,j}=\varphi_{i,j}^y$,也就是说,真实相位离散偏导数为缠绕相位离散偏导数与 2π 整数倍的和。其中,$n_{i,j}^x$ 和 $n_{i,j}^y$ 根据先验知识选取。

然而,由于 $\phi_{i,j}$ 是有旋场,$\Delta^x\psi_{i,j}=\varphi_{i,j}^x$,$\Delta^y\psi_{i,j}=\varphi_{i,j}^y$ 两式对于部分像元并不成立。因此,相位解缠问题就转化为求解离散偏导数的残差问题,即求解下式中的 $k_x(i,j)$ 和 $k_y(i,j)$:

$$\begin{cases} k_x(i,j) = [\Delta^x\psi_{i,j} - \varphi_{i,j}^x]/(2\pi) \\ k_y(i,j) = [\Delta^y\psi_{i,j} - \varphi_{i,j}^y]/(2\pi) \end{cases} \tag{8.57}$$

显然，所有的 $k_x(i,j)$ 和 $k_y(i,j)$ 绝对值之和应当最小，即满足下式：

$$\text{Min}\left\{\sum_{i=0}^{M-2}\sum_{j=0}^{N-1}c_y(i,j)|k_y(i,j)|+\sum_{i=0}^{M-1}\sum_{j=0}^{N-2}c_x(i,j)|k_x(i,j)|\right\} \tag{8.58}$$

式中，$c_x(i,j)$ 和 $c_y(i,j)$ 为加权函数。同时，对于一个正确的相位场，真实相位离散偏导数应当是无旋的，即满足下式：

$$\Delta^x\psi_{i,j+1}-\Delta^x\psi_{i,j}=\Delta^y\psi_{i+1,j}-\Delta^y\psi_{i,j} \tag{8.59}$$

依据式（8.59），可推算得到如下约束条件：

$$k_x(i,j+1)-k_x(i,j)-k_y(i+1,j)-k_y(i,j)=-\frac{1}{2\pi}[\varphi_{i,j+1}^x-\varphi_{i,j}^x-\varphi_{i+1,j}^y-\varphi_{i,j}^y] \tag{8.60}$$

式中，对于整数 $k_x(i,j)$，i 和 j 满足 $0\leq i\leq M-1$，$0\leq j\leq N-2$；对于整数 $k_y(i,j)$，i 和 j 满足 $0\leq i\leq M-2$，$0\leq j\leq N-1$。

式（8.58）~式（8.60）所述问题为非线性最小化问题，可以将其转化为线性问题，以便提高运算效率。

设变量 $x_1^+(i,j)$，$x_1^-(i,j)$，$x_2^+(i,j)$ 和 $x_2^+(i,j)$ 的计算表达式为

$$\begin{cases} x_1^+(i,j)=\max(0,k_y(i,j)),\quad x_1^-(i,j)=\min(0,k_y(i,j)) \\ x_2^+(i,j)=\max(0,k_x(i,j)),\quad x_2^-(i,j)=\min(0,k_x(i,j)) \end{cases} \tag{8.61}$$

求解 $k_x(i,j)$ 和 $k_y(i,j)$ 的问题便转换为求解 $x_1^+(i,j)$，$x_1^-(i,j)$，$x_2^+(i,j)$ 和 $x_2^-(i,j)$，即

$$\text{Min}\left\{\sum_{i=0}^{M-2}\sum_{j=0}^{N-1}c_y(i,j)[x_1^+(i,j)+x_1^-(i,j)]+\sum_{i=0}^{M-1}\sum_{j=0}^{N-2}c_x(i,j)[x_2^+(i,j)+x_2^-(i,j)]\right\} \tag{8.62}$$

其约束条件为

$$\begin{aligned}&x_1^+(i,j+1)-x_1^-(i,j+1)-x_1^+(i,j)+x_1^-(i,j)\\&\quad-x_2^+(i+1,j)+x_2^-(i+1,j)+x_2^+(i,j)-x_2^-(i,j)\\&=-\frac{1}{2\pi}[\varphi_{i,j+1}^x-\varphi_{i,j}^x-\varphi_{i+1,j}^y-\varphi_{i,j}^y]\end{aligned} \tag{8.63}$$

在网络优化中，存在解决该线性最小化问题的算法——最小费用流算法。图 8.11 所示的规则格网中，带"＋""－"符号的圆圈代表网络流的发点和收点；空心圆圈代表网络流中的结点；箭头表示流入或流出某结点的流方向；$x_1^+(i,j)$，$x_1^-(i,j)$，$x_2^+(i,j)$ 和 $x_2^-(i,j)$ 表示流入或流出某结点的流大小；接地位置表示图像边界，即允许各结点同边界相连；同时，每个流的单位费用为加权系数 $c_x(i,j)$ 和 $c_y(i,j)$（Costantini，1998；于勇，2002；刘志铭，2004）。

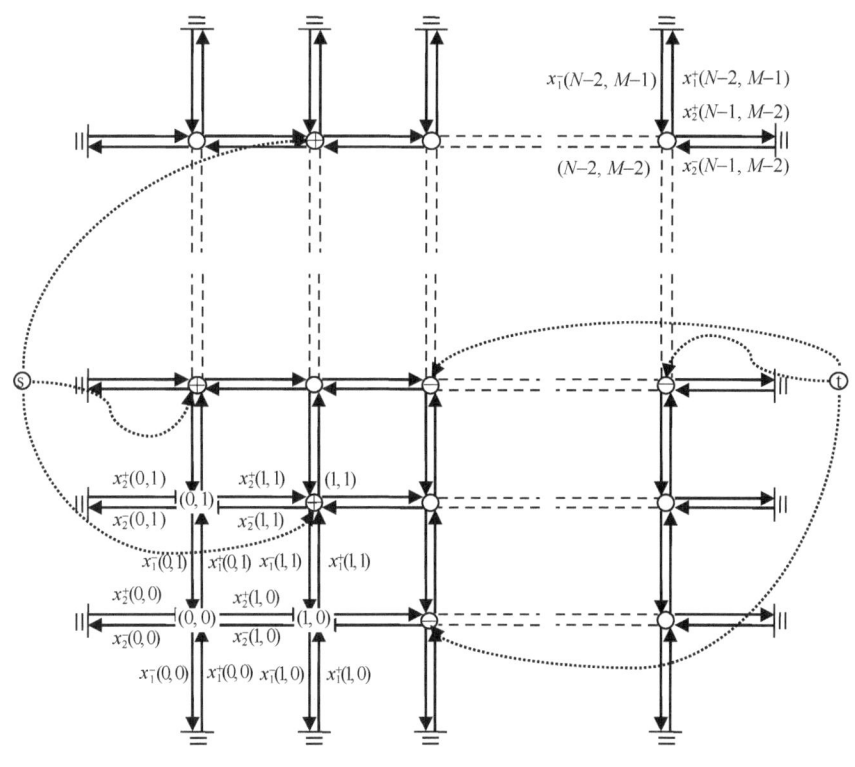

图 8.11 最小费用流图解

最小费用流问题的输入为各结点的度和每条流的单位费用,而相应的输出为各条流的流量且费用和最小。其中各结点的度主要代指留数点的电荷量,每条流的单位费用则代指相干系数。目前求解最小费用流问题的主要算法有原始对偶算法、瑕疵算法、松弛算法和网络单纯形算法等。通过已有的最小费用流算法计算出 $x_1^+(i,j)$, $x_1^-(i,j)$, $x_2^+(i,j)$ 和 $x_2^-(i,j)$ 后,可推导出 $k_x(i,j)$ 和 $k_y(i,j)$,再依据式(8.57)和式(8.58)计算出 $\Delta^x\psi_{i,j}$ 和 $\Delta^y\psi_{i,j}$,最终通过积分下式,可求得真实相位 $\psi_{i,j}$:

$$\psi_{i,j} = A + \sum_{x=0}^{i-1}\Delta^x\psi(x,0) + \sum_{y=0}^{j-1}\Delta^y\psi(i,y) \qquad (8.64)$$

式中,A 为常量;i 和 j 满足 $0 \leqslant i \leqslant M-1$,$0 \leqslant j \leqslant N-1$。

2. 最小费用流

最小费用流可以这样描述:设网络中有 n 个点,$x_{i,j}$ 为弧 (i,j) 上的流量,$u_{i,j}$ 为弧 (i,j) 的容量,$c_{i,j}$ 为在弧 (i,j) 上通过单位流量时的费用,s_i 代表第 i 点的可供量和需求量。当 i 为发点时,$s_i > 0$;当 i 为收点时,$s_i < 0$;当 i 为中转点时,$s_i = 0$。当网络供需平衡时 $\left(\sum s_i = 0\right)$,将各发点物资调运到各收点(或各发点按最大流量调运到各收点),且使总费用最小的问题,可归结为如下线性模型:

$$\text{Min}\left\{z=\sum_{i=1}^{n}\sum_{j=1}^{n}c_{i,j}x_{i,j}\right\} \quad (8.65)$$

其中的限制条件为

$$\begin{cases}\sum_{j=1}^{n}x_{i,j}-\sum_{k=1}^{n}x_{k,i}=s_i,\ i=1,\cdots,n \\ 0\leqslant x_{i,j}\leqslant u_{i,j}\end{cases} \quad (8.66)$$

求解最小费用流时，一方面仍通过寻找增广链（所谓增广链，指某可行流上，沿着从始点到终点的某条链调整各弧上的流量，可以使网络的流量增大，得到一个比原可行流流量更大的可行流）来调整流量，并判别是否达到最大流量；另一方面为了保证每步调整的流量花费的费用最少，需要找出每一步费用最小的增广链，以保证最终给出的最大流量费用最少。

因此，求最小费用流的步骤可归结如下（胡运权，2008）。

（1）从零流 x_0 开始，且 x_0 是可行流，也是相应的流量为 0 时，费用最小的流。

（2）对可行流 x_k 构造加权网络 $W(x_k)$，具体方法是：

①对于 $0<x_{i,j}<u_{i,j}$ 的弧 (i,j)，当其为正向弧时，通过单位流的费用为 $c_{i,j}$，当其为反向弧时，通过单位流的费用为 $c_{j,i}=-c_{i,j}$，即在点 i 和点 j 间分别给出弧 (i,j) 和弧 (j,i)，对应权分别为 $c_{i,j}$ 和 $-c_{i,j}$；

②对于 $x_{j,i}=u_{i,j}$ 的弧 (i,j)，因其流量已饱和，无法再被调整，因此在网络中只能作为反向弧出现，故在加权网络 $W(x_k)$ 中只绘制弧 (j,i)，其权为 $-c_{i,j}$；

③对于 $x_{j,i}=0$ 的弧 (i,j)，在网络中只能作为正向弧出现，故在加权网络 $W(x_k)$ 中只绘制弧 (i,j)，其权为 $c_{i,j}$。

（3）在加权网络 $W(x_k)$ 中，寻找费用最小的增广链，即求发点 s 到收点 $t(s\to t)$ 的最短路径，并将该增广链上的流量调整至允许的最大值，得到一个新的流量 x_{k+1}，其值大于 x_k。

（4）重复步骤（2）、（3），一直到在加权网络 $W(x_{k+m})$ 中找不到最短路径增广链，x_{k+m} 即为寻求的最小费用最大流。

下面将结合图 8.11 和图 8.12 说明求解 $s\to t$ 最小费用流的运算过程。如图 8.11 所示，每条弧旁已标记该弧的容量和通过单位流的费用，采用上述方法求解最小费用流的具体步骤为：

（1）从 $x_{i,j}=0$ 开始，构造加权网络 $W(x_0)$，如图 8.12（a）所示，图中 $s\to t$ 的最短路径为 $s\to v_1\to v_3\to t$，根据各弧的容量，可将流量调整到 $x_1=3$，见图 8.12（b）；

（2）构造加权网络 $W(x_1)$，见图 8.12（c），图中 $s\to t$ 的最短路径为 $s\to v_1\to t$，调

整增广链上的流量，使 $x_2 = 5$，见图 8.12（d）；

（3）重复上述过程，因在 $W(x_4)$ 中无法找到 $s \to t$ 的最短路径，故 $x_4 = 12$ 为图 8.12 中 $s \to t$ 的最小费用最大流，见图 8.12（h）。

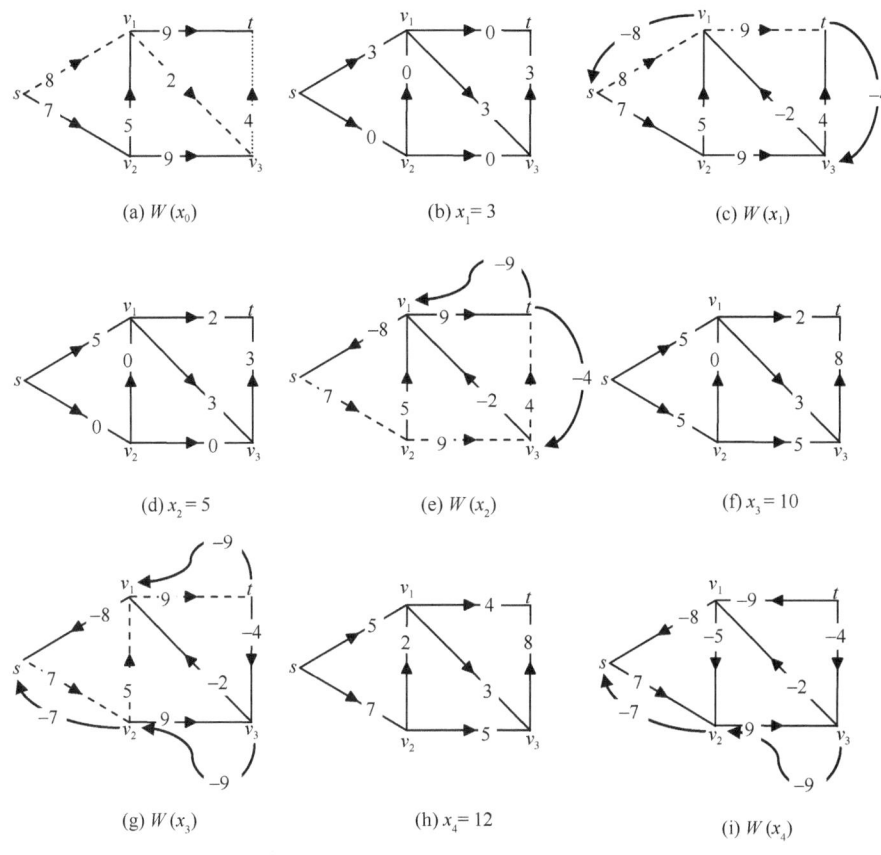

图 8.12　最小费用流求解过程（胡运权，2008）

采用上述方法可以解决经典的单源单汇（一个发点和一个收点）最小费用流问题。而基于最小费用流的相位解缠算法将面临多源多汇（多个发点和多个收点）问题。那么如何将这个多源多汇的最小费用流问题转为单源单汇的最小费用流问题呢？

具体方案是在规则格网中构造两个虚拟结点，如图 8.11 所示，Ⓢ 作为虚拟出发点 s，Ⓣ 作为虚拟终点 t。由出发点 s 到每一个正留数点都设置一条流量上界为 1 的单向弧（见图 8.11 中的虚线有向弧），由每一个负留数点到终点 t 也设置一条流量上界为 1 的单向弧。当正负留数点的个数不相等时，设正留数点的个数为 a，负留数点的个数为 b，若 $a > b$，便设置 $a - b$ 个虚拟负留数点，以保证正负留数点电荷可被平衡，反之亦然。那么发点流向收点的流 $x = \text{Max}(a, b)$。

最终，相位解缠问题被归结为一个单源单汇的最小费用流问题，采用上述的最小费用流算法便可求解出相应的最小费用最大流 $x_{i,j}$。注意，这里 i 和 j 分别表示两个结点，假设结点 i 的坐标为 (p, q)，结点 j 的坐标为 (f, g)，那么一定有 $|p - f| = 1$ 或 $|q - g| = 1$。

将式（8.57）、式（8.58）和式（8.61）作相应变换，可得式（8.67）、式（8.68）和式（8.69）：

$$\Delta^x \psi_{i,j} = \varphi_{i,j}^x + 2\pi k_x(i,j) \tag{8.67}$$

$$\Delta^y \psi_{i,j} = \varphi_{i,j}^y + 2\pi k_y(i,j) \tag{8.68}$$

$$\begin{cases} k_x(i,j) = -x_{i,j} & q-g=1 \\ k_x(i,j) = x_{i,j} & q-g=-1 \\ k_y(i,j) = -x_{i,j} & p-f=-1 \\ k_y(i,j) = x_{i,j} & p-f=1 \end{cases} \tag{8.69}$$

依据式（8.69）可计算出 $k_x(i,j)$ 和 $k_y(i,j)$，再由式（8.67）和式（8.68）两式，求解解缠相位离散偏导数 $\Delta^x\psi_{i,j}$ 和 $\Delta^y\psi_{i,j}$，再将其代入式（8.64），解缠相位 $\psi_{i,j}$ 便可计算出来。

8.4 干涉相位解缠实例及分析

本节主要介绍几种具有代表性的相位解缠算法的应用实例，并对实验结果进行分析评价。这些算法包括 Goldstein 枝切算法（Goldstein brunch-cut algorithm）、基于 DCT 的无权最小二乘法、预处理共轭梯度法，以及基于规则格网的最小费用流算法。

8.4.1 Goldstein 枝切算法

当干涉相位不存在留数点或留数点呈简单直线分布时，采用 Goldstein 枝切算法进行相位解缠即可取得较好的效果。下面将以 8.13（a）所示的直线"剪切线"为例，具体分析 Goldstein 枝切算法的特性。

图 8.13（b）、（c）分别表示直线"剪切线"的缠绕相位和留数点分布。采用 Goldstein 枝切算法对缠绕相位进行解缠后，得到图 8.13（d）中的解缠相位，与之对应的"枝切"分布和误差分布分别表示在图 8.13（e）、（f）中。观察图 8.13 可发现："枝切"正确连接了留数点，确保积分路径不跨越"剪切线"，从而成功恢复绝对相位。

图 8.13（f）为误差分布图，均值为 4.756×10^{-5}，最小、最大误差分别为 0 和 0.024。误差在每个条纹内规律分布，并随缠绕相位值的增加而增加，这是由于在字节型的绝对相位和浮点型的解缠相位间作差值引起的，与算法本身无关。

相位数据中存在一种特殊的留数点对，它们极性相反并且上下或左右相邻，这种留数点被称为偶极子留数点（dipole residues）。在"枝切"的生成过程中，将其识别并标记为"非留数点"，将有效控制随机噪声对相位数据的干扰，增强算法的执行效率。

如图 8.14（a）所示为引入高斯噪声的直线"剪切线"，图 8.14（b）、（d）分别显示该数据的留数点分布和"枝切"线。对比图 8.14（b）、（d）可知，均匀分布在倾斜平面上的偶极子留数点间无"枝切"存在，仅部分靠近直线"剪切线"的留数点参与了"枝切"的生成。这是由于在采用 Goldstein 枝切算法进行相位解缠的过程中，有效处理了

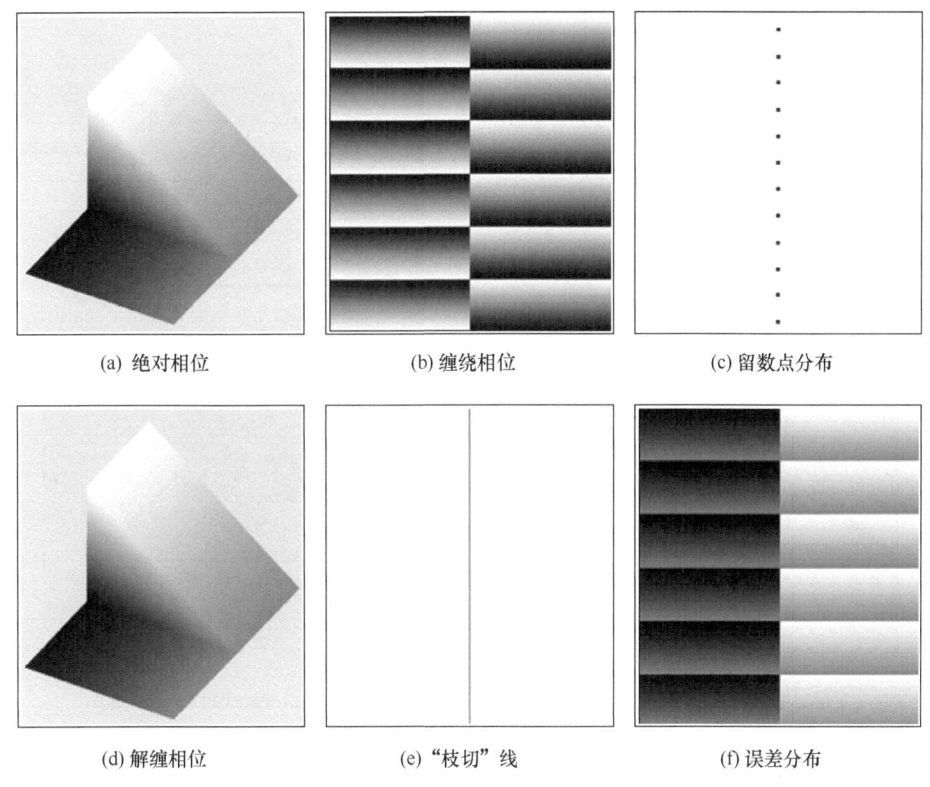

图 8.13 直线"剪切线"相关数据（Ghiglia and Pritt，1998）

偶极子留数点，保证了"枝切"的正确安置。

图 8.14（e）为误差分布图，其中左侧平面的差异均值为 6.305，标准偏差为 0.589，右侧平面的差异均值为 12.551，标准偏差为 0.592。这一结果表明，两个解缠平面与绝对相位之间存在偏移，但它们的相对变化趋势与绝对相位保持一致，均被正确解缠。

将 Goldstein 枝切算法应用于螺旋"剪切线"（图 8.15（a））的缠绕相位（图 8.15（b））时，相位解缠以失败告终。图 8.15（d）所示的解缠相位并未形成螺旋"剪切线"，图 8.15（e）所示的"枝切"也未形成螺旋形，而是根据最邻近原则将所有的留数点连接，阻断正确积分路径，致使解缠相位未能正确恢复。

图 8.15（f）误差分布图中的差异最大值、最小值及均值分别为：50.283、–56.573 和–2.191。由此可推断：仅根据最邻近原则生成"枝切"的 Goldstein 枝切算法无法形成特殊形状的"剪切线"。

将 Goldstein 枝切算法应用于"孤立"相位（图 8.16（a））的缠绕相位（图 8.16（b））时，相位解缠也以失败告终。图 8.16（f）所示的误差分布图显示出解缠相位（图 8.16（d））与绝对相位之间的区域性差异，通过统计分析可知各个区域包含不同的常量。该现象表明：以最邻近原则安置的"枝切"（图 8.16（e））有可能会孤立某些区域，阻止相位信息的正确传递。

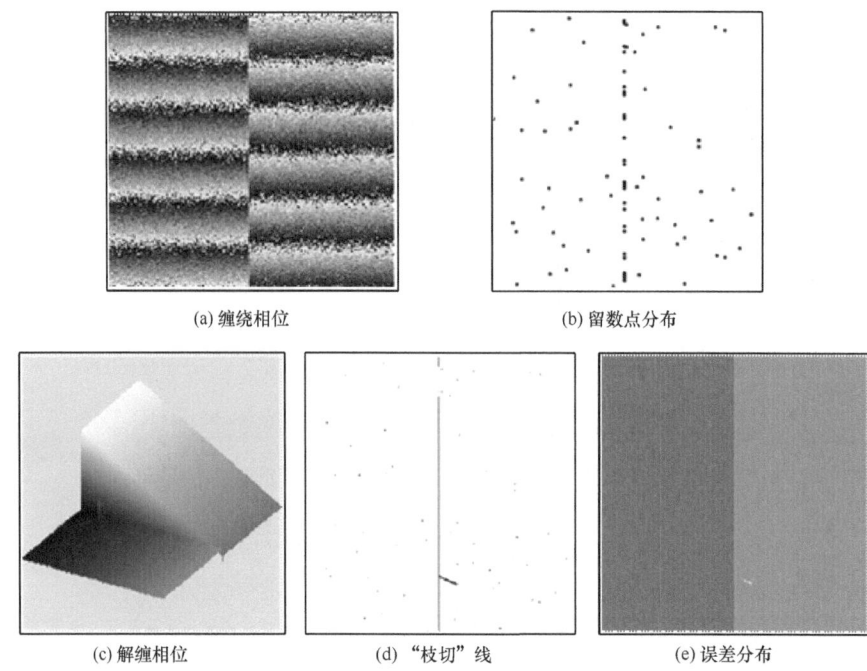

图 8.14 含高斯噪声的直线"剪切线"相关数据(Ghiglia and Pritt,1998)

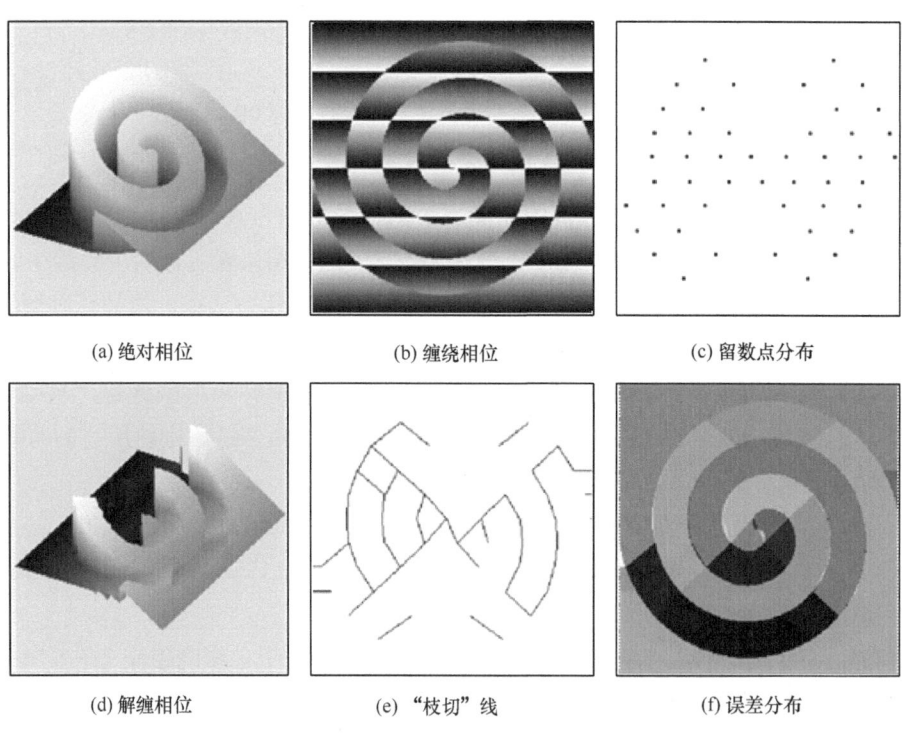

图 8.15 螺旋"剪切线"相关数据(Ghiglia and Pritt,1998)

下面结合实例数据来分析 Goldstein 枝切算法。实验以大小为 2000×2000 的实例数据(图 8.17)作为数据源,在引入相干系数图制作的掩膜文件排除"低"质量像元的干扰后,采用 GAMMA 软件中枝切树解缠算法求解出相应的解缠相位(图 8.18)。

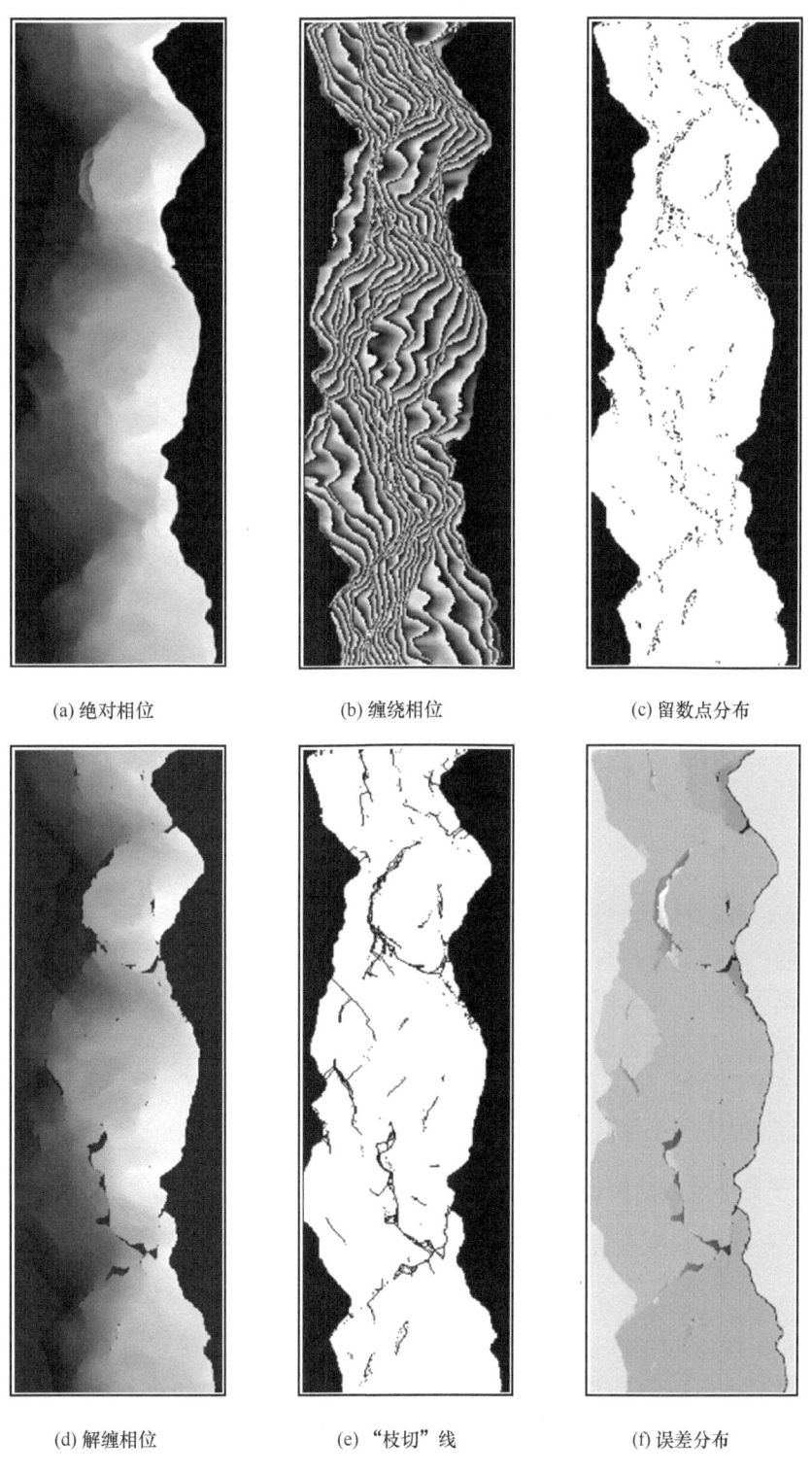

图 8.16 "孤立"相位相关数据（Ghiglia and Pritt，1998）

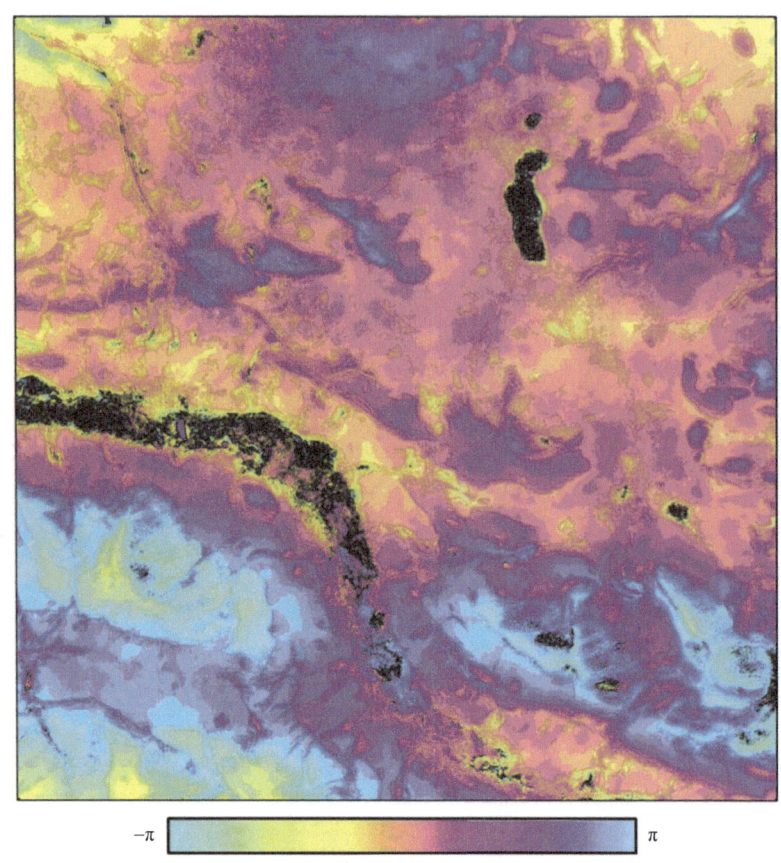

图 8.17 差分干涉相位实例数据

对比干涉相位图和"枝切"分布图（图 8.19），在"低"质量相位被掩膜排除后，部分区域的"枝切"分布与干涉相位的密集条纹分布保持一致，符合地表信息的急速变化引起相位失真的现象。同时对比干涉相位图、枝切分布图和解缠相位图可知，部分区域被错误安置的枝切所孤立，未能获取连续的解缠相位。

由实验分析可知，Goldstein 枝切算法的执行速度非常快，但可能因为"枝切"的错误安置，而形成某些孤立区域，最终导致解缠相位包含错误的 2π 整数倍跳变。

8.4.2 基于最小范数的解缠算法

1. 基于 DCT 的无权最小二乘算法

当干涉相位几乎不存在任何留数点时，基于 DCT 的无权最小二乘算法将获取精确的解缠相位。图 8.20（a）为模拟的干涉相位，其相位值沿左上至右下的对角线呈周期性变化。对其执行基于 DCT 的无权最小二乘解缠算法后，得到一个倾斜的解缠相位面（图 8.20（b））。对解缠相位的反缠绕相位（图 8.20（c））与缠绕相位作差后可知：基于 DCT 的无权最小二乘算法精确求解了该"斜面"的解缠相位值。

然而，将基于 DCT 的无权最小二乘算法应用于包含大量留数点的缠绕相位解缠时，求解精度会相对降低。

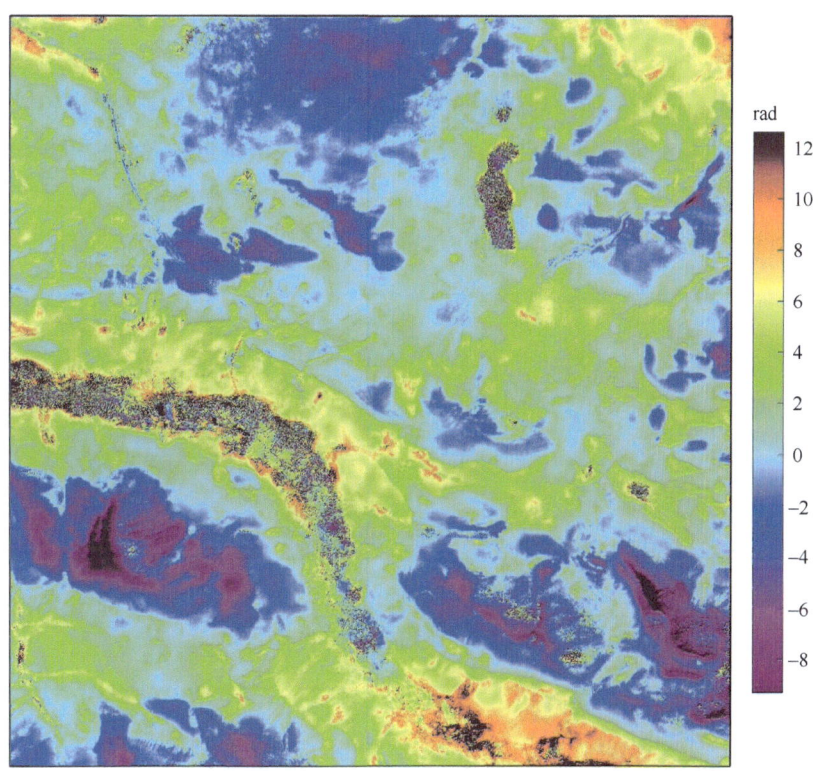

图 8.18 实例数据解缠相位

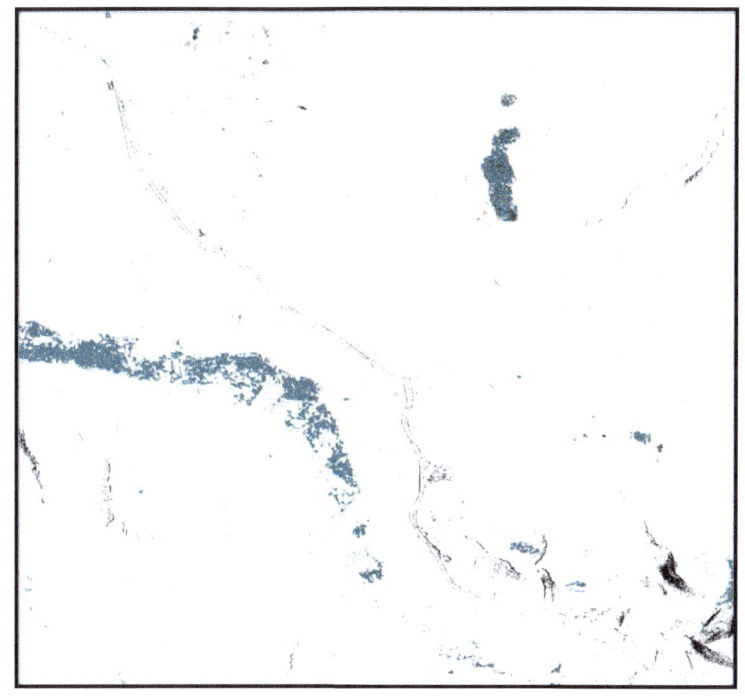

图 8.19 实例数据"枝切"分布

对图 8.20（a）零噪声干涉相位添加一个均匀的矩形斑块噪声，局部放大图如图 8.21（a）所示。采用基于 DCT 的无权最小二乘算法对其进行相位解缠后，再执行反缠绕操作，得到图 8.21（b）的反缠绕相位图。对比图 8.22（a）、（b）可知：与缠绕相位相比，反缠绕相位在噪声附近的条纹向其两侧扩展，并且距离噪声区域越近，条纹扩展现象越明显。由此可知：①噪声对基于 DCT 的无权最小二乘算法解缠结果的影响具有区域性；②有必要生成反缠绕相位图来进行定性和定量地分析缠绕相位与反缠绕相位间的细微差异。

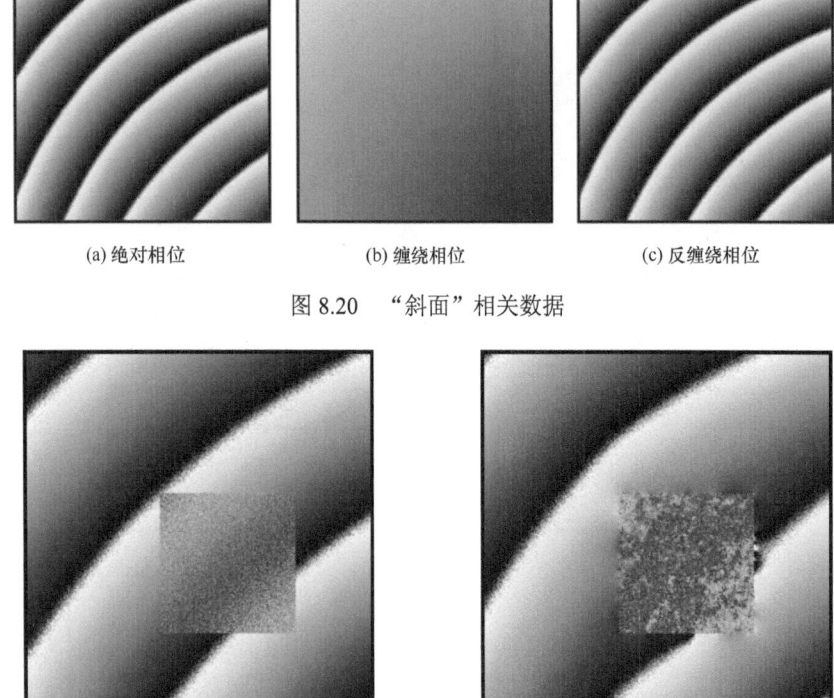

(a) 绝对相位　　　　　　(b) 缠绕相位　　　　　　(c) 反缠绕相位

图 8.20　"斜面"相关数据

(a) 缠绕相位　　　　　　(b) 反缠绕相位

图 8.21　局部放大的"斜面"相关数据

将基于 DCT 的无权最小二乘算法应用于另一个包含大量斑块噪声的缠绕相位（图 8.22（a））的解缠，经反缠绕操作后，可得到图 8.22（b）的反缠绕相位图。对比观察图 8.22（a）、（b）可知，与缠绕相位相比，反缠绕相位条纹数明显减少。这意味着反缠绕相位拥有比原始缠绕相位更少的 2π 整数倍跳变，解缠相位拥有比真实相位更为平滑的估算值。引起该现象的原因是，基于 DCT 的无权最小二乘算法的平滑特性将噪声平均分配至整幅解缠相位图。

2. 预处理共轭梯度法

在采用预处理共轭梯度法求解真实相位时，引入 8.3.2 小节中所述的一致性操作，将有效提高缠绕相位与反缠绕相位的一致性，从而提高解缠精度。

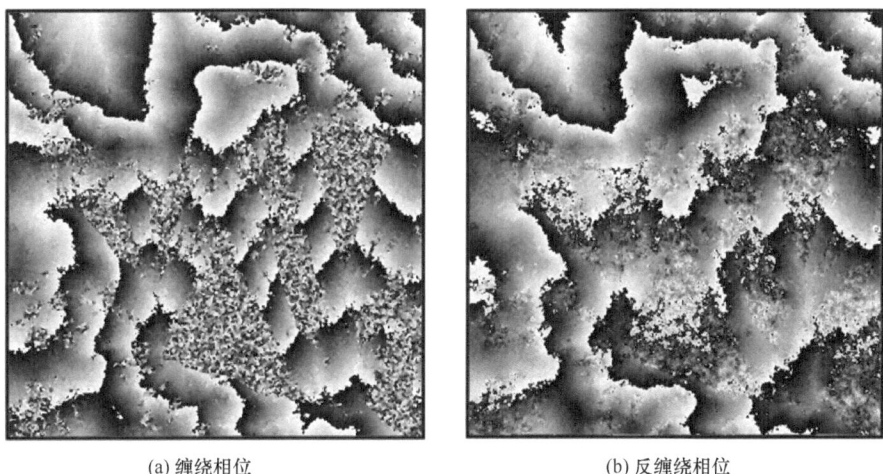

(a) 缠绕相位　　　　　　　　　　　　(b) 反缠绕相位

图 8.22　包含斑块噪声的相位相关数据（Ghiglia and Pritt，1998）

将共轭梯度法应用于图 8.23（b）所示的"长条纹"干涉相位图时，执行 20 次迭代循环后，可获得精确的解缠相位。对比执行一致性操作前后的误差分布图 8.24（a）、(b)可知，一致性操作消除了与留数点分布不一致的离散点状误差，确保误差集中分布于相位剧烈变化的区域。

图 8.25（a）、（b）、（c）分别显示采用共轭梯度法解缠"长条纹"干涉相位迭代 5

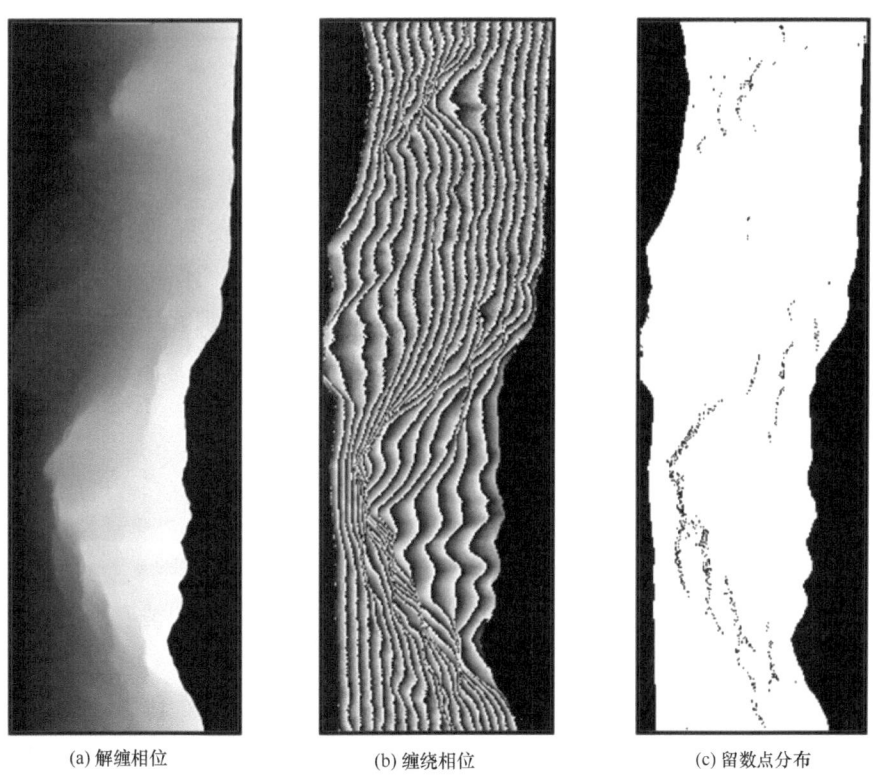

(a) 解缠相位　　　　　　(b) 缠绕相位　　　　　　(c) 留数点分布

图 8.23　"长条纹"干涉相位相关数据（Ghiglia and Pritt，1998）

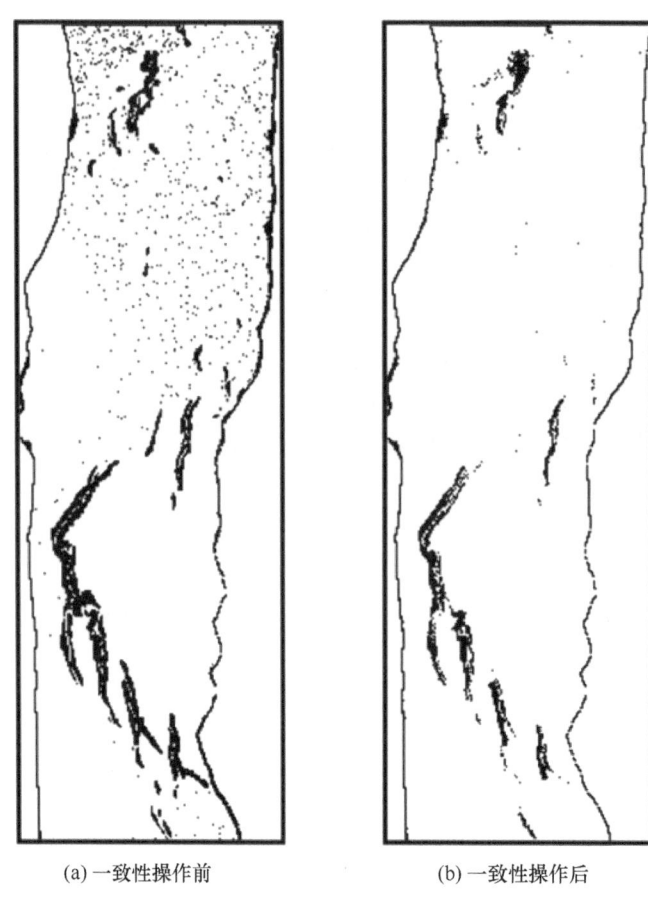

(a) 一致性操作前　　　　　(b) 一致性操作后

图 8.24　一致性操作前后解缠相位的误差分布（20 次循环）

次、10 次、15 次后生成的解缠相位误差分布图（黑色代表误差严重）。对比图 8.25（a）、（b）、（c）可知，随着迭代次数的增加，解缠相位与真实相位之间的差异越来越小，即精度越来越高。但值得注意的是：当算法的迭代次数过多时，图像将被大面积平滑，解缠相位也将越来越偏离真实相位值。因此，在使用共轭梯度法求解真实相位时，必须选择恰当的迭代次数。

8.4.3　基于规则格网的最小费用流算法

本实验仍然以大小为 2000×2000 的实例数据（图 8.17）作为数据源，在引入相干系数（correlation coefficient）图制作的掩膜文件（图 8.26）排除"低"质量像元的干扰后，采用 GAMMA 软件中最小费用流解缠算法求解相应的解缠相位（图 8.27）。相干系数图除被应用于掩膜文件制作外，还被当成单位流通过的费用使用，即被当成权值使用，相干系数越高则相应的权值就越低。

对比图 8.18 和图 8.27 可知，与 Goldstein 枝切算法相比，最小费用流解缠算法的解缠结果保持了全局的平滑性和连续性，尽管低相关区域仍旧会出现跳变，但其幅度却远不及 Goldstein 枝切算法的解缠结果。由此可见，致力于求解最优解的最小费用流解缠算法可以获取更为精确的解缠相位。

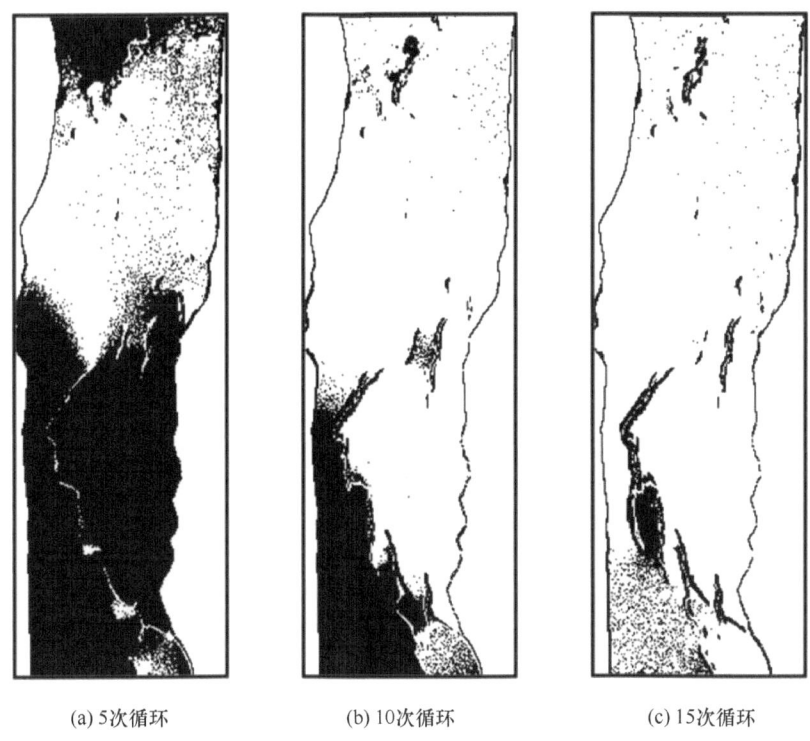

(a) 5次循环　　　　　　(b) 10次循环　　　　　　(c) 15次循环

图 8.25　不同循环次数下解缠相位的误差分布（Ghiglia and Pritt，1998）

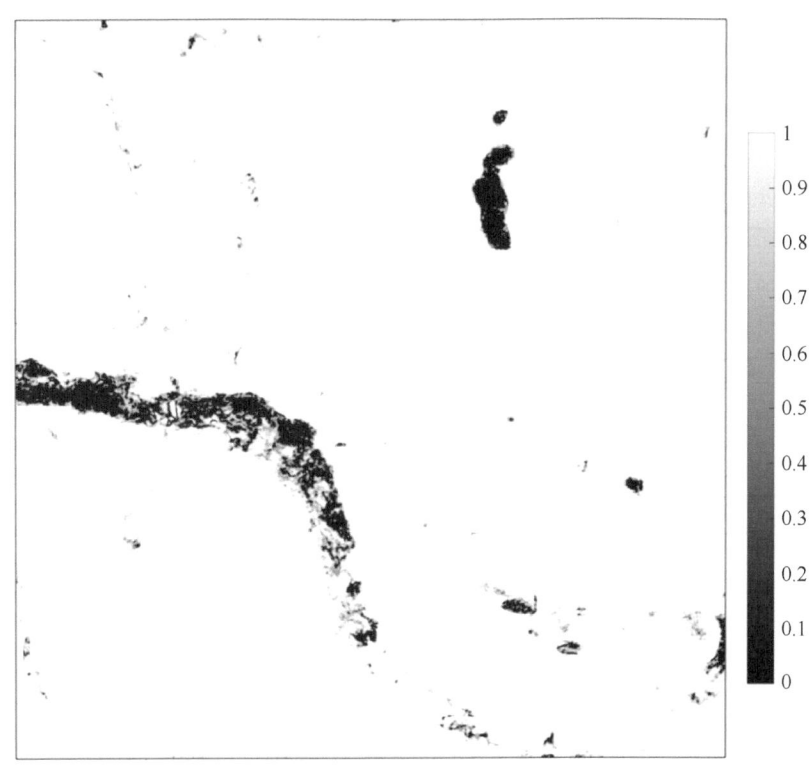

图 8.26　最小费用流掩膜图

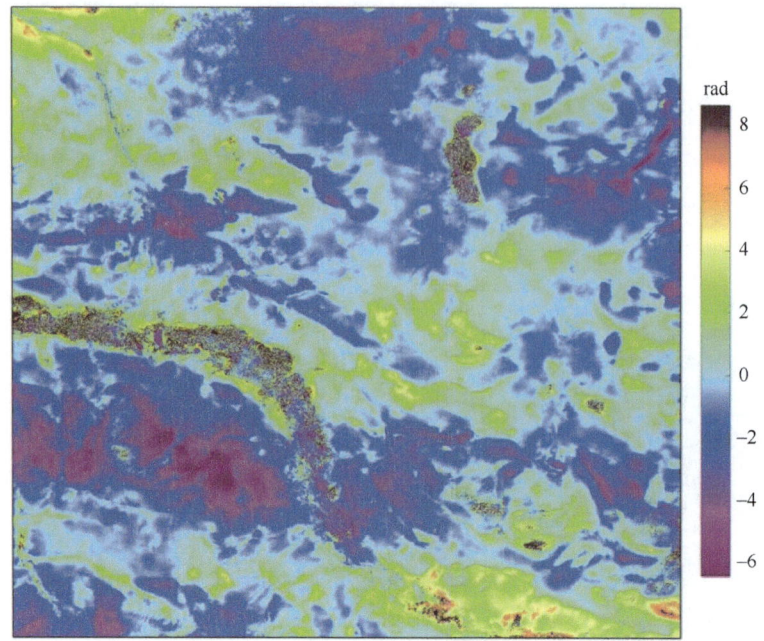

图 8.27　解缠后相位图

思考题

1. 请解释什么是留数定理，并配图说明留数点探测的具体过程是什么？
2. 相位解缠算法中常引入质量图以提高解缠的准确性，请简述四类质量图的定义及计算方法。
3. 基于路径跟踪的解缠算法主要有哪几种？请分别简述其原理。
4. 无权最小二乘法相位解缠主要包含哪几种方法？请分别简述其解缠思想。
5. 请简述基于规则网络的最小费用流相位解缠算法的实现步骤。

第 9 章 合成孔径雷达干涉地形三维重建

正如 1.2 节中所述，美国的 Rogers 和 Ingalls 于 1969 年利用雷达干涉对金星表面进行三维重建观测（Rodgers and Ingalls，1969），但这并不是真正意义上的 InSAR，因为该实验所使用的是真实孔径的地面雷达系统。美国 NASA 的 Graham 于 1974 年发表了关于使用 InSAR 对地球表面形状进行测量的构想（Graham，1974），但是，在此后的十多年间，基于 InSAR 的地形三维重建研究进展较为缓慢。1986 年，美国 JPL 的 Zebker 和 Goldstein（1986）等开展了机载 InSAR 地形三维重建的实验研究，获取了美国旧金山海湾地区的三维地形数据，这标志着 InSAR 技术在地形测绘中的首次成功应用。自上世纪 90 年代以来，随着多分辨率、多波段（X/C/L 波段）卫星 SAR 系统的不断升空（Moreira et al.，2013），国际上诸多研究机构发表了一系列 InSAR 地形三维重建的理论与实验研究结果，持续推动了 InSAR 平台系统的全面升级与应用工作的不断拓展。进入 21 世纪以来，美国和德国先后实施了国际上最具影响的两大 InSAR 全球地形三维重建计划，即美国实施的 SRTM 计划（Rabus et al.，2003；Farr et al.，2007）和德国实施的 Terrafirma 计划（Adam and Parizzi，2009）。

相对于其他地形三维重建方法，InSAR 具有许多独特的技术优势。前已述及，InSAR 使用波长较长的微波进行地表探测，相对于可见光航天遥感和航空摄影测量技术来说，不易受到云、雾、雨、雪等恶劣天气的影响，并能够全天候、全天时获取影像和开展地形测绘。此外，相对于机载 LiDAR 点云三维重建来说，卫星 SAR 覆盖范围广，能够一次性获取大范围影像数据和进行地形三维重建，因此成本较之 LiDAR 更低。目前卫星 SAR 影像时间分辨率一般在 20 天以内，可满足对区域地形数据及时更新的需求，这是传统测绘方法获取地形数据所难以做到的。因此，在综合考虑经济成本和精度的前提条件下，利用 InSAR 技术进行大范围乃至全球的地形三维重建是最佳途径之一。

考虑到第 3 章已对利用 InSAR 进行地形三维重建的基本原理和关键技术进行了描述，本章将着重对 InSAR 地形三维重建的数据处理流程和误差分析进行详细的介绍，最后以 2010 年西藏林芝地区 TSX/TDX 实验数据为例，展示 InSAR 技术进行地形三维重建的数据处理基本思路与数据处理流程。

9.1 InSAR 地形三维重建方法

从摄影测量的角度来看，利用影像来提取目标的高程信息，必须采用不同摄影角度的两张影像基于空间立体交会的方式进行三维重建。而利用 InSAR 技术来提取地表高程信息，同样需要获取同一地区的两幅 SAR 影像。所不同的是，InSAR 主要根据雷达回波相位信息而非灰度信息提取地表高程（Bamler and Hartl，1998）。SAR 影像的获取大致分为机载 SAR 与星载 SAR 两种。机载 SAR 系统通常是两幅雷达天线以一定间距分开安装在飞机上，同步进行观测（单轨道双天线模式）；星载 SAR 通常是卫星以一定时间间隔和微小的轨道偏离，在两次成像期间进行重复观测（单天线重复轨道模式）。

InSAR 技术通过相位信息来获取地表高程信息的原理已在第 3 章详细阐述。当地表在两次成像期间没有形变时，可认为 SAR 影像的干涉相位主要由参考椭球面相位、地形起伏相位、大气延迟相位和噪声相位组成。InSAR 进行地形三维重建的基本原理就是通过将地形起伏相位与其他三种相位进行分离，然后基于"相位-地形"转换模型实现地形的三维重建。

其中，参考面相位可以通过第 6 章所阐述的利用轨道信息和 SAR 成像几何模型来进行计算并去除，大气延迟相位和噪声相位可利用第 7 章中介绍的干涉相位滤波方法进行抑制。

扣除参考面相位、大气延迟相位和噪声相位之后就得到了地形起伏相位，如图 9.1 所示为西藏自治区林芝市南部区域的干涉去平地相位图。可以看出，随着地形起伏的变化，条纹密度也相应有着明显变化：地表坡度大的区域，干涉条纹较为密集；而坡度小

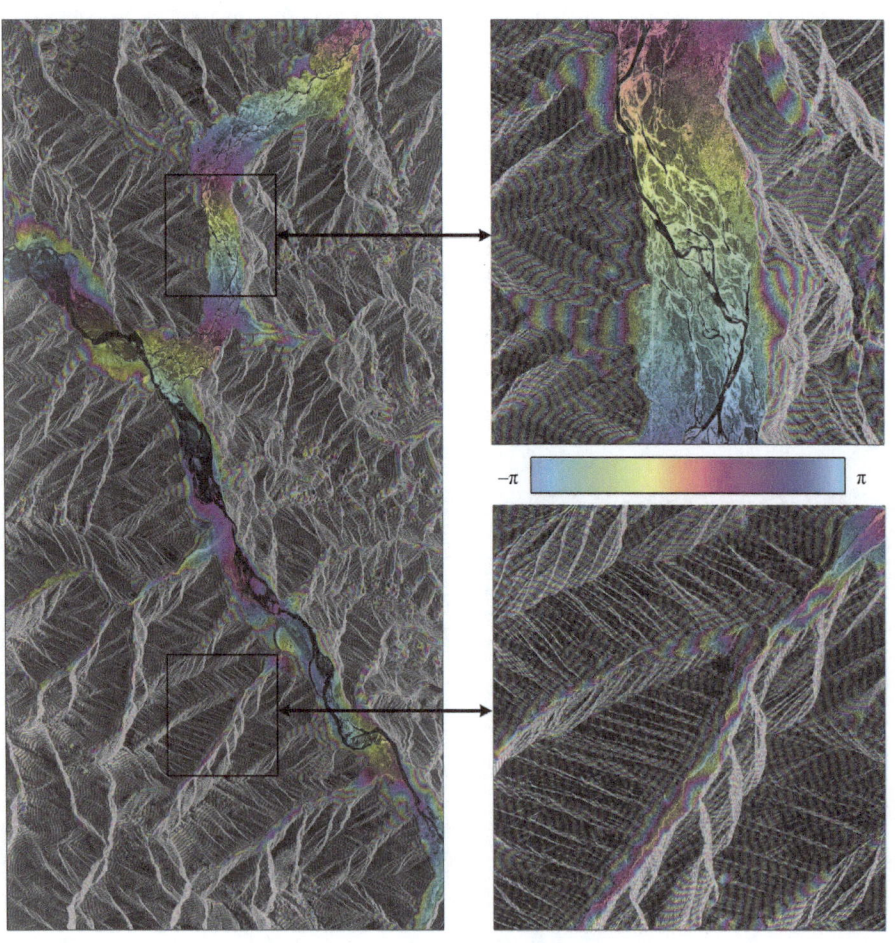

图 9.1 TSX/TDX 干涉去平地相位图

的区域，条纹相对稀疏。且干涉图中相位呈周期性变化，每一个周期为一个条纹，对应 2π 弧度的相位变化。

每 2π 弧度代表的高程变化与成像干涉对的空间基线、雷达波长等参数有关。3.3 节已经推导出高程对于干涉相位的敏感度模型，即

$$h = -\frac{\lambda}{4\pi}\frac{R_1 \sin(\theta)}{B_\perp}\varphi \tag{9.1}$$

由式（9.1）可知，在卫星参数如波长 λ、侧视角 θ 等固定的情况下，当干涉相位存在一个整周（即 2π）变化时，对应地面高程变换：

$$\Delta h_{2\pi} = -\frac{\lambda}{2}\frac{R_1 \sin(\theta)}{B_\perp} \tag{9.2}$$

式（9.2）反映了 InSAR 干涉相位对于地形的敏感度，其中 $\Delta h_{2\pi}$ 称为模糊高，也就是干涉相位每变化一个周期对应的高程变化。如图 9.1 所示，干涉对垂直基线为 147 m，雷达入射角为 32.96°，波长为 0.031 m，斜距为 600720 m，所以图中一个干涉条纹对应的高程变化约为 34.461 m。需要提及的是，在应用 InSAR 技术进行地形建模时，希望模糊高尽可能小。因为模糊高越小，干涉相位对地形的变化越敏感，即较小的地形起伏便可引起较大的干涉相位变化。根据式（9.2）可知，空间基线的增大可相应地减小模糊高，然而过大的垂直基线又容易引入严重的空间失相关噪声，导致重建的 DEM 精度及可靠性降低。因此，在应用 InSAR 技术进行地表三维重建时，需要折中选择合适的基线长度。例如，对于 ERS-1/2 C 波段 SAR 系统，垂直基线长度在 200~300 m 为宜，这样既能保证干涉相位对测高的敏感度，又可保持较好的干涉相干性（Hanssen，2001）。

理论上，若已知干涉图中参考点的绝对高程信息，就可通过高程敏感度和干涉条纹分布情况计算干涉图中其余点位的高程信息。但由于目视解译方法不够精确，特别是对于一个周期内的相位变化不易准确判断，因此在实际的 InSAR 处理中，精确的恢复整个区域的高程信息是通过相位解缠技术联合"相位-高程"转换来完成的，具体内容已在第 7 章详细阐述。

9.2 InSAR 地形三维重建的误差分析

依据前文介绍的雷达传感器成像机理和干涉测量基本流程，雷达干涉测量的误差源可归结为成像系统误差和干涉模型误差两类。由雷达传感器成像机理及成像方式决定的、并直接作用于干涉测量结果的误差源包括雷达侧视成像引起的几何畸变、大气扰动对相位的附加贡献和轨道参数误差；而在建立相位干涉模型并分离解析相位分量的过程中，又会引入配准误差（coregistration error）、基线估计误差（baseline estimation error）、相位解缠误差（phase unwrapping error）及投影转换误差（geocoding error）等。各类误差在不同程度上影响雷达干涉测量地形三维重建的精度，下文将逐一展开分析。

9.2.1 成像系统误差

1. SAR 成像的几何畸变

雷达的侧视成像模式，导致 SAR 影像斜距向地面分辨率是不均匀的，呈现典型的近斜距压缩、远斜距拉伸现象。且依地形变化存在透视收缩、叠掩、雷达阴影，以及角反射效应引发的多重回波和虚像等多种几何畸变。其中，透视与叠掩效应会导致干涉条纹过于密集，显著增大相位解缠的难度。

此外，与光学遥感和摄影测量的成像结果相比，雷达影像的成像几何更为复杂，只有在卫星轨道几乎平行的同轨影像之间，才能够实现全局的子像素级配准，继而保证干涉条纹的质量满足相位建模的要求。

最后，雷达侧视成像模式及几何畸变的出现，还给坐标投影转换提出了更高的要求。仅依据头文件给出的传感器成像参数进行简单的局部平均处理，无法在较大的研究区域上实现准确的投影转换，将严重影响干涉结果的可靠度和应用价值。另外，在地形起伏显著的区域，侧视成像将无法回避阴影的出现，而阴影缺乏回波信号导致无法对阴影区域进行地形三维重建。

因此，为降低成像几何畸变的影响，在选择 SAR 影像干涉对时，不宜选取空间基线过长的影像对，以尽可能减小影像精密配准误差和空间失相关误差。且在 InSAR 后期相位转高程和坐标投影变换的过程中，还须注意 SAR 成像参数的精化，用高精度的轨道数据（用更多的轨道点信息来提高轨道函数拟合的精度）修正 SAR 影像成像参数从而提高投影转换的精度。

2. 噪声的影响

雷达传感器是通过微波电磁脉冲进行主动成像的，成像机理决定了其无法避免斑点噪声效应的出现（Hanssen，2001）。与光学遥感图像相比，雷达影像受噪声影响严重且信噪比较低。另外，雷达影像中每个像元的相位信息，不仅对应于雷达信号在传感器平台和地面目标间的往返传播路径，还包括地面分辨元内各地物与雷达波交互的后向散射综合贡献，见图 2.4。地面分辨元的附加相位在物理意义上对应于不同地物到成像分辨元平均反射面上相位分量的加权和，故而在时间维和空间维上都表现出极大的随机性，将导致失相关现象（Ferretti et al.，2001），这正是雷达成像的主要误差源。

噪声会影响到干涉条纹的质量，易导致相位解缠误差（Kampes and Hanssen，2004）。因此，对干涉相位采取适当的降噪处理是必要的。目前主要通过两种技术手段来提高 InSAR 干涉图的信噪比：影像空间的多视处理和滤波处理。前者通过对邻域相位求平均来获得相对平滑的干涉条纹，具有可靠和高效的优点，但却牺牲了干涉影像的空间分辨率，造成不必要的信号损失。相位滤波技术是另一种行之有效的干涉图质量改善方法，并且可以根据干涉相位的质量选择合适的滤波器和滤波强度，具有较大的灵活性。但过度或不合适的滤波处理会导致目标细节特征的损失，需要根据实际情况进行判断。

3. 大气附加相位的干扰

雷达波在传播过程中将不可避免地受到大气介质不均匀变化（主要是对流层中水汽的不均匀分布）的影响，这些影响对雷达波传播路径造成的扰动，在干涉信号中体现为不均匀的附加相位，即大气附加相位（Simons and Rosen，2007）。现有研究表明，采用较长空间基线的干涉像对组合，对大气的附加相位有一定的抑制作用，但即使采用临界基线进行配对干涉，大气效应的相位贡献对生成 DEM 的误差影响仍不能忽略（Zebker et al.，1997）。在一般长度基线干涉条件下，大气湿度的剧烈变化可能会导致数十米的 DEM 高程误差和高达厘米级的视线向（LOS）形变监测误差。

当前，对精化和分离大气附加相位的研究主要集中在两个方向：借助外部数据模拟水汽模型的辅助差分处理和时序 InSAR 时空建模分析。借助气象卫星和高光谱传感器获取的对流层水汽模型，或是利用 GPS 天顶延迟信息进行干涉相位校正（Li et al.，2004），虽然可行度较高，但由于对流层大气复杂多变且变化速度极快，在应用过程中受限于空间和时间维的对应关系，精化结果较难得到保证；而且外部数据与相位间的模型转化关系也很复杂，有待进一步的深入研究。基于时序 InSAR 的建模分析方法精度较高，但时序干涉测量需要大幅增加影像数据源的投入，对处理时间和数据成本有较大的要求。在这种情况下，尽量选取大气相似度较高的干涉对是目前较为可行的解决途径，目前重复轨道干涉常选择成像间隔较短（如 ERS-1/2 间隔一天的串行飞行数据）的影像进行组合配对，以期借助近似天气条件下相位信息间的大气相关性通过干涉处理抵消大气影响。而最近的 TSX/TDX 双星（对同一地区同时成像）SAR 系统的出现为 InSAR 三维地形建模过程中克服大气延迟提供了更为有利的条件。

4. 轨道参数误差

雷达卫星轨道参数（卫星位置和速度矢量）的采样频率较低，成像时刻的位置和姿态参数多是通过模型内插得到。由于计算模型和定轨方案的不同，各平台轨道参数的精度间存在较大差异。据相关研究表明，由荷兰 Delft 大学 DEOS 提供的精密轨道数据精度较高，轨道径向精度为 5~6 cm、法向精度优于 20 cm，足以胜任常规干涉测量的要求。

InSAR 干涉建模在影像配准、基线估计、参考椭球相位移除（去平地效应）、干涉相位到地表高程的转换以及坐标投影的转换过程中都会用到轨道参数。配准过程中，轨道参数被用于粗配准初始偏移量估算，进一步的像素和子像素级配准由于仅基于图幅间的振幅或相位信息进行，使得轨道误差对配准精度的影响可被忽略。而轨道参数误差在基线估计过程中会被等量的传递给空间基线，并显著影响随后的参考椭球相位移除和相位到高程的转换。在陈强等（2006）的研究中发现，与精轨数据相比，应用粗轨数据生成 DEM 能够产生 40m 以上的误差。误差来源可归结为基线估计过程中轨道参数误差的传播，及随后的参考椭球相位趋势面的去除过程中基线误差的作用。经统计分析，这部分误差的空间分布特征近似表现为具有统计特征的多项式曲面。因此，在轨道精度难以保证的情况下，要注意基线估计方法的合理选择。而在最终的坐标投影的转换过程中，轨道参数误差也会导致投影转换结果的整体偏移，需考虑进行必要的纠正。

9.2.2 干涉模型误差

1. 配准误差

作为雷达相位干涉测量的基础，高精度的子像素级配准是确保和提高干涉测量精度的关键技术途径。已有研究表明（Simons and Rosen，2007）：InSAR 配准精度要求达到 1/8 至 1/10 个像元，否则配准引入的误差将严重影响干涉图的质量。考虑到雷达影像受到侧视成像模式和噪声的综合作用，其配准难度高于光学影像。另外，斑点噪声的存在，也会对基于振幅信息的配准造成一定的影响。针对如何提高复数影像的配准精度，国内外学者做了大量系统深入的研究。但目前常规的配准过程通常还是无法完全确保重要特征地物（如山脊、陡坎等）和形变剧烈区域的配准精度。

2. 基线估计误差

基线参数是实现参考椭球相位趋势估算以及相位转高程过程中必需的基本参数，其精度对干涉结果的影响极大。已有研究表明（Ghiglia and Pritt，1998）：若要使干涉获取 DEM 精度达到米级或形变探测精度达到毫米级，基线估计的精度至少需达到厘米级。考虑到星载雷达系统的定轨精度差异较大，单纯依据轨道信息的基线参数估计，难以保证雷达干涉测量高精度的要求。因此，国内外学者对基线估计理论和方法进行了深入的研究，现有的方法包括：①基于精密轨道参数的基线估计；②基于干涉条纹频谱信息的基线估计；③引入外部控制点参考信息的基线估计；④基于配准偏移量的基线估计。基线估计的偏差来源于轨道参数的不精确。虽然上述方法可以在一定程度上改善轨道精度不足导致的误差，但作用相对有限，尚无法完全消除基线估计误差对雷达干涉测量精度的影响。

3. 相位解缠误差

雷达干涉测量中所有相位分量的离析过程，均是在假定干涉相位中不含整周缠绕相位（相位主值）的条件下，开展建模分析实现的（Spagnolini，1993）。干涉生成 DEM 最后的结果均须应用相位解缠技术求解相位差的整周模糊数，即在整个影像空间上，按照一定的原则对临近像元点的相位梯度信息（相位差）进行积分处理，恢复其相位整周未知数（Ghiglia and Pritt，1998）。但是，与 InSAR 的相位解缠技术不同，GPS 技术是基于同一目标点上的连续观测结果对距离相位的整周模糊数进行精确估计；而 InSAR 数据同一目标的相位观测序列却是卫星周期性回访获取的离散值。经过空间卷积处理，虽然各像元点间的相对几何关系得到了修复，但对应于真实距离相位的整周模糊数始终无法精确求出。因此，单纯的雷达干涉测量结果仅仅对应于影像空间中某一参考点（解缠起点）的相对高程（或形变）场。所以，单一平台（相对于多平台 InSAR 三维建模分析来说）的常规 InSAR 测量必须引入外部参考信息（DEM、GPS 或水准测量结果）进行整体偏差的改正。

抛开整体偏差的影响，基于二维相位空间的干涉图解缠主要受到相位噪声和侧视成像引起的几何畸变这两方面因素的制约。在这两项干扰因素的作用下，相位的跳跃导致干涉条纹的连续性降低,解缠的难度增加;甚至引起局部解缠失败。当前的解缠算法很多,如经典的枝切法、最小二乘解缠、最小费用流算法、多级格网法、条纹监测法、遗传算法(genetic algorithm)、神经网络法(neural network method)及模拟退火理论等。第 8 章对常用的相位解缠方法做了介绍,此处不再赘述。但是,在具体应用中,相位解缠的可靠性很大程度上依赖于干涉图的质量,尚没有一种可通用的完美算法。

4. 投影转换误差

从相位到高程的转化和影像空间到地理空间的坐标转换过程都涉及投影转换问题。在几何框架已确定的条件下,其精度主要取决于相关几何参数。对于影像坐标到地理坐标的投影转换问题,除了涉及轨道精度的制约,还受到侧视成像导致的几何畸变的影响。由于透视收缩、叠掩、雷达阴影等畸变情况的存在,会导致投影转换结果在局部范围内出现偏差。从雷达侧视成像机理及畸变的作用形式进行分析可知,较小侧视角的情况下,虽然牺牲了地面分辨率,但对于几何畸变有很好的抑制作用。因此,相对于 TSX(侧视角 41°)和 PALSAR(侧视角 38.7°)等大侧视角度雷达系统而言,ASAR 和 ERS 系统相对较小的成像侧视角(22°)更利于高精度 DEM 的获取。

9.3 InSAR 地形三维重建数据选取

由上文分析可知,以保持 SAR 干涉对相关性为中心目标,选择合适的 SAR 数据进行三维地形重建,是利用 InSAR 技术成功提取 DEM 的前提。这其中,主要包括干涉对时间基线以及空间基线的选择。

首先,利用不同成像时间影像对干涉获得数据,将不可避免地包含影像获取时间内地表发生的形变信息,如果形变信息达到了不可忽视的程度,将严重影响生成 DEM 的精度。所以在选择影像对时,应该选取时间基线尽量短的干涉对,以最大程度减少形变信息的影响(Jiang et al.,2014)。另外,时间基线过长时,时间失相关将更加明显,会显著地降低干涉图的相关性,导致条纹不清晰、噪声过大等问题,从而降低 DEM 提取的精度(刘国祥等,2001b)。

其次,在选取时间基线时,除了要尽量选取较短时间基线的干涉对,也需要注意影像获取的时间。例如,在非城市区域,时间基线为半年的影像对干涉质量一般会差于时间基线为一年的影像对。这是因为影像获取时间跨度为半年意味着两幅影像获取于不同的季节,地表覆盖类型一般会产生显著的变化,尤其是在植被茂盛区,此时季节失相关将导致干涉结果质量的降低。综上所述,在进行 InSAR 三维地形重建的数据选择时,应尽量选择时间基线较短及影像获取时间位于同一季节的干涉对。因此,德国 TSX/TDX 姊妹卫星成像没有时间间隔,能够完全避免地表形变信息和时间失相关的影响,非常适合用于三维地形重建(Dai et al.,2016;Krieger et al.,2007)。

影像选取还需考虑空间基线。一方面,空间垂直基线越大,两幅影像的视角差异越大,这不仅会降低配准精度,空间失相关也将使得干涉相位信噪比降低;另一方面,根据上一小节干涉测量对地形的敏感度分析可知,空间垂直基线缩短会导致模糊高增大,即一个周期的相位变化会对应巨大的高程变化,使得相位对地形的变化不敏感,降低了生成 DEM 数据的精度。因此,选择 InSAR 三维地形重建的影像数据时,既要考虑空间相关性也要考虑高程敏感性,所以空间基线的选择不宜过长也不宜过短,需要结合研究区域和所用影像的特点与研究的需求进行折中选择(刘国祥等,2001b)。

除 SAR 影像的选择之外,外部 DEM 数据是 InSAR 获取 DEM 方法中重要的辅助资料。所以,DEM 数据的选择也需要仔细考虑(Du et al.,2017)。因为若直接从干涉相位的地形相位分量直接反演得到高程信息,由于干涉条纹过于稠密将很容易导致相位解缠误差的积累,从而影响解算得到的 DEM 结果的精度(Ferretti et al.,2012)。所以,更为科学的方法是让地形相位和外部 DEM 的模拟相位进行差分,对条纹稀疏的差分相位进行解缠,再加上所差分的模拟相位,最后恢复得到真实的地形相位值,从而进行高程反演,得到高精度的 DEM 结果。这种算法和 DInSAR 算法相似,所以具体的 DEM 数据选取将在第 10 章进行相应介绍。

9.4 InSAR 地形三维重建数据处理流程

根据 3.5 小节中提及的地形三维重建基本原理,可通过两幅 SAR 影像干涉实现目标高程的提取。从 SAR 影像精配准开始,干涉、去平地效应以及相位解缠(图 9.2)属于常规干涉处理步骤,详情可参看第 3 章合成孔径雷达干涉原理。在相位解缠后需将解缠相位转换为高程,这需要涉及成像几何关系和卫星基线信息(卫星轨道状态)或已知高程点的辅助。经过此步骤后便可得到基于 SAR 像素坐标的高程信息,然后通过投影转换即可得到所需的 DEM 产品。利用 InSAR 进行三维重建的完整流程,如图 9.2 所示。

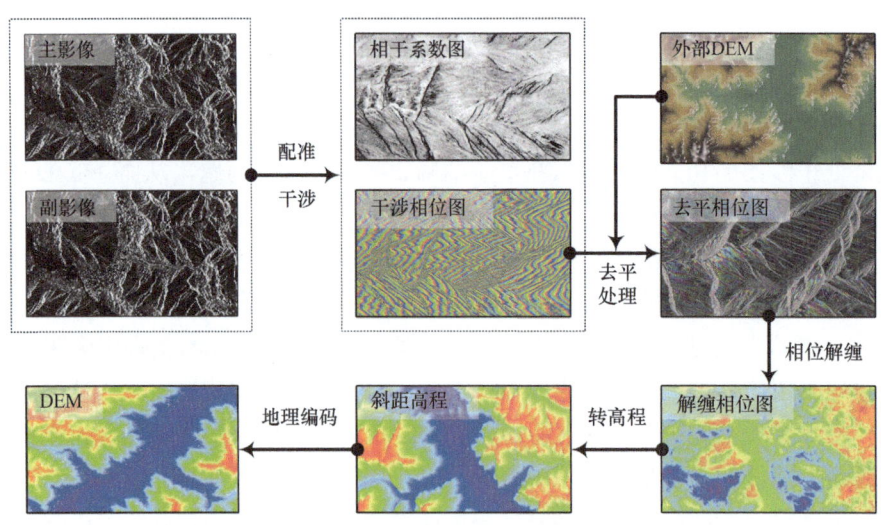

图 9.2 InSAR 三维重建流程图

1. 数据预处理

对于传感器获取的 1.0 级数据(raw data),需经聚焦、脉冲压缩和滤波等预处理过程，获得能够用于干涉测量的雷达单视复数影像（SLC）。

2. 配准

在进行干涉处理前，还需对干涉对主、副影像进行配准。SAR 影像的配准分为两个步骤：粗配准和精配准（Moreira et al., 2013）。粗配准是依据卫星轨道数据或目视方法，从两幅 SAR 影像中识别出少量的同名点，基于同名点间的像素坐标偏移量，通过影像的简单平移，使得主、副影像同名像点基本对应于地面同一分辨单元。但是为保证相位的相关性和干涉测量的精度，配准精度要求达到子像素级，所以还需进行子像素级的配准。精配准是在粗配准的基础上，进行子像素级的同名点搜索，并建立主、副影像坐标之间的映射关系，通过对副影像进行坐标转换和插值重采样，实现主、副影像同名像点精确对应于地面同一分辨单元。

SAR 图像的配准方法包括相干系数法（CCM）、最大频谱法（MSM）、相位差影像平均波动函数法（MAF）及综合配准法等方法。重采样时可使用双线性插值法或精度更高的双三次样条内插法等。

3. 干涉和去平处理

经上述处理之后，将主、副影像对应像元的复数作共轭相乘 $S(R_1) \times S^*(R_2)$，提取乘积的相位主值 ϕ 获得干涉相位图。至此，已完成基础干涉建模。随后，依据相位模型去除参考椭球面相位，得到主要对应地形信息的干涉相位，经相位滤波和解缠处理便可获得直接反映地形起伏的地形相位（Ouchi, 2013）。

值得注意的是，直接生成的地形条纹一般十分稠密，易导致解缠效率低下，还容易被视为相位跳变而增大解缠误差甚至导致解缠失败。所以在实际的处理流程中，将引入外部 DEM 进行相位差分，对差分后的相位进行解缠求得差分数据，再重新加回外部 DEM 便可得到最终的精化 DEM 产品。

4. 干涉相位滤波

由于 SAR 系统固有的斑点噪声及 InSAR 受时间和空间失相关等多种因素的干扰，给干涉相位引入各种噪声，使实际干涉条纹的连续性受到影响，表现为条纹不明晰、周期性不明显，影响后续的相位解缠。因此，在解缠开始之前，对干涉相位图进行适当的滤波，以减少残差点并提高整体相关性是必不可少的步骤。当前常用的相位滤波器主要有两类：基于傅里叶变换的频率域滤波（低通、带通、Goldstein 自适应滤波（Goldstein and Werner, 1998）等）和基于空间统计分析的滤波（mean、median、Lee 和 Frost 滤波等）。其中，Goldstein 自适应滤波及其改进算法在相位滤波中有较好的通用性，是当前较为常用的相位滤波方法。

5. 相位解缠

为了将相位信息转化为地表高程信息，必须确定干涉相位图中每一像素的相位整周数，这类似于 GPS 中整周模糊度确定问题，在 InSAR 中称为相位解缠（phase unwrapping），这一直是干涉数据处理中的难点和重点,具体内容已在第 8 章进行了详细阐述。近 20 年来,国内外学者为此提出了大量的相位解缠算法(Xu and Cumming,1999;Derauw,1995;Flynn,1996),归纳起来,大致可以分为三类:基于残差点确定积分路线的枝切法;依据最小二乘准则,由缠绕相位梯度估计解缠相位的最小二乘法;基于网络理论的网络流相位解缠算法。另外,遗传算法、神经网络法、蒙特卡罗法、贝叶斯法等算法在国内外也有一些尝试。总体看来,枝切法、最小二乘法和网络流算法是当前应用最为广泛的相位解缠方法。

6. 投影转换

前面述及的干涉处理都是在雷达侧视成像下的斜距/多普勒坐标系统中实现的。为便于应用,最后需将所有产品转换到某种地图投影坐标系统中,将斜距/多普勒坐标系转换到地图投影坐标系这一过程称为投影转换。进行投影转换主要有两方面的原因:一方面由于雷达侧视成像机理和地面起伏导致的图像几何变形(如叠掩、山顶前倾等),需要对 SAR 图像进行正射纠正;另一方面为方便分析对比,SAR 图像及其产品必须与常规的地面坐标系统具有统一的坐标基准(如大地坐标、高斯投影平面坐标等)。实际上,在"两轨"法差分干涉中,已经使用到投影转换的反向过程,根据已有的 DEM 结合卫星轨道参数估计出雷达斜距投影下的理论干涉地形相位,并从初始干涉相位中去除地形相位,该过程就需要将地理坐标系下的 DEM 转换至雷达侧视投影的斜距/多普勒坐标系中,两者互为逆过程(Hanssen,2001)。

为处理方便,投影转换通常采用与卫星轨道数据坐标系统相一致的参考椭球框架(如 WGS-84),借助轨道状态矢量(state vector)与成像几何关系(如多普勒方程、斜距方程和椭球面方程),计算出 SAR 图像每一分辨单元所对应的地面点三维坐标(如大地经度、纬度及大地高),然后采用某种投影方式(如横轴墨卡托投影),将大地坐标投影到地图平面坐标系,便得到地面非规则格网的数字高程模型。随后,进一步采用一定的内插方法(如移动二次曲面拟合法、Kriging 法等),可取样至规则格网形式的 DEM。

9.5 InSAR 地形三维重建实例:以 TSX/TDX 数据为例

9.5.1 实验数据介绍

如图 9.3 所示,选取覆盖西藏自治州林芝市南部区域的一对 TSX/TDX 影像作为实验数据,卫星成像信息如表 9.1 所示。图 9.3 中所标示的较大的虚线框为 TSX/TDX 影像覆盖区域,较小的实线框为 DEM 精度验证区域(精度验证见 9.5.5 小节)。此干涉像对的单景影像覆盖面积约为 1848 km^2,实验区域最高海拔为 5300 m,最低海拔高度为 2200 m,高差为 3100 m,实验区域内地形以高山群为主,山体间有较深峡谷。

9.5.2 影像匹配与干涉图生成

首先选定主影像为参考空间,将副影像地理空间配准至主影像地理空间完成粗配准,计算出两幅 SAR 影像间的初始坐标偏差值;再选取一定大小(3×3)的配准窗口和适当的相关算法完成精配准。利用精配准结果进行副影像的重采样,并对主影像和重

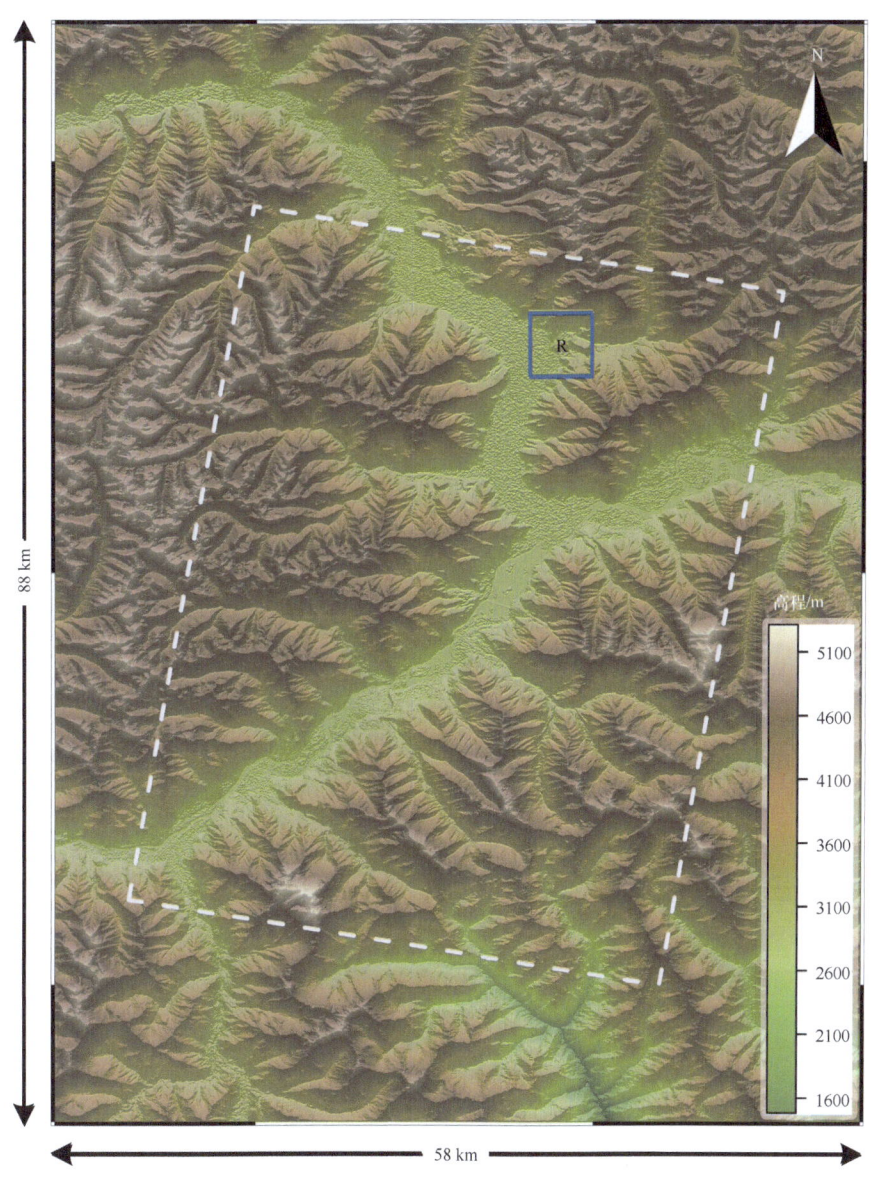

图 9.3 TSX/TDX 实验区域位置

表 9.1 TSX/TDX 数据参数

数据类型	成像时间	轨道	垂直基线	入射角
TSX/TDX	2013-12-02	降轨	147 m	32.96°

采样后的副影像开展干涉和多视处理，最终计算出各个像素点的干涉相位。整体的干涉相位图及其相干系数图分别如图 9.4、图 9.5 所示。

直接生成的干涉相位既包含参考椭球面相位，也包含地形起伏引起的相位，为获得精确的地形相位信息，需要去除干涉数据中的参考椭球面相位分量（也称为去平地效应）。去平地效应后的相位图如图 9.1 所示。

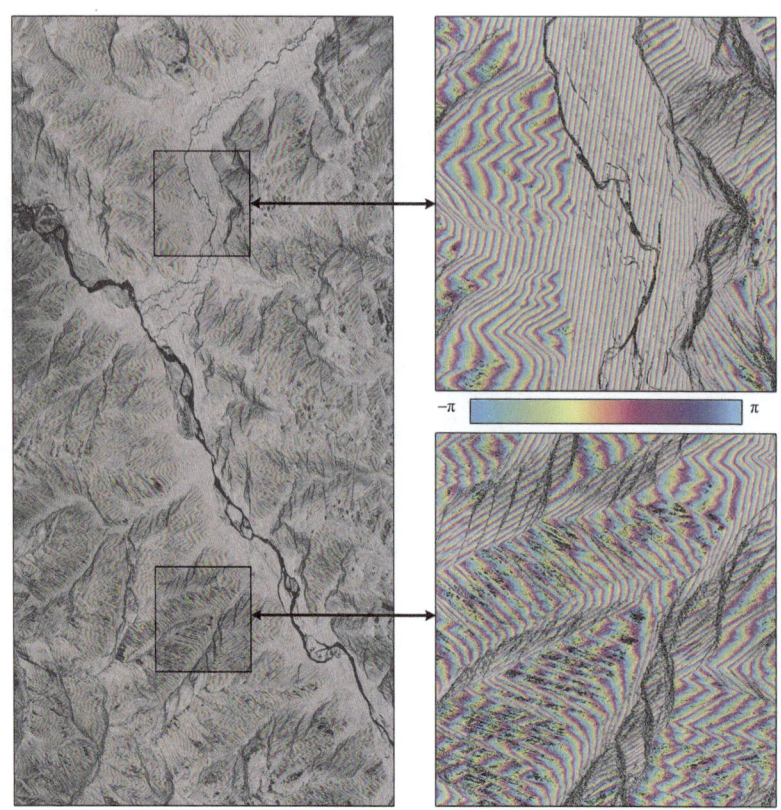

图 9.4 TSX/TDX 干涉相位图

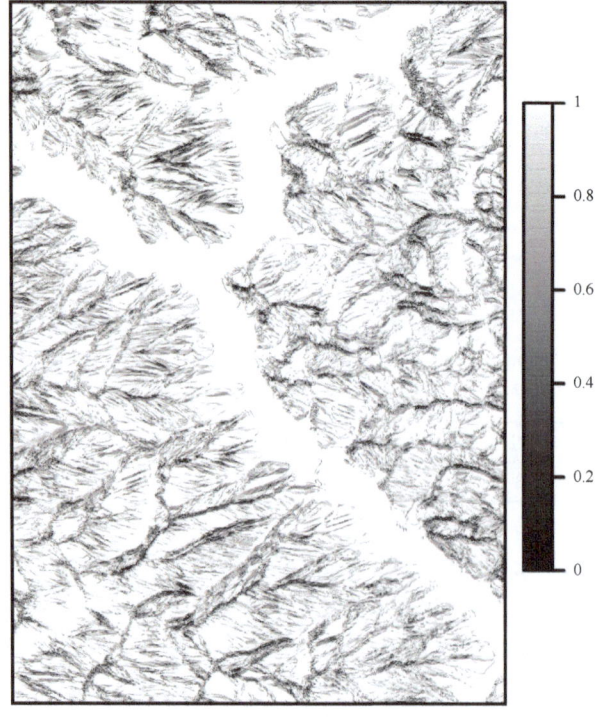

图 9.5 TSX/TDX 相干系数图

9.5.3 相位解缠

由于干涉相位中每个像素都存在整周模糊度,因此需要对缠绕的干涉相位图进行相位解缠,从而计算出干涉像对的绝对相位差值。通常使用前述的基于路径控制的积分法或者基于最小二乘的整体求解算法计算每个像素的相位差整周数。解缠后的干涉像对相位值如图 9.6 所示。

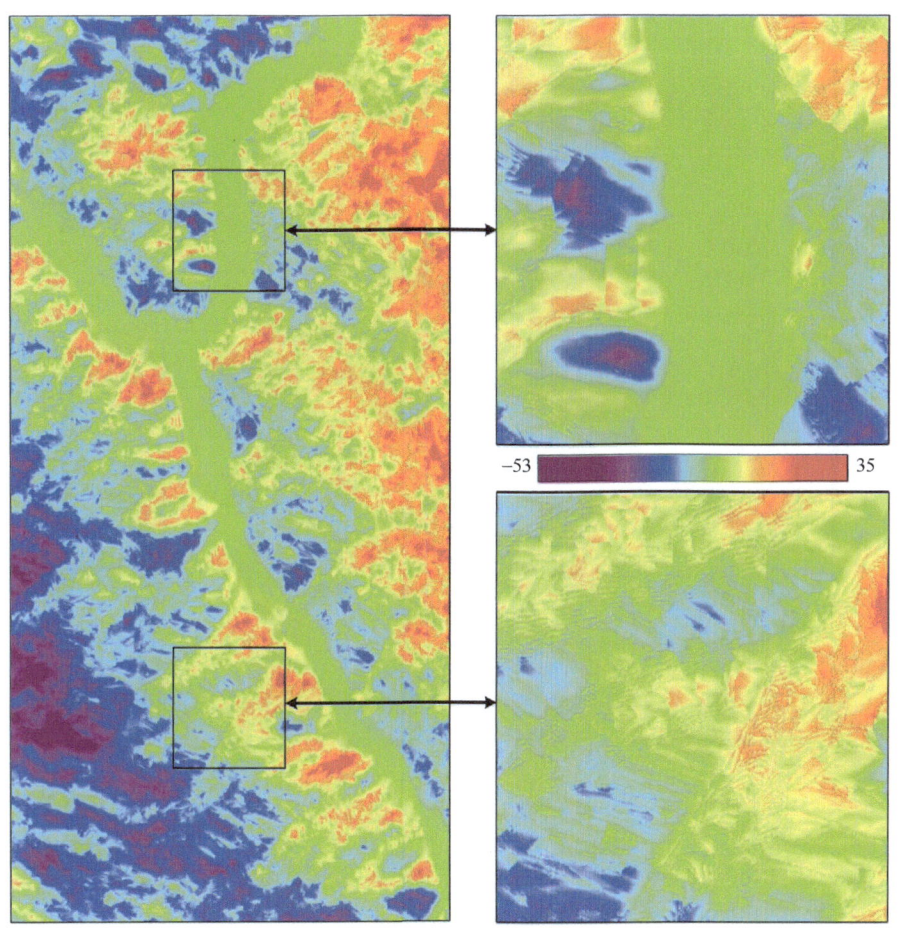

图 9.6　TSX/TDX 干涉解缠后相位图

9.5.4　DEM 生成

根据每个像素点的相干系数、非缠绕相位差值和轨道参数,计算出对应地面点的高程 h,并对该像素点的像素坐标 (x,y) 进行投影转换,转换为地理坐标 (L, B),从而生成干涉 DEM,如图 9.7 所示。

9.5.5　精度评定

考虑航空摄影测量立体测制 DEM 具有高精度的特点,本实验选定由中铁二院工程

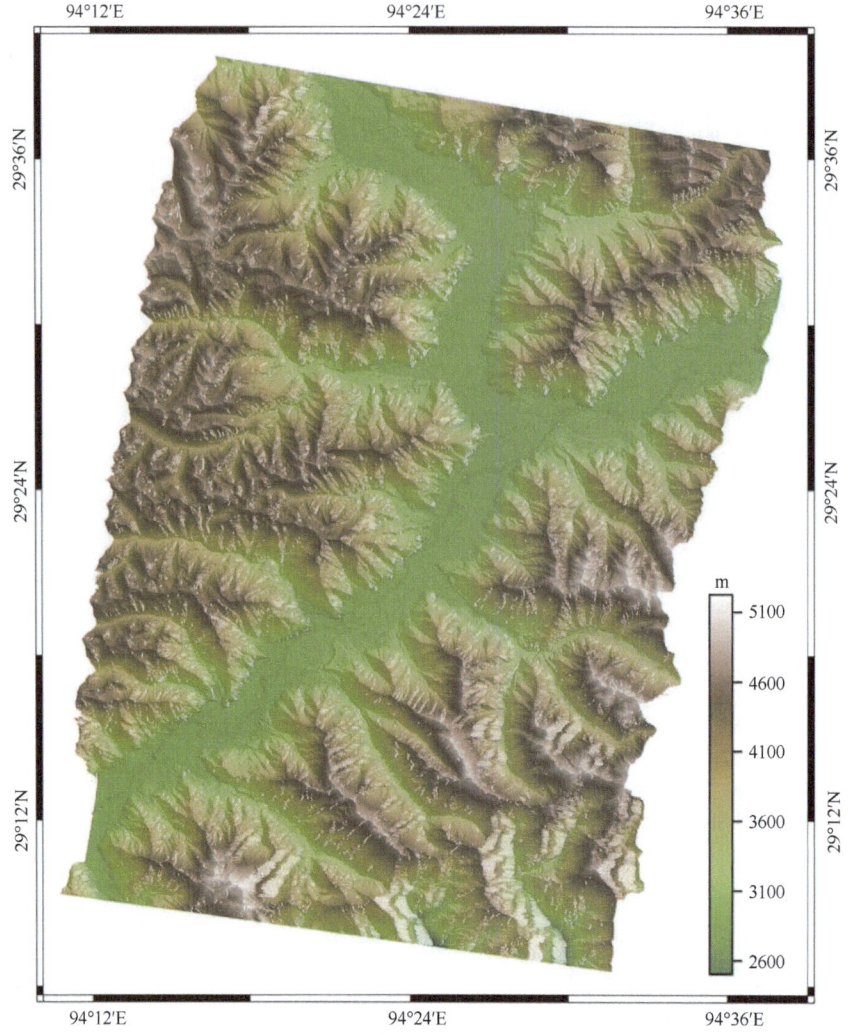

图 9.7 实验区域 DEM 晕渲图

集团有限责任公司测绘分院使用航空摄影测量所测制的 2 m 分辨率 DEM 作为参考，评价 TSX/TDX 雷达干涉生成 DEM 数据的精度，精度评定区域如图 9.3 中较小的实线矩形框所示，面积约为 16 km²。在与 SAR 干涉生成 DEM 重叠区域内选取 6 个离散点作为控制点以改正干涉 DEM 系统误差，然后选取 28 个 DEM 离散点作为检查点，检查点平面误差如图 9.8 所示，平面误差统计如表 9.2 所示。

根据控制点完成配准后，选取重叠区域内 2359×1935=4564665 个离散点作为精度评定基础，该区域高差约 800 m，分布有峡谷和高山，二者差异分布，具有较好的典型性。如图 9.9 所示。

将 TSX/TDX 干涉生成的 DEM 与航测 DEM 进行同分辨率下重采样后高程值相减，差值如图 9.10 所示，TSX/TDX DEM 高程误差分布如图 9.11 所示，高程误差统计如表 9.3 所示。

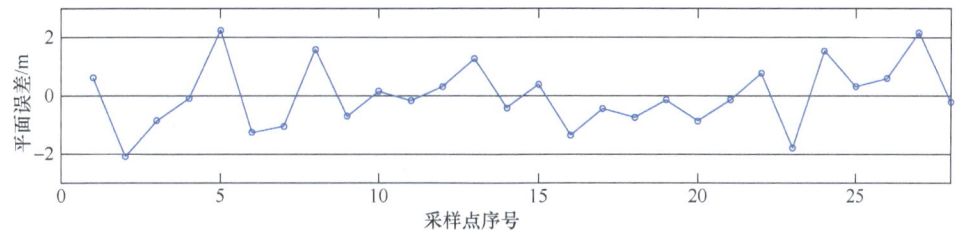

图 9.8 TSX/TDX 干涉生成 DEM 与航测 DEM 平面误差分布

表 9.2　TSX/TDX 干涉生成 DEM 与航测 DEM 平面误差统计

数量	最小值	最大值	RMS
28	−2.0727 m	2.2649 m	1.0864 m

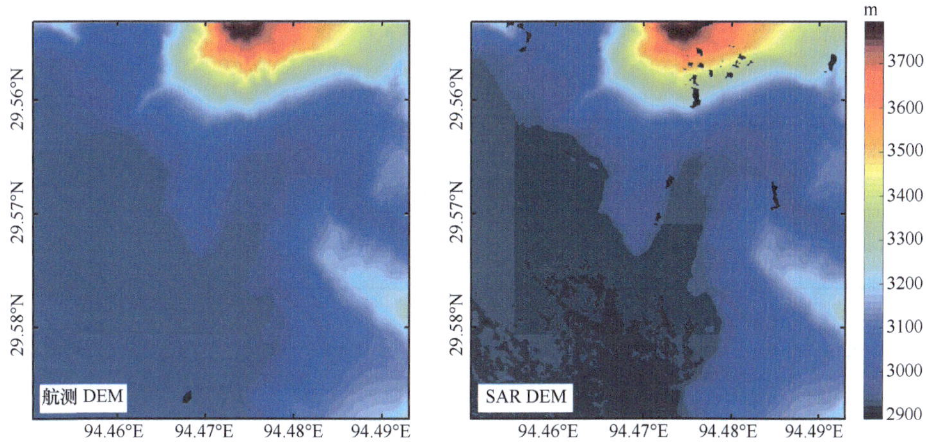

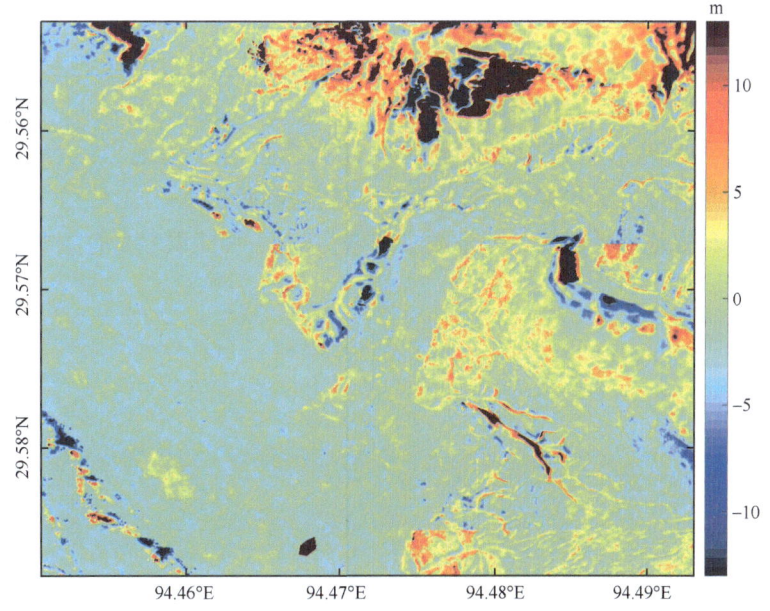

图 9.9　重叠区域内干涉 DEM 与航测 DEM 差异分布图

图 9.10　TSX/TDX DEM 高程误差

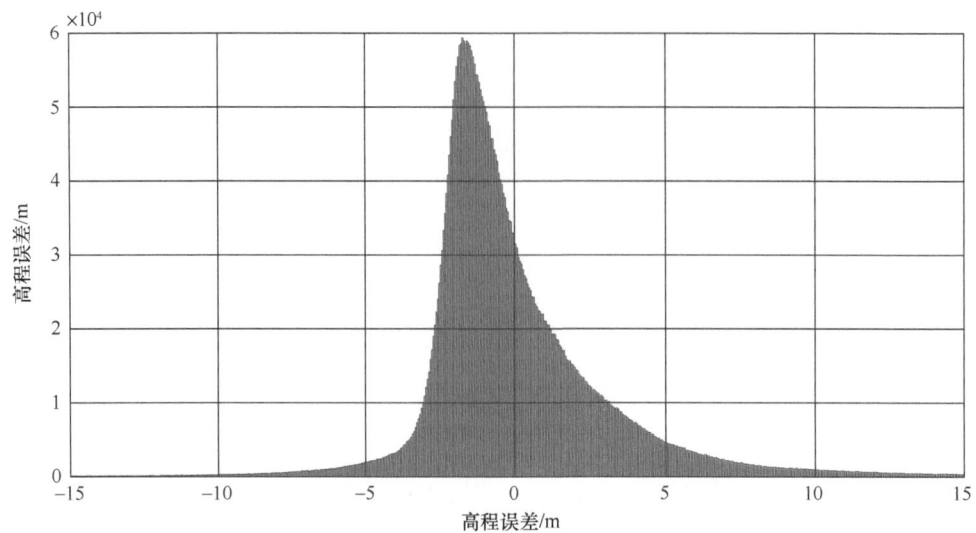

图 9.11　TSX/TDX DEM 高程误差分布

表 9.3　TSX/TDX DEM 高程误差统计

数量	最小值	最大值	RSM
4564665	−15.8484 m	16.0198 m	3.0301 m

从图 9.11 所示数据统计分析可知，差值在（−3.0 m，3.0 m）内的值占全部值域的 83.87%，差值在（−9.0 m，9.0 m）内的占全部值域的 97.27%，误差较大的点集中于 TSX/TDX 雷达阴影和地势起伏剧烈区域。由此可以说明，通过 TSX/TDX 干涉可获取高精度的地形数据，但雷达阴影和地形剧烈起伏会对干涉生成 DEM 造成一定的影响。

思考题

1. 结合第 1 章绪论的内容，谈一谈目前国内外在利用 InSAR 进行三维地形重建方面的研究有哪些。它们各自有什么特点?

2. InSAR 三维地形重建的数据选择有什么需要考虑的地方?三维地形重建和 DInSAR 的数据选择有什么异同?为什么会产生这些异同?

3. InSAR 三维地形重建的误差来源有哪些?其中，哪些误差具有主要的影响作用?为什么?

第10章 合成孔径雷达差分干涉地表形变监测

合成孔径雷达差分干涉（DInSAR）通过处理覆盖同一地区不同时刻获取的两幅 SAR 影像的相位信息，能够测量地表厘米级的形变。目前，DInSAR 已经成为监测地表形变的一种重要技术手段，并已被广泛应用于城市地表沉降、地震及地壳活动、火山岩浆活动、冰川运动和滑坡位移监测等领域（Bamler and Hartl，1998；Rosen et al.，2000；Rott，2009）。特别地，随着欧洲空间局的 Sentinel-1A/B、日本宇航局的 ALOS-2 PALSAR2，以及美国 NASA 的 NISAR 等新一代雷达卫星的陆续发射升空（Moreira et al.，2013），同时具有高空间、时间分辨率的 SAR 数据越来越丰富，这为 DInSAR 技术的进一步推广提供了重要的数据保障。

在前文第 3 章描述 DInSAR 基本原理的基础之上，本章将首先介绍典型地表形变及相关地球物理现象，并对利用 DInSAR 技术进行地表形变监测方法进行整体性描述。在了解不同监测对象不同时空形变特征的前提下，分析 DInSAR 地表形变监测误差来源和影响干涉相位失相关的主要因素。以维持 SAR 干涉相位高相关性为重要目标，给出选择合适 SAR 数据进行 DInSAR 数据处理的一般性原则。最后，以 2010 年玉树地震同震形变场提取为例，展示 DInSAR 技术数据处理流程和结果分析方法。

10.1 典型地表形变及相关地球物理现象

地表形变通常可以划分为地球构造活动导致的形变和非构造活动导致的形变。构造活动是指地球内动力引起岩石圈地质体变形、变位的机械运动，是褶皱、节理和断裂等各种地质构造产生的直接动力。构造活动导致的形变过程主要包括断层错动引起的地壳形变、火山活动引起的地表形变、冰川消融引起的冰后回弹，以及地球固体潮汐形变等地球物理现象。非构造活动形变则主要包括人类活动因素引起的地表形变和自然环境因素导致的物质失稳形变两种类型。人类活动诸如地下水、油、气等自然资源的开采和注储，大型地下工程建设、地下矿产资源开发等，导致地下岩层或地质构造体的受力状态或流变性质发生变化，从而致使地表发生位移。自然地表物质在重力、水文和气候变化的综合作用下，发生的一系列失稳运动同样是一类重要的非构造活动形变，如滑坡位移、冰川流动、泥石流等。下文将分别对地震、火山、冰川、滑坡和区域地表沉降等典型地表形变现象进行描述。

与地震孕育和发生过程直接相关的地壳形变被称为地震地壳形变。地震孕育过程中，地壳中断层在内力及外力作用下不断进行应力-应变累积，当累积的应力突破断层的抗剪强度时，断层便突然破裂，从而造成地震的发生。根据断层在时间尺度上的活动状态，地震形变可分为同震形变、震间形变和震后形变。同震形变即为地震事件发生时断层错动造成的地表形变;震间形变是断层闭锁段在长期构造加载过程中所产生的地球介质形变;震后形变是地震断层错动后的持续滑动或地球固体介质黏弹性、空隙弹性等力学性质变化所产生的地球介质形变。根据发震断层破裂的性质差异,不同错动类型(如走滑、逆冲或两者混合)和震级的地震导致的形变场空间分布迥异。震级较大的地震可以造成地表数十米的形变,在空间延伸可达数百公里,如 2008 年发生于我国龙门山断裂带的 Mw 8.0 级汶川地震。

火山形变主要源动力来自地壳深部岩浆熔体,岩浆在火山腔膛体中的存储、运移及排放到地表的过程,均会导致火山周围固体介质发生不均衡位移,从而使地表发生形变。除了岩浆活动导致的地表形变,火山内气体体积的变化和排放也会导致地表形变。同时,火山喷发沉积物的压实和流动也是常见的形变类型。

滑坡是指斜坡上的土体或者岩体,受河流冲刷、地下水活动、雨水浸泡、地震及人工切坡等因素影响,在重力作用下,沿着一定的软弱面或者软弱带,整体或者分散地顺坡向下滑动的自然现象。引起滑坡的因素诸多,不同诱因导致的滑坡体形变特征也不尽相同。总体上,滑坡体形变特征与地表土壤的吸水性和透水性、地形坡度、植被覆盖和受力条件密切相关。

冰川是极地或高山地区多年积雪经过压实、重新结晶、再冻结等成冰作用而形成的。在重力、冻融等诸多因素的综合作用下,冰川会沿坡体向下蠕动或快速运动。按冰川发育的气候条件和冰川温度状况,分为海洋性冰川和大陆性冰川两种。其中,前者的运动速度一般要大于后者,最大流动速度可达数千米每年。

地下水开采、大型工程施工和矿藏开采等引起的地表沉降是常见的地表形变现象。从表象上来看,地表沉降可被定义为某一局部地区地表相对于周围地表或海平面的下降。地表沉降是一种不可修复的持续性地质灾害现象。地表沉降是土地开发利用,尤其是城市和大型工程设施(如铁路、公路、桥梁和堤坝等)规划建设中地质条件评估的重要影响因素。虽然地表沉降发生较为缓慢,但其影响范围广、持续时间长、成因复杂,因此预防和治理难度较大,对环境保护、资源利用、经济发展、城市建设和人民生活均会构成持久的危害。我国受地表沉降危害最为严重的区域主要包括长江三角洲地区、华北平原地区和汾渭盆地。

由于形变机理的不同,地表形变所表现的形变时空特征也不尽相同。例如,地震发生时地壳下岩石以较高速度(如 1 m/s)发生破裂,并导致地表形变,但其持续时间一般较短(几秒至几十秒)。而地震发生后的地壳松弛过程和后冰期地壳反弹过程,岩石圈的移动速率却非常缓慢(如 1 mm/a),但是其持续时间很长(10^1~10^3 a)。由这两个极端的例子中可见,不同形变机理导致的地表形变速率量级大小和持续时间分别相差可达 10 个和 6 个数量级。

按照地表形变过程的时间变化规律,可以将地表形变划分为瞬时形变和非瞬时形变两类。瞬时形变是指地表在短时间内发生位移,形变过程在时间上并不连续。瞬时形变一般持续时间较短但形变量级较大,如地震断层破裂、滑坡物质迁移等。缓慢形变是指形变在时间上具有连续性甚至呈周期性,形变过程持续时间较长,如地下水开采导致的地表沉降，地震孕育阶段的断层处地表形变等。同时，按照地表形变过程的可逆性，地表形变还可以划分为可逆和不可逆两类。可逆性地表形变是指在形变发生后，随着形变体内部力学条件的变化地表可恢复至形变前状态，如火山腔膛体内部气体的排放过程导致地表下沉，而补给过程会使地表发生隆起性恢复。不可逆则是地表形变发生后不会发生恢复的过程，如滑坡形变、矿区地表塌陷形变等。

不同形变机理导致的地表形变场，具有不同的空间分布特征。这包括形变分布方向、分布尺度和形变量级等。地表形变方向一般分为独立的三个方向，即垂直向、东西向和南北向形变，其中后两者属于水平形变。地表形变可由垂直形变主导，也可由水平形变主导或者两者的混合。例如，因地下水开采导致地表沉降一般沿开采井形成一个沉降漏斗，在漏斗中心以垂直形变为主，并伴随有微小水平形变；一个倾角较大（大于 80°）的走滑断层发生破裂，在地表则表现为沿断层走向的水平形变，并在断层两端伴随有因挤压和拉伸导致的垂直形变。但需要指出的是，DInSAR 测量得到的形变量为地表真实三维形变沿视线方向的投影值。为了获取地表多维（垂直和水平方向）形变，需要联合多角度观测结果建模解算，这将在第 11 章进行详细介绍。地表形变的空间分布尺度和形变量级与导致形变的物理机制密切相关。即使是同一地球物理现象，这两者的特征也可能有很大的差异。例如，断层活动导致的地震同震形变，不同震级的地震造成的地表形变可分布在几千米至上百千米范围内，其近场形变量级在几厘米到几米范围内变化。

结合上述针对不同类型地表形变的描述和分类，表 10.1 给出了典型地球物理现象对应的地表形变特征。可以看出，不同地球物理现象所呈现的形变特征差异迥异。在实施 DInSAR 地表形变监测前，调查和了解监测对象的形变时空特征,可以指导选择合适 SAR 数据和在数据处理过程中设置恰当处理参数，并帮助形变场的正确解译。

表 10.1 典型地表形变现象分类（Ouchi，2013）

地球物理现象	过程分类				空间尺度/km	形变尺度/mm
	瞬时过程	缓慢变化	可逆	不可逆		
活火山隆起或下沉	—	√	√	—	< 20	< 5
火山爆发	√	—	—	√	< 20	> 50
地震同震形变	√	—	—	√	50~100	> 50
地震震前、震后形变	—	√	—	√	50~100	< 5
地壳断层移动	—	√	—	√	> 20	< 5
地表沉降（地下水，石油）	—	√	—	√	0.5~20	1~20/a
矿区塌陷	√	—	—	√	0.1~10	1~100/d
山体滑坡（前兆）	—	√	—	√	1~20	1
山体滑坡（爆发）	√	—	—	√	1~20	>1000

10.2 DInSAR 地表形变监测方法

SAR 影像相位存储着成像时刻 SAR 卫星与地面目标点的斜距信息。将覆盖同一地区不同成像时刻的两幅 SAR 影像进行干涉，得到反映两次成像时刻间 SAR 卫星与目标点斜距差是 SAR 干涉技术的核心思想（Ouchi，2013）。第 3 章中已述及 SAR 干涉相位主要由参考椭球面相位、地形起伏相位、地表形变相位、大气延迟相位和噪声相位组成。DInSAR 监测地表形变的基本思路就是通过分离干涉相位中除地表形变相位以外的其他相位贡献项，即得到差分干涉数据，然后由"相位-形变"转换模型计算监测对象在 SAR 两次成像时刻间的形变量。

实际上，在雷达干涉建模过程中，SAR 干涉相位可看作是参考椭球面、地形起伏和地表形变这三项因素的综合贡献。一方面，这是由于大气延迟相位在空间分布上表现出的高相关的低频特征，在有限的研究区域上可通过高通滤波进行消除（Ouchi，2013）；而噪声相位可归结为传感器热噪声等系统误差，通过低通滤波、加密星历等方法可加以抑制（Monserrat et al.，2014）。因此，利用 DInSAR 测量地表形变，即为通过 SAR 影像干涉相位建模，并依次去除参考椭球面相位和地形相位的过程。其中参考椭球面相位可基于 SAR 卫星轨道参数和成像几何参数计算并去除（详见第 5 章），地形相位可基于外部 DEM 数据或者另外一个 SAR 干涉对生成的地形数据，根据 SAR 成像参数建模并去除（详见第 9 章）。

生成差分干涉图是 DInSAR 监测地表形变的首要目标。图 10.1 展示了以 1999 年土耳其 Izmit 地震为例（Hanssen，2001），采用分别于 1999 年 8 月 12 日和 1999 年 9 月 16 日获取的 ERS SAR 数据组成干涉对，生成该地震造成地表同震形变场对应差分干涉图的基本策略。利用主、副两幅 SAR 影像的相位信息，在 DEM 数据和轨道数据的辅助下，通过差分干涉处理，可得到反映地表形变的差分干涉图。从中可看出，差分干涉图相位呈周期性条纹变化，每一个周期表现为一个条纹，表示 2π 弧度的相位变化，对应半个雷达波长的形变。由于 ERS 数据采用 C 波段，图 10.1 所示的差分干涉图中，一个相位周期（条纹）对应地表约 2.8 cm 的卫星视线向形变。

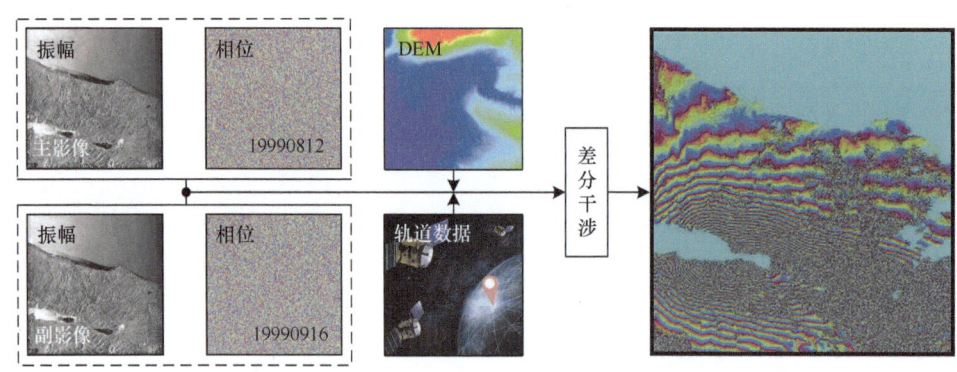

图 10.1　基于主、副 SAR 影像生成差分干涉图基本的策略

差分干涉图中每单位弧度相位变化所对应的形变大小也称为 SAR 系统的形变干涉敏感度（interferometric sensitivity to displacement）。SAR 系统形变干涉敏感度是衡量 SAR 数据地表形变监测能力的一个重要指标。以 C 波段 ERS SAR 数据为例，沿雷达视线 1 cm 的形变量对应着 2.2 弧度（129°）的雷达差分干涉相位变化；而同样的形变量在 L 波段 PALSAR 差分干涉图中对应着 0.5 弧度（31°）的差分相位变化。可以看出，DInSAR 干

涉相位对地表位移非常敏感，且短波数据要比长波数据更为敏感。因此，如果采用不同波段 SAR 数据对同一形变场进行测量，雷达波长越短，差分干涉图中对应的条纹周期数就越多。同理，同一差分干涉图中，形变梯度越大的地方对应的形变相位条纹越密集。

由上述分析可知，通过观察差分干涉图中相位条纹的密度，即可以评估地表形变的集中范围和剧烈程度。图 10.2 展示了 Izmit 地震差分干涉图，红色线段表示发震断层的位置。可以看出差分干涉条纹贯穿在整个干涉图中，地震导致断层周边地表 100 km 范围内发生了形变。并且，在靠近断层附近的条纹比较密集，而远离断层的地表形变条纹则相对稀疏，这是由于靠近断层地表形变梯度相对于远场地区较大导致的。根据一个条纹周期对应地表 2.8 cm 视线向形变的规律，可以观察形变场的条纹数目来估计震中区域的形变量（如白色线条所示）。但是，由于震中区域条纹过于密集，采用目视解译方法难以准确估计这些区域的地表形变量，在 DInSAR 数据处理过程中则通过相位解缠技术实现绝对相位的恢复，进而准确测量震中区域的地表形变，相位解缠方法可以参考第 8 章。

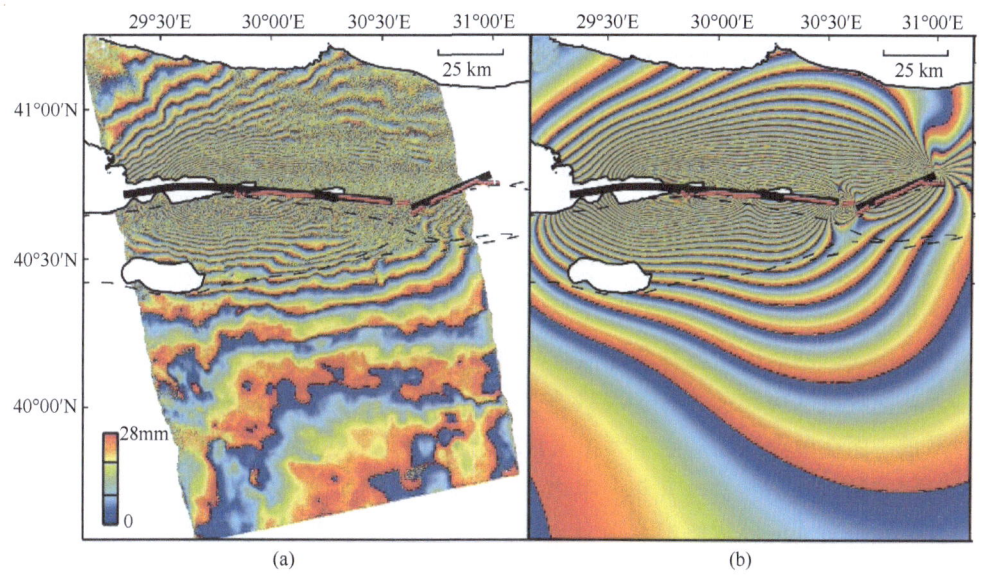

图 10.2 1999 年土耳其 Mw7.1 级 Izmit 地震 DInSAR 干涉图（Wright et al., 2001a）

相位解缠是利用 DInSAR 测量地表形变的核心步骤。差分干涉图相位在 $[-\pi, \pi)$ 范围内成周期性变化，这也是差分干涉图呈周期性条纹的原因。相位解缠就是在差分相位测量值上加 $2k\pi$ 的相位整周相位，其中 k 为相位整周模糊度。差分干涉图经过相位解缠、相位到形变转换和投影转换等数据处理过程，最终得到在常用地理坐标框架下（如大地经纬度坐标）的地表形变量。

10.3 DInSAR 地表形变监测误差来源及干涉失相关分析

尽管 DInSAR 技术在监测地表形变方面具有其独特的优势，但其仍然受制于多种误差源影响。类似于 9.2 节中所描述的 InSAR 地表三维重建误差源分析，利用 DInSAR 测量地表形变的误差源同样可分为成像系统误差和干涉模型误差两类。其中，SAR 系统成像误差源主要包括有成像侧视角导致的 SAR 信号几何畸变、轨道参数误差、系统热噪声和大气延迟误差等；而 SAR 干涉模型误差主要是指在分离地表形变相位分量的过程中，由数据处理引入的 SAR 影像配准误差、基线估计误差、相位空间解缠误差及投影转换误差等。特别地，大气延迟误差（即 SAR 成像过程中对流层和电离层延迟误差）是 DInSAR 测量微小地表形变中最常见的误差源。由于针对这些误差难以建立有效模型将其从差分干涉相位中逐项消除，它们往往糅合在一起残留在 DInSAR 测量结果中。特别地，对于缓慢累积性的地表形变而言，由于短时间内缓慢形变的量级较小，很容易被大气延迟或其他噪声所掩盖，进而导致形变结果精度的降低，甚至导致错误的形变提取结果。因此，最新关于 DInSAR 的研究和应用主要集中于地震、火山、冰川、滑坡等所引发的显著地表形变的监测及与之相关的地球物理学参数的反演。而在地表缓慢形变的监测方面，为克服常规 DInSAR 的技术缺陷，国内外关于雷达干涉的研究热点已转向时序雷达差分干涉技术（Simons and Rosen，2007；Ghiglia and Pritt，1998）。

上述各类误差源对 DInSAR 测量结果的影响程度一般可以用干涉失相关程度描述，它是评估 SAR 干涉相位质量的重要指标。由第 3 章 SAR 干涉原理可知，两次不同时刻 SAR 影像数据之间的相关性，是决定 DInSAR 技术能否成功探测到地表形变的关键条件。如果干涉像对之间相关性丢失，则称之为相位失相关。影响干涉失相关的因素有很多，主要包括时间失相关、空间失相关、地形起伏、地表形变及 SAR 数据处理等导致的失相关。这五种干涉失相关因素具体表现如下。

时间失相关一般是由 SAR 两次成像期间地表散射体的物理、化学性质和分布特征发生变化引起。例如，地表季节性植被覆盖变化导致的相位失相关、地震震前和震后地表剧烈变化导致的失相关。对于这些地表变化类型，一般干涉像对时间间隔越长，失相关越严重。而在城市地区，由于存在大量硬反射目标如人工建筑物等，即使干涉像对获取的时间基线有几个月甚至几年，很多 SAR 干涉对仍能保持较高的相位相关性。时间失相关往往导致 DInSAR 难以有效监测植被或者农业耕种区、土壤水分含量变化较大地区和地震震中等区域的地表形变。

空间失相关一般是由两次 SAR 成像期间雷达波以不同的入射角照射地表目标引起，包括面散射失相关和体散射失相关两种具体表现形式。其中面散射失相关是由于不同的 SAR 侧视角观测导致两次回波信号拥有不完全相同的地面反射谱，即两次观测的目标谱响应存在相对偏移，从而造成了回波信号不完全一致。而体散射失相关涉及雷达波的穿透性，它与雷达波长和散射体大小有较大的关系。在高穿透性区域，如植被覆盖区（森林、农作物）和冰川累积区，体散射失相关较面散射失相关占主导地位。一般来说，SAR 干涉对空间基线越长，空间失相关就越严重，这也是 DInSAR 地表形变监测中需要尽可能选择具有较小空间基线的 SAR 干涉对进行处理的一个重要原因。

地形起伏失相关是由 SAR 影像中透视收缩、叠掩和阴影等几何畸变引起的。本质上，这是由地表地形起伏与 SAR 卫星特殊的侧视成像方式之间的交互作用引起的。因此，这种失相关因素对 SAR 干涉测量的影响程度即与 SAR 传感器本身参数（如雷达波入射角、波长、飞行方向等）有关，也与地表地形起伏状况（如坡度、朝向）有关。在利用 DInSAR 监测目标区域地表形变之前，应分析现有可利用 SAR 卫星的系统参数和目标区域地形特征，以最小化该因素的影响。

地表形变失相关一般是由地表形变特征与选择的 SAR 数据对应形变模糊度不匹配引起。由 10.1 节分析可知，由于不同的 SAR 传感器所具有的系统参数各不相同（如波长、空间分辨率和时间采样率），其测量地表形变场的能力也是不尽相同的。当地表形变量过大，并使 SAR 干涉图中相邻像素形变梯度超过了 SAR 数据对应的形变模糊度（波长的一半），干涉相位会出现失相关。例如，L 波段 PALSAR 数据与 X 波段 TerraSAR-X 数据生成的干涉图中，前者一个干涉条纹周期对应的地表形变是后者的近 8 倍。可见，使用长波 SAR 数据（如 PALSAR）更有利于大梯度形变场的测量。针对冰川流动、地震震中等形变梯度可达到分米或米级的形变场，使用某些短波 SAR 数据（如 TerraSAR-X 或者 COSMO-SkyMed）将无法利用 DInSAR 技术进行测量。因此，针对不同形变梯度的形变场，应选择合适的 SAR 数据进行探测。

SAR 数据处理过程导致的失相关是指 DInSAR 数据处理中，如 SAR 影像配准误差、重采样误差导致同名像素偏移，从而使干涉相位失相关。这类失相关因素一般可通过调整 SAR 数据处理参数和改进计算方法等手段进行抑制或消除。

由上述分析可见，由于 SAR 成像过程是卫星传感器发射雷达波与地表散射体相互交互的过程，干涉相位失相关受 SAR 传感器自身成像参数、地表地形特征和大气对雷达波延迟效应等因素的综合影响。初步了解监测对象的形变机理、监测区地形地貌状况和可选取的 SAR 数据参数特征，是利用 DInSAR 技术成功探测地表形变的先决条件。

10.4　DInSAR 地表形变监测数据选取

DInSAR 地表形变监测的数据准备主要包括 SAR 数据选取，外部 DEM 和精密轨道数据准备。其中，外部 DEM 是为了利用其模拟地形起伏相位分量，精密轨道数据则可以有效削弱 SAR 卫星轨道误差导致的残余参考相位。由于仅有部分 SAR 卫星提供精密轨道数据，且该工作主要由卫星定轨部门完成和提供，因此这里仅对前两项的准备工作进行介绍。

1. SAR 数据选取

在考虑监测对象地表形变时空变化特征的前提下，保持 SAR 干涉对相位相关性是 SAR 数据选择的首要原则。此外，应分析监测对象所处地区地形起伏状况可能导致的 SAR 影像几何畸变程度。针对不同的地表形变特征，需要考虑的 SAR 卫星系统参数主要包括雷达波长、入射角、影像重访周期、空间分辨率，覆盖范围等。当前典型 SAR 卫星对应的系统参数详见表 1.3。

在 SAR 数据选取前，首先需要确定区域形变机理可能造成地表在时间上呈瞬时形变还是缓慢形变。对于瞬时形变，需要选择横跨形变事件的两幅 SAR 影像组成干涉对。如地震同震形变，由于地震发生后一般会伴随着较多的余震形变，尽可能选择距离地震时间较短的震后 SAR 数据进行同震形变测量，就能够最大程度地避免震后形变的干扰。对于缓慢地表形变，则需要选择覆盖感兴趣时间段内的 SAR 影像，以测量该时间区间内的地表形变量。

在观测对象确定后，则需要考虑形成干涉对两幅影像间的时间基线和空间基线。不合适的 SAR 干涉对时间基线和空间基线，均有可能对 SAR 干涉相位相关性产生严重的负面影响。一般时间间隔越长，由地表变化引起的时间失相关就越明显，并且空间基线越长，空间相位失相关就越严重，干涉相位信噪比则越低。相位失相关会导致后续相位解缠困难，并造成地表形变测量结果不可靠。同时，由于外部 DEM 一般含有一定的高程误差（如 SRTM DEM 约为 16m（Rabus et al., 2003）），较大的空间垂直基线会导致差分干涉相位中残余地形相位十分显著，进而降低地表形变的测量精度。因此，选择具有较短时间和空间基线的 SAR 干涉对是利用 DInSAR 进行地表形变监测的一般性原则。具体操作中，若有某地区的多幅 SAR 影像，可首先使用影像参数文件提供的成像时间和轨道参数等信息估计干涉对的时空基线，然后根据实际的需求选取短时空基线干涉对进行后续数据处理。

为削弱 SAR 影像中几何畸变对 DInSAR 测量结果的影响，应考虑 SAR 影像的入射角和研究区的地形特征。不同 SAR 卫星对应的入射角一般在 20°~50° 内变化，并且同一 SAR 卫星不同观测模式往往也具有不同的入射角。采用较大入射角的 SAR 数据可以有效减小 SAR 影像中背向 SAR 信号入射方向由于山体遮蔽导致的阴影面积。但应同时考虑到，较大的入射角会增大朝向 SAR 信号入射方向斜坡的叠掩程度。这两种因素均可能导致 SAR 干涉相位失相关。因此，需要根据实际应用需求考虑该因素，如对于滑坡地表位移，还应同时考虑该滑坡的朝向和坡度角，综合选取合适的 SAR 影像。

此外，已有研究表明，长波段（如 L 波段）雷达信号比短波段（如 C、X 波段）具有更强的穿透性，因此采用 L 波段数据进行干涉测量一般具有更高的相关性。并且 L 波段相对于短波段更适宜于大梯度地表形变场的恢复。同时值得指出的是，对于季节性气候变化较大的地区，季节更替所导致的地表物理属性变化十分显著，可能引起较严重的失相关，因而在进行干涉对选取时需要对其进行考虑。如要避免极端天气对 SAR 干涉相位的影响，若使用有降雪覆盖和无降雪覆盖时的两幅 SAR 影像进行干涉，就会导致相位失相关。最后，所选择 SAR 影像的覆盖范围应尽可能覆盖地表信号的空间尺度。

2. DEM 数据

为了获取地表的形变信息，需去除地形起伏贡献的干涉相位分量，因此，在干涉处理过程中需要外部 DEM 数据的支持。目前，可免费获取的 DEM 数据主要有 SRTM（shuttle radar topography mission）(Rabus et al., 2003) 和 ASTER GDEM（Farr et al., 2007）两种。

SRTM DEM 数据是美国利用"奋进"号航天飞机搭载的 SIR-C/X 合成孔径雷达传

感器进行雷达干涉测量生成的数字高程模型。SRTM 数据覆盖全球 60°N~60°S 的陆地，数据平面精度为±20 m，高程精度为±16 m。目前，美国地质调查局已经公开了 30 m 和 90 m 两个版本的数据，下载地址为 http://earthexplorer.usgs.gov/。

ASTER GDEM 数据是根据 TERRA 卫星搭载的 ASTER 光谱反射仪采集的光学立体像对制作而成。ASTER 测绘数据覆盖范围为 83°N~83°S 之间的所有陆地区域，达到了地球陆地表面的 99%，该数据的空间分辨率为 1 弧度秒（约 30 m），理论精度为：垂直精度±20 m，水平精度±30 m。但是，由于云雨的影响，局部地区 ASTER DEM 数据的高程精度可能受到干扰。ASTER GDEM 可从地址 http://gdex.cr.usgs.gov/gdex/下载。

上述两种公开获取的地形数据最高空间分辨率均为 30 m。但是对于某些高分辨率 SAR 数据，其空间分辨率可达到分米级。DEM 分辨率和 SAR 数据分辨率的不一致，限制了 SAR 干涉对中地形贡献相位的精确去除。德国宇航局于 2016 年公布了商业版的 WorldDEM™数据（Massonnet and Feigl, 1998），其空间分辨率达到 12×12 m，高程绝对精度达到 4 m。它是利用 Terrafirma 计划 TerraSAR-X（TSX）和 TanDEM-X（TDX）两颗卫星进行编队飞行，构建双站 SAR 干涉测量系统，获取覆盖全球范围（包括南北极）的高分辨、高精度 DEM 数据。此外，根据用户需求，可以提供空间分辨率为 6 m、2 m 和 0.8 m 的地形数据。

10.5 DInSAR 数据处理流程

当前常用的差分干涉形变信号提取方法主要包括两轨+外部 DEM 法、三轨法和四轨法。这三种方法分别是指利用 2 次、3 次或 4 次 SAR 进行重复轨道成像，通过处理两张至四张 SAR 影像获取地表形变，其测量原理和数学模型可详见 4.5 节。由于覆盖全球的高精度外部 DEM 数据可免费获取，利用 DInSAR 进行地表形变测量常用的方法是两轨+外部 DEM 法。由 4.5 节中的描述可知，两轨法 DInSAR 数据处理过程主要包括：SAR 数据预处理，主、副 SAR 影像配准和重采样、干涉、去除参考椭球面相位、去除地形相位、差分干涉相位滤波、干涉相位解缠、地表形变计算和坐标投影转换（Ouchi, 2013）。两轨法 DInSAR 数据处理流程及示例如图 10.3 所示。

1. 数据预处理

对于传感器获取的 1.0 级初数据（raw data），需要经过聚焦处理以得到可进行干涉处理的单视复数 SAR 影像。此过程包括 SAR 信号距离谱和方位谱估计，距离谱压缩、SAR 卫星速度估计、方位谱压缩等。完成聚焦后的 SAR 影像为单视复数格式（SLC）。SLC 影像中的复数数据包含了地面每一分辨单元内 SAR 信号的回波强度和时间延迟信息，其中每一像素中复数的模为 SAR 信号强度，复数的相位为 SAR 回波信号的时间延迟。

2. 主、副 SAR 影像配准和重采样

选取合适的 SAR 干涉对数据后，一般确定获取时间靠前的为主影像，另一幅为副影像。为了进行干涉，首先需要将副影像配准并重采样到与主影像相同的雷达影像坐标

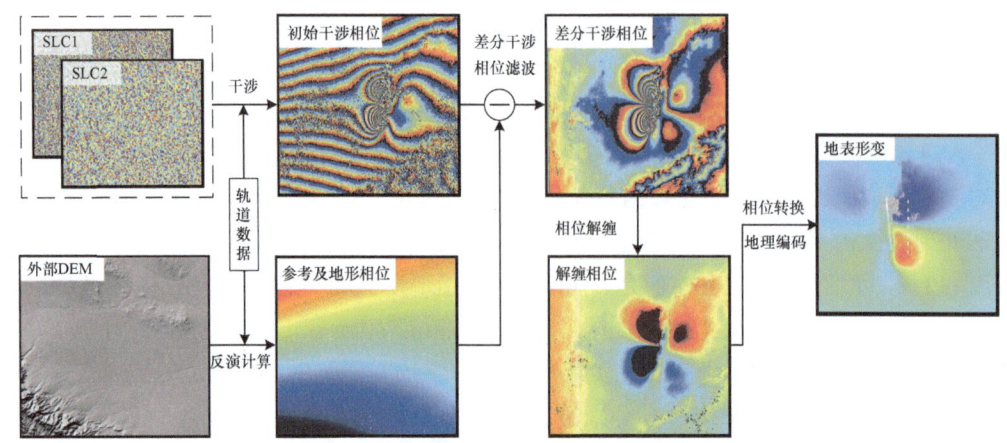

图 10.3 两轨法 DInSAR 数据处理流程

空间。根据第 4 章中介绍的 SAR 影像配准流程和方法，需要经过粗配准、精配准、副影像格网坐标变换及采样等步骤，重采样后的副影像具有和主影像相同的雷达影像坐标空间。

3. 主、副影像干涉

主、副 SAR 影像完成配准与重采样后，即确立了同名像元一一对应的关系。将主、副影像对应像元的复数数据进行共轭相乘即可得到初始干涉图。初始干涉图中每个像素仍然为复数数据，复数的相位即为干涉相位，在 $[-\pi, \pi]$ 范围内变化。初始干涉图相位主要包含了参考椭球相位、地形起伏相位、地表形变相位、大气延迟相位和干涉噪声相位等分量。

4. 去除参考椭球面相位

参考椭球面相位是由两次 SAR 卫星成像空间姿态与参考椭球面交互引起的相位分量。参考相位在初始干涉图中随距离向和方位向呈周期性变化，条纹密度与 SAR 干涉对空间基线矢量和成像系统参数（入射角、SAR 平台高度）相关。参考椭球相位的计算需要根据主、副影像获取时刻卫星轨道参数，构建模型进行建模并将其去除，详细方法参见第 6 章。

5. 去除地形相位

在去除干涉图中参考椭球面相位后，干涉图中剩余的相位分量主要有地形相位、地表形变相位和大气及噪声相位等。为获取地表形变相位，需从干涉图中扣除地形相位。二轨 DInSAR 方法基于外部 DEM 数据计算地形相位贡献量，首先需要将 DEM 配准并重采样到主影像成像空间，该过程主要包括三个步骤。

（1）DEM 裁剪及 SAR 后向散射强度模拟：该步骤根据 SAR 影像参数文件及 DEM 参数文件确定与 SAR 影像覆盖范围相同的 DEM 覆盖范围，并基于地形数据模拟 DEM 坐标系下的后向散射系数图（即 SAR 强度图）。

（2）DEM 地理坐标转换：根据卫星轨道数据、成像参数及 DEM 每个像元的地面坐标，计算每个 DEM 像元所对应的 SAR 坐标系下的坐标（即 SAR 影像像素坐标），根据该转换结果，将地理坐标系下 DEM 模拟的强度图采样到 SAR 影像空间。

（3）模拟 SAR 强度影像与真实 SAR 强度影像的精配准：该步骤主要使用（1）中所得到的模拟强度图与真实 SAR 强度图进行精配准，配准过程与 SAR 影像之间的精配准类似，即使用强度相关性作为匹配测量指标，采用强图相关性最大化原则。在得到精确的偏移量后，可进行配准多项式拟合，进而求得每个像元的偏移量，最终可将所裁剪的 DEM 数据采样到 SAR 影像空间。

将外部 DEM 数据重采样至 SAR 影像空间后，即可获得每个 SAR 影像像元位置对应的地表高程值。由式（3.24）可知，基于高程值、干涉对空间垂直基线和 SAR 影像入射角信息，即可计算地形相位贡献并将其从干涉相位中移除。

6. 干涉图滤波与掩膜

在去除参考椭球面相位和地形相位贡献后的差分干涉图中，主要包含形变相位、大气延迟相位和噪声相位。尽管一般认为大气延迟相位和噪声相位贡献较小，在 DInSAR 数据处理中这两项一般不予考虑，但是这两项的出现常常使实际干涉条纹的连续性受到影响，表现为条纹不明晰、周期性不明显，并为后续相位解缠过程带来困难。因此，在进行相位解缠前需要对差分干涉图（相位）进行滤波，削弱噪声信号，提高干涉数据信噪比。常用的滤波方法为 Goldstein 自适应滤波方法，其可在保证条纹清晰度的情况下有效滤除噪声。SAR 干涉相位滤波方法详见第 7 章。

相位滤波能够改善差分干涉图相位质量，提高相位解缠的准确性。但是，某些失相关严重地区（如水体区、地震震中区域）仍存在显著的相位噪声，这些低信噪比的干涉数据将会影响相位正确解缠。因此，在相位解缠之前，一般需对所使用的干涉对进行相关性（即相干系数）估计，并根据相干系数图和相干系数阈值生成一个差分干涉相位掩膜文件，将低相关区域掩膜后再进行相位解缠。经过掩膜后的差分干涉图，可有效避免失相关严重的干涉数据引入的相位解缠误差。

7. 干涉相位解缠

差分干涉图中所记录的形变相位被缠绕在 $[-\pi, \pi)$ 区间内，无法直接表征真实的地表形变信息。通过相位解缠处理可恢复每一像素的相位整周数。目前常用的解缠方法包括三种，即基于路径跟踪的相位解缠方法、基于最小范数的相位解缠方法，以及基于网络理论的网络流算法。针对这些相位解缠方法的介绍详见第 8 章。

8. 投影转换

SAR 干涉处理直接得到的产品是位于距离-多普勒坐标框架下的，为了方便解译和理解，需要将所需产品（如形变场）投影转换至常用的地理坐标系下。第 3 章对投影转换的原理和方法进行了详细的描述。

10.6 DInSAR 地表形变监测实例：以 2010 年玉树地震为例

2010 年 4 月 14 日（UTC 时刻：2010 年 4 月 13 日，234937），青海省玉树藏族自治州玉树县发生矩震级 Mw 6.9 级地震，震中位于 33.2°N，96.6°E，震源深度 14 km，并于次日发生 Mw 6.1 级最大余震（Kampes，2006）。玉树地震造成玉树县城及附近严重受灾，共 2698 人遇难，270 人失踪。

玉树地震震中位于玉树—甘孜断裂带上，其被认为是青藏高原东部最为活跃的断裂带之一。震区周边地势复杂，地形以山地为主，海拔在 2000~6000 m，高程起伏较大。图 10.4 展示了玉树地震震区的地形起伏及 SAR 影像覆盖范围，图中两震源机制球分别标识了玉树地震主震和最大余震，黑色实线代表活动断裂分布，黄色方块为玉树县城位置。

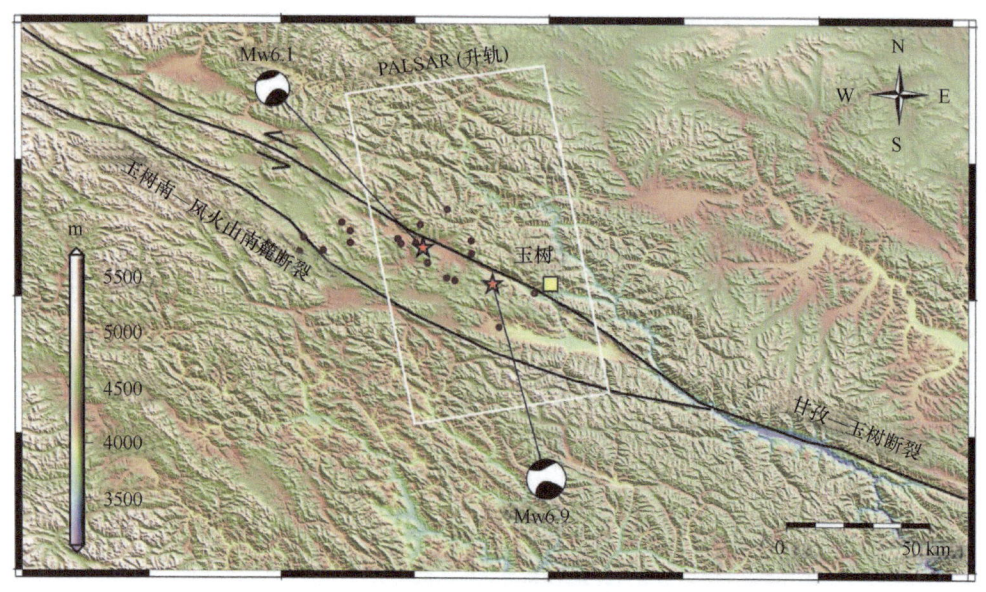

图 10.4 实验区地形及 SAR 影像覆盖图
白色矩形框为 PALSAR 覆盖范围，黑色线条为断层在地表的投影分布，两震源机制球分别标识玉树地震的主震和最大余震

针对玉树地震导致的同震形变，考虑到地表较大的形变梯度和震区地形的起伏，本示例选择日本 JAXA ALOS 卫星搭载的 PALSAR 传感器获取的 SAR 数据组成干涉对进行干涉测量。选择卫星升轨（ascending orbit）（轨道号 T487）1 月 15 日（震前）获取的 SAR 影像为主影像，4 月 17 日（震后）获取的 SAR 影像为副影像。为了覆盖整个震区，这里选择了相邻的两景 PALSAR 影像（Frame 640 和 650）进行拼接，拼接后的 SAR 影像方位向地面覆盖距离约为 140 km，距离向地面覆盖距离约为 70 km（图 10.4 白色矩形框所示）。干涉对 SAR 数据时间基线为 92 天，空间垂直基线为 693 m，较长的雷达波长与合理的时间、空间基线保证了较好的干涉相关性。

实验采用 GAMMA 软件进行数据处理。GAMMA 软件是由瑞士 GAMMA 公司研发的用于干涉雷达数据处理的全功能软件平台（Ketelaar，2009）。图 10.5 展示了本次实验覆盖玉树地震的 PALSAR 干涉对中主影像（20100115）振幅图。振幅图中灰度的明暗反映了地表散射单元后向散射 SAR 信号的强弱。振幅明亮的地方表明该地方反射雷达波信号较强，振幅较暗的地方表明该处反射雷达波较弱，处于雷达阴影位置的一些区域则表现为黑色。振幅图中白色方框为震中区域，为了清楚地展示 SAR 数据处理结果的细节，下文将主要展示该震中区域的处理结果。

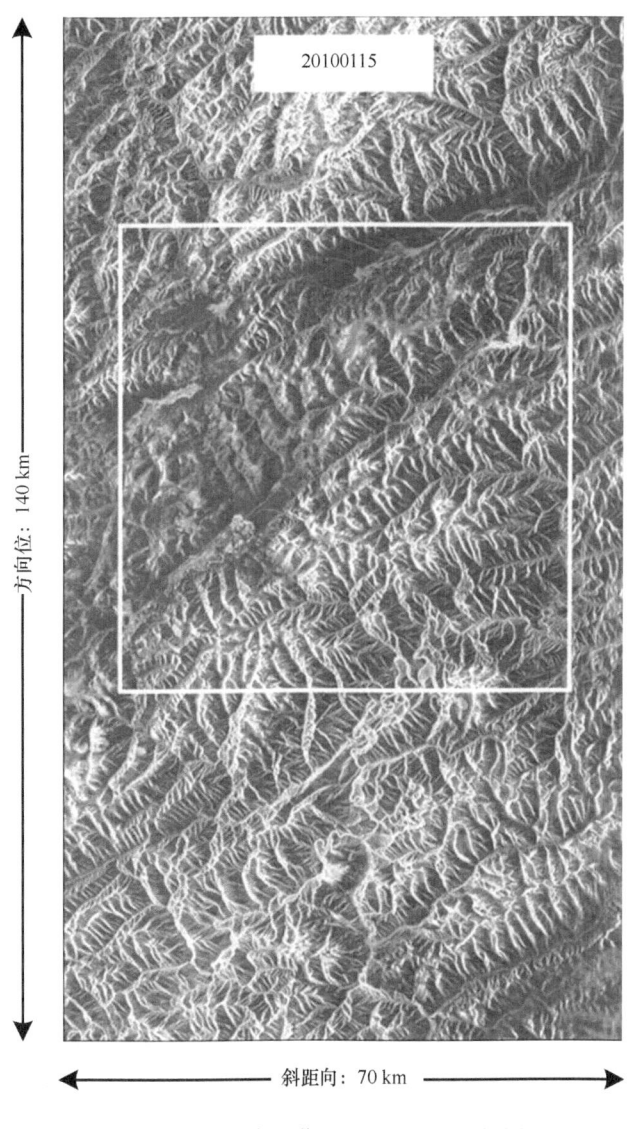

图 10.5 实验主影像（20100115）振幅图
白色矩形框为震中区域

图 10.6（a）为玉树地震 20100115~20100417 干涉对初始干涉图，从中可看出干涉条纹非常密集，这是由参考椭球相位占主导贡献导致。将参考椭球相位根据卫星轨道参

数建模去除后,得到图 10.6(b)所示的扣除参考相位后的干涉图。可以看出去除参考相位后,剩余相位与地形起伏较为吻合,表现出类似于等高线的周期条纹分布。考虑到此次地震的震级为 Mw 6.9 级,相对于地表形变相位,大气延迟和干涉噪声的干涉相位贡献较小,因此干涉处理中忽略了这些相位。

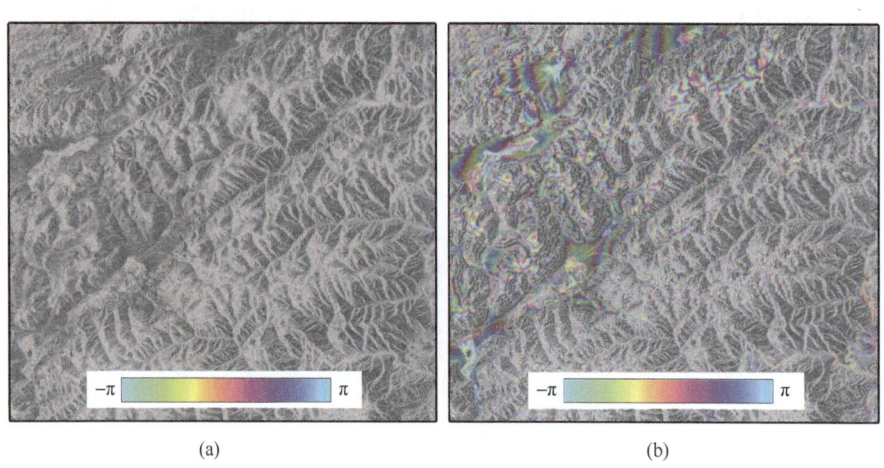

图 10.6 初始雷达干涉图(a)与去除参考椭球相位后的雷达干涉图(b)

图 10.7(a)为根据 30 m 分辨率 SRTM DEM 数据模拟的地形贡献相位。将此地形相位从已去除参考椭球相位的干涉图(10.6(b))中扣除,得到 10.7(b)所示的差分干涉图。差分干涉图中主要相位成分为地震导致的同震地表形变相位。可以看出,形变干涉条纹呈带状分布,与走滑断层破裂导致的地表形变特征一致。在震中一些区域(图 10.7(b)中黑色多边形所示),可能由于地表形变剧烈导致发生相位失相关,从而使这些区域出现相位空值或者相位噪声。

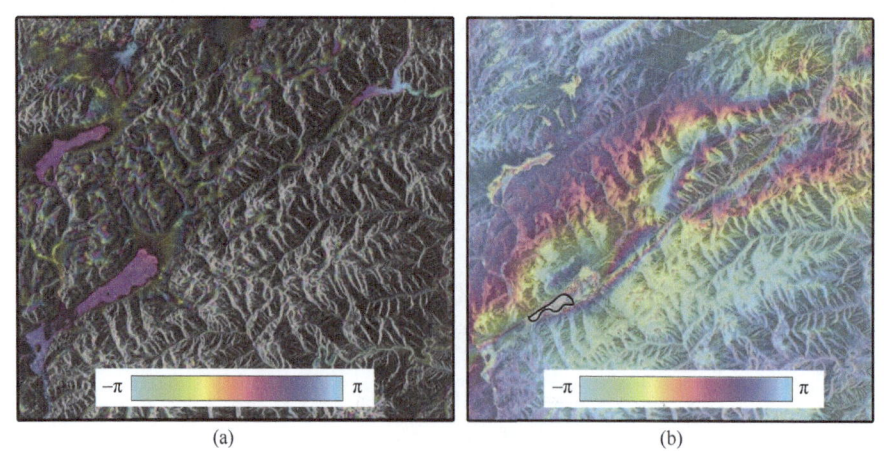

图 10.7 模拟的地形相位(a)与去除地形相位后的差分干涉相位(b)

采用 Goldstein 自适应滤波方法,对差分干涉图开展相位滤波处理,其中滤波窗口大小为 32×32。滤波后震中区域差分干涉图如图 10.8(a)所示。为进一步呈现相位滤波效果，图 10.8（b）、(c) 分别展示了（a）中矩形区域 Z 在滤波前、后的差分干涉图。可以看出，滤波后的干涉图更加平滑，说明滤波处理有效抑制了相位噪声。

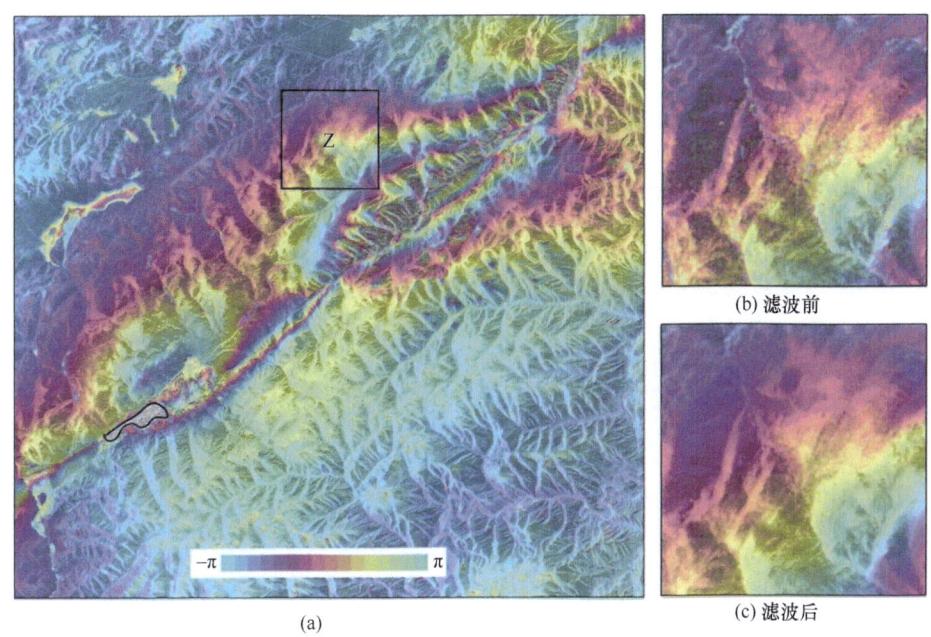

图 10.8 （a）滤波后差分干涉图，(b) 和 (c) 分别代表矩形区域 Z 滤波前、后的差分干涉图

滤波后的差分干涉图中仍然存在由于严重相位失相关导致的噪声区，如图 10.8（a）中黑色多边形所示。为了避免这些噪声区导致的相位解缠误差，此处设置相干系数阈值为 0.2 生成掩膜文件，将干涉相位掩膜后再开展相位解缠。图 10.9（a）为本实验干涉对的相干系数图，亮色灰度表示较高的相干性，可以看出主震区的相干性良好，相干系数基本位于 0.4 以上。相位解缠过程需要指定参考点，即假设参考点位置上地表形变量为零。对于玉树地震，选择参考点的原则为远离震中，并具有较好的相干性。图 10.9（a）中的红色圆圈即为本干涉对解缠参考点位置。解缠后的相位如图 10.9（b）所示，可以看出，解缠相位范围在–22~28 rad。解缠图中出现一些空值区，这是由于这些区域相干性太低导致的。将解缠相位按照式（3.27）进行转换，即可获得玉树地震导致的同震地表形变。

最后，将玉树地震同震形变场投影转换至地理经纬度坐标系下，即可得到如图 10.10 所示的玉树地震形变图。通过观察地表相对卫星的运动方向，可以对 DInSAR 测量形变场进行解译。由于这里选择获取时间靠前的 SAR 影像为主影像，获取时间靠后的 SAR 影像为副影像，则 DInSAR 测量的形变场中正值表示为地表在观测时间段内沿卫星视线向（LOS）靠近卫星，负值则表示地表沿 LOS 向远离卫星。

观察玉树地震同震形变场，在震中区域，地表形变基本沿着一条线（图 10.10 中黑色线条）分为正值和负值两部分。这表明地震导致地表产生了明显的破裂带，破裂带长度约为 74 km。形变场中，北盘形变为正值，表明其沿卫星视线方向发生了抬升，最大

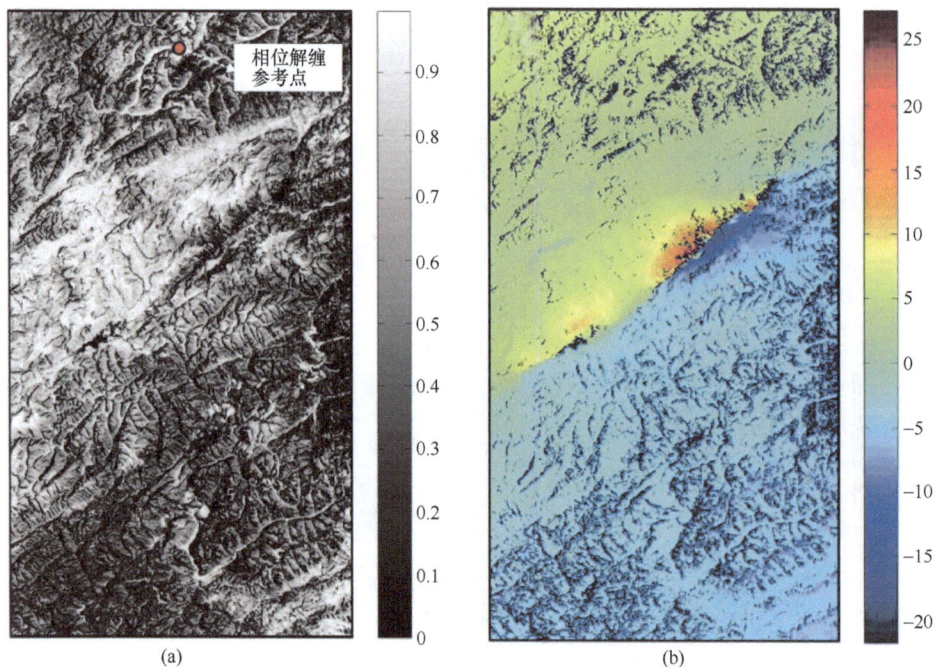

图 10.9 相干系数图（a）与解缠相位图（单位：rad）（b）

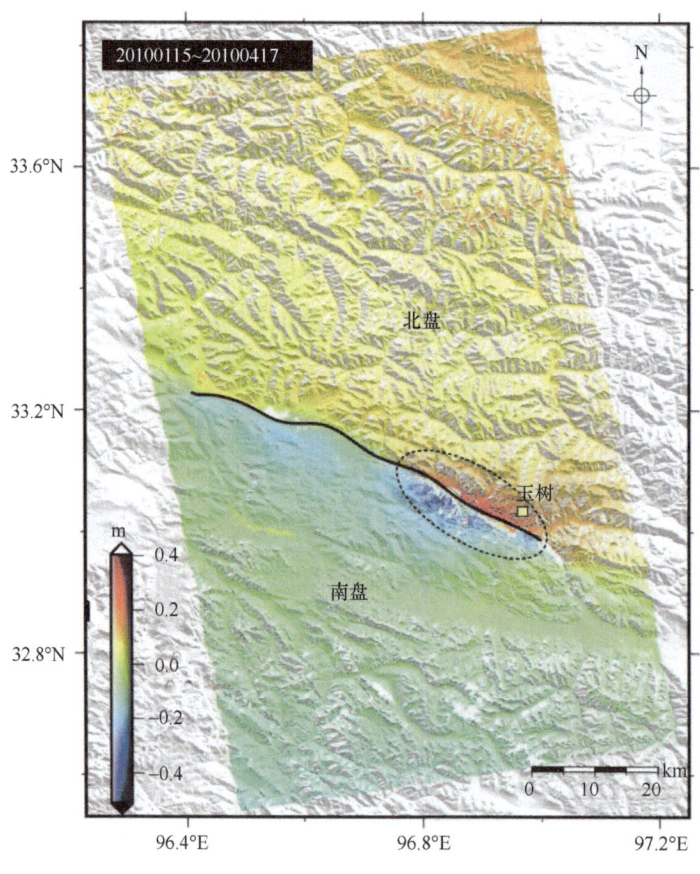

图 10.10 玉树地震同震形变场

形变量为 0.40 m；而南盘形变为负值，表明其沿卫星视线方向发生了下沉，最大形变量为–0.51 m。断层附近的形变值显著大于远离断层区域的地表形变，南、北盘最大形变均集中在断层的东南部分（图 10.10 黑色虚线椭圆内），靠近玉树县城。结合震区地质资料背景，发现该分界线与发震断层玉树—甘孜断裂的走向和分布吻合，表明该断裂正是玉树地震的发震断层。根据南、北两盘移动方向和性质判断同震断层发生了左旋走滑破裂。

思考题

1. 选择合适的 SAR 数据是利用 DInSAR 成功监测地表形变的保障，请阐述选择 SAR 数据需要考虑的重要原则有哪些？

2. 什么叫干涉相位失相关？影响干涉相位失相关的重要因素有哪些？

3. DInSAR 监测地表形变数据处理过程主要包含哪些步骤？怎样基于 SAR 干涉图和最终形变图解译地表形变特征？

第11章 合成孔径雷达干涉前沿技术

常规合成孔径雷达干涉技术（DInSAR）应用于区域形变测量常受到轨道参数误差、地形数据误差、干涉失相关所引起的相位噪声、相位解缠误差，以及大气延迟等不利因素的影响，这些因素严重制约着其精度和可靠性（Rosen et al., 2000; Rott, 2009; Hanssen, 2001）。此外，DInSAR 技术仅能获取雷达视线向（LOS）的干涉测量结果，难以满足地表真实三维形变信息提取的需求（Hu X et al., 2014; Wang et al., 2014）。针对这些问题，国内外学者开展了系统深入的研究，在方位向形变监测方法（Hu X et al., 2014; 王晓文等，2014; 胡俊等，2013b）、三维形变监测方法（Hu J et al., 2014; Wang et al., 2014; Jung et al., 2011）、时序雷达差分干涉方法（Hooper et al., 2012; Mohammed et, al., 2013; Osmanoğlu et al., 2016）及时序二维形变监测方法（Raucoules et al., 2013; Casu et al., 2011; Samsonov and d'Oreye, 2012）等方面取得了一系列突破，对 InSAR 理论体系进行完善和发展，进一步提升了该技术途径的精度、可靠度和实用性。另一方面，随着地基 SAR 设备及数据处理技术的发展，地基 InSAR 在地表形变监测中也得到越来越多的应用（Monserrat et al., 2014）。

本章将针对合成孔径雷达干涉的方位向形变监测方法、三维形变监测方法、时序雷达差分干涉及地基雷达干涉等合成孔径雷达干涉前沿技术进行介绍。方位向形变监测方法主要介绍像素偏移量跟踪（POT）方法（Raucoules et al., 2013）和多孔径干涉（MAI）方法（Bechor and Zebker, 2006）。三维形变监测方法部分主要针对雷达干涉测量的空间几何框架、InSAR 三维形变测量的基本理论和主要的方法、InSAR 三维形变监测的研究和应用现状等方面进行介绍。在时序差分雷达干涉技术部分，选取第 1 章中所述及的具有代表性的 PSInSAR^{TM}（Ferretti et al., 2000; 张慧鑫等，2011）、SBAS-DInSAR（Berardino et al., 2002）和 StaMPS（Hooper et al., 2004）三种时序差分雷达干涉技术进行理论和方法介绍。在时序二维形变监测技术方面，主要对形变建模和解算方法及数据处理流程予以介绍。关于地基雷达干涉，着重介绍地基雷达设备、工作原理及数据处理方法。

11.1 方位向形变监测方法

常规 DInSAR 的一个局限是其获取的地表形变信息只是真实空间位移在传感器成像方向，即视线向（LOS）上的投影（Wang et al., 2014; González et al., 2009）。由于 SAR 传感器的侧视成像方式，导致 SAR 干涉测量只对 LOS 向形变敏感，而不能测量沿卫星（或其他平台）飞行方向（方位向）的形变。因此，当地表形变主要发生在沿卫星飞行方向时，利用基于单一干涉对的常规 DInSAR 技术就无法获取有效的地表形变信息。DInSAR 技术的这一缺陷阻碍了利用其对复杂地表形变机理的全面理解，也部分限制了该技术在工程中的应用。

为了弥补常规 DInSAR 技术的这一不足，国内外学者相继开展了一系列研究。目前，利用 SAR 影像获取地表沿方位向形变的方法主要有像素偏移量跟踪方法（POT）（Raucoules et al., 2013）和多孔径雷达干涉测量方法（MAI）（Jung et al., 2009; Bechor and Zebker, 2006），下文将分别针对这两种方法展开介绍。

11.1.1 像素偏移量跟踪方法的基本原理

像素偏移量跟踪方法（POT）是一种基于 SAR 影像幅度信息测量地表方位向形变的技术，其算法的基本思路是：以 SAR 图像对为基础，以一定长和宽的范围为滑动窗口模板，对图像对进行互相关计算，找到因地表形变导致的偏移量 D_{def} 和卫星观测几何导致的偏移量 D_{orbit} 之和，如下式所示：

$$D_{\text{offset}} = D_{\text{orbit}} + D_{\text{def}} \tag{11.1}$$

式中，D_{offset} 为主、副影像间的偏移量。

POT 技术有两种实现方法：强度追踪法和相干性追踪法（González et al., 2009）。强度追踪法利用的是 SAR 图像的幅度（振幅）信息，算法的核心过程是寻找强度互相干系数的峰值，它借鉴了传统的光学影像匹配方法，利用了 SAR 图像斑点噪声的性质和特征。如果图像对的斑点噪声类型相似，那么参与匹配的两图像的强度就高度相关。相干性追踪法利用的是 SAR 图像的干涉相位信息，需要图像对保持一定的相干性，算法的核心是寻找干涉相位相关性峰值所在。该方法需要先对单视复数数据进行滑动窗口运算，把两幅图像在窗口内的数据块进行共轭相乘生成干涉条纹图，然后再搜索相关性峰值的位置。

POT 技术不需要进行相位解缠，而且基于幅度信息的方法对 SAR 图像对的失相关不敏感，可以克服 DInSAR 技术的局限性，在地表失相关较严重的地区依然能够提供较好的形变细节。但是，其利用影像匹配方式估算地面目标的形变信息，导致形变测量精度与影像间的匹配精度高度相关，同时也与影像分辨率密切相关。当前，常规 POT 技术的测量精度为 10~15 cm（Hu X et al., 2014），因此，其适合测量形变量级较大的地表位移，如地震同震形变、冰流速度、火山运动和滑坡位移等（Hu X et al., 2014; Wang et al., 2014; González et al., 2009）。

11.1.2 多孔径雷达干涉测量方法的基本原理

SAR 通过在飞行过程中不断地发射电磁波脉冲信号并接收回波信号，然后进行信号合成，以取得较高的方位向分辨率，这便是"合成孔径"的原理（Moreira et al., 2013）。如图 11.1 所示，假设卫星雷达波从开始到达地面目标点 P 至离开点 P 的时间间隔为 T^{int}，则在 $(-T^{\text{int}}/2, 0)$ 时间段内，卫星逐渐靠近 P 点，将这一段时间内的雷达波束定义为前向侧视（forward-looking）；在 $(0, T^{\text{int}}/2)$ 时间段内，卫星逐渐远离 P 点，将这一段时间内的雷达波束定义为后向侧视（backward-looking）。

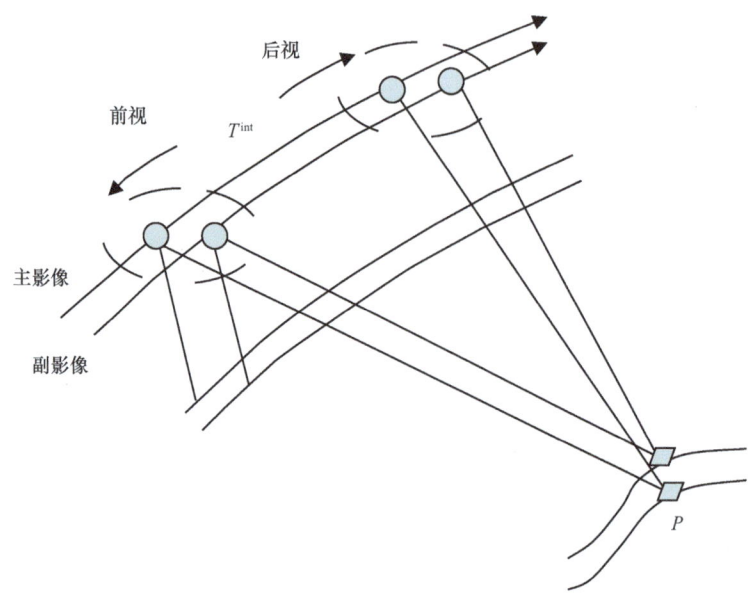

图 11.1 多孔径雷达干涉测量方法原理示意图（Bechor and Zebker，2006）

MAI 方法的基本思路（Jung et al.，2009；Jung et al.，2011；Hu et al.，2012）是：首先获得对方位向和距离向形变均较为敏感的前视和后视干涉图，然后将两者再次进行差分干涉，就得到反映地表沿方位向位移量的干涉相位，即 MAI 干涉图。具体操作流程为：首先采用方位向带通滤波（azimuth bandpass filtering）方法将全分辨率 SLC 影像进行分孔径处理，得到前视 SLC 和后视 SLC，这样一个干涉对中的主、副影像就可以得到 4 副子孔径 SLC 影像；然后将主、副影像的前视 SLC 作共轭相乘产生前视干涉图，两幅后视 SLC 共轭相乘得到后视干涉图；最后前视干涉图和后视干涉图之间再作一次干涉就得到了最终的 MAI 干涉图。

如图 11.2 所示为 MAI 的成像几何模型，其中全分辨率 SLC 影像（由 RAW 数据聚焦处理得到）零多普勒斜距向量与理想正侧视的视线向量的夹角为 θ_{QS}，带通滤波得到的前视和后视 SLC 视线向量与理想的正侧视视线向量夹角为 β，SAR 天线沿轨波束带宽角为 α。为了使分割后的前视和后视 SLC 信噪比损失最小，子孔径 SLC 的分割带宽通常采用全分辨率方位向带宽的一半，即 $\beta = \alpha/4$。假设地表上 P 点沿方位向的位移量为 x，则 P 点处前视干涉图和后视干涉图中的相位分别为

$$\phi_f = -\frac{4\pi x}{\lambda}\sin\left(\theta_{QS} + \frac{\alpha}{4}\right) \tag{11.2}$$

$$\phi_b = -\frac{4\pi x}{\lambda}\sin\left(\theta_{QS} - \frac{\alpha}{4}\right) \tag{11.3}$$

式中，λ 为雷达波波长。MAI 干涉图相位可表示为

$$\phi_{MAI} = \phi_f - \phi_b = \frac{8\pi x}{\lambda}\sin\frac{\alpha}{4}\cos\theta_{QS} \tag{11.4}$$

由于 α 和 θ_{QS} 为非常小的量，并且 $\alpha = \lambda / L$（L 为 SAR 天线长度），则式（11.4）可表示为

$$\phi_{\mathrm{MAI}} \approx \frac{8\pi x}{\lambda} \frac{\alpha}{4} \approx \frac{2\pi}{L} x \tag{11.5}$$

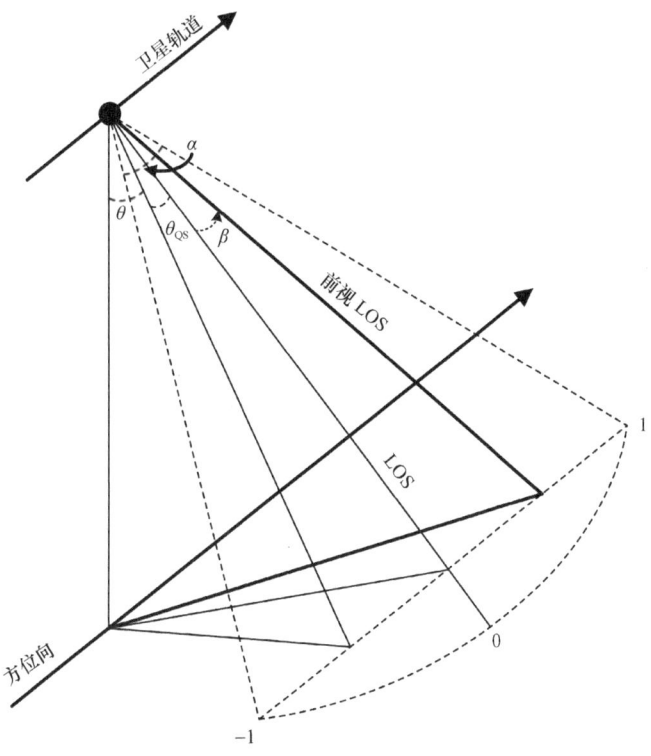

图 11.2　MAI 成像几何示意图（Bechor and Zebker，2006）

由式（11.5）可以看出 MAI 干涉图相位与波长无关，只与天线长度和地表方位向形变量有关，对于 ENVISAT 卫星来说，天线长度为 10 m，则干涉条纹一个 2π 周期就代表方位向 10 m 的水平位移（horizontal displacement），而一般的地表位移不可能有这么大的量级，于是 MAI 技术无须相位解缠，并且双差分干涉可在很大程度上抑制参考相位、地形相位及电离层延迟的影响。但需要指出的是，MAI 干涉图质量与两幅影像间的相干性仍有很大关系，并且由于卫星在飞行过程中受摄动力影响，会导致前视干涉图和后视干涉图的垂直基线长度有所不同，从而使最终干涉图中仍然存在残余参考面相位及地形相位。Jung 等（2009）推导了 MAI 干涉图中参考面相位及地形相位的表达式：

$$\phi_{\mathrm{MAI},f} = \frac{4\pi \cos\theta}{\lambda \rho \sin\theta} \cdot \Delta B_\perp \cdot \Delta \rho \tag{11.6}$$

$$\phi_{\mathrm{MAI},t} = \frac{4\pi}{\lambda \rho \sin\theta} \cdot \Delta B_\perp \cdot h \tag{11.7}$$

式中，$\Delta B_\perp$ 表示前、后视干涉图垂直基线差 ρ 表示卫星到地面点的斜距，$\Delta\rho$ 为各点与参考点的斜距差，θ 为波束入射角，h 为地面点高程。以 ERS SAR 系统来说，如果前后视垂直基线差是 0.1 m，则距离向上近地点与远地点间的参考面相位差大约为 140°，而 2000 m 的高程（相对于参考椭球面）产生的地形相位大约为 7.5°。由此可见，参考面相位对 MAI 干涉图仍有较大的影响，而地形相位影响相对较小，如果能够准确地估计出垂直基线差，就能把 MAI 相位中包含的参考面相位与地形相位去除。

11.1.3 MAI 与 POT 形变提取实例及结果的比较

由 11.1.1 小节和 11.1.2 小节中的叙述可以看出，POT 是一种基于 SAR 影像幅度信息（或相干信息）的地表方位向形变估计方法，而 MAI 是一种基于 SAR 影像分孔径相位信息的方位向形变估计方法。这两种方法各有优劣，其中 POT 不仅可以估计方位向形变，而且可以估计地表沿卫星视线向的形变，但是其测量精度容易受匹配窗口大小、地形起伏等因素的影响，而且计算方法比较费时。已有研究表明，POT 方位向形变的测量精度约为方位向像元间隔的 2.4%~3.0%（约 12~15 cm），有限的精度改善需要在互相关计算中加大过采样因子或者搜索窗口，但这必然会增大计算时间。MAI 基于分孔径 SLC 进行差分干涉处理，因此其计算效率较高，测量精度与干涉图信噪比、相干系数等相关。相关的研究表明，基于 TerraSAR-X（X 波段）和 PALSAR2（L 波段）数据，当干涉图相干系数为 0.8 时，MAI 的理论测量精度分别可以达到 2~3 cm 和 3~4 cm。因此，在保证相干性的前提下，MAI 的测量精度和计算效率理论上均优于 POT 方法。

本小节以 2003 年伊朗 Bam 地震和 ENVISAT 升轨和降轨（descending orbit）数据为例，分别利用 POT 和 MAI 方法计算该地震的同震方位向形变，结果如图 11.3 所示。可以看出，POT 和 MAI 方法均探测出了地表在卫星飞行方向上存在明显的位移，并且两种形变分布和特征表现基本一致。但是，两者也存在明显的区别：①POT 方法计算的形变结果比 MAI 方法粗糙，且无数据区域比 MAI 多，这是由于 POT 方法容易受像素匹配失败的影响；②与 GPS 数据相比，POT 探测到的地表形变没有 MAI 的吻合度高，验证了在保证相干性的前提下，MAI 精度明显高于 POT；③POT 计算的升轨形变结果存在明显的线性部分，这是因为轨道误差引起的线性偏移没有完全被去除，而 MAI 干涉图中残余参考相位不明显，表明通过三次差分干涉，基线误差的影响被显著削弱。

为了进一步比较 MAI 和 POT 的测量精度，基于远场相对稳定的前提，选取离震源大约 50 km 且相干性较高的区域（图 11.3（c）、（d）中的矩形框所示），可以认为这一区域几乎没有发生形变，然后统计并比较此区域内两种测量结果各自的标准偏差。由于 MAI 在处理中作了多视运算，而 POT 是基于单个像素进行估计，因此无法直接比较单个像素的测量误差，在这里以面积为单位进行统计，比较结果如图 11.4 所示（为便于显示，取面积以 10 为底的对数表示横坐标）。可以看出，随着统计窗口的增大，基于 MAI 和 POT 所得到的升、降轨方位向位移的标准偏差均趋于平稳，然而，MAI 的平稳性要优于 POT，而且 MAI 的量级明显小于 POT；升轨和降轨 MAI 的标准偏差均值分别为

(a) POT计算的降轨方位向形变

(b) POT计算的升轨方位向形变

(c) MAI计算的降轨方位向形变

(d) MAI计算的升轨方位向形变

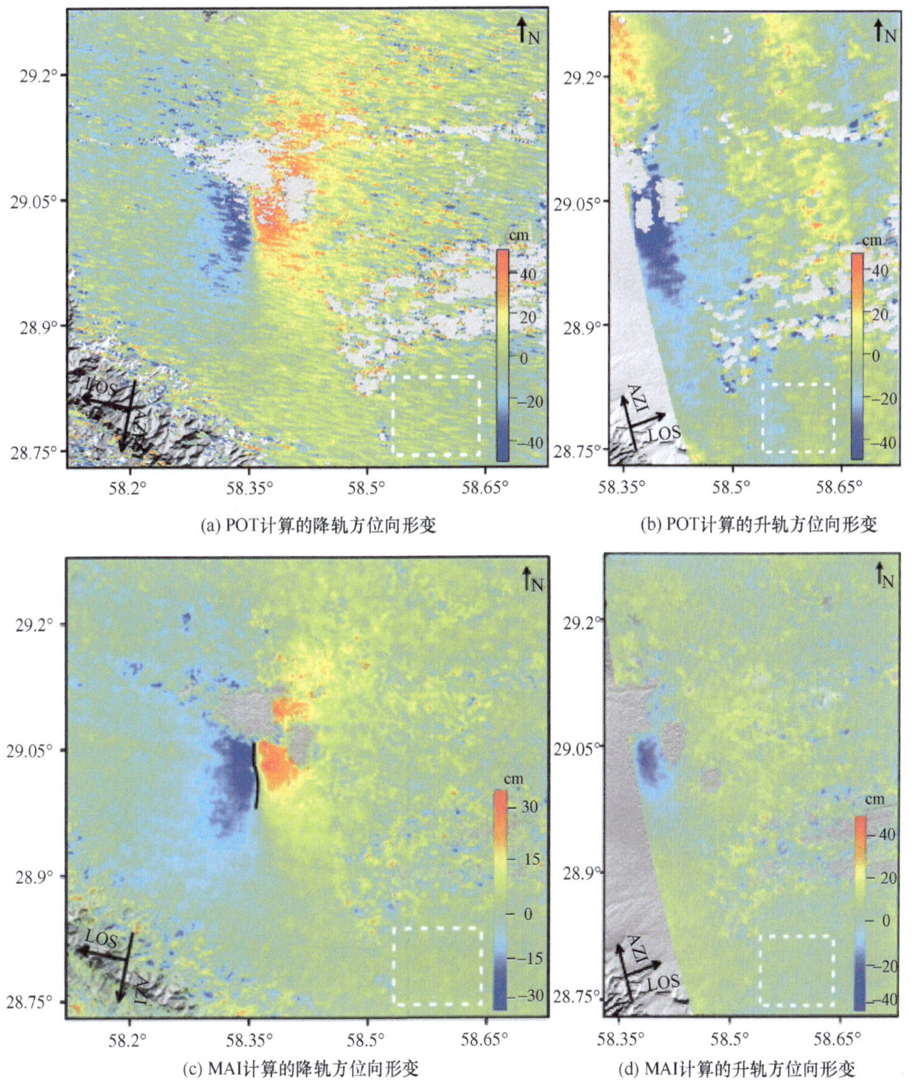

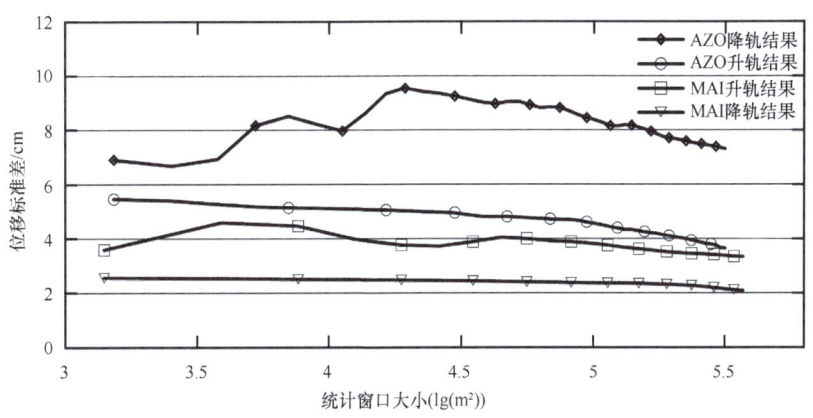

图 11.3 基于 POT 和 MAI 方法计算的 Bam 地震同震方位向形变

白色矩形为用于远场对比分析的区域，假设该区域形变很小

图 11.4 基于 MAI 和 POT 测量方位向位移的标准偏差比较

3.7 cm 和 2.4 cm，而升轨和降轨 POT 的标准偏差均值则分别为 4.5 cm 和 8.2 cm。由此可见，MAI 方法的方位向形变测量精度明显优于 POT 方法。

11.2 三维形变监测方法

常规 DInSAR 和 PSI 的一个局限是其获取的地表形变信息只是真实空间位移在传感器成像方向，即视线向上的投影（刘国祥等，2012b），在单一数据源的条件下（不介入升降轨和多平台信息）无法获取真实的地表垂直向与水平向形变，因此无法满足工程和大范围形变监测定量分析的需求，雷达干涉测量的普及和发展受到严重制约。为解决这一问题，国内外学者相继开展了一系列基于 InSAR 的多维形变监测方法和应用研究，提出了像元偏移量跟踪方法（POT）、多孔径雷达干涉测量方法（MAI）、引入外部先验数据（GPS 或精密水准测量结果）约束的多维形变提取方法以及利用多平台、升/降轨观测结果恢复三维形变场等一系列方法，极大地弥补了常规 DInSAR 干涉测量空间信息缺失的不足，目前已在火山、地震等瞬时剧烈地表形变等研究领域得到了广泛的应用（Hu J et al.，2014）。

11.2.1 雷达干涉测量的空间几何框架

1. LOS 向形变与三维形变矢量的关系

合成孔径雷达通过侧视成像原理获取影像。图 11.5 显示了 SAR 侧视成像几何（以升轨成像为例）及在三维坐标系下的角度参数。以成像时刻卫星的星下点为坐标原点 O，

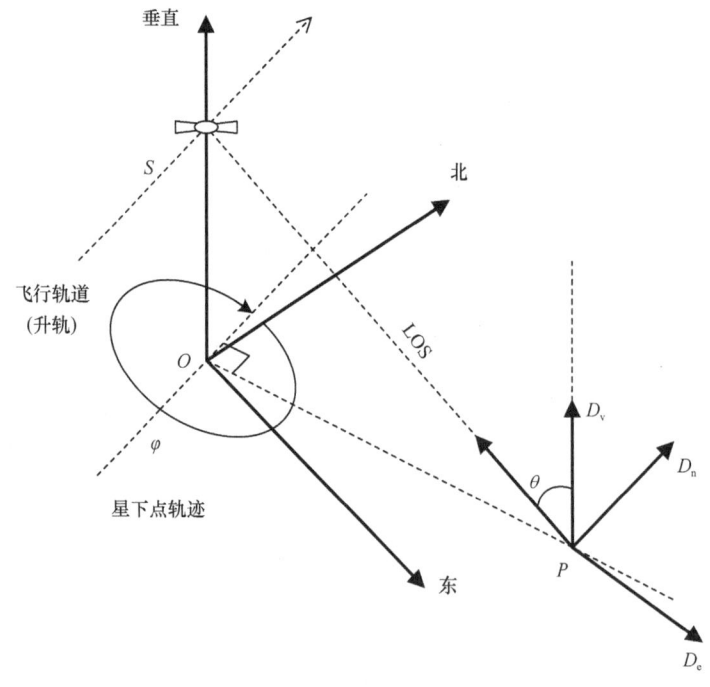

图 11.5　SAR 侧视成像几何及角度参数

以东向、北向和竖直方向为基准构建空间直角坐标框架。S 为成像时刻卫星位置，P 为地面目标，S 和 P 的连线为雷达视线（LOS）方向，LOS 向与垂直方向的夹角 θ 为雷达信号入射角，星下点轨迹是卫星轨道在水平面上的投影；φ 为卫星航向角；星下点 O 和目标点 P 的连线即为 LOS 向在水平面上的投影。

观察图 11.5 可发现，实际上，P 点的 LOS 向形变量（以 D 表示）是该点的三维位移分量在 LOS 向上的投影之和，即

$$D = D_v \cdot \cos\theta + D_n \sin\varphi\sin\theta - D_e \cdot \cos\varphi\sin\theta \tag{11.8}$$

式中，D_e 为 P 点沿东西向的形变分量；D_n 为 P 点沿南北向的形变分量；D_v 为 P 点沿垂直向的形变分量。

另外，在通过差分干涉相位求解形变相位的过程中，必须应用相位解缠技术求解相位差的整周模糊数。当前的相位解缠技术普遍采用的方法是，对临近像元点的相位梯度在整个影像空间上按照一定的原则进行积分。但是，这一过程和 GPS 系统中的整周模糊度求解有很大区别。GPS 技术基于对目标点的冗余观测结果的时序建模实现距离相位的整周模糊数的解算，而在 InSAR 技术中，同一目标的相位观测值序列是卫星周期性回访获取的离散值。相位整周数是基于影像空间内某一选定的参考点通过相位梯度的积分运算获得的。在缺乏先验信息的情况下，一般假定参考点的形变量为 0。经过空间卷积处理，各像元点之间的相对变化量得到精确的求解，但真实距离相位的整周模糊数无法精确求解。这最终导致整个监测区域的 LOS 向 InSAR 形变探测结果 R 与真实的 LOS 向矢量投影 D 间存在系统偏差，假设为 K，即 $D = R + K$。最终，InSAR 测量结果与真实空间位移量的函数关系为

$$R = D_v \cdot \cos\theta + D_n \sin\varphi\sin\theta - D_e \cdot \cos\varphi\sin\theta - K \tag{11.9}$$

在常规雷达干涉的建模分析过程中，InSAR 建模的对象仅是对应目标点上不同时刻的两次相位观测结果，因而无法像 GPS 技术那样准确恢复相位（及相位差）的整周未知数。上述整体偏差 K 在影像空间内表现为一个未知常量，故通常是依靠引入外部参考数据（GPS 或高精度水准观测结果）进行整体纠正，替代对其真值的求解。

2. InSAR 对三维形变的敏感度分析

结合 SAR 传感器平台的成像几何参数进行分析可知：LOS 向形变测量对三维形变分量的敏感度存在差异，对式（11.9）进行求偏导并取绝对值可获得 LOS 向观测结果对三维形变矢量间的敏感度因子（查显杰等，2006）：

$$\left|\frac{\partial R}{\partial D_e}\right| = \left|-\cos\varphi\sin\theta\right|, \quad \left|\frac{\partial R}{\partial D_n}\right| = \left|\sin\varphi\sin\theta\right|, \quad \left|\frac{\partial R}{\partial D_v}\right| = \left|\cos\theta\right| \tag{11.10}$$

需要指出的是，现有 SAR 卫星的运行轨道一般为极地轨道，且与经线方向的夹角一般为 10° 左右，即卫星航向角约为 190°（降轨）或 350°（升轨），雷达侧视角一般在

20°~45°间变化,将这些参数代入式(11.10)计算可知,卫星 SAR 对东西向、南北向和垂直向位移的敏感度区间分别为[0.34, 0.70]、[0.06, 0.12]和[0.71, 0.94]。显然,InSAR 对垂直向位移的敏感度最高,对东西向位移的敏感度次之,对南北向位移的敏感度最低。

由上述推导不难得出:尽管依据多个 DInSAR 形变观测量可以对三维位移量进行重建与恢复,但因其对南北向位移的敏感度最低,故而南北向形变估算精度也将最低,而垂直向位移分量的估算精度基本与常规 DInSAR 获得的 LOS 向形变测量结果相当(最高可达到毫米级)。在两个方向的水平位移分量中,部分平台在东西向可能获得较可靠的三维分析结果,但南北向由于与卫星极轨飞行方向过于接近,受投影关系的制约,其精度难以得到保证。

11.2.2 InSAR 三维形变测量的基本原理和方法

1. 升、降轨数据联合的三维形变解算方法

当前的星载 SAR 系统大多采用极轨飞行和右侧视成像的工作模式。在此基础上,任一传感器都有机会分别于升轨和降轨飞行过程中对同一地面目标成像。这一过程中传感器平台的成像几何关系可参考图 11.6。

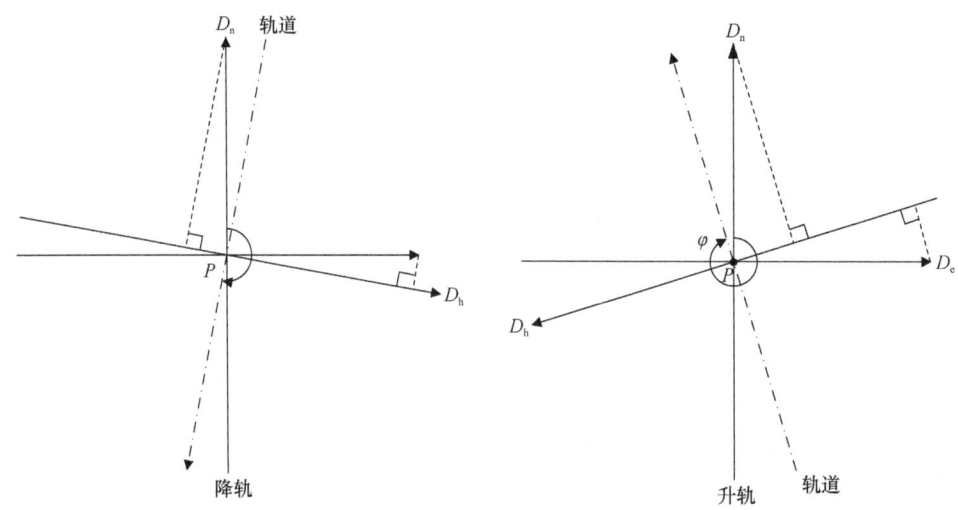

图 11.6 升/降轨侧视成像几何平面投影关系及角度参数

D_n 为北向形变分量;D_e 为东向形变分量;D_h 为卫星观测水平形变分量

对图 11.6 所展示的升降轨成像几何关系在水平面内的投影关系进行深入分析可知,虽然任一工作模式下的 DInSAR 都只监测了 LOS 向一个方向的形变,但基于升、降轨 LOS 向在平面内近似相反的投影方向,可以在空间几何框架(图 11.5 所示)内提取更多的空间矢量信息,这为真实地表位移的三维重建创造了有利的条件。

依据式(11.9)确立的 SAR 干涉测量的三维矢量关系,分别代入升/降轨条件下的局部入射角 θ_n、卫星航向角 φ_n,以及 LOS 向干涉测量结果 R_n,可得到升/降轨联合三维形变建模的矢量方程组如下:

$$\begin{cases} R_1^{(i,j)} = D_v^{(i,j)} \cdot \cos\theta_1^{(j)} + D_n^{(i,j)} \cdot \sin\varphi_1 \sin\theta_1^{(j)} - D_e^{(i,j)} \cos\varphi_1 \sin\theta_1^{(j)} - K_1 \\ R_2^{(i,j)} = D_v^{(i,j)} \cdot \cos\theta_2^{(j)} + D_n^{(i,j)} \cdot \sin\varphi_2 \sin\theta_2^{(j)} - D_e^{(i,j)} \cos\varphi_2 \sin\theta_2^{(j)} - K_2 \end{cases} \quad (11.11)$$

式中，(i,j) 为目标点在影像空间的行列号；$R_n^{(i,j)}$ 为传感器平台在升轨或降轨成像过程中针对同一地面目标在公共像元 (i,j) 处的 LOS 向形变探测结果；$\theta_n^{(j)}$ 为传感器在像元 (i,j) 处的局部入射角，一般可以通过 SAR 影像头文件参数内插得到（与所在列号 j 相关）；φ_n 为传感器的航向角，在单幅 SAR 影像成像过程中基本保持不变。

由式（11.11）所确立的观测方程可知，仅有两次重复观测尚不足够在成像空间上恢复三维形变分量并纠正干涉建模引入的整体偏差。解算过程还需要引入 GPS 或地面水准观测数据等作为外部参考。而升/降轨 InSAR 与多平台 InSAR 观测结果联合解算的最大挑战来自雷达传感器侧视成像导致的几何畸变，特别是在地形起伏较为剧烈的山区，叠掩、透视收缩和背坡阴影将导致升、降轨影像无法精确匹配。

2. 外部测量数据辅助的 DInSAR 三维形变建模

如前文所述，为确保常规 DInSAR 地表形变监测的精度和可靠度，在仅有单一数据源（一个干涉对）的条件下，引入外部参考数据是不可或缺的技术途径（Hu J et al.，2014）。而可信度较高的外部先验数据通常为 GPS 监测结果及高精度水准测量结果。相比之下，GPS 和地面水准测量这类传统点位量测技术比雷达干涉测量具有更高的精度（Guglielmino et al.，2013）。然而，传统技术难以回避其外业工作量大、空间分辨率有限的技术劣势。而这些方面，正是 DInSAR 形变监测的优势，二者的联合恰能起到互补的效果。

从空间建模角度分析，GPS 可以直接得到观测点在东西、南北和垂直方向的位移。尽管比较稀疏，但作为控制点辅助完成三维形变建模是可取的。此外，地面水准测量结果拥有比 GPS 更高的垂直方向量测精度，作为先验数据辅助整体偏差的修正，能够满足垂直向测量精度较高的 DInSAR 三维形变建模的要求。

3. 联合 DInSAR 和 MAI 的三维形变建模

前已述及，星载合成孔径雷达通常采用近极地轨道飞行和侧视成像的工作模式。如上一节所推导的干涉建模在不同矢量方向的精度敏感度方程（11.10）可知，雷达干涉测量对近似卫星飞行方向的南北向形变并不敏感。而事实上，真实空间位移是三维矢量，在南北方向发生位移是难以避免的。这使得当研究区的形变位移主要集中在南北向时，用传统 DInSAR 技术难以正确探测真实地表位移。因此，如何提高 SAR 干涉建模在方位向上的精度和可靠性成为国内外学者一直以来的努力方向之一。

合成孔径雷达的特点之一是具有较高的方位向分辨率，这是因为合成孔径过程通过窄带滤波器来跟踪 SAR 系统成像的多普勒频率变化，并在频率域将属于同一地面目标的回波相位重新合成，以此达到了用较大的多普勒带宽 B_{Dop} 对同一点进行跟踪观测的目的。基于合成孔径过程中在频率域对信号的滤波和傅立叶反变换，Bechor 与 Zebker 于 2006 年提出了多孔径雷达干涉测量（MAI）（Bechor and Zebker，2006）的思想，根据回波的多普勒频率正负情况将常规 SLC 图像分割为多普勒频率大于 0 的前视 SLC 和多普勒频率小于 0 的后视 SLC。

在 11.1.2 小节中已对 MAI 的基本原理和方法做了介绍，此处不再赘述。假设有同一地区升轨和降轨 InSAR 干涉对，可分别获取升轨和降轨的方位向形变以及升轨和降轨的 DInSAR LOS 向形变，以此为观测量，通过升降轨联合的三维形变解算方法即可实现地表三维形变的提取（Wang et al.，2015；Hu et al.，2012）。

需要指出的是，与常规 DInSAR 相比较，MAI 方法通过信号处理获得了前视和后视干涉对，在此基础上大大提高了 InSAR 对方位向位移的敏感度，因而能够提供更可靠的方位向形变探测结果。然而，为了达到分孔径的目的，前视和后视 SLC 均牺牲了一半的方位向分辨率。故 MAI 最终获得的干涉形变场也只有常规 DInSAR 结果分辨率的一半。而且，由于信息量的缺失，使得前视和后视干涉的解算精度也有下降，最终将导致 MAI 的形变测量精度难以达到常规 DInSAR 的精度水平。

4. 联合 DInSAR 和 POT 的三维形变建模

前已述及，MAI 方法可以有效获取地表沿卫星飞行方位向形变，联合 DInSAR 和 MAI 可实现对地表三维形变的提取。同样地，POT 方法也可以获取地表沿卫星飞行方位向形变，因此，联合 DInSAR 和 POT 同样可以获取地表三维形变（Grandin et al.，2016；Hu X et al.，2014；De Zan，2011）。POT 技术的基本原理和方法，以及三维形变建模方法均已在前一部分有所介绍，此处不再赘述。

相对 DInSAR 而言，该方法虽然精度较低（理论精度为 1/20 像元），但不受时空失相关的制约，因此在火山、地震等严重地质灾害引发的剧烈地表形变探测和分析研究中有极大的应用潜力。经过近十年的发展，该技术与 DInSAR 的联合分析被广泛应用于地震、火山等地质灾害三维形变场的探测和同震震源机理的反演，取得了许多瞩目的研究成果。

客观地讲，POT 方法在水平方向的形变探测精度不及 MAI，且不能获得重要的垂直形变信息。这主要是由于该方法放弃了基于相位的干涉建模而仅依赖基于强度图配准的像素偏移量结果。但从另一方面考虑，该方法不受时、空失相关的影响，即使在地表严重破坏的地质灾害区域，也能获得平面位移的监测结果。而且强度信息也是 SAR 影像固有的信息，基于强度信息的模型与算法对于辅助相位建模、深入挖掘三维形变信息具有重大的意义。

5. 联合多平台 DInSAR 的三维形变建模

多平台数据源泛指不同传感器平台获取的 SAR 影像。借助不同卫星平台轨道和侧视角间的差异（图 11.7），可以构建空间立体量测关系并进行联合建模和求解（Hu J et al.，2014；刘国祥等，2012a）。考虑到建模方法一致，严格意义来讲，同一传感器升、降轨飞行方向的成像也可归入多平台数据的范畴（成像几何关系满足多平台立体建模的要求）。鉴于目前可用的传感器平台较多，通过足够多的冗余观测实现三维形变的恢复是可行的。

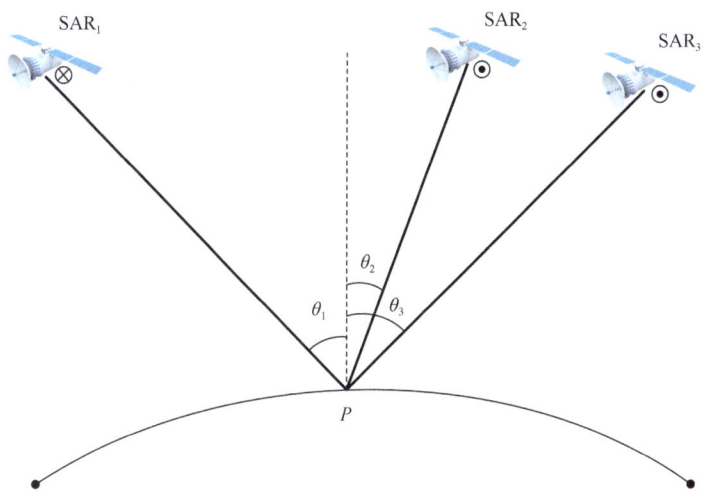

图 11.7 多平台 SAR 成像的交会关系

对于不同的卫星平台，雷达入射角 θ 和卫星航向角 φ 各不相同。而任一种星载 SAR 系统，在干涉过程中每一目标点的 LOS 向形变量 R 与真实的空间形变矢量合成 D 之间都存在一个常数系统偏差 K（常规 DInSAR 依靠引入参考点先验信息可将其消除）。此时，设有 n 个卫星平台的 LOS 观测结果可用于三维形变场的恢复，则可列出如下方程组：

$$\begin{cases} R_1^{(i,j)} = D_v^{(i,j)} \cdot \cos\theta_1^{(j)} + D_n^{(i,j)} \cdot \sin\varphi_1 \sin\theta_1^{(j)} - D_e^{(i,j)} \cos\varphi_1 \sin\theta_1^{(j)} - K_1 \\ R_2^{(i,j)} = D_v^{(i,j)} \cdot \cos\theta_2^{(j)} + D_n^{(i,j)} \cdot \sin\varphi_2 \sin\theta_2^{(j)} - D_e^{(i,j)} \cos\varphi_2 \sin\theta_2^{(j)} - K_2 \\ \cdots\cdots \\ R_n^{(i,j)} = D_v^{(i,j)} \cdot \cos\theta_n^{(j)} + D_n^{(i,j)} \cdot \sin\varphi_n \sin\theta_n^{(j)} - D_e^{(i,j)} \cos\varphi_n \sin\theta_n^{(j)} - K_n \end{cases} \quad (11.12)$$

式中，(i,j) 为目标点在影像空间的行列号；$R_n^{(i,j)}$ 为第 n 种传感器在像元 (i,j) 处的 LOS 向形变探测结果；$\theta_n^{(j)}$ 为第 n 种传感器在像元 (i,j) 处的已知局部入射角，一般可以通过 SAR 影像头文件参数内插得到（与所在列号 j 相关）；φ_n 为第 n 种传感器的已知航向角，在单幅 SAR 影像成像过程中始终为一常量。若选取监测区域内的 m 个目标进行分析，则如式（11.12）的观测方程总数为 $n \times m$，待求解的参数包括每一目标的三维位移分量（$D_e^{(i,j)}$，$D_n^{(i,j)}$，$D_v^{(i,j)}$）和对应于各平台的系统偏差常数 $K_1, K_2, \cdots, K_n$，则待求解参数的总数为 $3m+n$ 个。在使用足够多的监测目标的前提下，当且仅当平台数 $n \geqslant 4$ 时，可保证这样的线性方程组完全可解。

通过上述分析推导可知，单一干涉测量的立体建模过程中，存在多于三维的未知数序列，因而若不引入 GPS 或水准观测结果等外部先验数据辅助建模，则（包括升/降轨数据在内）至少需要 4 个平台的 SAR 数据源才能实现三维空间位移量的解算。但在实际研究中，通常难以满足数据源的要求。这就促使我们进一步考虑模型简化的问题。

由式（11.10）所确定的 LOS 向观测结果与三维形变矢量间的敏感度因子可知，依据多平台建模求解获得三维形变场在三个方向上具有不同的精度水平：垂直向精度最高

（接近于 LOS 向形变监测的精度，可达到毫米级）；两个水平位移分量由于投影系数的原因将难以保证同样的求解精度。因此，即便通过矢量分解获得东向和北向形变速度场，其可用性和可靠度也难以满足需求。同时，在监测区域相对较小（如 10 km×10 km）的条件下，除非发生火山、地震等突发性剧烈地表形变，否则整个监测区域内的水平位移矢量通常表现为一致的整体水平位移而内部相对变化较小。在这种情况下，有理由将不同地面目标之间的 LOS 向位移量差异主要归结于垂直向不均匀地表沉降所引起的。于是，可将各地面目标的东西向位移速度（displacement velocity）分量 D_e 和南北向位移速度分量 D_n 化简为未知常量来处理。此时，立体交会模型简化为

$$\begin{cases} R_1^{(i,j)} = D_v^{(i,j)} \cdot \cos\theta_1^{(j)} + D_n \cdot \sin\varphi_1 \sin\theta_1^{(j)} - D_e \cos\varphi_1 \sin\theta_1^{(j)} - K_1 \\ R_2^{(i,j)} = D_v^{(i,j)} \cdot \cos\theta_2^{(j)} + D_n \cdot \sin\varphi_2 \sin\theta_2^{(j)} - D_e \cos\varphi_2 \sin\theta_2^{(j)} - K_2 \\ \cdots\cdots \\ R_n^{(i,j)} = D_v^{(i,j)} \cdot \cos\theta_n^{(j)} + D_n \cdot \sin\varphi_n \sin\theta_n^{(j)} - D_e \cos\varphi_n \sin\theta_n^{(j)} - K_n \end{cases} \quad (11.13)$$

若选取监测区域内的 m 个目标进行分析，则如式（11.13）的观测方程总数为 $n \times m$，待求解的参数包括常数项 D_e 和 D_n、各目标的 $D_v^{(i,j)}$，以及对应于各平台的系统偏差常数 $K_1, K_2, \cdots, K_n$，则待求解参数的总数为 $m+n+2$ 个，在 $n \geq 2$ 的条件下，即可保证方程组可解。

11.2.3 InSAR 三维形变监测的研究和应用现状

InSAR 三维形变测量在火山、地震、山体滑坡等地质灾害的研究领域具有重要的应用价值（Hu J et al., 2014; Grandin et al., 2016）。从国内外的研究现状来看，当前的研究多是基于多源数据并通过多种技术方法的联合应用做到取长补短，在精度和信息量方面取得平衡。从技术层面来看，借助高精度 GPS 或水准测量结果进行约束的三维干涉建模仍是当前最为高效、准确的三维形变探测方法。在不引入外部先验数据的条件下，通过多轨道、多平台的冗余观测实现三维空间位移的恢复仍比单独应用 MAI 技术路线获得的形变精度和分辨率更高。在数据源有限的前提下，如何实现准确、高效的三维形变干涉测量，仍值得进一步深入研究。

总的来看，国内外针对 InSAR 三维形变场的研究于 21 世纪初发展迅速并取得一系列突破。但就目前的技术水平而言，基于上述方法的三维形变场恢复与重建仍会导致不同程度的精度和分辨率损失。例如，在不借助 GPS 和水准数据的情况下，基于相位干涉建模的三维形变分析中，由于卫星极轨飞行方向与北向的夹角较小而导致敏感度偏低；北向形变估计很难达到与 LOS 向近似的精度水平（刘国祥等，2012b；查显杰等，2006）；东向形变分量的精度也明显低于垂直向形变分量。POT 方法在方位向形变估计和抗失相关方面具有显著的技术优势，但相对于相位干涉测量，其精度（约为 1/20 像元）仍然较低。MAI 技术在水平分量精度上有较好的表现，但通过频率域的滤波实现多普勒质心改变的方法直接导致了分辨率和整体干涉精度的损失。表 11.1 列出了基于不同方法的一维/二维/三维形变分析的对比情况。

表 11.1　不同方法的分析比较

技术方法	传统 DInSAR	GPS/水准辅助建模	升降轨联合分析	多平台联合建模	DInSAR + POT	DInSAR + MAI
分辨率	无损	无损	无损	有损	无损	至少损失一半
三维建模	LOS 一维	三维	二维	三维	三维	三维
视线向精度	无损	极高	高	高	较低	较高
方位向精度	—	极高	低	较低	较高	高
垂直向精度	较高	极高	高	高	较高	较高

11.3　时序差分雷达干涉技术

从误差传播的角度来看，DInSAR 应用于区域形变测量的精度受到几个不确定因素的影响，这包括轨道数据误差、地形数据误差、干涉失相关所引起的相位噪声、相位解缠误差以及大气延迟误差等（Hanssen，2001；陈强等，2012a；Zebker and Villasenor，1992）。其中，干涉失相关和大气延迟误差是制约 DInSAR 推广应用的瓶颈问题。近年来，国内外广大学者一直致力于改善 DInSAR 形变监测的精度和可靠性，研究重点逐渐转向基于 SAR 影像序列探测地表形变时空演化规律的研究思路上来（Hooper et al.，2012；Mohammed et al.，2013；Osmanoğlu et al.，2016）。这一思路的核心思想是：使用在某一时间段内对同一地区所获取的多幅 SAR 影像（即 SAR 影像时间序列），并依据地物散射特性与统计分析的方法探测出研究区域内在时间序列上相关性较高的目标（即永久散射体），然后基于这些特定目标的相位时间序列进行建模与分析，在线性形变趋势的假设前提下采用多参数整体迭代的方法分离大气延迟信息，从而获得高精度的形变测量结果。

2000 年，意大利米兰理工大学的 Ferretti 等（2000，2001）率先提出了永久散射体的概念，并给出了完整的数据建模与解算方法 PSInSAR^{TM}（该技术随后被注册了专利）。国内外众多学者在随后的十余年间采用大量的相关技术和理论对该方法进行改进和扩展，并最终形成了时序差分雷达干涉（multiple temporal InSAR，MT-InSAR）的技术理论体系（Hooper et al.，2012；Mohammed et al.，2013；Osmanoğlu et al.，2016）。至今，MT-InSAR 系统理论的范畴包括了经典的 PSInSAR^{TM} 方法理论、小基线集时序分析法（small baseline subset，SBAS）（Gong et al.，2016；Berardino et al.，2002；Lanari et al.，2004）及在二者基础上衍生出的相干目标分析法（coherent target analysis，CTA）（Mora et al.，2003）、点目标分析法（interferometric point target analysis，IPTA）（Werner et al.，2003）、角反射器干涉法（corner reflector InSAR，CRInSAR）（Xia et al.，2004）、斯坦福永久散射体干涉（Stanford method for persistent scatterers，StaMPS）（Hooper et al.，2004）、永久散射体网络化雷达干涉（persistent-scatterer networking interferometry，PSNI）（刘国祥等，2007；Liu et al.，2008；Liu et al.，2009）、时域相干目标分析法（temporarily coherent point InSAR，TCPInSAR）（Zhang et al.，2011a；Zhang et al.，2012；Yu et al.，2013）、伪相干目标分析技术（quasi persistent scatterer interferometry，QPSI）（Perissin and Wang，2012），以及被 Ferretti 称为第二代 PS 的 SqueeSAR^{TM}（Ferretti et al.，2011）等

一系列方法和理论。为以示区别,目前学术界公认的永久散射体称为 PS(persistent scatterer),而基于 PS 的时序分析方法则多被称为 PSI(persistent scatterer interferometry)。本节将选取上述算法中具有代表性的 PSInSAR^{TM}、SBAS 和 StaMPS 三种时序差分雷达干涉技术加以介绍。

11.3.1 PSInSAR^{TM} 算法介绍及形变提取实例

1. PSInSAR^{TM} 算法介绍

为了克服 InSAR 中时空失相关、大气延迟和轨道误差等的影响,Ferretti 等(2000)于 2000 年提出了 PSInSAR^{TM} 理论和方法。PSInSAR^{TM} 的核心思想之一是基于覆盖同一地区的 SAR 影像时间序列和振幅离差指数(amplitude dispersion index,ADI)阈值方法识别具有稳定雷达散射特性的点目标,即永久散射体。典型的 PS 目标如建筑物、线塔、栅栏、桥梁、堤坝、路灯、裸露岩体和人工角反射器(CR)等硬目标。如图 11.8 所示为天然 PS 点目标,图 11.9 所示为人工角反射器。PS 可以在长时间序列上保持稳定的散射特性,几乎不受时空失相关的影响。除此之外,PSInSAR^{TM} 的另一关键思路是在进行差分干涉处理后提取 PS 点上的相位,并进行网络邻域差分及线性形变和高程误差参数建模与解算。然后,从原始差分干涉图中扣除线性形变和高程误差分量得到残差相位图,在恢复残差相位时间序列后采用时空滤波方法分离非线性形变、大气延迟和轨道误差相位。最后,将线性形变和非线性形变进行叠加即可得到每个 PS 点上的形变时间序列。

PSInSAR^{TM} 算法的具体流程如图 11.10 所示。值得指出的是,除前述的 PSInSAR^{TM} 算法核心思路外,在这一流程中 Ferretti 还考虑了大气延迟和轨道误差(其将这两项统称为大气相位屏(atmospheric phase screen,APS))对线性形变速率和高程误差估算模型的影响。因此,在采用振幅离差指数阈值方法选点之后,PSInSAR^{TM} 算法首先估算了两个主要待估参数及 APS。在去除 APS 之后,又进行了一步迭代,然后对 PS 点进行精化选取,并对 PS 点的待估参数进行二次解算。

1)PS 点探测

利用 PSInSAR^{TM} 技术进行处理之前,首先要对所获取的影像进行差分干涉处理,形成时间序列的影像干涉对。干涉配对可以选取单一主影像法和自由组合法(刘国祥等,2012a)。单一主影像法假设有覆盖同一区域的 $N+1$ 幅 SAR 影像,选择其中一幅影像作为主影像,其余所有影像都配准并采样到主影像像素空间,这样 $N+1$ 幅 SAR 影像就可以形成 N 个干涉对。自由组合法则是按照一定的规则,通过两两进行干涉最多可以形成 $(N+1)N/2$ 个干涉对。SAR 影像自由组合的模式可以形成更多的干涉对,获得更多的相位观测值,增加模型解算中的多余观测值。在自由组合的基础上,通过限制时空基线,减少长时空基线可能引入的严重噪声,对提高 PSInSAR 结果精度十分有利。

针对 PS 探测,Ferretti 等提出了振幅离差指数方法(Ferretti et al., 2001),借助 PS 点的强反射特性,利用振幅阈值法挑选出高振幅值的像素作为 PS 候选点,然后给予 PS

图 11.8 永久散射体目标实例

图 11.9 人工角反射器
引自文献（Yu et al., 2013）

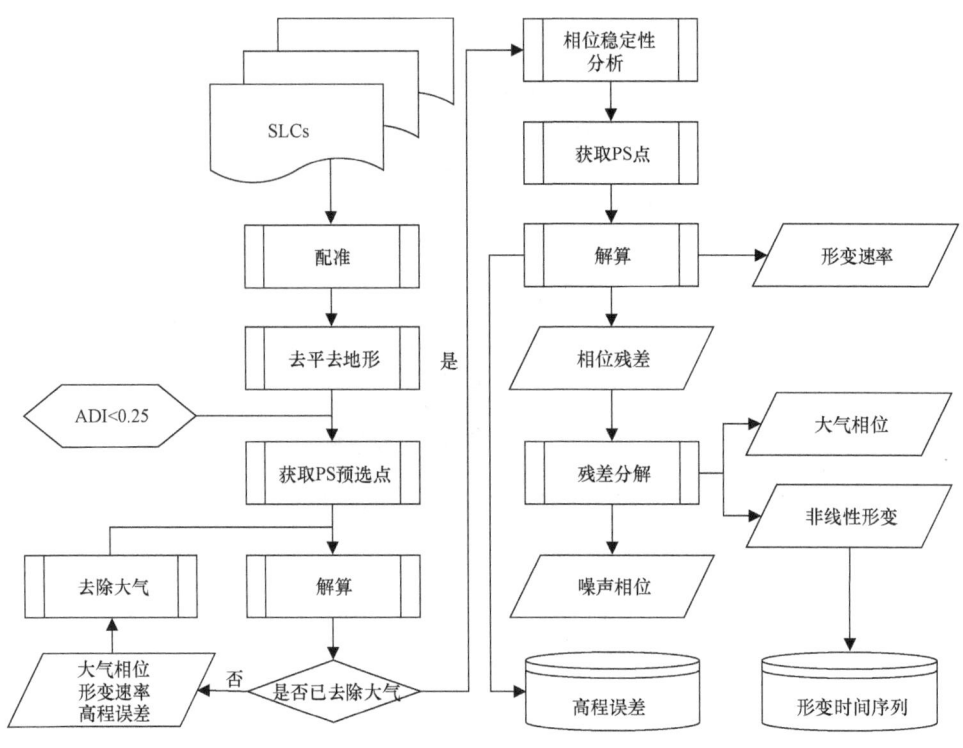

图 11.10 PSInSAR™ 的数据处理流程

散射特性的稳定性分析，利用振幅离差指数阈值从 PS 候选点中进一步精选出 PS（刘国祥等，2012a）。振幅阈值和振幅离差指数阈值方法的表达式为

$$\begin{cases} \bar{a} \geq \bar{A} + \sigma_A \\ D_{\mathrm{amp}} = \dfrac{\sigma_{\mathrm{amp}}}{\bar{a}} \leq 0.25 \end{cases} \quad (11.14)$$

式中，$\bar{A}$ 和 σ_A 分别为平均振幅图像的平均振幅值和标准差；D_{amp} 为振幅离差指数（ADI），$\bar{a}$ 和 σ_{amp} 分别为时序振幅的平均值和标准差（SD）。第一个公式表明，比平均强度值高的像素点有着更好的相干性；第二个公式意味着具有较小 ADI 值的目标在时序上有着更好的稳定性。

2）时序建模及线性参数求解

采用自由干涉组合，$N+1$ 幅影像最多可以形成 $(N+1)N/2$ 个干涉对。每个干涉对的每个像元是由多个相位分量组合而成：

$$\psi = \varphi_{\mathrm{ref}} + \varphi_{\mathrm{top}} + \varphi_{\mathrm{def}} + \varphi_{\mathrm{atm}} + \varphi_{\mathrm{noi}} \quad (11.15)$$

式中，ψ 为由干涉像对生成的干涉相位；φ_{ref} 为参考椭球面引起的相位；φ_{top} 为地面起伏引起的地形相位；φ_{def} 为卫星两次成像期间因地表位移引起的 LOS 向形变相位；φ_{atm}

为两次雷达成像时大气状态不一致引起的延迟相位；φ_{noi} 为随机噪声。

为提取最终的地表形变分量，对已形成的干涉对进行差分处理。其中参考面相位可以借助卫星精密轨道状态矢量予以消除，地形相位可以借助已有的 DEM 予以处理（通常存在 DEM 误差）。经过差分处理后的相位包括形变相位，大气延迟相位，高程误差和随机噪声。为进一步克服大气延迟和轨道误差（即 APS）的影响，PSInSAR 采用邻域差分建模方法。对于相邻的两个 PS 点而言，二者在第 i 幅干涉图中的相位差可用如下模型进行表示（Ferretti et al.，2000；Liu et al.，2009）：

$$\Delta\Phi_i\left(x_l,y_l;x_p,y_p;T_i\right)=\frac{4\pi}{\lambda R \sin\theta}B_i^\perp \Delta\varepsilon\left(x_l,y_l;x_p,y_p\right)+\Delta\varphi_i^{\text{res}}\left(x_l,y_l;x_p,y_p;T_i\right) \\ +\frac{4\pi}{\lambda}T_i\Delta v\left(x_l,y_l;x_p,y_p\right) \tag{11.16}$$

式中，$B_i^\perp$，T_i 分别为干涉对 i 的空间垂直基线和时间基线；λ，R 和 θ 分别为波长（如对 PALSAR 而言波长为 23.6 cm）、传感器到目标的距离和雷达入射角；$\Delta\varepsilon\left(x_l,y_l;x_p,y_p\right)$，$\Delta\varphi_i^{\text{res}}\left(x_l,y_l;x_p,y_p;T_i\right)$，$\Delta v\left(x_l,y_l;x_p,y_p\right)$ 分别为高程误差、残留相位的增量（即两 PS 点间的相对值）和 LOS 方向的形变速率增量。

根据 Ferretti 等提出的二维周期图（two dimensions periodogram，TDP）解算方法（Ferretti et al.，2000），在 $\left|\Delta\varphi_i^{\text{res}}\right|<\pi$ 的条件下，通过使下列目标函数最大化即可获得 $\Delta\varepsilon$ 和 Δv 的解。

$$\gamma=\left|\frac{1}{M}\sum_{i=1}^{M}\left(\cos\Delta\omega_i+\text{i}\sin\Delta\omega_i\right)\right|=\text{maximum} \tag{11.17}$$

式中，γ 为相邻 PS 点间的模型相干系数；$\text{i}=\sqrt{-1}$；$\Delta\omega_i$ 为观测值与拟合值之差，即

$$\Delta\omega_i=\Delta\Phi_i-\frac{4\pi}{\lambda\cdot\overline{R}\cdot\sin\theta}\cdot\overline{B}_i^\perp\cdot\Delta\varepsilon-\frac{4\pi}{\lambda}\cdot T_i\cdot\Delta v \tag{11.18}$$

在得到所有 PS 点对间的相对形变速率和高程误差后，可通过一定的积分方法获取每个 PS 点的形变速率和高程误差。

3）非线性形变及大气延迟相位

分离出线性形变速率和高程误差值后，残留相位可由下式表示：

$$\varphi_i^{\text{res}}=\varphi_i^{\text{nl}}+\varphi_i^{\text{a}}+\varphi_i^{\text{n}} \tag{11.19}$$

式中，φ_i^{res} 为残留相位；φ_i^{nl} 为非线性形变相位；φ_i^{a} 为大气延迟相位；φ_i^{n} 为噪声。

依据残留相位在时空域的不同特性，对其在频率域上滤波可分离出非线性形变、大气相位和噪声（Ferretti et al.，2000；Liu et al.，2009）。地表的非线性形变相位和大气延迟相位在空间上主要表现为低频特性，而噪声表现为高频相位，对残差图进行空间低通

滤波，可消除干涉失相关和其他随机噪声相位分量。然后对其进行时间域滤波，这样就可以通过相位的时序变化趋势识别对应的非线性形变相位。将非线性形变与线性形变相位相加即可得到真实的形变相位，即

$$\varphi_{\text{def}} = \varphi_\text{l} + \varphi_{\text{nl}} \quad (11.20)$$

式中，φ_{def} 为总的实际形变量对应的相位分量；φ_l 为线性形变相位分量；φ_{nl} 为非线性形变相位分量。

2. PSInSAR^{TM} 形变提取实例

本节以天津市西青区局部区域为实验区，以 2009 年 4 月 29 日至 2010 年 7 月 2 日期间所获取的 13 幅 TerraSAR-X（TSX）SAR 影像为数据源进行 PS 探测和形变提取实例展示。如图 11.11 所示为 PS 点探测结果，图中蓝色的点为密集的 PS 点，白色虚线框为所选择的 PS 目标展示区，两侧的可见光影像给出了相应区域内 PS 点所对应的实际地物目标，主要包括城市和乡镇居民区及工业园区的建、构筑物。为与 CR 进行区分，其中 NPS（natural persistent scatterer）代表天然 PS，与之相对应地，CR 可称为人工 PS。

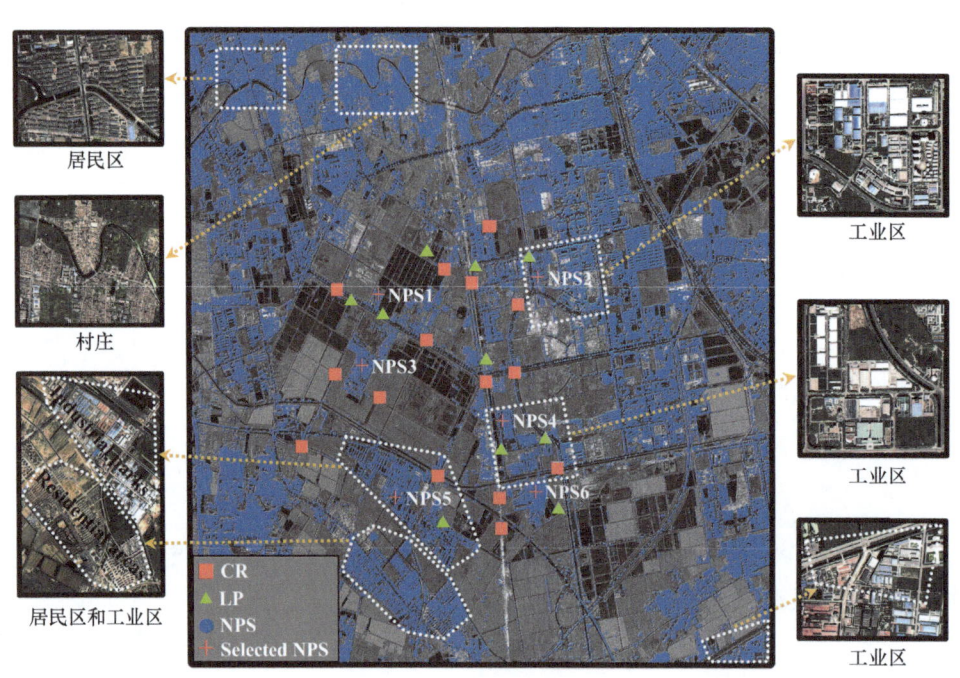

图 11.11 实验区 PS 点分布及实例图（Yu et al.，2013）

如图 11.12 所示为根据上述算法所提取的实验区域内的地表沉降速率分布情况。需要指出的是，该形变结果已投影转换至垂直方向，即代表地表沉降速率（subsidence velocity）。从图 11.12 中可以看出，该区域最大年沉降速率超过 70 mm/a，沉降速率超过 40 mm/a 的区域占据了较大的覆盖面积。分析表明，较严重的沉降区主要分布在西青区西南部、南部和东南部。

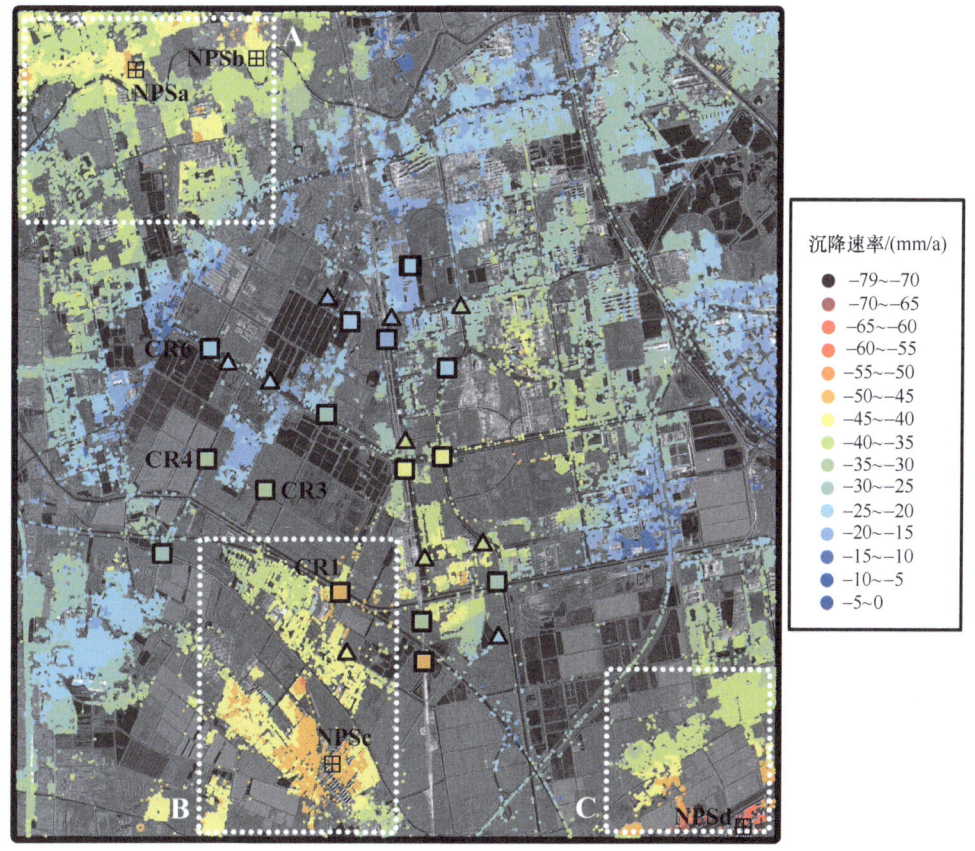

图 11.12 实验区地表沉降速率（Yu et al.，2013）

进一步地，在这些形变区选出典型的形变点，获取其在 2009 年 4 月 29 日至 2010 年 7 月 2 日间的沉降时间序列，探查其沉降随时间的累积情况。图 11.12 中标记出了所选择的沉降点的位置及标号，分别为 CR1、CR3、CR4 和 CR6，以及 NPSa、NPSb、NPSc 和 NPSd。其沉降时间序列分别如图 11.13 和图 11.14 所示，其中横坐标代表时间，如 090429 代表 2009 年 4 月 29 日。其中"LSV"代表线性沉降速率，"PSI"为 PSInSAR 的缩写，"By Leveling"代表水准数据。很明显，所有点在时间维均呈现出线性沉降趋势。在所选择的 4 个 CR 点上，通过 PSI 方法得到的沉降量与水准沉降量的差异均小于 5 mm。对照图 11.13 和图 11.12 可以看出，位于农耕区的 CR3、CR4 和 CR6 的沉降在时间上表现出十分相似的趋势，在 14 个月时间内，其累积沉降量达到–30~–40 mm。位于三个典型沉降区的 CR1、NPSa、NPSb、NPSc 和 NPSd 的累积沉降量在–60~–110 mm 之间变化。

11.3.2 SBAS 干涉算法介绍及形变提取实例

1. SBAS 干涉算法介绍

SBAS 干涉技术是对相干目标（coherent target，CT）进行相位分析来获取时序形变，通过选择合适的空间基线和时间基线阈值组成差分干涉对，并且选取相干目标点利用线

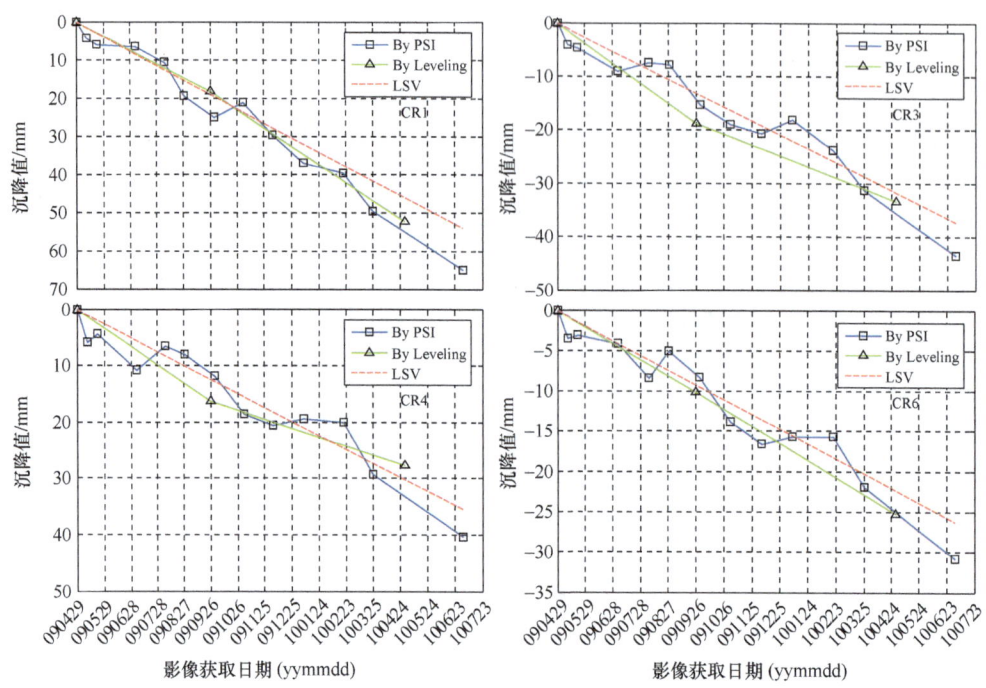

图 11.13　4 个 CR 点上的形变时间序列（Yu et al., 2013）

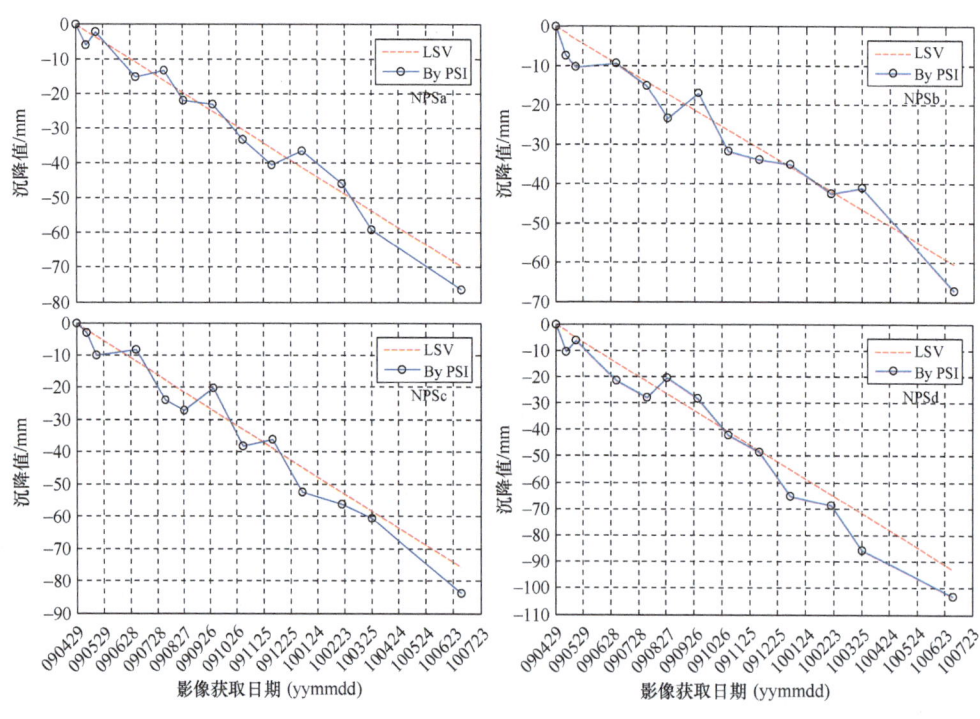

图 11.14　4 个 NPS 点上的沉降时间序列（Yu et al., 2013）

性相位变化模型进行建模和解算，并通过时空滤波去除大气延迟，在减少 DInSAR 处理中的失相关影响及高程、大气误差的同时获取地表的形变时间序列（Berardino et al., 2002）。

假设有按时间序列获取的 $N+1$ 幅覆盖相同区域的 SAR 影像，其影像获取时间序列为

$$t = [t_0,\cdots,t_N]^T \quad (11.21)$$

选取其中一幅影像为主影像进行配准后，在全部自由组合差分干涉对中选取符合时间基线和空间基线阈值的干涉对，假设得到 M 幅差分干涉图，则有

$$\frac{N+1}{2} \leqslant M \leqslant N\left(\frac{N+1}{2}\right) \quad (11.22)$$

以 t_0 时刻为参考时刻，则任意时刻 $t_i(i=1,\cdots,N)$ 相对于 t_0 时刻的差分相位 $\phi(t_i)$ 为未知数，数据处理过程中所获取的差分干涉相位 $\delta\phi(t_k)$ $(i=1,\cdots,M)$ 为观测量。假设不考虑失相关、高程误差以及大气延迟等因素，则第 i 幅 $(i=1,\cdots,M)$ 差分干涉图中像元 (r,x) 的相位值为

$$\delta\varphi_i(r,x) = \varphi(t_A,r,x) - \varphi(t_B,r,x) \approx \frac{4\pi}{\lambda}[d(t_A,r,x) - d(t_B,r,x)] \quad (11.23)$$

式中，λ 为雷达波长；$d(t_A,r,x)$ 和 $d(t_B,r,x)$ 分别为像元在时间 t_A 和 t_B 沿雷达视线方向（LOS）的形变。若假设 $d(t_A,r,x)=0$，那么时间序列上的相位值为

$$\varphi(t,r,x) = \frac{4\pi}{\lambda}d(t_i,r,x), \quad i=1,\cdots,N \quad (11.24)$$

由于 SBAS 技术是基于像元逐个计算来获取差分干涉图中各个像元在时间序列上的形变，因此下面以某个像元为例来介绍 SBAS 技术的解算模型。设所有 SAR 影像图中该像元相位组成的向量为待求参数：

$$\boldsymbol{\varphi} = [\varphi(t_1),\cdots,\varphi(t_N)]^T \quad (11.25)$$

解缠差分干涉图中相位组成的向量为观测量：

$$\delta\boldsymbol{\varphi} = [\delta\varphi_1,\cdots,\delta\varphi_M]^T \quad (11.26)$$

式中，$\delta\varphi_i(i=1,\cdots,M)$ 为相对于解缠参考点的相位值。主、辅影像对应的时间序列分别为

$$\mathbf{IM} = [\mathrm{IM}_1,\cdots,\mathrm{IM}_m], \quad \mathbf{IS} = [\mathrm{IS}_1,\cdots,\mathrm{IS}_m] \quad (11.27)$$

若主、辅影像按时间序列排列，即 $\mathrm{IM}_j > \mathrm{IS}_j, j=1,\cdots,M$，则差分干涉图中相位表示如下：

$$\delta\varphi_j = \varphi(t_{\mathrm{IM}_i}) - \varphi(t_{\mathrm{IS}_i}) \quad (11.28)$$

式（11.28）所示方程组为包含 N 个未知数的 M 个方程，可以简化为

$$\delta\varphi = A\varphi \tag{11.29}$$

矩阵 $A[M \times N]$ 每一行对应每一个干涉对,即有 $[j, \mathrm{IM}_j] = 1$ 和 $[j, \mathrm{IS}_j] = -1$,$j = 1, \cdots, M$,矩阵中其他元素为零,则

$$A = \begin{bmatrix} 0 & -1 & 0 & +1 & \cdots \\ 0 & 0 & +1 & 0 & \cdots \\ \vdots & \vdots & \vdots & \vdots & \vdots \end{bmatrix} \tag{11.30}$$

若所有干涉对属于同一个子基线集,则矩阵 A 的秩为 $N(M \geq N)$,其最小二乘解为

$$\hat{\varphi} = A^{\#}\delta\varphi \text{ 且 } A^{\#} = (A^{\mathrm{T}}A)^{-1}A^{\mathrm{T}} \tag{11.31}$$

当基线集中含有多个子集时,矩阵 A 秩亏,$A^{\mathrm{T}}A$ 为奇异矩阵。假设有 L 个不同的子基线集,那么矩阵 A 的秩为 $N-L+1$,式(11.29)有多解。能解出式(11.29)唯一解的一种较为常用的方法是奇异值分解(singular value decomposition,SVD)法(Berardino et al.,2002)。非方阵的奇异值分解是正交的对角矩阵。对矩阵 A 进行奇异值分解有

$$A = USW^{\mathrm{T}} \tag{11.32}$$

式中,U 为 $M \times M$ 阶正交矩阵;S 的对角元素为奇异值(singular value)$\sigma_i(i=1,\cdots,N)$;W 为 $N \times M$ 阶正交矩阵。式(11.29)的最小二乘范数解为

$$\hat{\varphi} = WS^{-1}U^{\mathrm{T}}\delta\varphi \tag{11.33}$$

式中,$S^{-1} = \mathrm{diag}(1/\sigma_1, \cdots, 1/\sigma_{N-L+1}, 0, 0)$。为了得到符合物理意义的解,将对相位的求解转化为对相位变化速率的求解问题,则待求参数向量为

$$V^{\mathrm{T}} = \left[V_1 = \frac{\varphi_1 - \varphi_0}{t_1 - t_0}, \cdots, V_N = \frac{\varphi_N - \varphi_{N-1}}{t_N - t_{N-1}}\right] \tag{11.34}$$

则式(11.29)可以转化为

$$\sum_{i=\mathrm{IS}_j+1}^{\mathrm{IM}_j}(t_i - t_{i+1})v_i = \delta\varphi_j, \quad j = 1, \cdots, M \tag{11.35}$$

式(11.35)可以简化为

$$Bv = \delta\varphi \tag{11.36}$$

式中,B 为 $M \times N$ 阶矩阵;矩阵元素 $B[i,j] = (t_{j+1} - t_j)$ $(\mathrm{IS}_j + 1 \leq j \leq \mathrm{IM}_j, \forall i = 1, \cdots, M)$,其他元素值为零。对 B 进行奇异值分解,解出各时间段内的相位变化速率 v,然后据此

计算并恢复相位时间序列,进而可得到形变时间序列。

但由于差分干涉相位中含有高程误差、大气延迟和其他噪声,故而所解出的相位时间序列含有非形变信号,因此不能直接采用上述方法获得有效的形变结果。为解决这一问题,SBAS 干涉方法首先基于多项式形变模型解算低频形变,同时对高程误差进行建模和解算,然后从原始差分干涉相位中扣除低频形变和高程误差后,再重新对残差相位进行相位解缠,再将低频形变分量加回,此时再利用上述解算过程求解每个时间段内的相位变化速率并恢复相位时间序列。最后,从相位时间序列中扣除之前求得的低频形变,对残差相位时间序列进行时空滤波得到大气延迟相位时间序列,从原始相位时间序列中扣除大气延迟相位即可得到形变相位序列,通过相位到形变的转换可得到形变时间序列。SBAS 干涉算法数据处理及形变提取流程如图 11.15 所示。

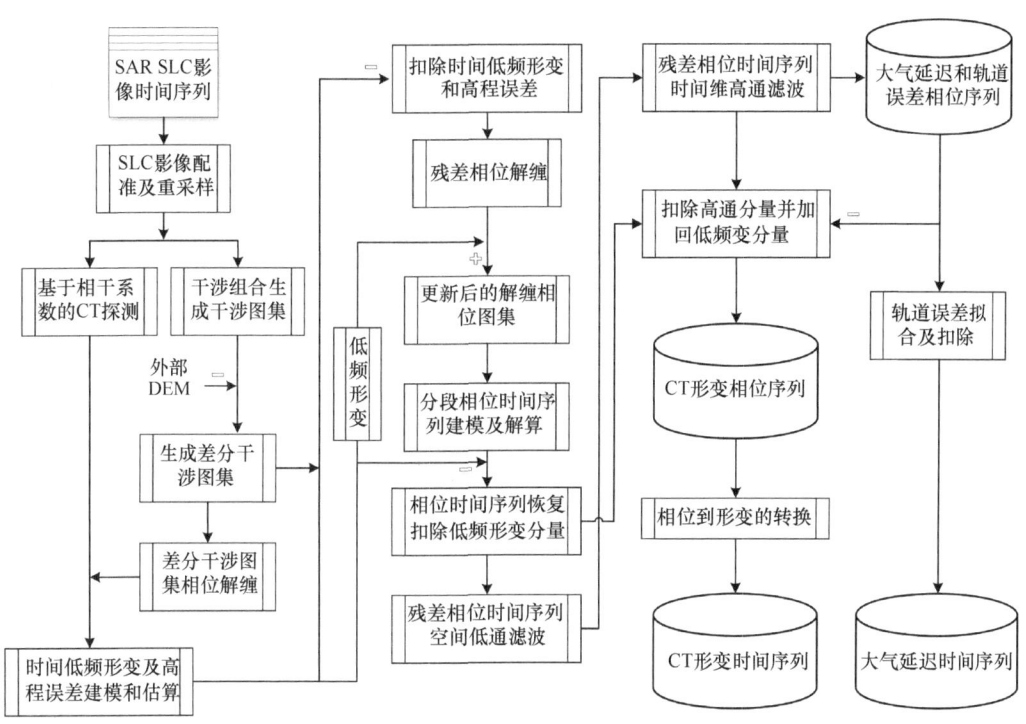

图 11.15　SBAS 干涉算法数据处理及形变提取流程(于冰,2015)

2. SBAS 干涉形变提取实验

本节以天津市西南郊地区为实验区域(覆盖面积约为 840 km^2),采用 2007 年 1 月 17 日至 2010 年 10 月 28 日(历时 46 个月)所获取的 23 幅 PALSAR-1 SAR 影像进行 SBAS 干涉形变提取实例展示。

为保证有足够多的干涉影像对,且限制时空失相关的影响,设定垂直基线阈值为 1200 m 和时间基线阈值为 900 天进行短基线集干涉影像对组合,干涉基线分布如图 11.16 所示。其中三角形符号代表 PALSAR 影像,纵坐标间的差值代表两影像间的空间垂直基线,横坐标间的差值代表时间基线。

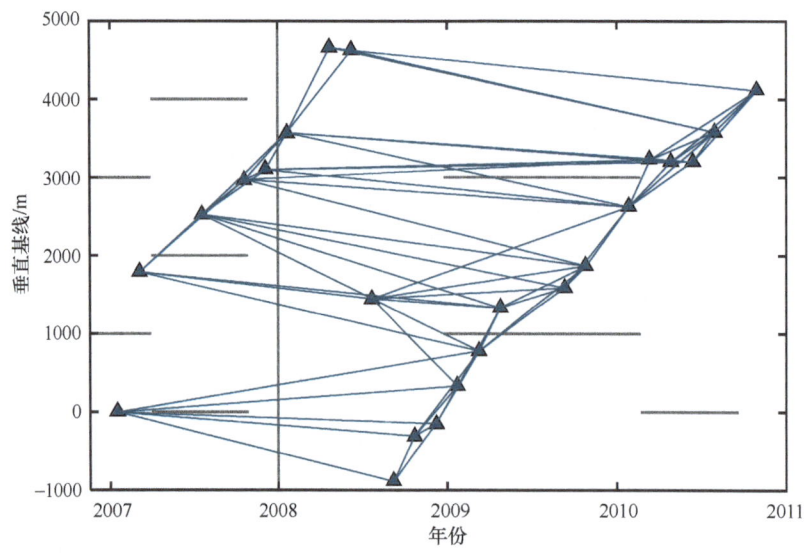

图 11.16 SBAS 干涉时空基线分布（邓琳，2015）

根据前面部分所叙述的 SBAS 干涉方法，对所选取的 SAR 影像进行差分干涉处理和相位解缠，然后对形变时间序列进行建模和解算，得到的形变时间序列结果如图 11.17 所示（解缠参考点的位置如图中第一个子图内的黑色五角星所示）。其中每个子图代表每幅 SAR 影像获取时刻所对应的累积形变量，时间标记在子图的顶部，如 20070117 代表 2007 年 1 月 17 日。可以看出，在 2007 年 1 月 17 日至 2010 年 10 月 28 日间，在沿 LOS 且远离 SAR 传感器的方向上该区域内相对于解缠参考点的最大形变量约为 260 mm，靠近 SAR 传感器的方向上相对于解缠参考点的最大形变量约为 94 mm。

11.3.3 StaMPS 算法介绍及形变提取实验

1. StaMPS 算法介绍

StaMPS 是 Hooper 等于 2004 年提出的 MT-InSAR 算法（Hooper et al.，2004），主要用于探测非城市地表区域的形变信息（如火山、地震等地质灾害引起的瞬时剧烈地表形变）。它采用相位时域分析算法，来对相位进行时间序列分析，并根据时域相干系数来判断相位是否具有时域稳定性。对于有时域稳定性的点来说，StaMPS 将调用 Doris 及统计费用网络流相位解缠算法（statistical-cost, network-flow algorithm for phase unwrapping, SnapHU）分别进行差分干涉和相位解缠，并对解缠相位进行数据分析以恢复形变速率和时间序列。

StaMPS 的基本处理流程如图 11.18 所示，主要包括形成干涉图、时间相干 γ_x 估计、PS 识别与筛选、形变估计等。首先在形成的系列差分干涉图中，将同时满足振幅阈值 T_A 和振幅离差指数阈值 T_{DA} 的像素作为永久散射体候选点集（PSCs）；然后运用相位分析估计每个 PSC 的相位稳定性，基于时间相干系数阈值 γ_x^t 来筛选 PS 点，重复迭代进行精化；最后运用分步三维（3D）相位解缠提取 PS 点的相位时间序列，从而获取形变信息。

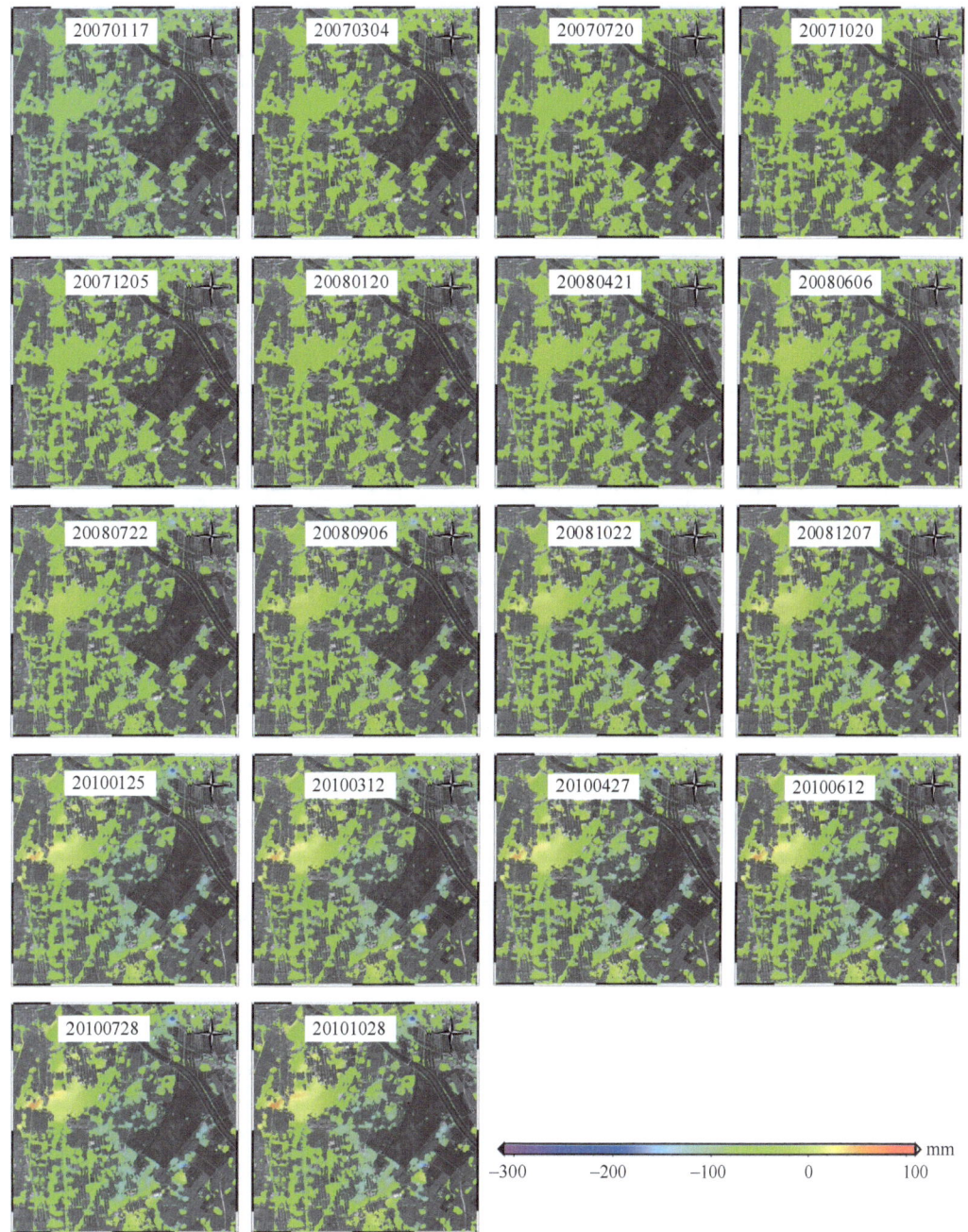

图 11.17 SBAS 干涉方法所提取的实验区域地表形变时间序列（邓琳，2015）

1）StaMPS 相位模型

StaMPS 使用多幅时序 SAR 影像离析地形误差及大气等贡献并达到提取形变信息的目的。设有 $N+1$ 幅覆盖同一地区的时序 SAR 影像，采用整体相关性测度确定其中一幅作为主影像，将其他 SAR 影像与主影像进行配准并采样到同一空间。顾及雷达传感器增益、天线模式和斜距扩展损失，对所有配准后的 SAR 影像进行辐射校正，然后采用

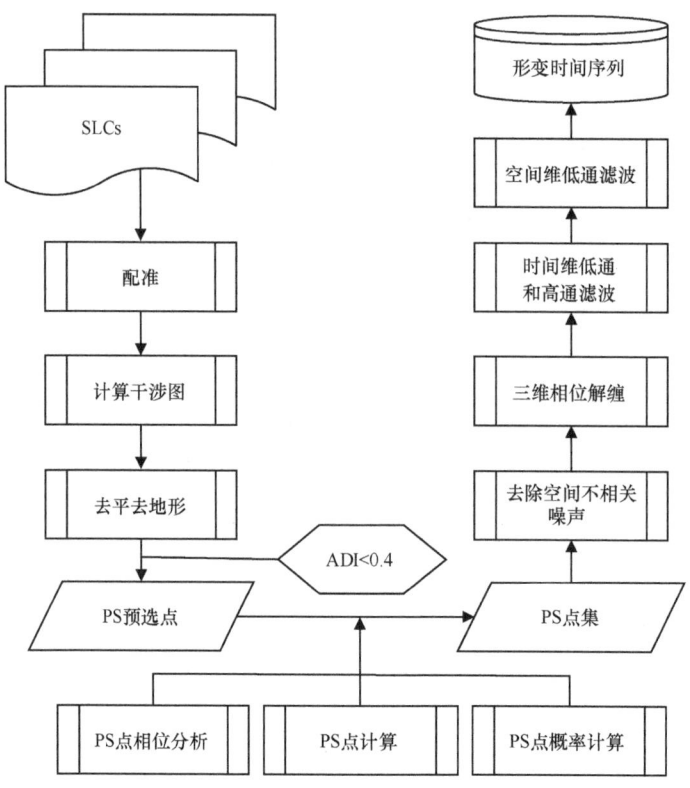

图 11.18 StaMPS 数据处理流程

精密轨道数据和外部数字高程模型（DEM）去除参考椭球面和地形的相位贡献，从而得到 N 幅差分干涉图。

在形成的 N 幅差分干涉图中，将同时满足 T_A 和 T_{DA} 的像素作为 PSCs，经过去平、地形校正后，第 i 幅差分干涉图中第 x 个 PSC 的缠绕相位可表达为（Hooper et al.，2004）

$$\phi_{\text{int},x,i} = W\{\varphi_{\text{def},x,i} + \varphi_{\text{atm},x,i} + \Delta\varphi_{\text{orb},x,i} + \Delta\varphi_{\theta,x,i} + \varphi_{\text{n},x,i}\} \tag{11.37}$$

式中，W 为缠绕操作符；$\varphi_{\text{def},x,i}$ 为雷达两次成像期间因地表目标发生位移引起的卫星雷达视线方向相位变化；$\varphi_{\text{atm},x,i}$ 为大气延迟相位；$\Delta\varphi_{\text{orb},x,i}$ 为轨道不确定性所引起的相位；$\Delta\varphi_{\theta,x,i}$ 为侧视角误差所引起的相位（主要由 DEM 不精确引起）；$\varphi_{\text{n},x,i}$ 为噪声相位。

利用干涉相位 $\phi_{\text{int},x,i}$ 的空间相关特性，在频域进行低通自适应相位滤波，得到低频分量 $\overline{\phi}_{\text{int},x,i}$，然后从 $\phi_{\text{int},x,i}$ 中减去 $\overline{\phi}_{\text{int},x,i}$，再缠绕，即

$$W\{\phi_{\text{int},x,i} - \overline{\phi}_{\text{int},x,i}\} \approx W\{\Delta\varphi_{\theta,x,i}^{\text{nc}} + \varphi_{\text{n},x,i}^{\text{nc}} + \delta_{x,i}\} \tag{11.38}$$

式中，$\varphi_{\text{n},x,i}^{\text{nc}}$ 为 $\varphi_{\text{n},x,i}$ 的空间非相关部分；$\Delta\varphi_{\theta,x,i}^{\text{nc}}$ 为侧视角误差 $\Delta\theta_x^{\text{nc}}$ 引起的相位，即 $\Delta\varphi_{\theta,x,i}^{\text{nc}} = 4\pi B_{\perp,x,i}\Delta\theta_x^{\text{nc}}/\lambda$（$\lambda$ 为雷达波长，$B_{\perp,x,i}$ 为垂直基线）；$\delta_{x,i} = \varphi_{\text{def},x,i}^{\text{nc}} + \varphi_{\text{atm},x,i}^{\text{nc}} + \Delta\varphi_{\text{orb},x,i}^{\text{nc}}$ 为形变、大气延迟和轨道误差分量的空间非相关部分之和。对于任一 PSC，因

为存在 N 个差分干涉图，可列出 N 个如式（11.38）所示的观测方程。为了从这 N 个方程中求解每个 PSC 的 $\Delta\hat{\varphi}_{\theta,x,i}^{nc}$（$\Delta\varphi_{\theta,x,i}^{nc}$ 的估计值）和主影像的空间非相关相位 $\hat{\varphi}_x^{m,nc}$（$\varphi_x^{m,nc}$ 的估计值），即 $\varphi_{\theta,x,i}^{nc} + \delta_{x,i}$，可建立如下目标优化函数（Hooper et al.，2004）：

$$\gamma_x = \frac{1}{N}\left|\sum_{i=1}^{N}(\cos\omega_i + i\sin\omega_i)\right| \quad (11.39)$$

式中，$\omega_i = \phi_{\text{int},x,i} - \overline{\phi}_{\text{int},x,i} - \Delta\hat{\varphi}_{\theta,x,i}^{nc}$；虚数单位 $i = \sqrt{-1}$。根据式（11.39），可在预先给定的解空间中搜索出一组 $\Delta\hat{\varphi}_{\theta,x,i}^{nc}$ 的解，使得 γ_x 达到最大。通常限制 $\Delta\hat{\theta}_x^{nc}$（$\Delta\theta_x^{nc}$ 的估计值）的粗搜索范围为满足高程误差在 ± 10 m 之间，以使得 $\Delta\varphi_{\theta,x}^{nc}$ 的增量范围在 $\pm\pi/4$ 之间。γ_x 表示第 x 个 PSC 相位残差变化的时间相干测度，是相位噪声水平的度量。

在获取每个 PSC 的 γ_x 值后，对于任一 PSC，属于 PS 点的概率 $P(x \in \text{PS})$ 为（Hooper et al.，2004）

$$P(x \in \text{PS}) = 1 - \frac{(1-\alpha)p_R(\gamma_x)}{p(\gamma_x)} \quad (11.40)$$

式中，α 表示 PS 点占所有 PSC 的百分比 $(0 \leq \alpha \leq 1)$。

最后根据振幅离差 $D_A = \sigma_A / \mu_A$（σ_A 为时序振幅标准差，μ_A 为时序振幅均值）和时间相干 γ_x 估计 PS 概率来筛选 PS 点。以 D_A 的值作为参考对所有 PSC 进行分块，确保每块至少有 104 个像素，然后对每块计算 α 值，只有 $\gamma_x > \gamma^t$ 的 PSC 被确定为真实 PS，而 γ^t 可由该块非 PS 总数与 PSC 总数的比值来确定，例如：

$$\frac{(1-\alpha)\int_{\gamma^t}^{1} p_R(\gamma_x)\mathrm{d}\gamma_x}{\int_{\gamma^t}^{1} p(\gamma_x)\mathrm{d}\gamma_x} = q \quad (11.41)$$

式中，q 为所有被选非 PS 点的最大比例（通常设为 20）。

2）StaMPS 形变信息提取

在探测出足够数量的真实 PS 点后，可基于式（11.37）继续分析。为了提取形变相位，需要进行相位解缠和其他噪声估计。若对相位信号不做任何假设，仅当邻近 PS 点间的绝对相位差小于 π 时，才能得到正确的解缠相位。就信号的空间相关部分而言，当 PS 点的空间采样足够密，就可以满足这个条件。但是，由于受信号的空间非相关部分的影响，即使采样密度足够高，邻近 PS 点间的绝对相位差仍然大于 π，其中侧视角误差 $\Delta\hat{\varphi}_{\theta,x,i}^{nc}$ 和主影像的空间非相关部分 $\hat{\varphi}_x^{m,nc}$ 的影响最大。因此，相位解缠前需要减去这两项，结果为

$$\phi_{\text{int},x,i} - \Delta\hat{\varphi}_{\theta,x,i}^{nc} - \hat{\varphi}_x^{m,nc} = W\{\varphi_{\text{def},x,i} + \varphi_{\text{atm},x,i} + \Delta\varphi_{\text{orb},x,i} + \Delta\varphi_{\theta,x,i}^{\text{corr}} + \varphi_{n,x,i}\} \quad (11.42)$$

式中，$\Delta\varphi_{\theta,x,i}^{\mathrm{corr}} = \Delta\varphi_{\theta,x,i} - \Delta\hat{\varphi}_{\theta,x,i}^{\mathrm{nc}}$ 为空间相关的侧视角误差；$\Delta\varphi_{\mathrm{n},x,i} = \varphi_{\mathrm{n},x,i} - \hat{\varphi}_x^{m,\mathrm{nc}}$。然后根据 Hooper 等提出的分步 3D 相位解缠方法进行相位解缠（Hooper et al.，2004）。

针对 3D 数据的相位解缠方法，通常基于这样的假设：在任意一维度，相邻采样点间的相位差小于 π。但由于受大气延迟的影响，使 InSAR 时间序列相位数据在空间域是相关的，但在时间域是不相关的。大气延迟的影响在整个干涉图的变化中可能达到几个相位周期，导致时间维大部分相邻采样点间的相位差大于 π。然而，空间相邻采样点间的相位差在时间维上变化小于 π。基于这样的事实，Hooper 等将 InSAR 时间序列相位解缠问题看成一系列后验概率估计最大化问题，提出了分步 3D 相位解缠方法。第一步，在时间域对相位进行解缠：首先，为了减少大气延迟的影响，将空间上所有 PS 点构建 Delaunay 三角网，计算空间邻近 PS 点间的相位差；然后对时间序列相位差进行低通滤波来抑制噪声；最后基于 Nyquist 假设，在时间域对差分相位进行解缠。第二步，运用差分相位的解缠时间序列，对每个解缠差分相位值构建一个费用函数，这些算法已嵌入在 2D 统计费用流网络算法的优化程序中，最后得到最终的解缠结果。

完成分步 3D 相位解缠后，为了分离出形变相位 $\varphi_{\mathrm{def},x,i}$，需要扣除各噪声分量。这些噪声的空间非相关部分被看作高频噪声成分，而空间相关部分使得形变相位结果产生很大偏差，因此需要估计并去除这些噪声的空间相关部分。噪声的空间相关部分可分为时间相关和时间不相关两部分，时间相关部分主要由主影像的 AOE（atmospheric and orbit error）构成，而时间不相关部分主要由空间相关侧视角误差和副影像的 AOE 构成。其中主影像的 AOE（$\hat{\varphi}_{\mathrm{atm},x}^{\mathrm{m}} + \Delta\hat{\varphi}_{\mathrm{orbit},x}^{\mathrm{m}}$）和空间相关侧视角误差（$\Delta\hat{\varphi}_{\theta,x,i}^{\mathrm{corr}}$）可通过最小二乘直接求解（Hooper et al.，2004）。

为了分离副影像的 AOE（$\hat{\varphi}_{\mathrm{atm},x,i}^{\mathrm{s}} + \Delta\hat{\varphi}_{\mathrm{orbit},x,i}^{\mathrm{s}}$），通常在时间域对解缠相位 $\varphi_{\mathrm{uw},x,i}$（表示第 i 幅差分干涉图中第 x 个 PS 点的解缠相位）进行高通滤波估计得到。而 $\varphi_{\mathrm{uw},x,i}$ 中存在 $2k_{x,i}\pi$（其中 $k_{x,i}$ 为未知的整周模糊度），使得其绝对值在时间域是不相的，因而不能直接在时间域对 $\varphi_{\mathrm{uw},x,i}$ 进行滤波。为此，首先将所有 PS 点构建 Delaunay 三角网，计算邻近 PS 点间的相位差，以消除 $2k_{x,i}\pi$ 的影响；然后对时间域差分解缠相位进行高通滤波，在空间域进行平滑去除噪声，从而获取副影像的 AOE。

从解缠相位中减去空间相关侧视角误差和主副影像的 AOE 的估计值，形变相位表达为

$$\varphi_{\mathrm{def},x,i} \approx \varphi_{\mathrm{uw},x,i} - \hat{\varphi}_{\mathrm{atm},x}^{\mathrm{m}} - \hat{\varphi}_{\mathrm{atm},x,j}^{\mathrm{s}} - \Delta\hat{\varphi}_{\mathrm{orbit},x}^{\mathrm{m}} - \Delta\hat{\varphi}_{\mathrm{orbit},x,j}^{\mathrm{s}} - \Delta\hat{\varphi}_{\theta,x,j}^{\mathrm{corr}}$$
$$- \Delta\hat{\varphi}_{\theta,x,j}^{\mathrm{corr}} - \Delta\varphi_{\mathrm{n},x,j} - 2k_{x,j}\pi$$
(11.43)

最后，基于形变相位和地表形变的转换关系，可将根据式（11.43）得到的相位转换成形变量。

2. StaMPS 形变提取实验

本节以天津市西郊约 8.5 km×11.4 km 范围大小的区域作为实验区，采用 2009 年 3 月 27 日至 2010 年 12 月 14 日间获取的 39 幅高分辨率 TerraSAR-X SAR 影像为数据源，

对 StaMPS 算法地表形变提取进行实例展示。选取 2009 年 12 月 5 日的影像为主影像,并将其他影像配准到主影像格网空间下。以公共主影像为干涉像对的主影像,其余 38 幅影像为副影像形成 38 幅干涉图,去除参考椭球和地形相位后得到差分干涉图。

对所获取的差分干涉图进行三维相位解缠,并去除侧视角误差、主影像和副影像大气及轨道误差,得到每幅 SAR 影像获取时刻对应的累积形变相位,经过相位到形变的转换得到形变时间序列结果,如图 11.19 所示。其中每个子图代表相应的 SAR 影像获取

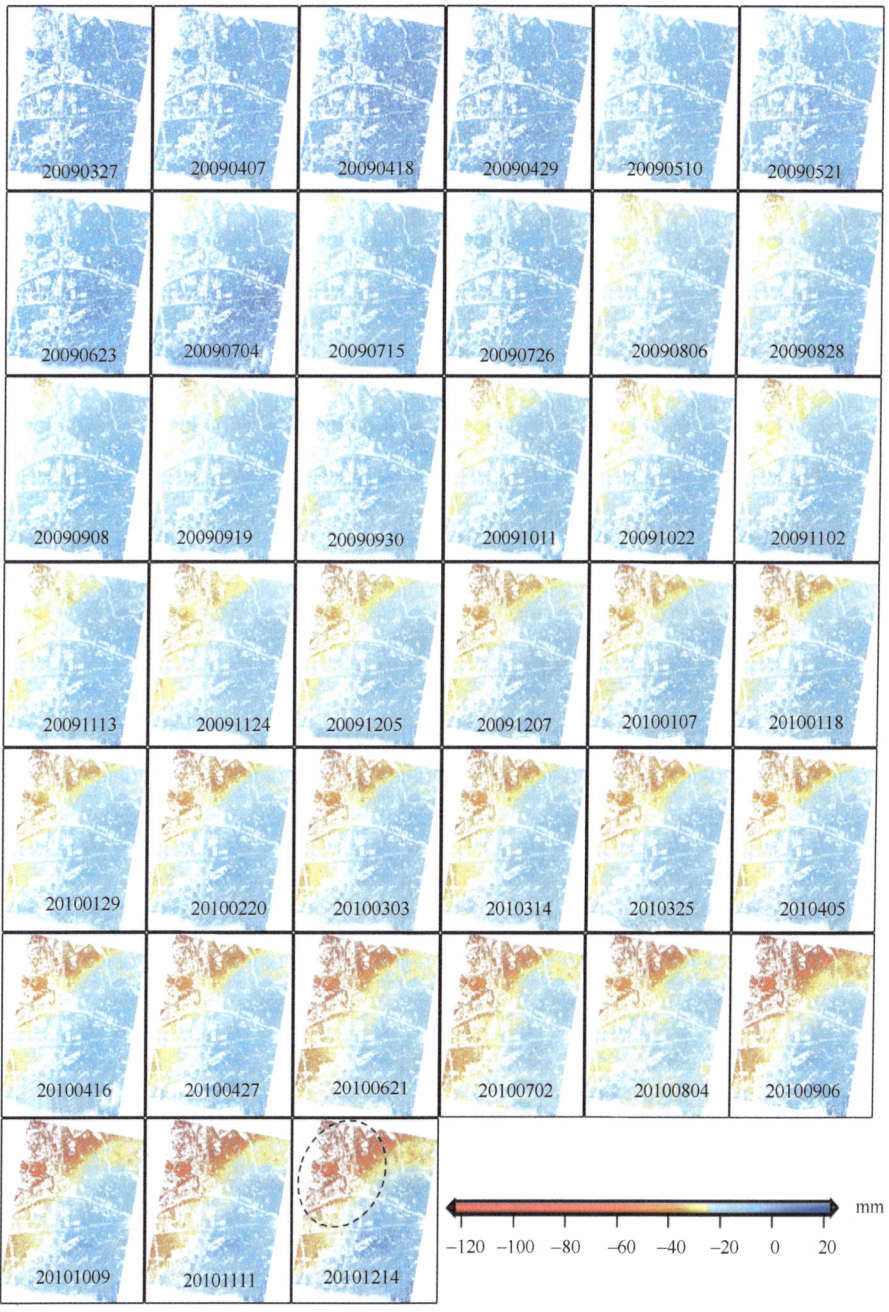

图 11.19 实验区形变时间序列结果(陈巍,2016)

时刻的累积形变量,在每个子图底部标记了对应的时间,如20090327代表2009年3月27日。从形变结果图(图11.19)中可以得出,该区域内形变较显著的地方位于西南部,在2009年3月27日至2010年12月14日间该区域形变累积量达到120多毫米。

11.4 时序二维形变监测方法

常规DInSAR方法形变监测的精度较低,难以适应缓慢累积性地表形变的监测(刘国祥等,2012a),国内外学者提出了时序差分雷达干涉测量(DInSAR)方法(Hooper et al.,2012;Mohammed et al.,2013;Osmanoğlu et al.,2016),通过使用覆盖相同区域的多景 SAR 影像生成差分干涉图,以此作为观测值进行形变和高程误差建模和解算,并分离大气和轨道误差。由于这些方法仅针对高相干目标进行处理,从而能够保证缓慢形变解算结果的精确性,形变估算精度可达到毫米级。其中具有代表性的有基于相位空间相关性和稳定性分析的PSI方法和短基线子集干涉技术(SBAS)。11.3节已对三种典型的时序DInSAR方法做了介绍,此处不再赘述。

上述时序DInSAR方法能够有效克服传统DInSAR技术的缺陷,但也只能提取地表沿LOS向的一维形变量和形变时间序列(Samsonov and d'Oreye,2012)。事实上,真实空间形变是三维矢量。鉴于此,本节对地表二维时序形变解算模型进行介绍,完善地表形变在时间维和空间维的同步提取方法。本节将介绍以形变模型和正则化为约束条件的时序差分雷达干涉多约束建模与地表形变信息提取方法(multi-constrained time series InSAR,MCTS-InSAR)。

11.4.1 基于形变模型和正则化约束的时序二维形变解算原理与流程

1. MCTS-InSAR 形变解算原理

假设数据为 K 景升轨数据(M 对干涉对)、H 景降轨数据(N 对干涉对),以时间从早到晚为顺序对全 $K+H$ 景数据对依次排序,如图11.20所示。

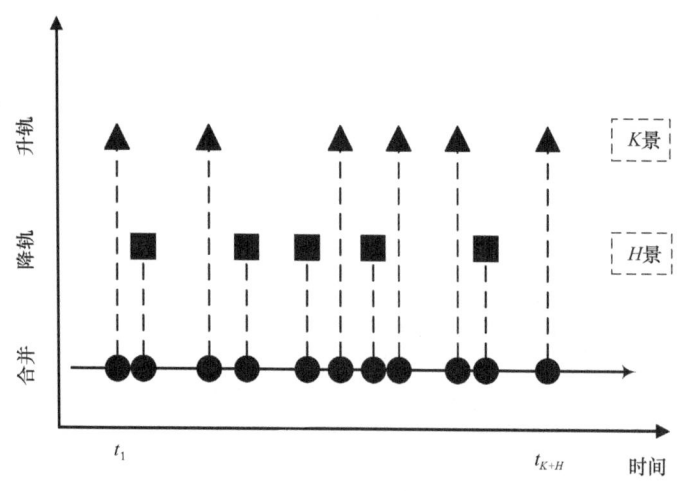

图11.20 二维时序建模不同轨道时间点合并示意图

以时间顺序 $t_1, t_2, \cdots, t_{K+H}$ 建立相邻时间间隔的平均速率与形变量的函数关系为

$$\underset{(M+N)\times(K+H-1)}{\boldsymbol{D}_{\mathrm{mat}}} \cdot * \underset{(M+N)\times(K+H-1)}{\Delta \boldsymbol{T}} \cdot \underset{(K+H-1)\times 1}{\Delta \boldsymbol{v}} = \underset{(M+N)\times 1}{\delta \boldsymbol{d}_{\mathrm{los}}} \quad (11.44)$$

式中,".*"表示两个矩阵中对应位置的元素相乘。

由于实际地表形变位移并不是一维的,根据雷达成像几何可将其分解为垂直、东西、南北三个方向,即

$$\delta d_{\mathrm{los}} = \delta d_{\mathrm{U}} \cos\theta - \delta d_{\mathrm{E}} \sin\theta \cos\varphi + \delta d_{\mathrm{N}} \sin\theta \sin\varphi \quad (11.45)$$

现有 SAR 卫星几乎为近极地飞行轨道,与经线的夹角一般为 10°左右,使得南北向形变不可测。因此实际运算中只考虑垂直和东西向形变。故解算模型可表示为

$$\begin{bmatrix} \boldsymbol{D}_{\mathrm{mat}} \cdot * \Delta \boldsymbol{T} \cdot * \cos\theta & \boldsymbol{D}_{\mathrm{mat}} \cdot * \Delta \boldsymbol{T} \cdot * \sin\theta \cos\varphi \end{bmatrix} \begin{bmatrix} \Delta \boldsymbol{v}_U \\ \Delta \boldsymbol{v}_E \end{bmatrix} = \delta \boldsymbol{d}_{\mathrm{los}} \quad (11.46)$$

式中,$\boldsymbol{D}_{\mathrm{mat}}$,$\Delta \boldsymbol{T}$,$\cos\theta$,$\sin\theta\cos\varphi$ 是 $(M+H)\times(K+H-1)$ 阶矩阵,后两者分别表示入射角的余弦、入射角正弦与方位角的余弦之积;$\Delta \boldsymbol{v}_U$,$\Delta \boldsymbol{v}_E$ 为 $(K+H-1)$ 阶矩阵;$\delta \boldsymbol{d}_{\mathrm{los}}$ 为 $(M+N)\times 1$ 阶矩阵。对于一维解算模型而言,时间点均不重叠且分布在两个子集时观测方程的秩为 $(K+H-2)<(K+H-1)$,造成秩亏。此处二维形变解算模型观测方程的个数未变,而待求未知数增加为原来的 2 倍,即 $2\times(K+H-1)$,矩阵秩亏现象更加严重,将无法通过最小二乘(LS)求解,使得解与真实地表形变演变规律有所差异。

因此,MCTS-InSAR 在式(11.46)的基础上加入非线性形变模型进行约束(邓琳等,2016),增加观测量,即假设地表 LOS 向的形变由多项式组合形变构成,具体形式如下:

$$d_i = a_0 + a_1(t_i - t_1) + a_2(t_i - t_1)^2 + a_3 \sin(2\pi t_i / T) + a_4 \cos(2\pi t_i / T) + a_5 B_\perp^i \quad (11.47)$$

式中,$B_\perp^i (i=1,2,\cdots,K+H)$ 为第 i 个时间点获取的影像与第一个时间点获取影像间的空间垂直基线。

将式(11.46)和式(11.47)联立,可得到 $(M+N+K+H)\times(2K+2H+4)$ 阶方程组:

$$\boldsymbol{G}\boldsymbol{v} = \delta \boldsymbol{d} \quad (11.48)$$

式中,$\boldsymbol{v} = \begin{bmatrix} \Delta \boldsymbol{v}_U \Delta \boldsymbol{v}_E a_0 \cdots a_5 \end{bmatrix}^{\mathrm{T}}$,$\boldsymbol{G}$ 为含非线性形变约束的新系数矩阵。

若仅采用形变模型约束,只能在一定程度上起到不同平台联合解算的形变传递,使形变趋势能够保持较高的一致性。但式(11.46)的未知数个数仍大于有效观测方程,观测方程仍存在秩亏。此外,垂直向和东西向联合建模,观测方程具有较大的线性相关性,条件数高达 10^{19},使得观测矩阵病态性(条件数≥10^{13})十分严重。Hansen(1993)针对不适定问题(秩亏、病态)提出的 L 曲线法具有较好的适用性,能够直观地定位曲率最大的点,准确识别合理的岭参数,有效克服观测矩阵的病态性。

针对式(11.48)有观测方程如下:

$$\delta \boldsymbol{d} = \boldsymbol{G}\boldsymbol{v} + \Delta \quad (11.49)$$

式中，Δ 为噪声。

根据 Tikhonov 正则化原理，有岭估计的解为

$$\hat{v} = (G^T PG + \kappa I)^{-1} G^T P\delta d \quad (11.50)$$

式中，P 为权矩阵；$\hat{v}$ 为 v 的估计值；κ 为 L 曲线定位的岭参数；I 为单位矩阵。式(11.50) 增加了 κI，将条件数降低到 1~30 范围内，法方程的病态性得到了有效抑制，可以得到均方误差意义下的可靠估值。

MCTS-InSAR 还引入方差分量估计（variance component estimation，VCE）（Searle，1995）约束时序形变求解，并将其用于描述观测值质量和评估求解参数的精度。该方法是以验前估计的权阵进行预平差处理，用平差后得到的观测值残差来估计不同精度观测值方差，根据方差的估值重新定权，以改善第一次平差时权阵的初始值，再根据重新确定的权阵再次进行平差，如此反复，直到不同系统的方差趋于一致。显然根据迭代定权的方式进行平差处理的结果更为可靠。

综上，MCTS-InSAR 相比于传统的时序 DInSAR 方法，主要有三个方面的改进：①加入多项式模型约束，从而改善方程秩亏的问题；②加入基于岭估计的正则化约束，有效克服观测矩阵的病态性问题；③加入基于方差分量估计的定权约束，解决观测值合理定权的问题，并有效减小粗差的影响。

2. MCTS-InSAR 形变解算流程

MCTS-InSAR 二维时序形变解算模型主要包含以下 4 个步骤：SAR 影像配准、小基线干涉配对及差分干涉处理、相位解缠、二维时序形变解算。其中前 3 步均为 MCTS-InSAR 的数据预处理步骤，针对的是单个卫星平台数据；第 4 步为核心内容，结合了多平台数据进行二维时序形变建模。MCTS-InSAR 数据处理流程如图 11.21 所示。

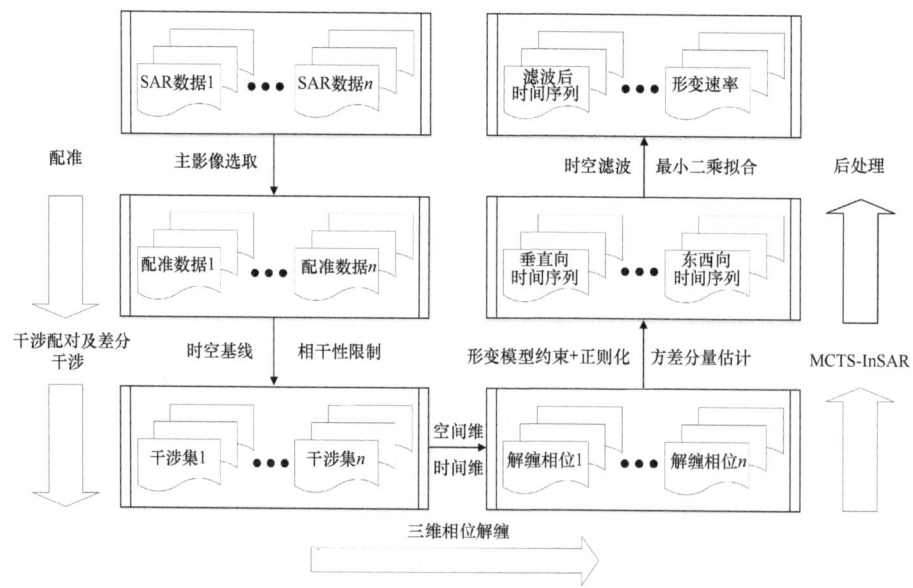

图 11.21 二维（垂直向和东西向）时序形变解算流程

11.4.2 联合升降轨 SAR 影像的上海地区时序二维形变场提取实验

实验采用上海地区 2009 年 2 月至 2010 年 2 月所获取的 21 景 X 波段 COSMO-SkyMed 升轨影像及 2009 年 3 月至 2010 年 1 月所获取的 16 景 X 波段 TerraSAR-X 降轨影像为数据基础进行二维时序形变提取实验。

为了保证形变监测的可靠性,分别对 COSMO-SkyMed 和 TerraSAR-X 干涉设置时间基线阈值为 365 天、250 天和空间基线阈值为 300 m、250 m,并设置相干系数阈值为 0.3 进行干涉组合以及差分干涉数据处理。实验利用 MCTS-InSAR 方法对上海地区两个卫星平台进行处理,并引入方差分量估计对实验结果进行迭代定权,获得了垂直向与东西向的形变累计量如图 11.22 和图 11.23 所示。其中,每个子图中标记了其所对应的时

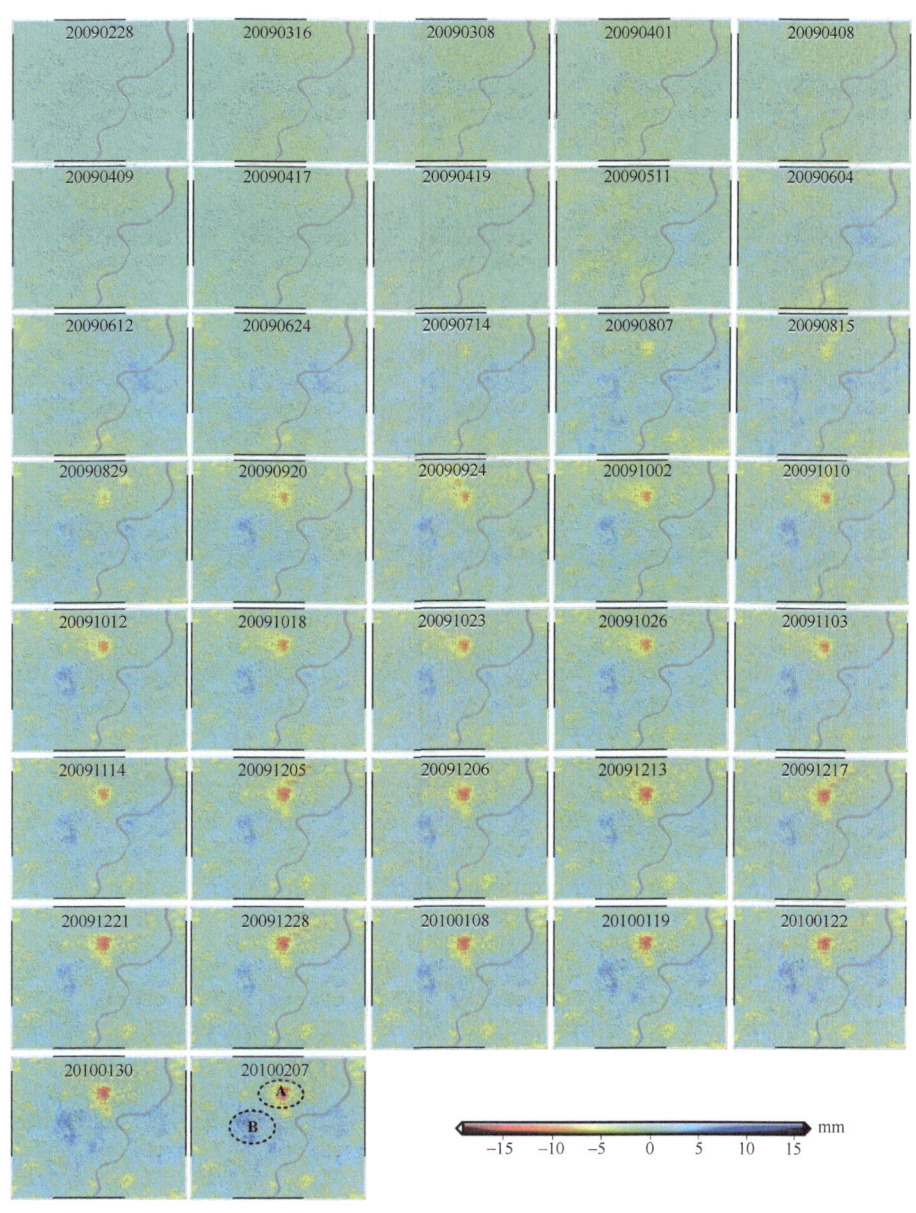

图 11.22　上海地区垂直向累积形变(唐嘉,2016)

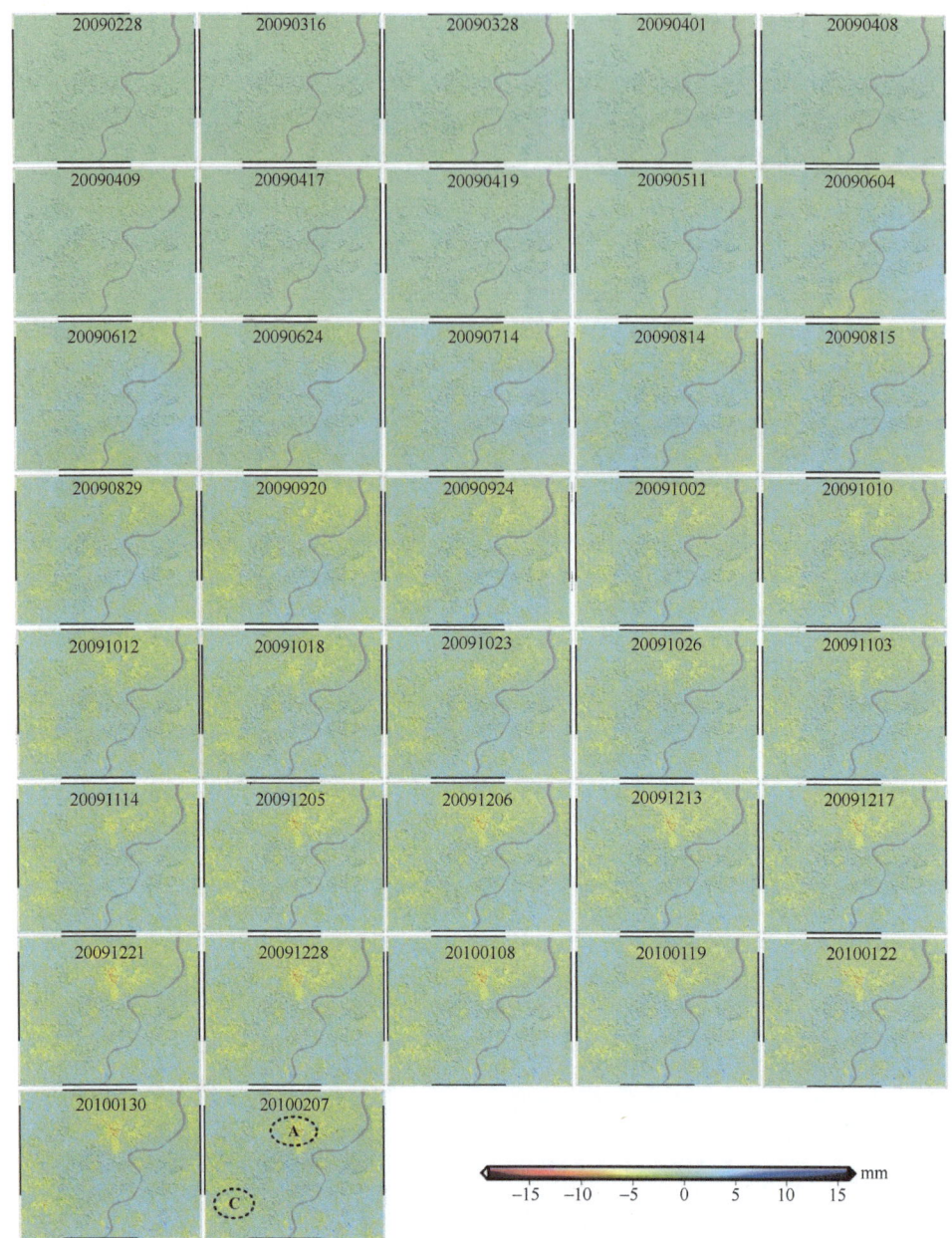

图 11.23　上海地区东西向累积形变（唐嘉，2016）

间点，例如，20090228 代表 2009 年 2 月 28 日。

为了对 MCTS-InSAR 方法获取的形变精度进行评估，将正则化（Reg）和 MCTS-InSAR 分别拟合的垂直向和东西向形变速率与 GPS、参考文献（Dai et al.，2015）进行对比（表 11.2）可知，MCTS-InSAR 和 Reg 均与 GPS 保持了形变趋势的一致性，数值上差异较小，均保持在毫米级，表明 MCTS-InSAR 的结果是可靠的。并且 MCTS-InSAR 相较于 Reg，精度更好。

表 11.2　形变速率精度对比　　　　　　　　　　　　（单位：mm/a）

	垂直向				东西向			
	GPS	Reg	MCTS-InSAR	(Dai et al., 2015)	GPS	Reg	MCTS-InSAR	(Dai et al., 2015)
TP20	2.50	3.99	2.29	—	-2.20	-4.74	-2.37	-1.80
BC17	2.10	0.81	1.44	—	4.40	1.84	1.45	2.90

11.5　地基 InSAR 形变监测方法

星载或机载 InSAR 技术在工程应用中存在以下问题：①易造成时空失相关，影响形变监测的精度和可靠性；②影像时空分辨率较低，难以满足实际工程监测的需求。在这种情况下，地基 InSAR（ground based InSAR，GB-InSAR）技术（Monserrat et al., 2014）应运而生。

地基 InSAR 技术是 20 世纪 90 年代后期逐渐发展起来的一项极具潜力的形变测量技术。它以星载合成孔径雷达干涉原理为基础，引入了步进频率连续波（stepped-frequency continuous-wave，SFCW）技术（Monserrat et al., 2014），克服了星载合成孔径雷达距离向分辨率不足的问题；以地面搭载系统平台，传感器在固定的线性滑轨上以近乎零基线的方式周期性地获取监测数据，采样周期小于 2 分钟，解决了星载合成孔径雷达可能导致的时间失相关和空间失相关的问题。地基 InSAR 技术的出现，是星载或机载 InSAR 技术的重要补充，有力地促进了 InSAR 技术在形变监测领域的应用。地基 InSAR 已经广泛应用于滑坡、冰川、雪山、火山、人工建筑物、大坝、露天矿区等形变监测领域（Monserrat et al., 2014；Luzi et al., 2004）。本节将介绍地基 InSAR 的系统组成和基本原理，并以冰川位移监测为例说明地基 InSAR 的应用。具体地，将以意大利佛罗伦萨大学和意大利仪器厂商 IDS 合作生产的商用 IBIS 地基雷达系统为例进行介绍。

11.5.1　地基 InSAR 仪器介绍

20 世纪 90 年代后期，世界上第一台地基 InSAR 系统在欧盟联合研究中心（Joint Research Centre of the European Commission，JRC）诞生，并成功应用于雪山的监测。此后，很多国内外研究机构投入到了地基 InSAR 技术的研究和应用当中，各种型号和功能的地基 InSAR 系统诞生。其中，意大利的佛罗伦萨大学和意大利仪器厂商 IDS 合作生产了商用的 IBIS 系统是目前应用较为广泛的用于滑坡和不稳定区域形变监测的地基 InSAR 系统。本节以 IBIS-L 为例，说明 GB-SAR 的系统组成和工作原理。如图 11.24 所示，IBIS-L 地基雷达系统主要由传感器单元、线性滑轨、控制单元和供电单元这四个部分组成。每个部分的功能包括如下。

（1）传感器单元：发射和接收电磁波信号。

（2）线性滑轨：两端安装了定位器，供传感器单元在滑轨上往返移动完成数据采集。

（3）控制单元：设置 GB-SAR 系统的工作参数，控制传感器单元的运行，完成数据的记录和存储。

（4）供电单元：通过蓄电池或接通交流电源的方式为传感器单元、线性滑轨和控制单元供电。

IBIS-L 应用于形变监测领域，具有以下优势。

（1）监测距离远：最大监测距离达到 4 km。

（2）监测范围大：最大监测范围达到 10 km²。

（3）空间分辨率高：距离向分辨率 0.5 m，方位向分辨率为 4.5 mrad×距离。

（4）精度高：雷达视线方向形变监测精度达到 0.1 mm。

（5）全天时、全天候：主动式遥感，不受云雾和光线的限制。

（6）定点连续监测：在外接交流电源的情况下，可不移动位置对监测区域进行连续监测。

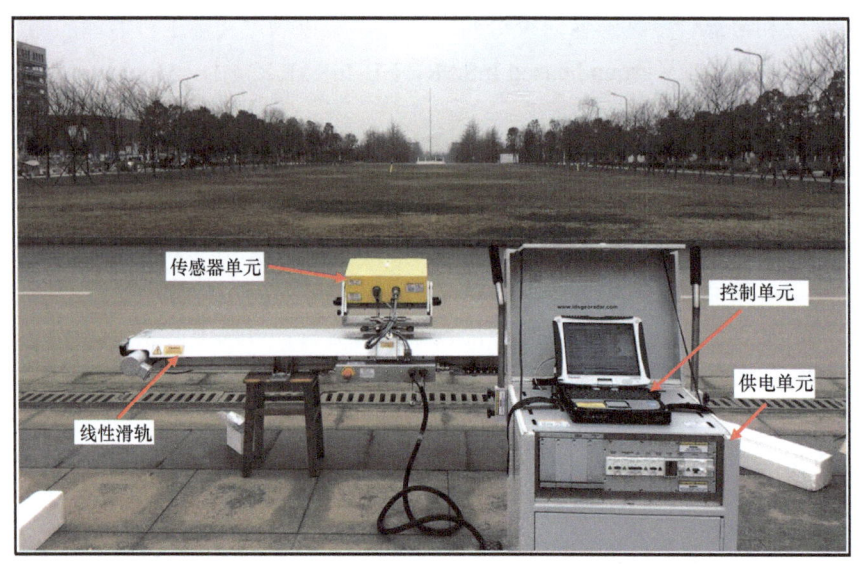

图 11.24　IBIS-L 地基雷达系统的组成

11.5.2　地基 InSAR 基本原理

GB-SAR 作为一种基于微波干涉的新型技术，主要用于自然灾害和人工建筑物的形变监测（Monserrat et al.，2014）。它所采集的数据是一幅二维影像包括距离和方位向分辨率，每个分辨单元包括振幅和相位信息。它能够提供二维高精度的位移形变图和高精度的形变结果。GB-SAR 主要基于以下三项技术。

1. 步进频率连续波技术（SFCW）

GB-SAR 通过 SFCW 技术来提高距离向分辨率。GB-SAR 中采用了步进频率连续波（SFCW）技术来合成信号，在得到较好的分辨率的同时保持足够的平均发射功率。雷达的距离向分辨率为

$$\delta_r = \frac{c\tau}{2} = \frac{c}{2B} \tag{11.51}$$

式中，$c=3\times10^8$ m/s 为光速；τ 为脉宽；B 为脉冲带宽。在脉冲带宽等于光速的情况下，雷达的距离向分辨率为 0.5 m。

2. 合成孔径技术

GB-SAR 通过合成孔径技术提高方位向分辨率。主机在滑轨上滑动时能够采集数据，这就相当于雷达的孔径达到 2 m，则方位向的分辨率为

$$\delta_C = \frac{\lambda}{2L_s} r \qquad (11.52)$$

式中，λ 为雷达发射的电磁波的波长；r 为目标点与雷达之间的距离；L_s 为合成孔径雷达天线的孔径。IBIS-L 发射和接收 Ku 波段，方位向的分辨率能达到 4.5 mrad。

3. 差分干涉测量技术

GB-SAR 通过 InSAR 技术来获得高精度的形变量（Luzi et al.，2004）。将在不同时间得到目标物的相位信息进行比较，从而演算出很小的位移变化量。IBIS-L 系统在雷达视线向的监测精度能达到 0.1 mm。干涉测量原理如图 11.25 所示。

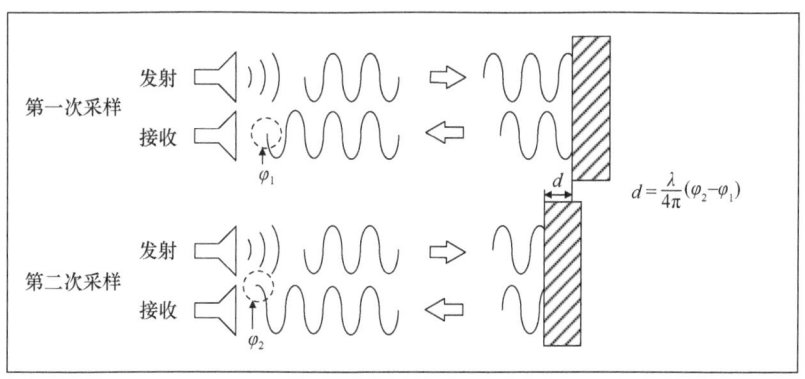

图 11.25　干涉测量获取相位原理图

11.5.3　地基 InSAR 形变监测实验

近年来，地基 InSAR 技术凭借其全自动、全天时、全天候、高分辨率、高精度、携带方便、观测周期短、可操作性强等优越性，在中距离或近距离、大范围形变监测领域展现出了巨大的应用潜力。

以冰川位移监测为例，监测区域选取位于四川省甘孜藏族自治州泸定县海螺沟冰川冰舌区。图 11.26 为 IBIS-L 地基雷达设备监测的区域以及仪器架设的位置，雷达架设于相对冰面高约 150 m 的海螺沟冰川景区观景台处，从雷达架设位置可监测海螺沟冰川冰舌区的动态变化。

此次实验选取了 2018 年 5 月 16 日 0：00~2018 年 5 月 18 日 23：59 时间段共 434 景影像（10 分钟为采样频率），在该监测时间范围内，监测区域内雷达平均强度如图 11.27 所示，冰川累计位移图 11.28 所示。从图 11.28 可知，在监测范围内，冰川区域运动剧烈，72 小时沿雷达视线方向累计位移最大为 482 mm，而在冰川两侧的 U 形谷区域山体保持稳定。

图 11.26 IBIS-L 监测现场
红色线条范围为雷达重点监测冰川区域

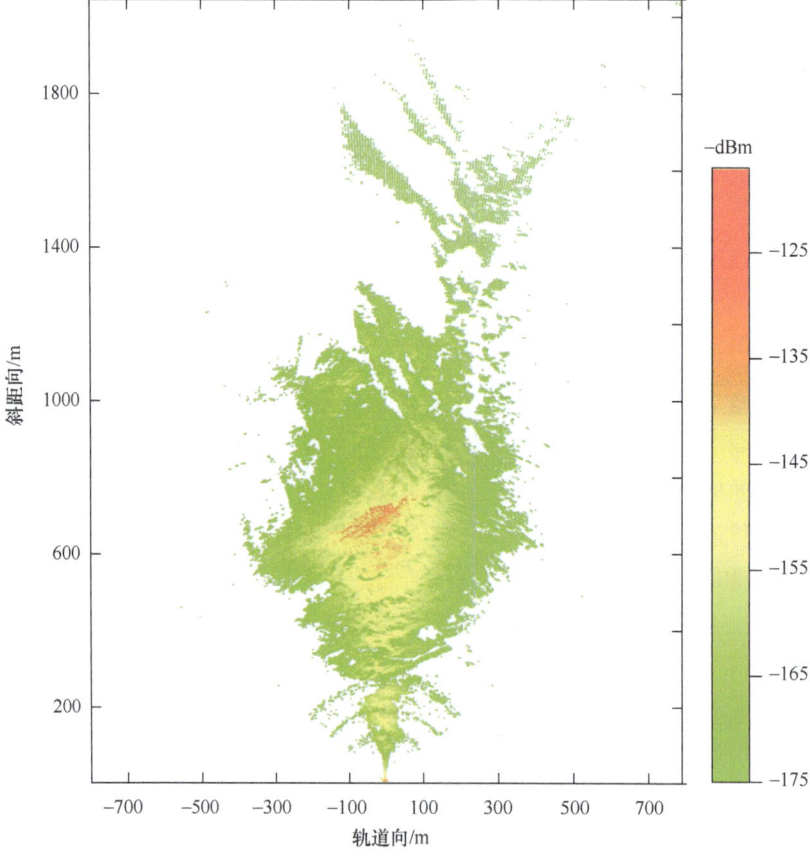

图 11.27 使用地基雷达监测海螺沟冰川的雷达平均强度图

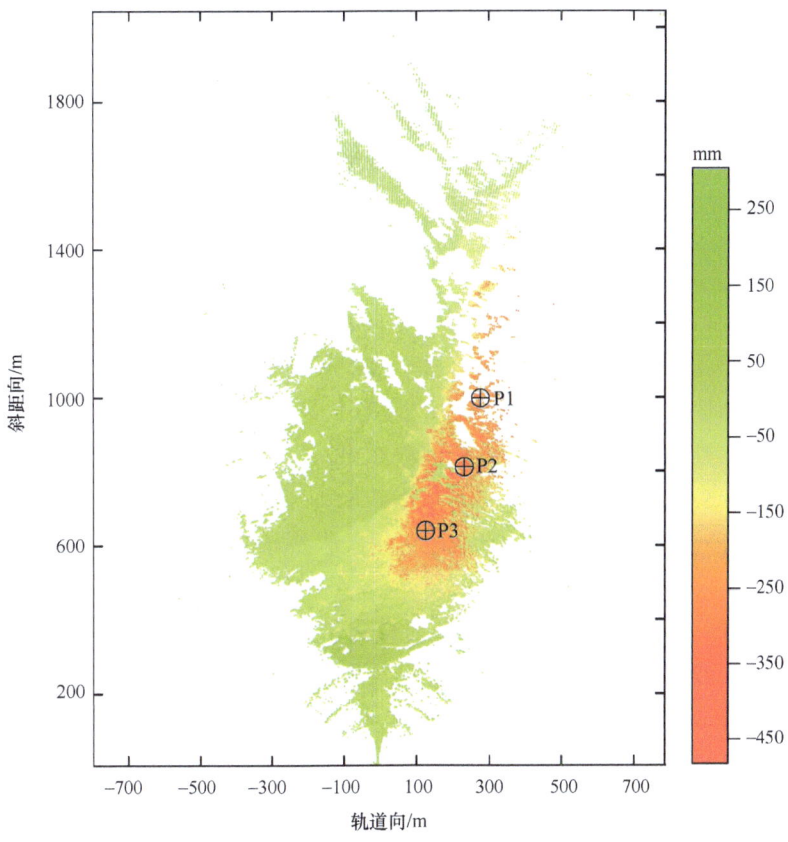

图 11.28 使用地基雷达监测海螺沟冰川的位移累计结果图
时间段：2018 年 5 月 16 日~5 月 18 日

为了对冰川区域位移场进一步分析，在沿冰面中线选取了三个像素点，分别是 P1、P2 和 P3，分布如图 11.28 中"⊕"符号所示，所选像素点随时间变化的位移曲线如图 11.29 所示，从曲线图可知在监测时间范围内，P1、P2 和 P3 基本呈匀速运动，在

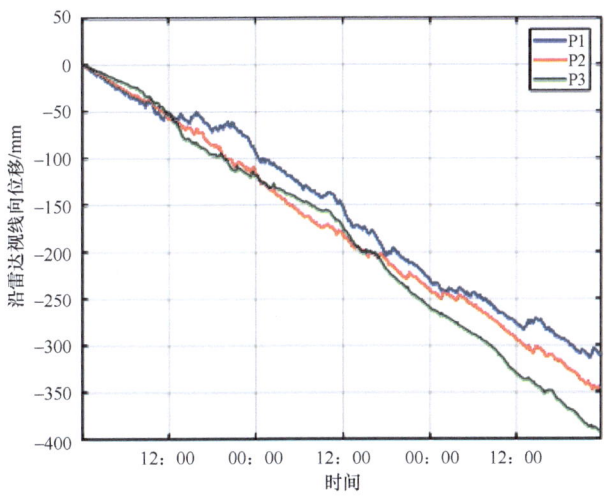

图 11.29 冰川区所选像素点时序位移曲线图

局部存在运动速率波动的情况，同时，对比 2018 年 5 月 16 日至 2018 年 5 月 18 日位移曲线可知，所选像素点下午运动速度较之上午更快。

在冰川尤其是终年云雾覆盖的海洋性冰川监测中，地基雷达全天时、全时相、高精度、高空间分辨率、超高时间采样率（最高 2 分钟）的监测特征，对揭示冰川运动和冰川消融演化规律能提供高精度的基础数据。

思考题

1. 星载 SAR 运行方向与南北向接近，再加上 SAR 采用侧视成像，这使得单一平台 SAR 仅能观测一维形变信息。虽然结合多平台及其他数据可以恢复地表三维形变，但由于观测几何的原因，其对各方向形变的敏感度不同。请基于此分析为什么星载 InSAR 技术在南北方向难以获得高精度的形变监测结果？

2. 传统 DInSAR 技术存在一些缺陷，导致形变监测精度不高，时序雷达差分干涉技术的出现可以有效克服这些缺陷，请描述时序雷达差分干涉技术弥补了传统 DInSAR 的哪些不足。

3. POT 技术可以基于 SAR 影像强度信息获取距离向和方位向形变，MAI 技术可利用前视和后视干涉信息获取方位向形变。请简要归纳 POT 和 MAI 技术的优缺点。

4. 请列举 InSAR 三维形变监测技术，并简要说明每种方法存在哪些优缺点。

5. 时序 InSAR 技术如 PSInSAR^{TM}、SBAS 和 StaMPS 可以有效克服干涉失相关、大气延迟等的影响，但三者在原理和方法上有所异同，请给出三者的异同点，并分析 PSInSAR^{TM}、SBAS 和 StaMPS 的适用范围。

6. InSAR 时序二维/三维形变监测技术可以在有效克服 InSAR 干涉失相关、大气延迟等不足的同时，实现地表真实形变时间序列的提取。试论述 InSAR 时序二维/三维形变建模和解算需要解决的关键技术问题。

参 考 文 献

班保松, 伍吉仓, 陈永奇, 冯光财, 胡守超. 2010. 联合 GPS 和 InSAR 观测结果计算汶川地震三维地表形变. 大地测量与地球动力学, 30(4): 25-28.

蔡国林, 李永树, 刘国祥. 2009. 小波-维纳组合滤波算法及其在 InSAR 干涉图去噪中的应用. 遥感学报, 13(1): 129-136.

蔡国林, 刘国祥, 李永树. 2008. 一种基于小波相位分析的 InSAR 干涉图滤波算法. 测绘学报, 2008, 37(3): 293-300.

蔡国林, 刘国祥, 张奥丽, 孙美玲. 2014. 基于小波域的 InSAR 干涉图噪声识别与估计. 遥感学报, 18(3): 537-546.

陈富龙, 林珲, 程世来. 2013. 星载雷达干涉测量及时间序列分析的原理、方法与应用. 北京: 科学出版社.

陈强, 丁晓利, 刘国祥, 胡植庆, 袁林果. 2009. 雷达干涉 PS 网络的基线识别与解算方法. 地球物理学报, 52(9): 2229-2236.

陈强, 刘国祥, 丁晓利, 李永树. 2007. 永久散射体雷达差分干涉应用于区域地表沉降探测. 地球物理学报, 50(3): 737-743.

陈强, 刘国祥, 胡植庆, 丁晓利, 杨莹辉. 2012a. GPS 与 PS-InSAR 联网监测的台湾屏东地区三维地表形变场. 地球物理学报, 55(10): 3248-3258.

陈强, 刘国祥, 李永树. 2006a. 粗/精轨道数据对卫星 InSAR DEM 精度影响的对比分析. 遥感学报, 10(4): 475-481.

陈强, 刘国祥, 李永树, 丁晓利. 2006b. 干涉雷达永久散射体自动探测——算法与实验结果. 测绘学报, 35: 112-117.

陈强, 杨莹辉, 刘国祥, 程海琴, 刘伟堂. 2012b. 基于边界探测的 InSAR 最小二乘整周相位解缠方法. 测绘学报, 41(3): 441-448.

陈巍. 2016. 基于非局部化滤波的 MT-InSAR 地表形变监测. 成都: 西南交通大学硕士学位论文.

程海琴, 陈强, 刘国祥, 杨莹辉, 刘丽瑶. 2014. 短基线 InSAR 探测龙门山主断裂带两侧震后雨期的滑坡空间分布特征. 测绘学报, 43(9): 931-937.

邓琳. 2015. 基于多卫星平台的 MC-SBAS 长时序形变解算模型与方法. 成都: 西南交通大学硕士学位论文.

邓琳, 刘国祥, 张瑞, 王晓文, 于冰, 唐嘉, 张亨. 2016. 多平台 MC-SBAS 长时序建模与形变提取方法. 测绘学报, 45(2): 213-223.

傅文学, 田庆久, 郭小方, 王黎明. 2006. PS 技术及其在地表形变监测中的应用现状与发展. 地球科学进展, 21(11): 1193-1198.

葛大庆, 王艳, 郭小方, 刘圣伟, 范景辉. 2007. 基于相干点目标的多基线 D-InSAR 技术与地表形变监测. 遥感学报, 11(4): 574-580.

何秀凤, 何敏. 2012. InSAR 对地观测数据处理方法. 北京: 科学出版社.

胡俊, 李志伟, 张磊, 丁晓利, 朱建军, 孙倩, 丁伟. 2013a. 多孔径 InSAR 技术电离层校正方法及二维形变场应用研究——以玉树地震为例. 中国科学(D 辑), 43(3): 457-468.

胡俊, 李志伟, 朱建军, 丁晓利, 汪长城, 冯光财, 孙倩. 2013b. 基于 BFGS 法融合 InSAR 和 GPS 技术监测地表三维形变. 地球物理学报, 56(1): 117-126.

胡运权. 2008. 运筹学基础及应用. 北京: 高等教育出版社.

贾洪果, 刘国祥, 张瑞. 2010. 高分辨率 TerraSAR-X 雷达干涉及其在工程形变探测中的应用. 测绘通报, 5: 51-54.

焦明连, 蒋廷臣. 2009. 合成孔径雷达干涉测量理论与应用. 北京: 测绘出版社.

靳国旺, 徐青, 张红敏. 2014. 合成孔径雷达干涉测量. 北京: 国防工业出版社.

李德仁, 廖明生, 王艳. 2004. 永久散射体雷达干涉测量技术. 武汉大学学报(信息科学版), 29(8): 664-668.

李平湘, 杨杰. 2006. 雷达干涉测量原理与应用. 北京: 测绘出版社.

李珊珊, 李志伟, 胡俊, 孙倩, 俞晓莹. 2013. SBAS-InSAR 技术监测青藏高原季节性冻土形变. 地球物理学报, 56(5): 1476-1486.

李小玮, 孙洪, 管鲍, 吕毅, 茹国宝. 2002. 合成孔径雷达图像统计滤波降噪方法. 武汉大学学报(理学版), 48(1): 94-98.

廖明生, 林珲. 2003. 雷达干涉测量——原理与信号处理基础. 北京: 测绘出版社.

廖明生, 唐婧, 王腾, Timo BALZ, 张路. 2012. 高分辨率 SAR 数据在三峡库区滑坡监测中的应用. 中国科学(D 辑), 42(2): 217-229.

廖明生, 王腾. 2014. 时间序列 InSAR 技术与应用. 北京: 科学出版社.

刘国祥. 2004a. 合成孔径雷达遥感新技术——InSAR 介绍. 四川测绘, 27(2): 92-95.

刘国祥. 2004b. SAR 成像原理与图像特征. 四川测绘, 27(3): 141-143.

刘国祥. 2004c. InSAR 基本原理. 四川测绘, 27(4): 187-190.

刘国祥. 2005a. InSAR 应用实例及其局限性分析. 四川测绘, 28(3): 140-143.

刘国祥. 2005b. InSAR 系统中的误差传播. 四川测绘, 28(2): 92-95.

刘国祥. 2005c. InSAR 数据处理及关键算法. 四川测绘, 28(1): 45-49.

刘国祥. 2006. Monitoring of Ground Deformations with Radar Interferometry(英文版). 北京: 测绘出版社.

刘国祥, 陈强, 丁晓利. 2007. 基于雷达干涉永久散射体网络探测地表形变的算法与实验结果. 测绘学报, 36(1): 13-18.

刘国祥, 陈强, 罗小军, 蔡国林. 2012a. 永久散射体雷达干涉理论与方法. 北京: 科学出版社.

刘国祥, 丁晓利, 陈永奇, 李志林, 李志伟. 2001a. 使用卫星雷达差分干涉技术测量香港赤腊角机场沉降场. 科学通报(D 辑), 46(14): 1224-1225.

刘国祥, 丁晓利, 陈永奇, 李志林, 郑大伟. 2000. 极具潜力的空间对地观测新技术——合成孔径雷达干涉. 地球科学进展, 15(6): 734-735.

刘国祥, 丁晓利, 李志林, 陈永奇, 李志伟. 2001b. 使用 InSAR 建立 DEM 的试验研究. 测绘学报, 30(4): 336-342.

刘国祥, 丁晓利, 李志林, 陈永奇, 章国宝. 2001c. 星载 SAR 复数图像的配准. 测绘学报, 30(1): 60-66.

刘国祥, 丁晓利, 李志伟, 陈永奇, 李志林, 余水倍. 2002. ERS 卫星雷达干涉测量 1999 年台湾集集大地震震前和同震地表位移. 地球物理学报, 45(Z1): 165-174.

刘国祥, 刘文熙, 黄丁发. 2001d. InSAR 技术及其应用中的若干问题. 测绘通报, 8: 10-12.

刘国祥, 张瑞, 李陶, 于冰, 李涛, 贾洪果, 聂运菊. 2012b. 基于多卫星平台永久散射体雷达干涉提取三维地表形变速度场. 地球物理学报, 55(8): 2598-2610.

刘志铭. 2004. 干涉合成孔径雷达相位解缠算法的研究. 郑州: 解放军信息工程大学硕士学位论文.

龙四春. 2012. DInSAR 改进技术及其在沉降监测中的应用. 北京: 测绘出版社.

吕志平, 乔书波. 2010. 大地测量学基础. 北京: 测绘出版社.

罗小军, 黄丁发, 刘国祥. 2006a. InSAR 相位分解及其在生成 DEM 和研究地震形变场中的应用. 西北地震学报, 28(3): 204-209.

罗小军, 刘国祥, 黄丁发, 丁晓利. 2006b. 几种卫星合成孔径雷达影像配准算法的比较研究. 测绘科学, 31(1): 19-21.

罗小军, 刘国祥, 黄丁发, 陈强. 2008. 永久散射体网络建模及地表形变与大气影响分析. 遥感学报, 12(2): 270-276.

聂运菊, 刘国祥, 石金峰, 于冰, 程朋根. 2013. 改进的 PS 探测方法及其应用. 遥感学报, 17(3): 632-639.

单新建, 马瑾, 王长林, 柳稼航, 宋晓宇, 张桂芳. 2002. 利用星载 D-INSAR 技术获取的地表形变场提取玛尼地震震源断层参数. 中国科学(D 辑), 32(10): 837-844.

舒宁. 2003. 雷达影像干涉测量原理. 武汉: 武汉大学出版社.

宋小刚, 李德仁, 单新建, 廖明生, 程亮. 2009. 基于 GPS 和大气传输模型的 InSAR 大气改正方法研究. 地球物理学报, 52(5): 1156-1164.

汤益先, 张红, 王超. 2006. 基于永久散射体雷达干涉测量的苏州地区沉降研究. 自然科学进展, 16(8): 1015-1020.

唐嘉. 2016. 时序差分雷达干涉多约束建模与地表形变信息提取方法. 成都: 西南交通大学硕士学位论文.

唐嘉, 刘国祥, 宋云帆, 陈巍, 于冰, 吴松波, 张瑞, 邓琳. 2015. PALSAR 和 ASARPSI 显著地表沉降探测与分析. 遥感学报, 19(6): 1019-1029.

唐伶俐, 张景发, 王新鸿, 戴昌达. 2005. 极具应用潜力的 PS 技术. 遥感技术与应用, 20(3): 309-314.

陶鹗, 杨汝良. 2003. 利用残余点衡量干涉复图像配准质量. 测绘学报, 32(1): 63-66.

陶秋香, 刘国林, 刘伟科. 2012. L 和 C 波段雷达干涉数据矿区地面沉降监测能力分析. 地球物理学报, 55(11): 3681-3689.

汪鲁才, 王耀南, 毛建旭. 2003. 基于相关匹配和最大谱图像配准相结合的 InSAR 复图像配准方法. 测绘学报, 32(4): 320-324.

汪鲁才, 王耀南, 毛六平. 2005. 基于小波变换和中值滤波的 InSAR 干涉图像滤波方法. 测绘学报, 34(2): 108-112.

王超, 张红, 刘智. 2002. 星载合成孔径雷达干涉测量. 北京: 科学出版社.

王敏锡, 李敬, 任朗. 1997. 电磁波在介质分形表面的散射特性. 科学通报, 42(7): 761-764.

王晓文, 刘国祥, 张瑞, 于冰, 李涛. 2014. 联合多孔径雷达干涉与常规合成孔径雷达干涉提取三维形变场. 大地测量与地球动力学, 34(4): 127-134.

吴立新, 高均海, 葛大庆, 殷作如, 邓智毅, 刘宏军. 2004. 基于 D-InSAR 的煤矿区开采沉陷遥感监测技术分析. 地理与地理信息科学, 20(2): 22-25.

肖峻, 杨洪平. 2012. 电磁场的基本方程及其定解条件. 电气电子教学学报, 34(2): 50-52.

徐晨, 赵瑞珍, 甘小冰. 2004. 小波分析应用算法. 北京: 科学出版社.

徐新, 廖明生, 卜方玲. 2000. 一种基于相对标准差的 SAR 图像 Speckle 滤波方法. 遥感学报, 4(3): 214-218.

许文斌, 李志伟, 丁晓利. 2012. 利用 InSAR 短基线技术估计洛杉矶地区的地表时序形变和含水层参数. 地球物理学报, 55(2): 452-461.

杨波. 2008. 高分辨星载 SAR 影像正射纠正应用研究. 北京: 中国科学院遥感卫星地面站博士学位论文.

杨清友, 王超. 1999. 干涉雷达复图像配准与干涉纹图的增强. 遥感学报, 3(2): 122-126.

杨莹辉, 陈强, 刘国祥, 程海琴, 刘丽瑶, 胡植庆. 2014. 汶川地震同震形变场的 GPS 和 InSAR 邻轨平滑校正与断层滑移精化反演. 地球物理学报, 57(5): 1462-1476.

游新兆, 李澍荪, 杨少敏, 乔学军, 王琪, Tom L, 杜瑞林. 2001. 长江三峡工程库首区 InSAR 测量的初步研究. 地壳形变与地震, 21(4): 58-66.

于冰. 2015. 高分辨率相干散射体雷达干涉建模及形变信息提取方法. 成都: 西南交通大学博士学位论文.

于勇. 2002. 基于网络规划的干涉雷达相位解缠算法研究. 北京: 中国科学院遥感应用研究所博士学位论文.

于勇, 王超, 张红, 刘智, 高鑫. 2003. 基于不规则网络下网络流算法的相位解缠方法. 遥感学报, 7(6): 472-477.

曾琪明, 解学通. 2004. 基于谱运算的复相关函数法在干涉复图像配准中的应用. 测绘学报, 33(2): 127-131.

查显杰, 傅容珊, 戴志阳. 2006. DInSAR 技术对不同方位形变的敏感性研究. 测绘学报, 35(2): 133-137.

张大跃, 付克祥. 1996. 电磁波在横向分层不均匀介质上的反射与透射的解析研究. 光散射学报, 8(3): 156-161.

张红, 王超, 吴涛. 2009. 基于相干目标的 DInSAR 方法研究. 北京: 科学出版社.

张慧鑫, 刘国祥, 张瑞, 贾洪果. 2011. 使用 ALOS DInSAR 提取 5·12 汶川地震同震地表形变场. 大地测量与地球动力学, 31(2): 32-37.

张旗, 梁德群, 樊鑫, 李文举. 2004. 基于小波域的影像噪声类型识别与估计. 红外与毫米波学报, 23(4): 281-285.

朱彩英, 徐青, 吴从晖, 池天河. 2003. 机载 SAR 图像几何纠正的数学模型研究. 遥感学报, 37(2): 112-116.

朱武, 张勤, 赵超英, 杨成生, 王宏宇. 2010. 基于 CR-InSAR 的西安市地裂缝监测研究. 大地测量与地球动力学, 30(6): 20-23, 30.

Adam N, Parizzi A. 2009. Practical persistent scatterer processing validation in the course of the Terrafirma project. Journal of Applied Geophysics, 69(1): 59-65.

Agram P S, Simons M. 2015. A noise model for InSAR time series. Journal of Geophysical Research: Solid Earth, 120(4): 2752-2771.

Ahmed R, Siqueira P, Hensley S, Chapman B, Bergen K. 2011. A survey of temporal decorrelation from spaceborne L-Band repeat-pass InSAR. Remote Sensing of Environment, 115(11): 2887-2896.

Albino F, Smets B, D'oreye N, Kervyn F. 2015. High-resolution TanDEM-X DEM: An accurate method to estimate lava flow volumes at Nyamulagira Volcano(D. R. Congo). Journal of Geophysical Research: Solid Earth, 120(6): 4189-4207.

Bagnardi M. 2014. Dynamics of Magema Supply, Storage and Migration at Basaltic Volcanoes: Geophysical Studies of the Galápagos and Hawaiian Volcanoes. Ph. D. thesis in marine geology and geophysics, Miami University.

Bagnardi M, Amelung F, Poland M P. 2013. A new model for the growth of basaltic shields based on deformation of Fernandina volcano, Galapagos Islands. Earth and Planetary Science Letters, s377-378: 358-366.

Bamler R, Hartl P. 1998. Synthetic aperture radar interferometry. Inverse Problems, 14(4): R1-R54.

Barbieri M, Licthenegger J, Calabresi G. 1999. The Izmit earthquake: A quick post-seismic analysis with satellite observations. ESA Bulletin, 100: 107-110.

Barbot S, Hamiel Y, Fialko Y. 2008. Space geodetic investigation of the coseismic and postseismic deformation due to the 2003 Mw7.2 Altai earthquake: Implications for the local lithospheric rheology. Journal of Geophysical Research: Solid Earth, 113(B3): 133-144.

Bardi F, Frodella W, Ciampalini A, Bilvia B, Ventisette C, Gigli G, Fanti R, Moretti S, Basile G, Casagli N. 2014. Integration between ground based and satellite SAR data in landslide mapping: The San Fratello case study. Geomorphology, 223: 45-60.

Bateson L, Cigna F, Boon D, Sowter A. 2015. The application of the Intermittent SBAS(ISBAS)InSAR method to the South Wales Coalfield, UK. International Journal of Applied Earth Observation and Geoinformation, 34(1): 249-257.

Beauducel F, Peirre B. 2000. Volcano-wide fringes in ERS synthetic aperture radar interferograms of Etna(1992–1998): Deformation or tropospheric effect? Journal of Geophysical Research: Solid earth, 105(B7): 16391-16402.

Bechor N B D, Zebker H A. 2006. Measuring two-dimensional movements using a single InSAR pair. Geophysical Research Letters, 33(16): 275-303.

Bekaert D P S, Walters R J, Wright T J, Hooper A J, Parker D J. 2015. Statistical comparison of InSAR tropospheric correction techniques. Remote Sensing of Environment, 170: 40-47.

Berardino P, Fornaro G, Lanari R. 2002. A new algorithm for surface deformation monitoring based on small baseline differential SAR interferograms. IEEE Transactions on Geoscience and Remote Sensing, 40(11): 2375-2383.

Bianchini S, Herrera G, Mateos R M, Notti D, Garcia I, Mora O, Moretti S. 2013. Landslide activity maps generation by means of persistent scatterer interferometry. Remote Sensing, 5(12): 6198-6222.

Biggs J, Amelung F, Gourmelen N, Dixon T H, Kim S-W. 2009a. InSAR observations of 2007 Tanzania rifting episode reveal mixed fault and dyke extension in an immature Continental rift. Geophysical

Journal International, 179(1): 549-558.

Biggs J, Bürgmann R, Freymueller J T, Lu Z, Parsons B, Ryder I, Schmalzle G, Wright T. 2009b. The postseismic response to the 2002 M 7.9 Denali Fault earthquake: Constraints from InSAR 2003-2005. Geophysical Journal International, 176(2): 353-367.

Biggs J, Wright T, Lu Z, Parsons B. 2007. Multi-interferogram method for measuring interseismic deformation: Denali Fault, Alaska. Geophysical Journal International, 170(3): 1165-1179.

Bonano M, Manunta M, Pepe A, Paglia L, Lanari R. 2013. From previous C-band to new X-band SAR systems: Assessment of the DInSAR mapping improvement for deformation time-series retrieval in urban areas. IEEE Transactions on Geoscience and Remote Sensing, 51(4): 1973-1984.

Bovenga F, Wasowski J, Nitti D O, Nutricato R, Chiaradia M T. 2012. Using COSMO/SkyMed X-band and ENVISAT C-band SAR interferometry for landslides analysis. Remote Sensing of Environment, 119(3): 272-285.

Briole M E, Simons M. 2002. A satellite geodetic survey of large-scale deformation of volcanic centres in the central Andes. Nature 418, 167-171.

Briole P, Massonnet D, Delacourt C. 1997. Post-eruptive deformation associated with the 1986-87 and 1989 lava flows of Etna detected by radar interferometry. Geophysical Research Letters, 24(1): 37-40.

Buckley S M, Rosen P A, Hensley S, Tapley B D. 2003. Land Subsidence in Houston, Texas, measured by radar interferometry and constrained by extensometers. Journal of Geophysical Research: Solid Earth, 108(B11): 2542-2554.

Bürgmann R, Ayhan M E, Fielding E J, Wright T J, Mcclusky S, Aktug B, Demir C, Lenk O, Turkezer A. 2002. Deformation during the 12 November 1999 Duzce, Turkey, earthquake, from GPS and InSAR data. Bulletin of the Seismological Society of America, 92(1): 161-171.

Calò F, Ardizzone F, Castaldo R, Lollino P, Tizzani P, Guzzetti F, Lanari R, Angeli M, Pontoni F, Manunta M. 2014. Enhanced landslide investigations through advanced DInSAR techniques: The Ivancich case study, Assisi, Italy. Remote Sensing of Environment, 142(3): 69-82.

Capps D M, Rabus B, Clague J J, Shugar D H. 2010. Identification and characterization of alpine subglacial lakes using interferometric synthetic aperture radar(InSAR): Brady Glacier, Alaska, USA. Journal of Glaciology, 56(199): 861-870.

Casu F, Manconi A, Pepe A, Lanari R. 2011. Deformation time-series generation in areas characterized by large displacement dynamics: The SAR amplitude pixel-offset SBAS technique. IEEE Transactions on Geoscience and Remote Sensing, 49(7): 2752-2763.

Casu F, Manzo M, Pepe A, Lanari R. 2008. SBAS-DInSAR analysis of very extended areas: first results on a 60000 km^2 test site. IEEE Geoscience and Remote Sensing Letters, 5(3): 438-442.

Chaussard E, Bürgmann R, Shirzaei M, Fielding E J, Baker B. 2014. Predictability of hydraulic head changes and characterization of aquifer-system and fault properties from InSAR-derived ground deformation. Journal of Geophysical Research: Solid Earth, 119(8): 467-480.

Chaussard E, Johnson C W, Fattahi H, Bürgmann R. 2016. Potential and limits of InSAR to characterize interseismic deformation independently of GPS data: Application to the southern San Andreas Fault system. Geochemistry, Geophysics, Geosystems, 17(3): 1214-1229.

Chen C W, Zebker H A. 2000. Network approaches to two-dimensional phase unwrapping: Intractability and two new algorithms. Journal of the Optical Society of America A, 17(3): 401-414.

Chen C W, Zebker H A. 2001. Two-dimensional phase unwrapping with use of statistical models for cost functions in nonlinear optimization. Journal of the Optical Society of America A, 18(2): 338-351.

Chen J, Knight R, Zebker H A, Schreüder W A. 2016. Confined aquifer head measurements and storage properties in the San Luis Valley, Colorado, from spaceborne InSAR observations. Water Resources Research, 52(5): 3623-3636.

Chen L, Wang H, Ran Y, Sun X, Su G, Wang J, Tan X, Li Z, Zhang X. 2010. The Ms 7.1 Yushu earthquake surface rupture and large historical earthquakes on the Garz-Yushu Fault. Chinese Science Bulletin, 31: 3504-3509.

Chen Q, Cheng H Q, Yang Y H, Liu G X, Liu L Y. 2014. Quantification of mass wasting volume associated with the giant landside Daguangbao induced by the 2008 Wenchuan earthquake from persistent scatterer

InSAR. Remote Sensing of Environment, 152: 125-135.

Chen Q, Liu G X, Ding X L, Yuan L G, Hu J C, Zhong P, Omura M. 2010. Tight integration of persistent scatterer InSAR and GPS observations for detecting vertical ground motion in Hong Kong. International Journal of Applied Earth Observation and Geoinformation, 12(6): 477-486.

Chen Q, Yang Y H, Luo R, Liu G X, Zhang K. 2015. Deep coseismic slip of the 2008 Wenchuan earthquake inferred from joint inversion of fault stress changes and GPS surface displacements. Journal of Geodynamics, 87: 1-12.

Cheng X, Zhang Y M. 2006. Detecting ice motion with repeat-pass ENVISAT ASAR interferometry over Nunataks region in Grove Mountain, East Antarctic: The preliminary result. Journal of Remote Sensing, 10(1): 5186-5189.

Cigna F, Osmanoğlu B, Cabral-Cano E, Dixon T H, Ávila-Olivera J A, Garduño-Monroy V H, DeMets C, Wdowinski S. 2012. Monitoring land subsidence and its induced geological hazard with Synthetic Aperture Radar Interferometry: A case study in Morelia, Mexico. Remote Sensing of Environment, 117(1): 146-161.

Colesanti C, Ferretti A, Novali F. 2003a. SAR monitoring of progressive and seasonal ground deformation using the permanent scatterers technique. IEEE Transactions on Geoscience and Remote Sensing, 41(7): 1685-1701.

Colesanti C, Ferretti A, Prati C, Rocca F. 2003b. Monitoring landslides and tectonic motions with the permanent scatterers technique. Engineering Geology, 68(1-2): 3-14.

Colesanti C, Wasowski J. 2006. Investigating landslides with space-borne synthetic aperture radar(SAR) interferometry. Engineering Geology, 88(3): 173-199.

Costantini M. 1998. A novel phase unwrapping method based on network programming. IEEE Transactions on Geoscience and Remote Sensing, 36(3): 813-821.

Crosetto M, Gili J A, Monserrat O, Cuevas-Gonz'alez M, Corominas J, Serral D. 2013. Interferometric SAR monitoring of the Vallcebre landslide(Spain)using corner reflectors. Natural Hazards and Earth System Sciences, 13: 923-933.

Crosetto M, Monserrat O, Cuevas-González M, Devanthéry N, Crippa B. 2016. Persistent scatterer interferometry a review. ISPRS Journal of Photogrammetry and Remote Sensing, 115: 78-89.

Curlander J C, Brown W E. 1981. A pixel location algorithm for spaceborne SAR imagery. In Proc. IGARSS Symp, 843-850.

Dai K R, Li Z, Tomás R, Liu G X, Yu B, Wang X W, Cheng H Q, Chen J J, Stockamp J. 2016. Monitoring activity at the Daguangbao mega-landslide(China)using Sentinel-1 TOPS time series interferometry. Remote Sensing of Environment, 186: 501-513.

Dai K R, Liu G X, Li Z H, Li T, Yu B, Wang X W, Singleton A. 2015. Extracting vertical displacement rates in Shanghai(China)with multi-platform SAR images. Remote Sensing, 7(8): 9542-9562.

De Zan F. 2011. Coherent shift estimation for stacks of SAR images. IEEE Geoscience and Remote Sensing Letters, 8(6): 1095-1099.

Delacourt C, Briole P, Achache J. 1998. Tropospheric corrections of SAR interferograms with strong topography Application to Etna. Geophysical Research Letters, 25(15): 2849-2852.

Delouis B, Nocquet J-M, Vallée M. 2010. Slip distribution of the February 27, 2010 Mw = 8.8 Maule Earthquake, central Chile, from static and high-rate GPS, InSAR, and broadband teleseismic data. Geophysical Research Letters, 37(17): 1-7.

Derauw D. 1995. Phase unwrapping using coherence measurements. Synthetic Aperture Radar and Passive Microwave Sensing, International Society for Optics and Photonics. 2584: 319-325.

Di Traglia F, Battaglia M, Nolesini T, Lagomarsino D, Casagli N. 2015. Shifts in the eruptive styles at Stromboli in 2010-2014 revealed by ground-based InSAR data. Scientific Reports, 5: 13569.

Ding X L, Li Z W, Zhu J J, Feng G C, Long J P. 2008. Atmospheric effects on InSAR measurements and their mitigation. Sensors, 8(9): 5426-5448.

Ding X L, Liu G X, Li Z W, Li Z L, Chen Y Q. 2004. Ground subsidence monitoring in Hong Kong with satellite SAR interferometry. Photogrammetric Engineering & Remote Sensing, 70(10): 1151-1156.

Donoho D L, Johnstone I M. 1994. Ideal Spatial Adaptation via Wavelet Shrinkage. Biometrika, 114:

425-445.

Du Y, Feng G, Li Z, Peng X, Zhu J, Ren Z. 2017. Effects of external digital elevation model inaccuracy on StaMPS-PS processing: a case study in Shenzhen, China. Remote Sensing, 9(11): 1115.

Eichel P H, Ghiglia D C, Jakowatz Jr C V. 1993. Spotlight SAR interferometry for terrain elevation mapping and interferometric change detection Sandia National Labs Tech Report. USDOE, Washington, DC, USA.

Eineder M. 2003. Efficient simulation of SAR interferograms of large areas and of rugged terrain. IEEE Transactions on Geoscience and Remote Sensing, 41(6): 1415-1427.

Elgharbawi T, Tamura M. 2015. Coseismic and postseismic deformation estimation of the 2011 Tohoku earthquake in Kanto Region, Japan, using InSAR time series analysis and GPS. Remote Sensing of Environment, 168: 374-387.

Emardson T R, Simons M, Webb F H. 2003. Neutral atmospheric delay in interferometric synthetic aperture radar applications Statistical description and mitigation. Journal of Geophysical Research: Solid Earth, 108(B5): 2231, ETG, 4-1-4-8.

Farr T G, Rosen P A, Caro E, Crippen R, Duren R, Hensley S, Kobrick M, Paller M, Rodriguez E, Roth L, Seal D, Shaffer S, Shimada J, Umland J, Werver M, Oskin M, Burbank D, Alsdorf D. 2007. The shuttle radar topography mission. Reviews of Geophysics, 45(2): 1-33.

Fattahi H, Amelung F. 2013. DEM error correction in InSAR time series. IEEE Transactions on Geoscience and Remote Sensing, 51(7): 4249-4259.

Fattahi H, Amelung F. 2014. InSAR uncertainty due to orbital errors. Geophysical Journal International, 199(1): 549-560.

Fattahi H, Amelung F. 2015. InSAR bias and uncertainty due to the systematic and stochastic tropospheric delay. Journal of Geophysical Research: Solid Earth, 120(12): 8758-8773.

Fernández J, Pepe A, Poland M P, Sigmundsson F. 2017. Volcano geodesy: recent developments and future challenges. Journal of Volcanology and Geothermal Research, 344: 1-12.

Ferretti A. 2014. Satellite InSAR Data Reservoir Monitoring from Space. Netherlands: EAGE Publications.

Ferretti A, Bianchi M, Novali F, Tamburini A. 2008. Volcanic deformation mapping using PSInSARTM Piton de la Fournaise, Stromboli and Vulcano test sites for the Globvolcano project. Proceedings of IEEE Workshop on Use of Remote Sensing Techniques for Monitoring Volcanoes and Seismogenic Areas, Nov 11-14, 2008, Naples, Italy, 1-5.

Ferretti A, Fumagalli A, Novali F, Prati C, Rocca F, Rucci A. 2011. A new algorithm for processing interferometric data-stacks: SqueeSAR. IEEE Transactions on Geoscience and Remote Sensing, 49(9): 3460-3470.

Ferretti A, Fumagalli A, Novali F, Rucci A, Prati C, Rocca F. 2012. DEM reconstruction with SqueeSAR. In Advances in Radar and Remote Sensing(TyWRRS), Sept 12-14, 2012, Naples, Italy, 198-201.

Ferretti A, Prati C, Rocca F. 2000. Nonlinear subsidence rate estimation using permanent scatterers in differential SAR interferometry. IEEE Transactions on Geoscience and Remote Sensing, 38(5): 2202-2212.

Ferretti A. Prati C, Rocca F. 2001. Permanent scatterers in SAR interferometry. IEEE Transactions on Geoscience and Remote Sensing, 39(1): 8-20.

Fialko Y. 2004. Probing the mechanical properties of seismically active crust with space geodesy: Study of the coseismic deformation due to the 1992 Mw7.3 Landers(southern California)earthquake. Journal of Geophysical Research: Solid Earth, 109(B3): 1-19.

Fialko Y, Simons M, Agnew D. 2001. The complete(3-D)surface displacement field in the epicentral area of the 1999 Mw7.1 Hector Mine earthquake, California, from space geodetic observations. Geophysical Research Letters, 28(16): 3063-3066.

Fielding E J, Blom R G, Goldstein R M. 1998. Rapid subsidence over oil fields measured by SAR interferometry. Geophysical Research Letters, 25(17): 3215-3218.

Fielding E J, Sladen A, Li Z, Avouac J P, Bürgmann R, Ryder I. 2013. Kinematic fault slip evolution source models of the 2008 M7.9 Wenchuan earthquake in China from SAR interferometry, GPS and teleseismic analysis and implications for Longmen Shan tectonics. Geophysical Journal International, 194(2):

1138-1166.

Flynn T J. 1996. Consistent 2-D phase unwrapping guided by a quality map. Proceedings of the 1996 International Geoscience and Remote Sensing Symposium(IGARSS1996), May 31-31, 1996, Lincoln, USA, 4: 2057-2059.

Flynn T J. 1997. Two-dimensional phase unwrapping with minimum weighted discontinuity. Journal of the Optical Society of America A, 14(10): 2692-2701.

Fornaro G, Verde S, Reale D, Pauciullo A. 2015. CAESAR: An approach based on covariance matrix decomposition to improve multibaseline-multitemporal interferometric SAR processing. IEEE Transactions on Geoscience and Remote Sensing, 53(4): 2050-2065.

Franceschetti G, Lanari R. 1999. Synthetic Aperture Radar Processing. CRC Press.

Fried D L. 1977. Least-squares fitting a wave-front distortion estimate to an array of phase-difference measurements. Journal of the Optical Society of America A, 67(3): 370-375.

Froese C R, Poncos V, Skirrow R, Mansour, M, Martin, D. 2008. Characterizing complex deep seated landslide deformation using corner reflection InSAR Little Smoky Landslide, Alberta. Proceedings of the 4th Canadian Conference on Geohazards from Causes to Management, May 20-24, 2008, Presse de l'Universitè Laval, Quebec, Canada, 287-294.

Fruneau B, Sarti F. 2000. Detection of ground subsidence in the city of Paris using radar interferometry: Isolation of deformation from atmospheric artifacts using correlation. Geophysical Research Letters, 159(27): 3981-3984.

Fu X, Guo H, Tian Q, Guo X. 2010. Landslide monitoring by corner reflectors differential interferometry SAR. International Journal of Remote Sensing, 31(24): 6387-6400.

Gabriel A K, Goldstein R M. 1988. Crossed orbit interferometry theory and experimental results from SIR-B. International Journal of Remote Sensing, 9(8): 857-872.

Gabriel A K, Goldstein R M, Zebker H A. 1989. Mapping small elevation changes over large areas: Differential radar interferometry. Journal of Geophysical Research: Solid Earth, 94(B7): 9183-9191.

Galloway D L, Hudnut K W, Ingebritsen S E, Phillips S P, Peltzer G, Rogez F, Rosen P A. 1998. Detection of aquifer system compaction and land subsidence using interferometric synthetic aperture radar, Antelope Valley, Mojave Desert, California. Water Resources Research, 34(10): 2573-2585.

Gens R, Van Genderen J L. 1996. Review article SAR interferometry—issues, techniques, applications. International Journal of Remote Sensing, 17(10): 1803-1835.

Ghiglia D C, Mastin G A, Romero L A. 1987. Cellular-automata method for phase unwrapping. Journal of the Optical Society of America A, 4(1): 267-280.

Ghiglia D C, Pritt M D. 1998. Two-Dimensional Phase Unwrapping Theory, Algorithms, and Software. New York: John Wiley & Sons, Inc.

Ghiglia D C, Romero L A. 1994. Robust two dimensional weighted and unweighted phase unwrapping that uses fast transforms and iterative methods. Journal of the Optical Society of America A, 11(1): 107-117.

Ghiglia D C, Romero L A. 1996. Minimum LP-norm two-dimensional phase unwrapping. Journal of the Optical Society of America A, 13(10): 1-15.

Giorgio G, Alessandro P, Francesco D Z, Michael E. 2015. Toward operational compensation of ionospheric effects in SAR interferograms: The split-spectrum method. IEEE Transactions on Geoscience and Remote Sensing, 54(3): 1446-1461.

Goel K, Adam N. 2014. A distributed scatterer interferometry approach for precision monitoring of known surface deformation phenomena. IEEE Transactions on Geoscience and Remote Sensing, 52(9): 5454-5468.

Goldstein R. 1995. Atmospheric limitations to repeat-track radar interferometry. Geophysical Research Letters, 22(18): 2517-2520.

Goldstein R M, Englhardt H, Kamb B, Frolich R M. 1993. Satellite radar interferometry for monitoring ice sheet motion: application to an Antarctic ice stream. Science, 262(5139): 1525-1530.

Goldstein R M, Werner C L. 1998. Radar interferogram filtering for geophysical applications. Geogphysical Research Letters, 25(21): 4035-4038.

Goldstein R M, Zebker H A, Werner C L. 1988. Satellite radar interferometry two-dimensional phase unwrapping. Radio Science, 23(4): 713-720.

Gong W, Thiele A, Hinz S, Meyer F, Hooper A, Agram P. 2016. Comparison of small baseline interferometric SAR processors for estimating ground deformation. Remote Sensing, 8(4): 330.

González P J, Bagnardi M, Hooper A J. Larsen Y, Marinkovic P, Samsonov S V, Wright T J. 2015. The 2014-2015 eruption of Fogo volcano: Geodetic modeling of Sentinel-1 TOPS interferometry. Geophysical Research Letters, 42(21): 9239-9246.

González P J, Fernández J. 2011. Error estimation in multitemporal InSAR deformation time series, with application to Lanzarote, Canary Islands. Journal of Geophysical Research: Solid Earth, 116(B10): 1-17.

González P J, Fernandez J. Camacho A G. 2009. Coseismic three-dimensional displacements determined using SAR Data: Theory and an application test. Pure and Applied Geophysics, 166(8): 1403-1424.

Goodman J W. 1976. Some fundamental properties of speckle. Journal of The Optical Society of America A, 66(11): 1145-1150.

Gourmelen N, Amelung F. 2005. Postseismic mantle relaxation in the central Nevada seismic belt. Science, 310(5753), 1473-1476.

Graham A E, Ingalls R P. 1969. Venus mapping the surface reflectivity by radar interferometry. Science, 165(3895): 797-799.

Graham L C. 1974. Synthetic interferometer radar for topographic mapping. Proceedings of the IEEE, 62(6): 763-768.

Grandin R, Klein E, Métois M, Vigny C. 2016. Three-dimensional displacement field of the 2015 Mw 8.3 Illapel earthquake(Chile)from across- and along-track Sentinel-1 TOPS interferometry. Geophysical Research Letters, 43(6): 2552-2561.

Guglielmino F, Anzidei M, Briole P, Elias P, Puglisi G. 2013. 3D displacement maps of the 2009 L'Aquila earthquake(Italy)by applying the SISTEM method to GPS and DInSAR data. Terra Nova, 25(1): 79-85.

Hansen P C. 1993. The use of the l-curve in the regularization of discrete ill-posed problems. SIAM Journal on Scientific Computing, 14(6): 1487-1503.

Hanssen R F. 2001. Radar Interferometry Data Interpretation and Error Analysis. Dordrecht, The Netherlands: pringer Science and Business Media.

Hanssen R F, Weckwerth T M, Zebker H A, Klees R. 1999. High-resolution water vapour mapping from interferometric radar measurements. Science, 283(5406): 1295-1297.

Hayes G P, Briggs R W, Sladen A, Fielding E J, Prentice C, Hudnut K, Mann P, Taylor F W, Crone A J, Gold R, Ito T, Simons M. 2010. Complex rupture during the 12 January 2010 Haiti earthquake. Nature Geoscience, 3(11): 800-805.

He P, Wang Q, Ding K, Wang M, Qiao X, Li J, Wen Y, Xu C, Yang S, Zou R. 2016. Source model of the 2015 Mw 6.4 Pishan earthquake constrained by InSAR and GPS: Insight into blind rupture in the western Kunlun Shan. Geophysical Research Letters, 43(4): 1511-1519.

Herrera G, Gutiérrez F, García-Davalillo J C, Guerrero J, Notti D, Galve J P, Fernández-Merodo J A, Cooksley G. 2013. Multi-sensor advanced DInSAR monitoring of very slow landslides: The Tena Valley case study(Central Spanish Pyrenees). Remote Sensing of Environment, 128: 31-43.

Hilley G E, Bürgmann R, Ferretti A, Novali F, Rocca F. 2004. Dynamics of slow-moving landslides from permanent scatterer analysis. Science, 304(5679): 1952-1955.

Hirose K, Maruyama Y, Murdohardono D, Effendi A, Abidin H Z. 2001. Land subsidence detection using JERS-1 SAR interferometry. Proceedings of the 22nd Asian Conference on Remote Sensing, Nov 5-9, 2001, Singapore, XI(3): 9-14.

Hooper A. 2008. A multi-temporal InSAR method incorporating both persistent scatterer and small baseline approaches. Geophysical Research Letters, 35(16): 1-5.

Hooper A, Bekaert D, Spaans K, Arikan M. 2012. Recent advances in SAR interferometry time series analysis for measuring crustal deformation. Tectonophysics, 514: 1-13.

Hooper A, Pedersen R. 2007. Deformation due to magma movement and ice unloading at Katla volcano, Iceland, detected by persistent scatterer InSAR. Proceedings of ENVISAT Symposium, April 23-27, 2007, Montreux, Switzerland.

Hooper A, Zebker H, Segall P, Kampes B. 2004. A new method for measuring deformation on volcanoes and other natural terrains using InSAR persistent scatterers. Geophysical Research Letters, 31: 23.

Hu J, Li Z, Ding X, Zhu J, Sun Q. 2013. Spatial-temporal surface deformation of Los Angeles over 2003-2007 from weighted least squares DInSAR. International Journal of Applied Earth Observation and Geoinformation, 21(4): 484-492.

Hu J, Li Z W, Ding X L, Zhu J J, Zhang L, Sun Q. 2012. 3D coseismic displacement of 2010 Darfield, New Zealand earthquake estimated from multi-aperture InSAR and D-InSAR measurements. Journal of Geodesy, 86(11): 1029-1041.

Hu J, Li Z W, Ding X L, Zhu J J, Zhang L, Sun Q. 2014. Resolving three-dimensional surface displacements from InSAR measurements A review. Earth-Science Reviews, 133(2): 1-17.

Hu X, Wang T, Liao M S. 2014. Measuring coseismic displacements with point-like targets offset tracking. IEEE Geoscience and Remote Sensing Letters, 11(1): 283-287.

Iglesias R, Mallorqui J, Monells D, López-Martínez C, Fabregas X, Aguasca A, Gili J, Corominas J. 2015. PSI Deformation Map Retrieval by Means of Temporal Sublook Coherence on Reduced Sets of SAR Images. Remote Sensing, 7(1): 530-563.

Itoh K. 1982. Analysis of the phase unwrapping algorithm. Applied Optics, 21(14): 2470-2470.

Jawak S D, Bidawe T G, Luis A J. 2015. A review on applications of imaging synthetic aperture radar with a special focus on cryospheric studies. Advances in Remote Sensing, 4(2): 163-175.

JAXA EORC. 2006. Polarimetric observation by PALSAR, Earth Observation Research Center. http://www.eorc.jaxa.jp/ALOS/en/img_up/pal_polarization.htm.

Jiang H, Zhang L, Wang Y, Liao M. 2014. Fusion of high-resolution DEMs derived from COSMO-SkyMed and TerraSAR-X InSAR datasets. Journal of Geodesy, 88(6): 587-599.

Jiang L M, Lin H. 2010. Integrated analysis of SAR interferometric and geological data for investigating long-term reclamation settlement of Chek Lap Kok Airport, Hong Kong. Engnieering Geology, 110(3): 77-92.

Jiang L M, Lin H, Ma J W, Kong B, Wang Y. 2011. Potential of small-baseline SAR interferometry for monitoring land subsidence related to underground coal fires: Wuda(Northern China)case study. Remote Sensing of Environment, 115(2): 257-268.

Jiang Y, Liao M, Zhou Z, Shi X, Zhang L, Balz T. 2016. Landslide deformation analysis by coupling deformation time series from SAR data with hydrological factors through data assimilation. Remote Sensing, 8(3): 179.

Johanson I A, Fielding E J, Rolandone F, Bürgmann R. 2006. Coseismic and postseismic slip of the 2004 Parkfield earthquake from space-geodetic data. Bulletin of Seismological Society of America, 96(4B): 269-282.

Joughin I R, Smith B E, Abdalati W. 2011. Glaciological advances made with interferometric synthetic aperture radar. Journal of Glaciology, 56(200): 1026-1042.

Joughin I R, Winebrenner R D, Fahnestock M, Kwok R, Krabill W. 1996. Measurement of ice-sheet topography using satellite-radar interferometry. Journal of Glaciology, 42(140): 10-22.

Judge T R, Bryanston-Cross P J. 1994. A review of phase unwrapping techniques in fringe analysis. Optics and Lasers in Engineering, 21(4): 199-239.

Jung H S, Lu Z, Won J S, Poland M P, Miklius A. 2011. Mapping three-dimensional surface deformation by combining multiple-aperture interferometry and conventional interferometry: Application to the June 2007 Eruption of Kilauea Volcano, Hawaii. IEEE Geoscience and Remote Sensing Letters, 8(1): 34-38.

Jung H S, Won J S, Kim S W. 2009. An improvement of the performance of multiple-aperture SAR interferometry(MAI). IEEE Transactions on Geoscience and Remote Sensing, 47(8): 2859-2869.

Kampes B M. 1999. Delft Object-oriented Radar Interferometric Software: User's manual and technical documentation. Delft University of Technology, Delft, 1-166.

Kampes B M. 2006. Radar Interferometry Persistent Scatterer Technique. Berlin: Springer Publishing Company.

Kampes B M, Adam N. 2003. Velocity field retrieval from long term coherent points in radar interferometric stacks. Proceedings of International Geoscience and Remote Sensing Symposium(IGARSS2003), Toulouse: IEEE International, 2: 941-943.

Kampes B M, Hanssen R F. 2004. Ambiguity resolution for permanent scatterer interferometry. IEEE Transactions on Geoscience and Remote Sensing, 42(11): 2446-2453.

Kampes B, Usai S. 1999. Doris the delft object-oriented radar interferometric software. In 2nd international symposium on operationalization of remote sensing, Aug 16-20, 1999, Enschede, Netherlands.

Ketelaar V B H. 2009. Satellite Radar Interferometry Subsidence Monitoring Techniques. Berlin: Springer Publishing Company.

Khan S A, Kjær K H, Bevis M, Bamber J L, Wahr J, Kjeldsen K K, Bjørk A A, Korsgaard N J, Stearns L A, Van Den Broeke M R, Liu L, Larsen N K, Muresan I S. 2014. Sustained mass loss of the northeast Greenland ice sheet triggered by regional warming. Nature Climate Change, 4(4): 292-299.

Kim J W, Lu Z, Jia Y Y, Shum C K. 2011. Ground subsidence in Tucson, Arizona, monitored by time-series analysis using multi-sensor InSAR datasets from 1993 to 2011. ISPRS Journal of Photogrammetry and Remote Sensing, 107: 126-141.

Kohlhase A O, Feigl K L, Massonnet D. 2003. Applying differential InSAR to orbital dynamics: A new approach for estimating ERS trajectories. Journal of Geodesy, 77(9): 493-502.

Krieger G, Moreira A, Fiedler H, Hajnsek I, Werner M, Younis M, Zink M. 2007. TanDEM-X: A satellite formation for high-resolution SAR interferometry. IEEE Transactions on Geoscience and Remote Sensing, 45(11): 3317-3341.

Krieger G, Papathanassiou K P, Cloude S R. 2005. Spaceborne polarimetric SAR interferometry: Performance analysis and mission concepts. EURASIP Journal on Applied Signal Processing, 20: 3272-3292.

Kun T, Yang R L. 2002. Quantitative assessment of interferometric SAR images registration accuracy. Geoscience and Remote Sensing Symposium(IGARSS '02). June 24-28, 2002, Toronto, Canada, 5: 2699-2701.

Kwok R, Fahnestock M A. 1996. Ice sheet motion and topography from radar interferometry. IEEE Transactions on Geoscience and Remote Sensing, 34(1): 189-200.

Lanari R. 2004. Satellite radar interferometry time series analysis of surface deformation for Los Angeles, California. Geophysical Research Letters, 31(23): 345-357.

Lanari R, Fornaro G, Riccio D, Migliaccio M, Papathanassiou K P, Moreira J R, Schwabisch M, Dutra L, Puglisi G, Franceschetti G, Coltelli M. 1996. Generation of digital elevation models by using SIR-C/X-SAR multifrequency two-pass interferometry: The Etna case study. IEEE Transactions on Geoscience and Remote Sensing, 34(5): 1097-1114.

Lanari R, Mora O, Manunta M, Mallorqui J J, Berardino P, Sansosti E. 2004. A small-baseline approach for investigating deformations on full-resolution differential SAR interferograms. IEEE Transactions on Geoscience and Remote Sensing, 42(7): 1377-1386.

Lauknes T R, Piyush Shanker A, Dehls J F, et al. 2010. Detailed rockslide mapping in northern Norway with small baseline and persistent scatterer interferometric SAR time series methods. Remote Sensing of Environment, 114(9): 2097-2109.

Lauknes T R, Zebker H A, Larsen Y. 2011. InSAR deformation time series using an L1-norm small-baseline approach. IEEE Transactions on Geoscience and Remote Sensing, 49(1): 536-546.

Le Moigne J. 1995. Towards a parallel registration of multiple resolution remote sensing data. Geoscience and Remote Sensing Symposium (IGARSS'95). Quantitative Remote Sensing for Science and Applications International, July 10-14, 1995, Firenze, Italy, 2: 1011-1013.

Lee J S, Papathanassiou K P, Ainsworth T, Grunes M R, Reigber A. 1998. A new technique for noise filtering of SAR interferometric phase images. IEEE Transactions on Geoscience and Remote Sensing, 36(5): 1457-1465.

Li F K, Goldstein R M. 1987. Studies of multi-baseline spaceborne interferometric synthetic aperture radar. 1987 International Geoscience and Remote Sensing Symposium, Ann Arbor, 1987. IEEE Publisher, 1987: 1545-1550.

Li F K, Goldstein R M. 1990. Studies of multibaseline spaceborne interferometric synthetic aperture radars. IEEE Transactions on Geoscience and Remote Sensing, 28(1): 88-97.

Li T, Liu G X, Lin H, Jia H G, Zhang R, Yu B, Luo Q L. 2014. A hierarchical multi-temporal InSAR method for increasing spatial density of deformation measurements. Remote Sensing, 6(4): 3349-3368.

Li Z, Elliott J R, Feng W, Jackson J A, Parsons B E, Walters R J. 2011. The 2010 Mw 6.8 Yushu(Qinghai,

China)earthquake: constraints provided by InSAR and body wave seismology. Journal of Geophysical Research: Solid Earth, 116, B10302.

Li Z, Fielding E J, Cross P. 2009. Integration of InSAR time-series analysis and water-vapor correction for mapping postseismic motion after the 2003 Bam(Iran)earthquake. IEEE Transactions on Geoscience and Remote Sensing, 47(9): 3220-3231.

Li Z, Muller J, Cross P. 2003. Comparison of precipitable water vapor derived from radiosonde, GPS, and Moderate-Resolution Imaging Spectroradiometer measurements. Journal of Geophysical Research: Atmospheres, 108(D20): 4651, ACH, 10-1-10-12.

Li Z W, Ding X L, Liu G X. 2004. Modeling atmospheric effects on InSAR with meteorological and continuous GPS observations: Algorithms and some test results. Journal of Atmospheric and Solar-Terrestrial Physics, 66(11): 907-917.

Lin Q, Vesecky J F, Zebker H A. 1992a. New approaches in interferometric SAR data processing. IEEE Transactions on Geoscience and Remote Sensing, 30(3): 560-567.

Lin Q, Vesecky J F, Zebker H A. 1992b. Registration of interferometric SAR images. Geoscience and Remote Sensing Symposium(IGARSS '92), May 26-29, 1992, New York, USA, 2: 1579-1581.

Liu G X, Buckley S M, Ding X L, Chen Q, Luo X J. 2009. Estimating spatiotemporal ground deformation with improved persistent-scatterer radar interferometry. IEEE Transactions on Geoscience and Remote Sensing, 47(9): 3209-3219.

Liu G X, Ding X L, Li Z L, Li Z W, Chen Y Q, Yu S B. 2004. Pre- and co-seismic ground deformations of the 1999 Chi-Chi, Taiwan earthquake, measured with SAR interferometry. Computers & Geosciences, 30(4): 333-343.

Liu G X, Jia H G, Nie Y J, Li T, Zhang R, Yu B, Li Z L. 2014. Detecting subsidence in coastal areas by ultrashort-baseline TCPInSAR on time series of high resolution TerraSAR-X images. IEEE Transactions on Geoscience and Remote Sensing, 52(4): 1911-1923.

Liu G X, Jia H G, Zhang R, Zhang H X, Jia H L, Yu B, Sang M Z. 2011. Exploration of subsidence estimation by PS-InSAR on time series of high-resolution TerraSAR-X images. IEEE Journal of Selected Topics in Applied Earth Observations and Remote Sensing, 4(1): 159-170.

Liu G X, Li J, Xu Z, Wu J, Chen Q, Zhang H X, Zhang R, Jia H G, Luo X J. 2010. Surface deformation associated with the 2008 Ms 8.0 Wenchuan earthquake from ALOS L-band SAR interferometry. International Journal of Applied Earth Observation and Geoinformation, 12(6): 496-505.

Liu G X, Luo X J, Chen Q, Huang D F, Ding X L. 2008. Detecting land subsidence in Shanghai by PS-networking SAR interferometry. Sensors, 8(8): 4725-4741.

Liu L, Wahr J, Howat I, Khan S A, Joughin I, Furuya M. 2012. Constraining ice mass loss from Jakobshavn Isbrae(Greenland)using InSAR-measured crustal uplift. Geophysical Journal International, 188(3): 994-1006.

Liu P, Li Q Q, Li Z H, Hoey T, Liu G X, Wang C S, Hu Z W, Zhou Z W, Singleton A. 2016. Anatomy of subsidence in Tianjin from time series InSAR. Remote Sensing, 8(3): 266.

Liu P, Li Z, Hoey T, Kincal C, Zhang J F, Zeng Q M, Mullere J P. 2013. Using advanced InSAR time series techniques to monitor landslide movements in Badong of the Three Gorges region, China. International Journal of Applied Earth Observation and Geoinformation, 21(1): 253-264.

Liu Y H. 2003. Robust geometric registration of overlapping range images. Industrial Electronics Society(IECON'03), The 29th Annual Conference of the IEEE. Nov 2-6, 2003, Roanoke, USA. 3: 2494-2499.

Liu Z, Wang C, Zhang H. 2001. A new registration of interferometric SAR least-square registration. The 22nd Asian Conference on Remote Sensing. Nov 5-9, 2001, Sinapore.

Lohman R B, Simons M. 2005. Some thoughts on the use of InSAR data to constrain models of surface deformation: Noise structure and data downsampling. Geochemistry, Geophysics, Geosystems, 6(1): 1-12.

Lu Z, Dzurisin D. 2014. InSAR imaging of aleutian volcanoes: Monitoring a volcanic arc from space. Springer Praxis Books, 8: 1778-1786.

Lu Z, Fatland R, Wyss M, Li S, Eichelberger J, Dean K. 1997. Deformation of new trident volcano measured by ERS-1 SAR interferometry, Katmai National Park, Alaska. Geophysical Research Letters, 24(6): 695-698.

Lu Z, Freymueller J. 1998. Synthetic aperture radar interferometry coherence analysis over Katmai volcano group, Alaska. Journal of Geophysical Research: Solid Earth, 103(B12): 29887-29894.

Lu Z, Masterlark T, Dzurisin D, Rykhus R, Wicks C. 2003a. Magma supply dynamics at Westdahl volcano, Alaska, Modeled from satellite radar interferometry. Journal of Geophysical Research: Solid Earth, 108(B7).

Lu Z, Masterlark T, Power J, Dzurisin D, Wicks C. 2002. Subsidence at Kiska volcano, western Aleutians, detected by satellite radar interferometry. Geophysical Research Letters, 29(18), 1855.

Lu Z, Wicks C, Dzurisin D, Power J, Thatcher W, Masterlark T. 2003b. Interferometric synthetic aperture radar studies of Alaska volcanoes. Earth Observation Magazine, 12(3): 8-18.

Lundgren P, Casu F, Manzo M, Pepe A. Berardino A., Sansosti E, Lanari R. 2004. Gravity and magma induced spreading of Mount Etna volcano revealed by satellite radar interferometry. Geophysical Research Letters, 31(4): 165-186.

Lundgren P, Kiryukhin A, Milillo P, Samsonov S. 2015. Dike model for the 2012-2013 Tolbachik eruption constrained by satellite radar interferometry observations. Journal of Volcanology and Geothermal Research, 307: 79-88.

Luzi G, Pieraccini M, Mecatti D, Noferini, L, Guidi G, Moia F, Atzeni C. 2004. Ground-based radar interferometry for landslides monitoring: Atmospheric and instrumental decorrelation sources on experimental data. IEEE Transactions on Geoscience and Remote Sensing, 42(11): 2454-2466.

Mallat S G. 1989. A theory for multiresolution signal decomposition the wavelet representation. IEEE Transactions on Pattern Analysis and Machine Intelligence, 11(7): 674-693.

Masahiro C, Wu X Y, Takashi I, Wang G H. 2010. Landslides induced by the 2008 Wenchuan earthquake, Sichuan, China. Geomorphology, 118(s3-4): 225-238.

Massonnet D, Briole P, Arnaud A. 1995. Deflation of Mount Etna monitored by spaceborne radar interferometry. Nature, 375(6532): 567-570.

Massonnet D, Feigl K L. 1995. Satellite radar interferometry map of the coseismic deformation field of the M=6.1 Eureka Valley, California, earthquake of May 17, 1993. Geophysical Research Letters, 22(12): 1541-1544.

Massonnet D, Feigl K L. 1998. Radar interferometry and its application to changes in the Earth's surface. Reviews of Geophysics, 36(4): 441-500.

Massonnet D, Feigl K L. Vadon H, Rossi M. 1996. Coseismic deformation field of the M=6.7 Northridge, California earthquake of January 17, 1994 recorded by 2 radar satellites using interferometry. Geophysical Research Letters, 23(9): 969-972.

Massonnet D, Rossi M, Carmona C, Adragna F, Peltzer G, Fiegl K, Rabaute T. 1993. The displacement field of the Landers earthquake mapped by radar interferometry. Nature, 364(6433): 138-142.

Masterlark T, Lu Z. 2004. Transient volcano deformation sources imaged with interferometric synthetic aperture radar application to Seguam Island, Alaska. Journal of Geophysical Research: Solid Earth, 109(B1).

Mattar K E, Vachon P W, Geudtner D, Gray A L. 1998. Validation of alpine glacier velocity measurements using ERS Tandem-Mission SAR data. IEEE Transactions on Geoscience & Remote Sensing, 36(3): 974-984.

Meyer B, Armijo R, Massonnet D, Dechabalier J B, Delacourt C, Ruegg J C, Achache J, Briole P, Papanastassiou D. 1996. The 1995 Grevena(Northern Greece)Earthquake-fault model constrained with tectonic observations and SAR interferometry. Geophysical Research Letters, 23(19): 2677-2680.

Mohammed O I, Saeidi V, Pradhan B, Yusuf Y A. 2013. Advanced differential interferometry synthetic aperture radar techniques for deformation monitoring a review on sensors and recent research development. Geocarto International, 29(5): 536-553.

Monserrat O, Crosetto M, Luzi G. 2014. A review of ground-based SAR interferometry for deformation measurement. ISPRS Journal of Photogrammetry and Remote Sensing, 93(7): 40-48.

Mora O, Mallorqui J J, Broquetas A. 2003. Linear and nonlinear terrain deformation maps from a reduced set of interferometric SAR images. IEEE Transactions on Geoscience and Remote Sensing, 41(10): 2243-2253.

Moreira A, Prats-Iraola P, Younis M, Krieger G, Hajnsek I, Papathanassiou K P. 2013. A tutorial on synthetic aperture radar. IEEE Geoscience and Remote Sensing Magazine, 1(1): 6-43.

Muller C, del Potro R, Biggs J, Gottsmann J, Ebmeier S K, Guillaume S, Cattin P H, Van der Laat R. 2014. Integrated velocity field from ground and satellite geodetic techniques: application to Arenal volcano. Geophysical Journal International, 200(2): 863-879.

Ng H M, Ge L L, Li X. 2015. Assessments of land subsidence in the Gippsland Basin of Australia using ALOS PALSAR data. Remote Sensing of Environment, 159: 86-101.

Ng H M, Ge L L, Li X, Zhang K. 2012a. Monitoring ground deformation in Beijing, China with persistent scatterer SAR interferometry. Journal of Geodesy, 86(6): 375-392.

Ng H M, Ge L L, Zhang K, X Li. 2012b. Estimating horizontal and vertical movements due to underground mining using ALOS PALSAR. Engineering Geology, s143-144(4): 18-27.

Nikolaeva E, Walter T R, Shirzaei M, Zschau J. 2014. Landslide observation and volume estimation in central Georgia based on L-band InSAR. Natural Hazards and Earth System Science, 14(3): 675-688.

Nissen E, Elliott J R, Sloan R A, Craig T J, Funning G J, Hutko A, Parsons B E, Wright T J. 2016. Limitations of rupture forecasting exposed by instantaneously triggered earthquake doublet. Nature Geoscience, 9: 330-336.

Nolesini T, Traglia F D, Ventisette C D, Moretti S, Casagli N. 2013. Deformations and slope instability on Stromboli volcano: Integration of GBInSAR data and analog modeling. Geomorphology, s180-181(1): 242-254.

Okada Y. 1992. Internal deformation due to shear and tensile faults in a half-space. Bulletin of the Seismological Society of America, 92(2): 1018-1040.

Osmanoğlu B, Dixon T H, Wdowinski S, Cabral-Cano E, Jiang Y. 2011. Mexico City subsidence observed with persistent scatterer InSAR. International Journal of Applied Earth Observation and Geoinformation, 13(1): 1-12.

Osmanoğlu B, Sunar F, Wdowinski S, Cabral-Cano E. 2016. Time series analysis of InSAR data Methods and trends. ISPRS Journal of Photogrammetry and Remote Sensing, 115: 90-102.

Ouchi K. 2013. Recent trend and advance of synthetic aperture radar with selected topics. Remote Sensing, 5(2): 716-807.

Ozawa S, Murakami M, Fujiwara S, Tobita M. 1997. Synthetic aperture radar interferogram of the 1995 Kobe earthquake and its geodetic inversion. Geophysical Research Letters, 24(18): 2327-2330.

Ozawa T, Ueda H. 2011. Advanced interferometric synthetic aperture radar(InSAR)time series analysis using interferograms of multiple-orbit tracks: A case study on Miyake-jima. Journal of Geophysical Research: Solid Earth, 2011, 116(B12): 1-14.

Pedersen R, Jonsson S, Arnadottir T, Sigmundsson F, Feigl K L. 2003. Fault slip distribution of two June 2000 Mw6.5 earthquakes in South Iceland estimated from joint inversion of InSAR and GPS measurements. Earth and Planetary Science Letters, 213(3-4): 487-502.

Peduto D, Cascini L, Arena L, Ferlisi S, Fornaro G, Reale D. 2015. A general framework and related procedures for multiscale analyses of DInSAR data in subsiding urban areas. ISPRS Journal of Photogrammetry and Remote Sensing, 105: 186-210.

Peltzer G, Crampe F, King G. 1999. Evidence of the nonlinear elasticity of the crust from Mw7.6 Manyi(Tibet)earthquake. Science, 286(5438): 272-276.

Peltzer G, Rosen P. 1995. Surface displacements of the 17 May 1993 Eureka Valley, California, earthquake observed by SAR interferometry. Science, 268(5215): 1333-1336.

Perissin D, Wang T. 2012. Repeat-pass SAR interferometry with partially coherent targets. IEEE Transactions on Geoscience and Remote Sensing, 50(1): 271-280.

Prati C, Rocco F, Guarnieri A M, Pasquali P. 1994. Report on ERS-1 SAR interferometric techniques and applications. Eur. Space Agency, June, 1994, Milano, Italy.

Pritchard M E, Jay J A, Aron F, Henderson S T, Lara L E. 2013. Subsidence at southern Andes volcanoes induced by the 2010 Maule, Chile earthquake. 2013. Nature Geoscience, 6(8): 632-636.

Pritchard M E, Simons M. 2002. A satellite geodetic survey of large scale deformation of volcanic centers in the central andes. Nature, 418(6894): 167-171.

Pritt M D, Shipman J S. 1994. Least-squares two-dimensional phase unwrapping using FFT's. IEEE Transactions on Geoscience and Remote Sensing, 32(3): 706-708.

Qu C Y, Shan X J, Zhang G H, Song X G, Zhang G F. 2010. Coseismic displacement field of the Wenchuan Ms 8.0 earthquake in 2008 derived using differential radar interferometry. Journal of Applied Remote Sensing. 4(1): 91-103.

Rabus B, Eineder M, Roth A, Bamler R. 2003. The shuttle radar topography mission—a new class of digital elevation models acquired by spaceborne radar. ISPRS Journal of Photogrammetry and Remote Sensing, 57(4): 241-262.

Raucoules D, de Michele M, Malet J P, Ulrich P. 2013. Time-variable 3D ground displacements from high-resolution synthetic aperture radar(SAR): Application to La Valette landslide(South French Alps). Remote Sensing of Environment, 139: 198-204.

Reeves J A, Knight R, Zebker H A. 2014. An analysis of the uncertainty in InSAR deformation measurements for groundwater applications in agricultural areas. IEEE Journal of Selected Topics in Applied Earth Observations and Remote Sensing, 7(7): 2992-3001.

Riegler G, Hennig S D, Weber M. 2015. WorldDEM — a novel global foundation layer. The International Archives of Photogrammetry, Remote Sensing and Spatial Information Sciences, 40(3): 183-187.

Rodgers A E E, Ingalls R P. 1969. Venus mapping: The surface reflectivity by radar interferometry. Sciences, 165: 797-799.

Rosen P A, Hensley S, Joughin I R, Li F K, Madsen S N, Rodriguez E, Goldstein R M. 2000. Synthetic aperture radar interferometry. Proceedings of the IEEE, 88(3): 333-382.

Rosi A, Agostini A, Tofani V, Casagli N. 2014. A procedure to map subsidence at the regional scale using the persistent scatterer interferometry(PSI)technique. Remote Sensing, 6(11): 10510-10522.

Roth A, Hugel T, Kosmann D, Matschke M, Schreier G. 1993. Experiences with ERS-1 SAR geopositional accuracy. In Geoscience and Remote Sensing Symposium(IGARSS'93), Aug 18-21, 1993, Tokyo, Japan, 1450-1452.

Rott H. 2009. Advances in interferometric synthetic aperture radar(InSAR)in earth system science. Progress in Physical Geography, 33(6): 769-791.

Rucci A, Ferretti A, Monti Guarnieri A, Rocca F. 2012. Sentinel 1 SAR interferometry applications: The outlook for sub millimeter measurements. Remote Sensing of Environment, 120(10): 156-163.

Samiei-Esfahany S, Martins J E, Van Leijen F, Hanssen R F. 2016. Phase estimation for distributed scatterers in InSAR stacks using integer least squares estimation. IEEE Transactions on Geoscience and Remote Sensing, 54(10): 1-17.

Samsonov S V, D'oreye N. 2012. Multidimensional time-series analysis of ground deformation from multiple InSAR data sets applied to Virunga Volcanic Province. Geophysical Journal International, 191(3): 1095-1108.

Samsonov S V, D'oreye N, Gonzalez P J, Tiampo K F, Ertolahti L, Clague J J. 2014. Rapidly accelerating subsidence in the Greater Vancouver region from two decades of ERS-ENVISAT-RADARSAT-2 DInSAR measurements. Remote Sensing of Environment, 143: 180-191.

Samsonov S V, Tiampo K, Gonzalez P J, Manville V, Jolly G. 2010. Ground deformation occurring in the city of Auckland, New Zealand, and observed by Envisat interferometric synthetic aperture radar during 2003-2007. Journal of Geophysical Research: Solid Earth, 115(8): 509-530.

Sandwell D T, Price E J. 1998. Phase gradient approach to stacking interferograms. Journal of Geophysical Research: Solid Earth, 103(B12): 30183-30204.

Sansosti E, Berardino P, Bonano M, Calo F, Castaldo R, Casu F, Manunta M, Manz M, Pepe A, Pepe S, Solaro G, Tizzani P, Zeni G, Lanari R. 2014. How second generation SAR systems are impacting the analysis of ground deformation. International Journal of Applied Earth Observation and Geoinformation, 28: 1-11.

Schaefer L N, Lu Z, Oommen T. 2015. Dramatic volcanic instability revealed by InSAR. Geology, 43(8):

743-746.

Scheiber R, Moreira A. 2000. Coregistration of interferometric SAR images using spectral diversity. IEEE Transactions on Geoscience and Remote Sensing, 38(5): 2179-2191.

Schlögel R, Malet J P, Doubre C, Lebourg T. 2016. Structural control on the kinematics of the deep-seated La Clapière landslide revealed by L-band InSAR observations. Landslides, 13(5): 1005-1018.

Schubert A, Faes A, Kääb A, Meier E. 2013. Glacier surface velocity estimation using repeat TerraSAR-X images: Wavelet-vs. correlation-based image matching. ISPRS Journal of Photogrammetry and Remote Sensing, 82(4): 49-62.

Searle S R. 1995. An overview of variance component estimation. Metrika, 42(1): 215-1230.

Shamshiri R, Motagh M, Baes M, Sharifi M A. 2014. Deformation analysis of the Lake Urmia causeway(LUC)embankments in northwest Iran: Insights from multi-sensor interferometry synthetic aperture radar(InSAR)data and finite element modeling(FEM). Journal of Geodesy, 88(12): 1171-1185.

Shanker A P, Zebker H. 2007. Persistent scatterer selection using maximum likelihood estimation. Geophysical Research Letters, 34(22): 2-5.

Shanker A P, Zebker H. 2010. Edgelist phase unwrapping algorithm for time series InSAR analysis. Journal of the Optical Society of America A, 27(3): 605-612.

Shi X, Liao M, Li M, Zhang L, Cunningham C. 2016. Wide-area landslide deformation mapping with multi-path ALOS PALSAR data stacks a case study of Three Gorges Area, China. Remote Sensing, 8(2): 136.

Sigmundsson F, Hooper A, Hreinsdottir S, Vogfjord K S, Ofeigsson B G, Heimisson E R, Dumont S, Parks M, Spaans K, Gudmundsson G B, Drouin V, Arnadottir T, Jonsdottir K, Gudmundsson M T, Hognadottir T, Fridriksdottir H M, Hensch M, Einarsson P, Magnusson E, Samsonov S, Brandsdottir B, White R S, Agustsdottir T, Greenfield T, Green R G, Hjartardottir A R, Pedersen R, Bennett R A, Geirsson H, La Femina P C, Bjornsson H, Palsson F, Sturkell E, Bean C J, Mollhoff M, Braiden A K, Eibl E P. 2015. Segmented lateral dyke growth in a rifting event at Baretharbunga volcanic system, Iceland. Nature, 517(7533): 191-195.

Simons M, Fialko Y. 2002. Coseismic deformation from the 1999 Mw 7.1 Hector Mine, California, earthquake as inferred from InSAR and GPS Observations. Bulletin of the Seismological Society of America, 92(4):1390-1402.

Simons M, Rosen P A. 2007. Interferometric synthetic aperture radar geodesy. Treatise on Geophysics, 3: 391-446.

Spagnolini U. 1993. 2-D Phase unwrapping and phase aliasing. Geophysics, 58(9): 1324-1334.

Stramondo S, Trasatti E, Albano M, Moro M, Chini M, Bignami C, Saroli M. 2016. Uncovering deformation processes from surface displacements. Journal of Geodynamics, 102: 58-82.

Strozzi T, Ambrosi C, Raetzo H. 2013. Interpretation of aerial photographs and satellite SAR interferometry for the inventory of landslides. Remote Sensing, 5(5): 2554-2570.

Strozzi T, Wegmüller U. 1999. Land subsidence in Mexico City mapped by ERS differential SAR interferometry. Proceedings of IEEE International Geoscience and Remote Sensing Symposium, June 28, July 2, 1999, Hamburg, Germany, 4: 1940-1942.

Tachikawa T, Hato M, Kaku M, Iwasaki A. 2011. Characteristics of ASTER GDEM version 2. In Geoscience and remote sensing symposium(IGARSS), July 24-29, 2011, Vancouver, Canada, 3657-3660.

Talebian M, Fielding E J, Funning G, Ghorashi M, Jackson J A, Nazari H, Parsons B E, Priestley K, Rosen P A, Walker R. 2004. The 2003 Bam(Iran)earthquake: Rupture of a blind strike-slip fault. Geophysical Research Letters, 31, L11611.

Tarayre H, Massonnet D. 1996. Atmospheric propagation heterogeneities revealed by ERS-1 interferometry. Geophysical Research Letters, 23(9): 989-992.

Tedesco M. 2015. Remote Sensing of the Cryosphere. UK: John Wiley & Sons, Inc.

Terranova C, Ventura G, Vilardo G. 2015. Multiple causes of ground deformation in the Napoli metropolitan area(Italy)from integrated Persistent Scatterers DinSAR, geological, hydrological, and urban infrastructure data. Earth-Science Reviews, 146: 105-119.

Tizzani P, Berardino P, Casu F, Euillades P, Manzo M, Ricciardi G, Zeni G, Lanari R. 2007. Surface deformation of Long Valley caldera and Mono Basin, California, investigated with the SBAS-InSAR approach. Remote Sensing of Environment, 108(3): 277-289.

Tobita M, Fujiwara S, Ozawa S, Rosen P A, Fielding E J, Werner C L, Murakami M, Nakagawa H, Nitta K, Murakami M. 1998. Deformation of the 1995 North Sakhalin earthquake detected by JERS-1/SAR interferometry. Earth Planets Space, 50(4): 313-325.

Touzi R, Lopes A, Bruniquel J, Vachon P W. 1999. Coherence estimation for SAR imaginary. IEEE Transactions on Geoscience and Remote Sensing, 37(1): 135-149.

Tsutomu Y, Koichiro D, Kazuo S. 2010. Combined use of InSAR and GLAS data to produce an accurate DEM of the Antarctic ice sheet: Example from the Breivika-Asuka station area. Polar Science, 4(1): 1-17.

Turcotte D, Schubert G. 2014. Geodynamics. UK: Cambridge University Press.

Usai S. 2000. An analysis of the interferometric characteristics of anthropogenic features. IEEE Transactions on Geoscience and Remote Sensing, 38(3): 1491-1497.

Wang C, Liu Z, Zhang H, Shan X J. 2000. Coseismic displacement of Zhangbei-Shangyi Earthquake observed by differential SAR interferometry. Chinese Science Bulletin, 45: 2550-2553.

Wang H, Wright T J, Biggs J. 2009. Interseismic slip rate of the northwestern Xianshuihe fault from InSAR data. Geophysical Research Letters, 36(3): 139-145.

Wang T, Liao M S, Perissin D. 2010. InSAR coherence-decomposition analysis. IEEE Geoscience and Remote Sensing Letters, 7(1): 156-160.

Wang X W, Liu G X, Yu B, Dai K R, Chen Q, Li Z L. 2014. 3D Coseismic deformations and source parameters of the 2010 Yushu earthquake(China)inferred from DInSAR and multiple-aperture InSAR measurements. Remote Sensing of Environment, 152: 174-189.

Wang X W, Liu G X, Yu B, Dai K R, Zhang R, Ma D Y, Li Z L. 2015. An integrated method based on DInSAR, MAI and displacement gradient tensor for mapping the 3D coseismic deformation field related to the 2011 Tarlay earthquake(Myanmar). Remote Sensing of Environment, 170: 388-404.

Wasowski J, Bovenga F. 2014. Investigating landslides and unstable slopes with satellite Multi Temporal Interferometry: Current issues and future perspectives. Engineering Geology, 174: 103-138.

Wegmüller U, Strozzi T, Wiesmann A, Werner C. 1999. Land subsidence mapping with ERS interferometry Evaluation of maturity and operational readiness. Proceedings of the 2nd International Workshop on ERS SAR Interferometry(Fringe'99), Nov 10-12, 1999, Liège, Belgium.

Wegmüller U, Walter D, Spreckels V, Werner C L. 2010. Nonuniform ground motion monitoring with TerraSAR-X persistent scatterer interferometry. IEEE Transactions on Geoscience and Remote Sensing, 48(2): 895-904.

Wegmüller U, Werner C. 1998. SAR Processing, interferometry, differential interferometry and geocoding software. European Conference on Synthetic Aperture Radar(EUSAR'98), May 25-27, 1998, Friedrichshafen, Germany, 145-147.

Wegmüller U, Werner C, Strozzi T. 1998. SAR interferometric and differential interferometric processing chain. In Geoscience and Remote Sensing Symposium Proceedings(IGARSS'98), July 6-10, 1998, Seattle, USA, 2: 1106-1108.

Wei S, Fielding E, Leprince S, Sladen A, Avouac J P, Helmberger D, Hauksson E, Chu R, Simons M, Hudnut K, Herring T, Briggs R. 2011. Superficial simplicity of the 2010 El Mayor-Cucapah earthquake of Baja California in Mexico. Nature Geoscience, 4(9): 615-618.

Werner C, Wegmuller U, Strozzi T, Wiesmann A. 2003. Interferometric point target analysis for deformation mapping. Proceedings of International Geoscience and Remote Sensing Symposium(IGARSS2003), Toulouse: IEEE International, 7: 4362-4364.

Wright T. 2002. Remote monitoring of the earthquake cycle using satellite radar interferometry. Philosophical Transactions of the Royal Society of London Series a-Mathematical Physical and Engineering Sciences, 360(1801): 2873-2888.

Wright T. 2016. The earthquake deformation cycle. Astronomy and geophysics, 54(7): 20-26.

Wright T. Fielding E, Parsons B. 2001a. Triggered slip: Observations of the 17 August 1999 Izmit(Turkey) earthquake using radar interferometry. Geophysical Research Letters, 28(6): 1079-1082.

Wright T, Parsons B, Fielding E. 2001b. Measurement of interseismic strain accumulation across the North Anatolian Fault by satellite radar interferometry. Geophysical Research Letters, 28(10): 2117-2120.

Xia Y, Kaufmann H, Guo X F. 2004. Landslide monitoring in the Three Georges Area using D-InSAR and corner reflectors. Photogrammetric Engineering and Remote Sensing, 70(10): 1167-1172.

Xu C J, Xu B, Wen Y M, Liu Y. 2016. Heterogeneous fault mechanisms of the 6 October 2008 Mw 6.3 Dangxiong(Tibet)earthquake using Interferometric Synthetic Aperture Radar observations. Remote Sensing, 8(3): 228.

Xu W, Cumming I. 1999. A region-growing algorithm for InSAR phase unwrapping. IEEE Transactions on Geosience and Remote Sensing, 37(1): 124-134.

Xu Y, Weaver J B, Healy D M, Lu J. 1994. Wavelet transform domain filters a spatially selective noise filtration technique. IEEE Transactions on Image Processing, 3(6): 747-758.

Yasuda T, Furuya M. 2013. Short-term glacier velocity changes at West Kunlun Shan, Northwest Tibet, detected by Synthetic Aperture Radar data. Remote Sensing of Environment, 128: 87-106.

Yu B, Liu G X, Li Z L, Zhang R, Jia H G, Wang X W, Cai G L. 2013. Subsidence detection by TerraSAR-X interferometry on a network of natural persistent scatterers and artificial corner reflectors. Computers & Geosciences, 58(2): 126-136.

Zebker H A, Chen K. 2005. Accurate estimation of correlation in InSAR observations. IEEE Geoscience and Remote Sensing Letters, 2(2): 124-127.

Zebker H A, Goldstein R M. 1986. Topographic mapping from interferometric SAR observations. Journal of Geophysical Research: Solid Eart, 91(B5): 4993-4999.

Zebker H A, Lu Y P. 1998. Phase unwrapping algorithms for radar interferometry: Residue-cut, least-quares, and synthesis algorithms. Journal of the Optical Society of America A, 15(3): 586-598.

Zebker H A, Rosen P A, Goldstein R M, Gabriel A, Werner C L. 1994a. On the derivation of coseismic displacement fields using differential radar interferometry: The Landers earthquake. Journal of Geophysical Research: Solid Earth, 99(B10): 286-288.

Zebker H A, Rosen P A, Hensley S. 1997. Atmospheric effects in interferometric aperture radar surface deformation and topographic maps. Journal of Geophysical Research: Solid Earth, 102(B4): 7547-7563.

Zebker H A, Villasenor J. 1992. Decorrelation in interferometric radar echoes. IEEE Transactions on Geoscience and Remote Sensing, 30(5): 950-959.

Zebker H A, Werner C L, Rosen P, Hensley S. 1994b. Accuracy of topographic maps derived from ERS-1 radar interferometry. IEEE Transactions on Geoscience and Remote Sensing, 32(4): 823-836.

Zhang H, Wang C, Tang Y X, Liu Z. 2003. A new image registration method for multi-frequency airborne high-resolution SAR images. Geoscience and Remote Sensing Symposium(IGARSS'03), Proceedings of 2003 IEEE International, July 21-25, 2003, Toulouse, France 1: 167-169.

Zhang K, Ge L L, Li X, Ng H M. 2013. Monitoring ground surface deformation over the North China Plain using coherent ALOS PALSAR differential interferograms. Journal of Geodesy, 87(87): 253-265.

Zhang L, Ding X L, Lu Z. 2011a. Ground settlement monitoring based on temporarily coherent points between two SAR acquisitions. ISPRS Journal of Photogrammetry and Remote Sensing, 66(1): 146-152.

Zhang L, Ding X L, Lu Z. 2011b. Modeling PSInSAR time series without phase unwrapping. IEEE Transactions on Geoscience and Remote Sensing, 49(1): 547-557.

Zhang L, Liao M S, Zhang Z X, Zhang Y. 1999. The corherence ceofficent map and residue guided least square phase unwrapping algorithm. Geo-spatial Information Science, 2(1): 55-62.

Zhang L, Lu Z, Ding X L, Jung H S, Feng G C, Lee C W. 2012. Mapping ground surface deformation using temporarily coherent point SAR interferometry: Application to Los Angeles Basin. Remote Sensing of Environment, 117(1): 429-439.

Zhang R, Liu G X, Li T, Huang L X, Yu B, Chen Q, Li Z L. 2014a. An integrated model for extracting surface deformation components by PSI time series. IEEE Geoscience and Remote Sensing Letters, 11(2): 544-548.

Zhang R, Liu G X, Li Z L, Zhang G, Lin H, Yu B, Wang X W. 2014b. A hierarchical approach to persistent scatterer network construction and deformation time series estimation. Remote Sensing, 7(1): 211-228.

Zhao C Y, Lu Z, Zhang Q, Fuente J. 2012. Large-area landslide detection and monitoring with ALOS

/PALSAR imagery data over Northern California and Southern Oregon, USA. Remote Sensing of Environment, 124(9): 348-359.

Zhao W, Amelung F, Dixon T H, Wdowinski S, Malservisi R. 2014. A method for estimating ice mass loss from relative InSAR observations: Application to the Vatnajökull ice cap, Iceland. Geochemistry, Geophysics, Geosystems, 15(1): 108-120.

Zhou J M, Li Z, He X B, Tian B S, Huang L, Chen Q, Xing Q. 2014. Glacier Thickness Change Mapping Using InSAR Methodology. IEEE Geoscience & Remote Sensing Letters, 11(1): 44-48.

Zisk S. 1972. Lunar topography first radar-interferometer measurements of the Alphonsus-Ptolemaeus-Arzachel region. Science, 178(4064): 977-980.

附录 相关专业名词中英文对照表

中文	英文	缩写
微波遥感	microwave remote sensing	—
无线电探测与测距（雷达）	radio detection and ranging	radar
侧视雷达	side looking radar	SLR
合成孔径雷达	synthetic aperture radar	SAR
星载合成孔径雷达	spaceborne SAR	—
机载合成孔径雷达	airborne SAR	—
地基雷达	ground-based SAR	—
合成孔径雷达干涉	interferomeric synthetic aperture radar	InSAR
差分合成孔径雷达干涉	differential InSAR	DInSAR
多时相雷达干涉	multi-temporal InSAR	MT-InSAR
多约束时序雷达干涉	multi-constrained time series InSAR	MCTS-InSAR
永久散射体雷达干涉	persistent scatterer interferometry	PSI
短基线子集	small baseline subset	SBAS
干涉点目标分析	interferometric point target analysis	IPTA
永久散射体网络化雷达干涉	persistent-scatterer networking interferometry	PSNI
斯坦福永久散射体干涉方法	Stanford method for persistent scatterers	StaMPS
时域相干目标分析法	temporarily coherent point InSAR	TCPInSAR
伪相干目标雷达干涉	quasi persistent scatterer interferometry	QPSI
像素偏移量跟踪	pixel offset tracking	POT
多孔径干涉	multi-aperture interferometry	MAI
永久散射体	persistent scatterer	PS
天然永久散射体	natural persistent scatterer	NPS
角反射器	corner reflector	CR
振幅离差指数	amplitude dispersion index	ADI
阈值	threshold	—
方差分量估计	variance component estimation	VCE
二维周期图	two dimensional periodogram	TDP
地形三维重建	three-dimensional reconstruction of terrain	—
形变探测	deformation detection	—
数字高程模型	digital elevation model	DEM
地表高程	ground surface elevation	—
地表位移	ground surface displacement	—
水平位移	horizontal displacement	—
垂直位移	vertical displacement	—
沉降	subsidence	—

续表

中文	英文	缩写
抬升	uplift	—
位移速度	displacement velocity	—
地形干涉敏感度	interferometric sensitivity to terrain height	—
形变干涉敏感度	interferometric sensitivity to displacement	—
地固坐标系	earth-fixed coordinate system	—
世界大地坐标系	world geodetic system	WGS
全球卫星导航定位系统	global navigation satellite system	GNSS
全球定位系统	global positioning system	GPS
协调世界时	coordinated universal time	UTC
格林尼治视恒星时角	Greenwich apparent sidereal time	GAST
协议地极	conventional terrestrial pole	CTP
极移	polar motion	—
地球曲率	earth curvature	—
参考椭球面	reference ellipsoid	—
椭球校正投影转换	geocoded ellipsoid corrected	GEC
地形校正投影转换	geocoded terrain corrected	GTC
投影转换	geocoding	—
大地高	geodetic height	—
卫星轨道参数	satellite orbit parameters	—
状态矢量	state vector	—
升轨	ascending orbit	—
降轨	descending orbit	—
天线	antenna	—
波长	wavelength	—
频率	frequency	—
极化	polarization	—
步进频率连续波	stepped-frequency continuous wave	SFCW
天线波束宽度	antenna beamwidth	—
波束宽度角	horizontal beamwidth angle	—
波束高度角	vertical beamwidth angle	—
雷达扇形足迹	radar fan-shaped footprint	—
幅宽	swath	—
脉冲长度	pulse-duration length	—
脉冲压缩	pulse compression	—
脉冲重复频率	pulse repetition frequency	PRF
斜距采样率	range sampling rate	RSR
侧视角	side looking angle	—
俯角	depression angle	—
入射角	incidence angle	—
斜视角	squint angle	—

续表

中文	英文	缩写
前向侧视	forward looking	FL
斜距	slant range	—
斜距向	slant range direction	—
方位向	azimuth direction	—
视线向	line of sight	LOS
后向散射	backscattering	—
漫反射	diffuse reflection	—
镜面反射	specular reflection	—
分辨率	resolution	—
像素间隔	pixel spacing	—
采样间隔	sampling interval	—
采样频率	sampling frequency	—
条带模式	stripmap	—
聚束模式	spotlight	—
扫描模式	scanSAR	—
滑动聚束模式	sliding spotlight	—
聚焦成像	focusing and imaging	—
聚焦处理	focused processing	—
单视复数影像	single look complex image	SLC
多普勒频率	Doppler frequency	—
多普勒频移	Doppler frequency shift	—
频谱漂移	frequency drift	—
多普勒中心频率	Doppler center frequency	DCF
多普勒中心系数	Doppler central coefficient	—
多视处理	multi-look processing	—
多项式模型	polynomial model	—
振幅	amplitude	—
相位	phase	—
主影像	master image	—
副影像	slave image	—
实部	real part	—
虚部	imaginary part	—
斑点效应	speckle effect	—
斑点噪声	speckle noise	—
辐射定标	radiometric calibration	—
影像畸变	image distortion	—
几何畸变	geometric distortion	—
叠掩	layover	—
收缩	foreshortening	—
阴影	shadowing	—

续表

中文	英文	缩写
斜距方程	slant range equation	—
多普勒方程	Doppler equation	—
椭球方程	ellipsoid equation	—
精密定轨	precise orbit determination	—
轨道模型	orbital model	—
轨道倾角	orbit inclination	—
轨道误差	orbital error	—
基线	baseline	—
基线长度	baseline length	—
基线倾角	baseline-orientation angle	—
空间基线	spatial baseline	—
时间基线	temporal baseline	—
临界基线	critical baseline	—
平行基线	parellel baseline	—
垂直基线	perpendicular baseline	—
基线估计	baseline estimation	—
干涉条纹	interference fringe	—
干涉相位	interferometric phase	—
干涉相位图	interferogram	—
干涉相干性	interferometric coherence	—
干涉失相关	interferometric decorrelation	—
相干系数	correlation coefficient	—
信噪比	signal-to-noise ratio	SNR
空间自相关	spatial autocorrelation	—
时间失相关	temporal decorrelation	—
空间失相关	spatial decorrelation	—
多普勒失相关	doppler decorrelation	—
热噪声失相关	thermal noise decorrelation	—
相干目标	coherent target	CT
相干目标分析	coherent target analysis	CTA
参考椭球面相位	flat-earth phase	—
地形相位	topographic phase	—
形变相位	deformation phase	—
大气相位	atmospheric phase	—
大气延迟	atmospheric delay	—
相位噪声	phase noise	—
去平地效应	flat-earth phase removal	—
配准	coregistration	—
粗配准	coarse registration	—
精配准	precise registration	—

续表

中文	英文	缩写
亚像元级配准	sub-pixel registration	—
综合配准法	integrated registration method	—
最大频谱法	maximum spectrum method	—
同名点	homogeneous point	—
粗差	gross error	—
配准误差	coregistration error	—
过采样	oversampling	—
重采样	resampling	—
内插	interpolation	—
双线性插值	bilinear interpolation	—
最邻近插值	nearest interpolation	—
三次卷积插值	cubic convolution interpolation	—
空间域	space domain	—
频率域	frequency domain	—
复数共轭相乘	complex conjugate multiplication	—
干涉相位滤波	interferometric phase filtering	—
前置滤波	apriori filtering	—
后置滤波	posterior filtering	—
空间域滤波	space domain filtering	—
频率域滤波	frequency domain filtering	—
高通滤波	high pass filtering	—
低通滤波	low pass filtering	—
多尺度滤波	multi-scale filtering	—
形态学滤波	morphological filtering	—
自适应滤波	adaptive filtering	—
Goldstein 滤波	Goldstein filtering	—
带通滤波	bandpass filtering	—
均值滤波	mean filtering	—
中值滤波	median filtering	—
方位向带通滤波	azimuth bandpass filtering	—
圆周期均值滤波	pivoting mean filtering	—
圆周期中值滤波	pivoting median filtering	—
局部统计自适应滤波	local statistical adaptive filtering	—
整周模糊度	integer ambiguity	—
相位解缠	phase unwrapping	—
缠绕相位	wrapped phase	—
解缠相位	unwrapped phase	—
真实相位	absolute phases	—
相位滤波	phase filtering	—
相位失真	phase aliasing	—

续表

中文	英文	缩写
相位梯度值	phase gradient	—
相位跃变	phase jump	—
相位导数变化	phase derivative variance	—
预处理共轭梯度	preconditioning conjugate gradient	PCG
奇异点	singular point	—
非奇异点	non-singular point	—
奇异值	singular value	—
奇异值分解	singular value decomposition	SVD
留数点	residue	—
正留数点	positive residue	—
负留数点	negative residue	—
掩膜	mask	—
路径跟踪相位解缠	path-following phase unwrapping	—
最小 Lp 范数相位解缠	minimum Lp-norm phase unwrapping	—
最小二乘相位解缠	least squares phase unwrapping	—
Goldstein 枝切算法	Goldstein brunch-cut algorithm	—
围线积分	contour integration	—
网络流算法	network flow algorithm	—
最小费用流算法	minimum-cost flow algorithm	—
遗传算法	genetic algorithm	—
神经网络法	neural network method	—
模拟退火理论	simulated annealing theory	—
快速傅里叶变换	fast Fourier transform	FFT
快速傅里叶逆变换	inverse fast Fourier transform	IFFT
二维离散傅里叶变换	two-dimensional discrete Fourier transform	2D-DFT
离散余弦变换	discrete cosine transform	DCT
先进陆地观测卫星	advanced land observing satellite	ALOS
法国国家太空研究中心	Centre National d'Etudes Spatiales	CNES
国际热带农业中心	the International Center for Tropical Agriculture	CIAT
加拿大航天局	Canadian Space Agency	CSA
德国宇航中心	Deutsches Zentrum für Luft- und Raumfahrt	DLR
欧洲空间局	European Space Agency	ESA
欧盟联合研究中心	Joint Research Centre of The European Commis	JRC
日本宇宙航空研究开发机构	Japan Aerospace Exploration Agency	JAXA
美国国家航空航天局	National Aeronautics and Space Administration	NASA
美国喷气推进实验室	NASA Jet Propulsion Laboratory	JPL
航天飞机雷达制图计划	Shuttle Radar Topography Mission	SRTM
美国地质调查局	United States Geological Survey	USGS
美国海军研究实验室	Naval Research Laboratory	NRL